河长制湖长制评估系统研究

唐德善　鞠茂森　王山东　唐　彦 / 编著

HEZHANGZHI HUZHANGZHI PINGGU XITONG YANJIU

河海大学出版社
HOHAI UNIVERSITY PRESS
· 南京 ·

图书在版编目(CIP)数据

河长制湖长制评估系统研究 / 唐德善等编著. -- 南京 : 河海大学出版社，2020.12(2021.6 重印)

ISBN 978-7-5630-6673-5

Ⅰ. ①河… Ⅱ. ①唐… Ⅲ. ①河道整治—责任制—研究—中国 Ⅳ. ①TV882

中国版本图书馆 CIP 数据核字(2020)第 265226 号

书　　名 河长制湖长制评估系统研究

书　　号 ISBN 978-7-5630-6673-5

责任编辑 代江滨

特约编辑 隋亚安

特约校对 李雪丽　刘思贝

封面设计 徐娟娟

出版发行 河海大学出版社

地　　址 南京市西康路 1 号(邮编:210098)

电　　话 (025)83737852(总编室)

(025)83722833(营销部)

经　　销 江苏省新华发行集团有限公司

排　　版 南京布克文化发展有限公司

印　　刷 江苏凤凰数码印务有限公司

开　　本 718 毫米×1000 毫米　1/16

印　　张 22

字　　数 446 千字

版　　次 2020 年 12 月第 1 版

印　　次 2021 年 6 月第 2 次印刷

定　　价 128.00 元

序　加强科学治理，为河（湖）长制评估贡献河海智慧

江河湖泊保护治理是关系中华民族伟大复兴的千秋大计。河海大学深入学习贯彻落实习近平总书记关于治水兴水的重要论述精神，依托水利工程、环境科学与工程2个一流建设学科，充分发挥河湖管理保护方面的理论和人才优势，适时成立河（湖）长制研究与培训中心，组织开展河（湖）长制科学研究、专业培训和决策咨询，成为国家全面推行河（湖）长制的重要支撑力量。2018年9月，按照水利部、生态环境部的有关要求，水利部发展研究中心组织"全面推行河（湖）长制总结评估"项目公开招标，河海大学光荣中标，成为全国河（湖）长制总结评估工作的第三方评估单位。

在水利部、生态环境部有关部门的关心支持下，经过项目评估工作组专家两年多的努力，全面完成了评估工作，取得了可喜的成果。学校为总结评估召开了校长专题办公会，成立了领导小组和项目评估工作组，落实了办公场地，支持了部分工作调研经费。评估工作组精心筹划，按照招标文件及专题会议精神，起草了《全面推行河（湖）长制核查评估工作方案》《全面推行河（湖）长制总结评估技术大纲》《全面推行河（湖）长制总结评估核查技术要求》《全面推行河（湖）长制总结评估工作手册》（简称《手册》）。学校组织32个考核组共248位师生，对各省份全面推行河（湖）长制情况进行现场系统核查，开展客观、公正的核查评估，提出31个省（自治区、直辖市）的《全面推行河（湖）长制总结评估核查报告》《全面推行河（湖）长制总结评估报告》，为全面推行河（湖）长制各项工作任务落地生根、取得实效提供技术支撑和决策参考。

为做好评估工作，学校精心举办了"全面推行河（湖）长制总结评估技术核查研讨会"，邀请全国河长办一百多位专家齐聚河海，从减负、实用、可操作三个方面对核查标准进行梳理完善。利用2019年的寒假组织100多个调研组开展社会调查，收集了全国各地河湖的真实情况及群众满意度。在水利部的统一安排下，于2019年5月举办了全面推行河（湖）长制总结评估培训动员大会，邀请水利部发展研究中心的专家现场指导，对参加评估工作的老师和同学们进行集中培训。这些都为核查评估奠定了坚实的基础。

在整个评估过程中，河海大学广大师生发扬“艰苦朴素、实事求是、严格要求、勇于探索”的校训精神，各个评估组精准把握党中央关于河（湖）长制工作的各项部署，严格按照《评估手册》要求，把评估的落脚点放到核查数据和核查系统上，立足实际，以“钉钉子”精神狠抓工作落实，圆满完成总体评估的各项任务。本次总结评估工作的成果，有助于促进各省（自治区、直辖市）总结推行河（湖）长制的经验，找出存在的问题，明确努力的方向，促进各地推行河（湖）长制取得实效。本次评估也促进了河海大学的学科建设更契合河湖治理需求，进一步凝练了研究方向，提升了科研能力和人才培养水平，为河（湖）长制深入推进和全面发展做好人才保障和科技支撑。

唐德善教授牵头组织有关专家对河（湖）长制总结评估进行系统研究，并在河海大学出版社的支持下出版专著，是对推行河（湖）长制的有益尝试。该专著在系统阐明评估理论、应用技术的基础上，构建评估指标体系及评分标准，优选出核心数据及评分模型，自主开发“评估系统”“核查系统”“手机 APP”及“公众满意度测评系统”，广泛应用于省份核查评估。该专著对河（湖）长制评估实事求是、客观公正、科学严谨、资料丰富、内容详实、数据准确、条理清晰、观点鲜明，提出的经验、问题和建议具有科学性、实践性。本书既可供全国河长及水利系统人员决策参考，也可为从事考核评估的师生、学者提供科学依据。

总结评估是河（湖）长制工作的“加油站”“助推器”，是河湖保护新的起点。我们要继续总结交流评估发现的问题，提炼好的经验和建议，在河（湖）长制研究方面多出成果，为建设幸福美丽河湖贡献河海智慧。

河海大学校长 徐辉

2020 年 5 月

PREFACE **前言**

为改变既当“运动员”又当“裁判员”的评估弊端，全国人大立法要求加强第三方评估。河海大学一直重视第三方评估工作的理论研究和实践创新。2017 年，唐德善教授参加水利部发展研究中心的中期评估技术大纲研讨，回来后就如何开展河长制评估撰写研究建议书，河海大学通过中央基本科研费重点支持六十万元研究《河长制实施效果评价指标体系及评价方法》项目。在广泛调研全国各地河长制推行情况的基础上，制定了适合全国的《河（湖）长制总结评估指标体系和赋分标准》，为此次全国评估工作奠定了坚实基础。

在水利部、生态环境部的关心指导和大力支持下，河海大学中标水利部发展研究中心组织的《全面推行河（湖）长制总结评估》项目招标。此次全国性评估工作，得到了学校党政领导的高度重视，河长制研究与培训中心牵头组织有经验的师生参加，全校师生高度关注、全力支持、积极参与，经过项目评估工作组专家们的努力，全面完成了评估工作，取得了可喜的成果，得到了水利部的肯定。为全面总结此次评估工作过程中的经验、做法，更好地指导今后的河（湖）长制工作评估，由唐德善教授牵头，在有关专家的共同努力下，获得河海大学出版社的大力支持，组织撰写了河（湖）长制评估系统研究专著。十分感谢河海大学校长徐辉教授百忙之中为本书作序。

全面推行河（湖）长制总结评估，其内容之多（既有党中央国务院六大任务完成情况及成效评估，又有河湖长组织体系建设、制度及机制建设、履职情况及工作组织推进情况的总结评估），范围之广（空间上包括全国 31 个省、自治区、直辖市），难度之大（既要考虑水利部及生态环境部的统一性，又要考虑各省份的特殊性），国内外尚未见到如此复杂庞大的大系统总结评估研究成果。河海大学在中标成为“全面推行河（湖）长制总结评估”第三方评估机构后，评估组创造性地运用复杂大系统理论，采用实践—理论—再实践—再理论的学术思想，研究合理、实用、可操作的核查标准，科学评估全国 31 个省、自治区、直辖市（省、市、县、乡四级）推行河长制成效，研究总结各地在推行河长制过程中成功的经验、存在的问题，针对存在问题分析原因升华形成科学的思想，提出保护河湖、推进河湖长制健康发展的建议。

河(湖)长制评估系统研究的主要内容包括八个方面：第一章评估过程及研究成果：分析评估过程、主要成果及创新点，由鞠茂森、唐德善梳理。第二章评估技术及管理措施：涉及评估技术路线及数据库，评估质量、时限保证措施，评估流程及要点，评估制度及管理制度，由唐德善、唐彦梳理。第三章评估指标及评分标准，主要写研究制定技术大纲的创新理论和方法，从河湖长组织体系建设、制度及机制建设、履职情况、工作组织推进、湖河治理保护及成效五个部分优选17个方面进行总结评估，由唐德善、黄丽佳梳理。第四章数据优选及评分模型，主要是评估核心技术研究、省份评分模型及128个关键数据优选；直辖市评分模型及93个关键数据优选，由唐彦梳理。第五章评估系统开发研究(4个系统开发研究)，主要是河湖长制推行成效评估系统、核查系统、APP暗访系统、公众满意度调查系统，由王山东、鞠茂森梳理。第六章典型经验、问题及建议，涉及31个省份经验、问题及建议，由唐彦、唐德善梳理。第七章结论与建议，由唐彦、唐德善梳理。第八章评估成果应用证明由鞠茂森梳理。

感谢水利部、生态环境部对河海大学评估工作的支持，感谢水利部河长办、水利部河湖司、水利部发展研究中心、省份河长办对评估工作的指导和帮助；感谢项目组248位师生对评估工作的热情参与和无私奉献；该成果是集体智慧的结晶。因评估涉及面广，成效评估复杂，书中难免存在不妥之处，敬请指正，作者深表感谢。

本书资料翔实，内容丰富，理论联系实践，既有传承，又有创新，对保护河湖、推行河(湖)长制具有理论意义和实践价值。适合广大河长湖长、河长办工作人员、环境保护人员及第三方评估人员参考使用。

著者

2020/5/18

CONTENTS 目录

第一章　评估过程及研究成果

评估(assessment)即评价估量,也指评价、品评。河(湖)长制评估,旨在总结经验、分析问题、提出建议,为全面推进河(湖)长制落地生根、取得实效提供技术支撑,进一步提高政府决策的科学性和政府的公信力,促进政府管理方式的创新,促进河(湖)长制工作健康发展。下面以《全面推行河(湖)长制总结评估》为例,说明评估过程及研究成果。

第一节　评估过程

2018 年 9 月,按照水利部、生态环境部的统一部署,水利部发展研究中心公开招标“全面推行河(湖)长制总结评估”项目,河海大学以最优方案中标。河海大学高度重视该项目的实施,专门召开校长专题办公会议,研究落实项目组织、人员、办公场所及经费支持,组建项目评估工作组。评估组精心筹划,按照招标文件要求及学校专题会议精神,起草《全面推行河(湖)长制核查评估工作方案》《全面推行河(湖)长制总结评估技术大纲》《全面推行河(湖)长制总结评估核查技术要求》《全面推行河(湖)长制总结评估工作手册》(简称《手册》),自主开发了评估系统、核查系统、手机 APP 暗访系统和群众满意度测评系统。学校组织 32 个考核组共 248 位师生,以各省份提交的自评估报告、核查数据、佐证材料及开展的工作为基础,各评估工作组对各省份全面推行河(湖)长制情况进行了现场核查,真实反映各省份全面推行河(湖)长制情况、成效和存在问题,对各省份全面推行河(湖)长制情况进行了客观、公正的核查评估,完成了 31 个省(自治区、直辖市)《全面推行河(湖)长制总结评估核查报告》和《全面推行河(湖)长制总结评估报告》,为全面推行河(湖)长制各项工作任务落地生根、取得实效提供技术支撑和决策参考。

本次总结评估工作经过了 11 个阶段,简要介绍如下:

一、组织投标和中标

2018 年 9 月，水利部发展研究中心公开招标“全面推行河（湖）长制总结评估”项目，河海大学精心组织专家撰写投标文件和评估实施方案，组建高级别团队参与投标，以最优方案中标。

二、研究工作方案和技术大纲

2018 年 11 月，水利部办公厅、生态环境部办公厅印发全面推行河（湖）长制总结评估工作方案的通知（办河湖函〔2018〕1509 号）。2018 年 10 月—12 月，由中标单位组织起草总结评估技术大纲，在征求各省河长办和相关单位意见并召开专家咨询座谈会、评审会、开展试评估的基础上，2018 年 12 月 6 日，水利部发展研究中心、河海大学、华北水利水电大学印发《全面推行河（湖）长制总结评估技术大纲》（简称《技术大纲》）。

三、明晰核查细则和关键数据

为减轻各省开展自评估的负担，了解各省份河湖长制总结评估的相关情况，推动河湖长制评估工作顺利开展，河海大学在 2019 年 1 月 26 日举办“全面推行河（湖）长制总结评估技术核查研讨会”，邀请全国河长办及相关专家 180 人进行研讨，旨在减轻地方负担，解释技术大纲，明晰核查细则。会议邀请水利部发展研究中心专家到会讲话，河海大学专家对《技术大纲》及《全面推行河（湖）长制总结评估核查细则》做了说明，对《全面推行河（湖）长制总结评估系统》进行演示说明。与会代表讨论后，各省代表涌跃发言讨论，根据各省专家建议，初步筛选提炼出省、市、县评估指标，作为各省、市、县、乡核查的基础数据。

四、开发四个系统

为了科学评估、切实了解全国推进河（湖）长制情况，评估工作组自主开发了评估系统、核查系统、手机 APP 暗访系统和群众满意度测评系统（取得 4 项软件著作权），为全国核查及总结评估提供了科学依据。4 项软件著作权证书如图 1.1—图 1.4 所示。

中华人民共和国国家版权局

计算机软件著作权登记证书

证书号：软著登字第3968304号

软件名称：河（湖）长制评估满意度调查系统
[简称：河（湖）长制满意度调查系统]
V1.0

著作权人：南京宁图信息技术有限责任公司；河海大学

开发完成日期：2019年04月29日

首次发表日期：2019年04月29日

权利取得方式：原始取得

权利范围：全部权利

登记号：2019SR0547627

根据《计算机软件保护条例》和《计算机软件著作权登记办法》的规定，经中国版权保护中心审核，对以上事项予以登记。

No. 04062720　副本　2019年05月30日

图 1.1　河(湖)长制评估满意度调查系统证书

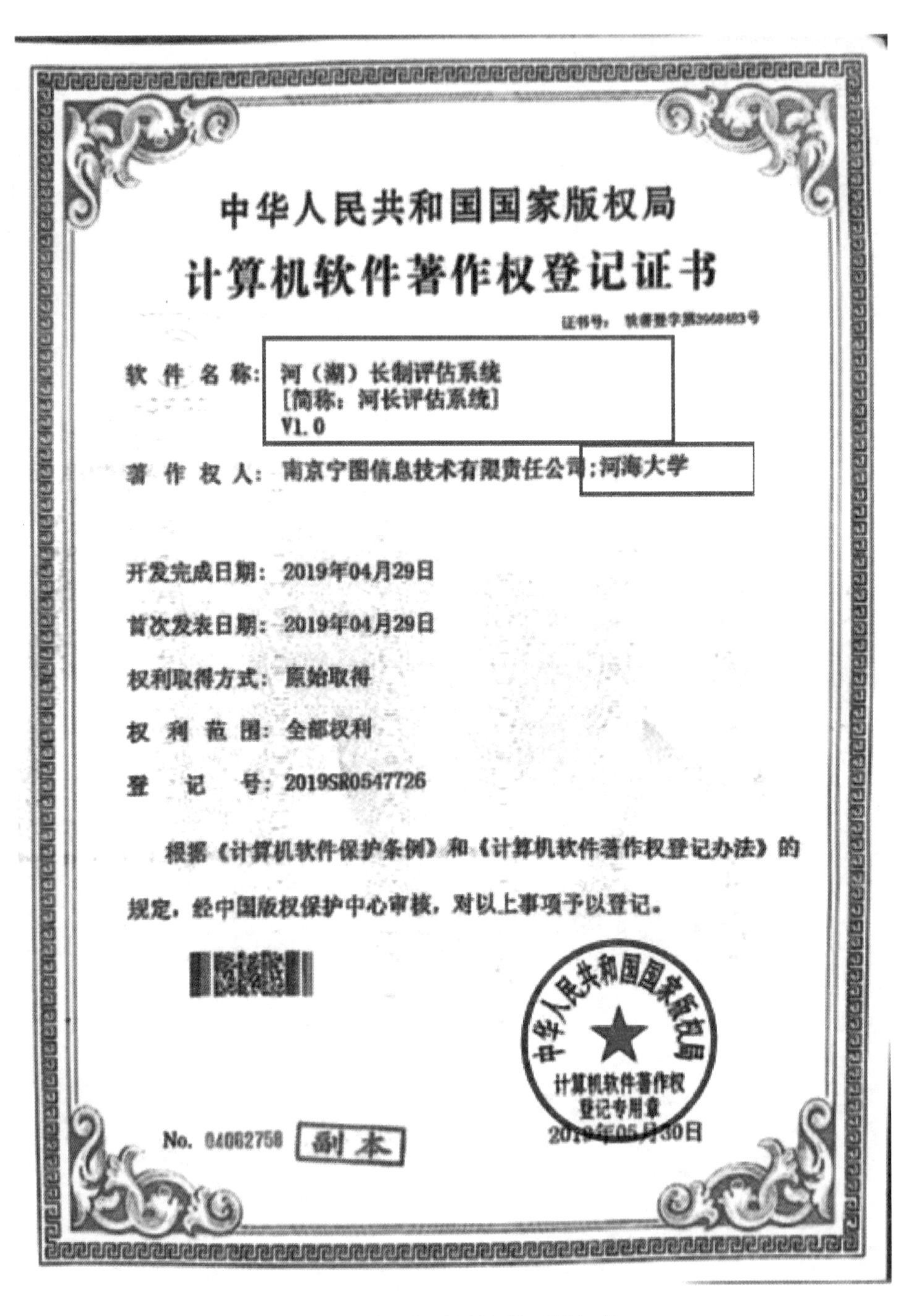
中华人民共和国国家版权局

计算机软件著作权登记证书

证书号：软著登字第[illegible]号

软件名称：河（湖）长制评估系统
[简称：河长评估系统]
V1.0

著作权人：南京宁图信息技术有限责任公司；河海大学

开发完成日期：2019年04月29日

首次发表日期：2019年04月29日

权利取得方式：原始取得

权利范围：全部权利

登记号：2019SR0547726

根据《计算机软件保护条例》和《计算机软件著作权登记办法》的规定，经中国版权保护中心审核，对以上事项予以登记。

中华人民共和国国家版权局
计算机软件著作权
登记专用章
2019年05月30日

No. 04062758 副本

图 1.2　河（湖）长制评估系统证书

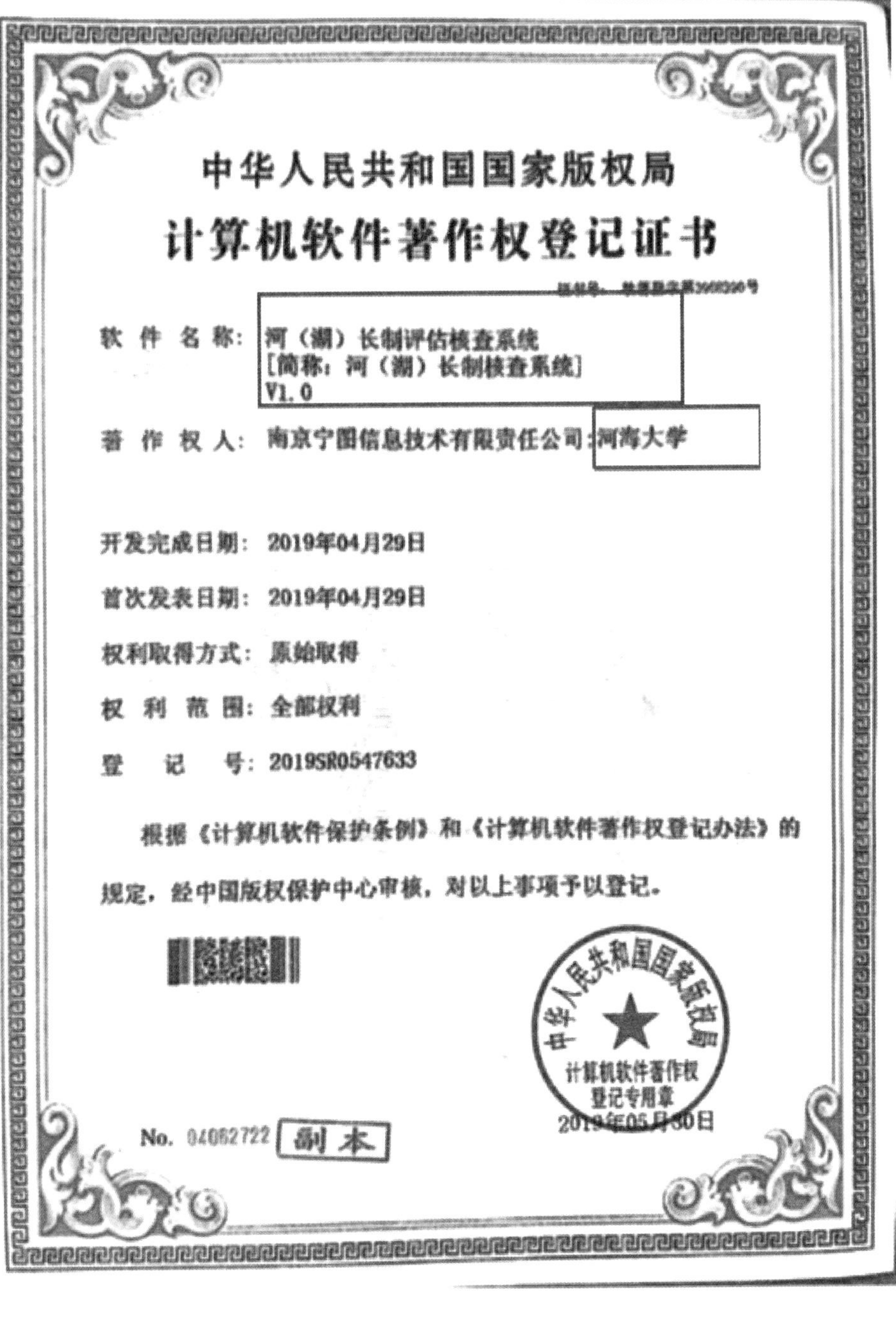

中华人民共和国国家版权局

计算机软件著作权登记证书

软 件 名 称：河（湖）长制评估核查系统
[简称：河（湖）长制核查系统]
V1.0

著 作 权 人：南京宁图信息技术有限责任公司；河海大学

开发完成日期：2019年04月29日

首次发表日期：2019年04月29日

权利取得方式：原始取得

权 利 范 围：全部权利

登 记 号：2019SR0547633

根据《计算机软件保护条例》和《计算机软件著作权登记办法》的规定，经中国版权保护中心审核，对以上事项予以登记。

中华人民共和国国家版权局
计算机软件著作权
登记专用章
2019年05月30日

No. 04062722 副本

图 1.3　河(湖)长制评估核查系统证书

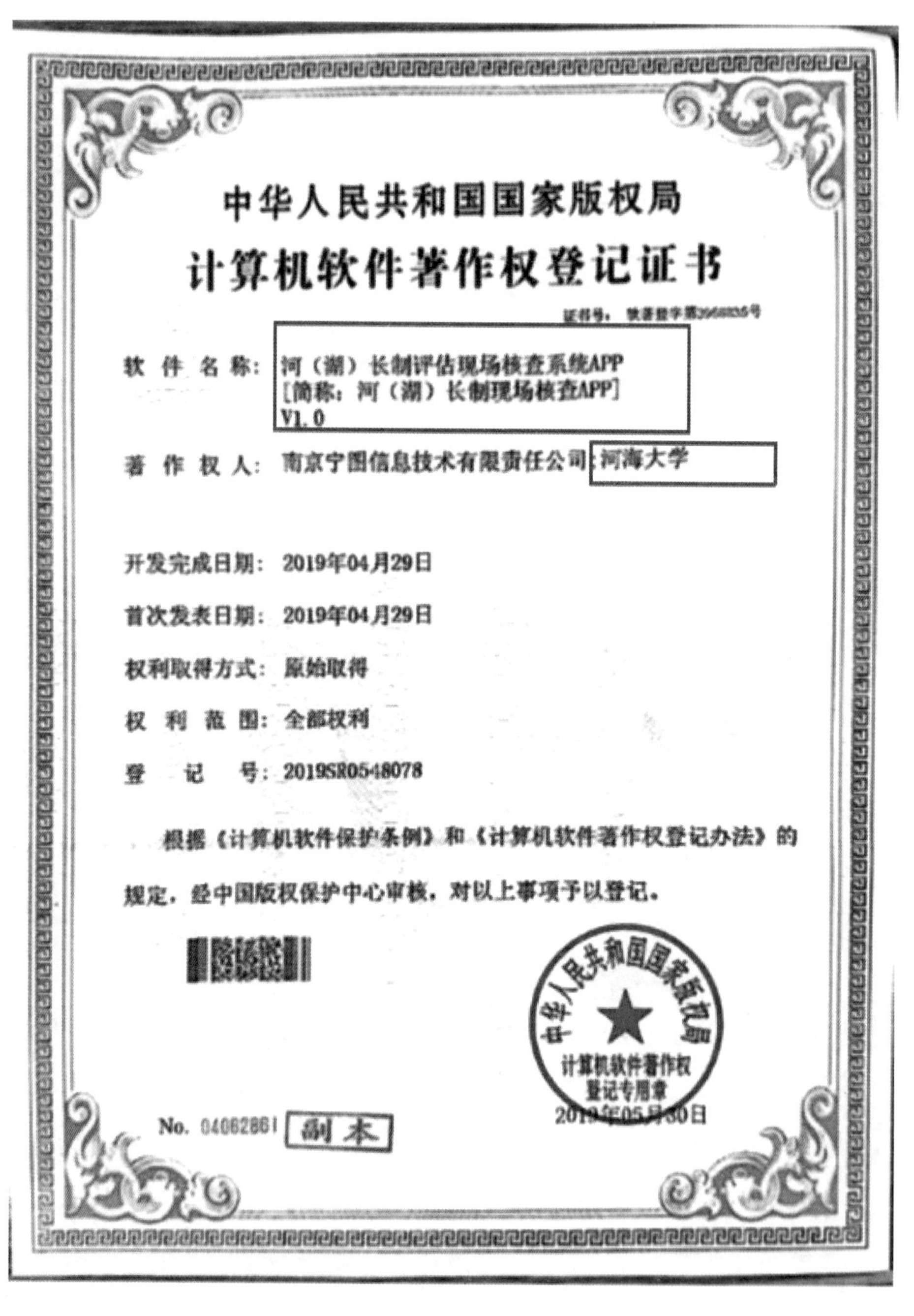

中华人民共和国国家版权局

计算机软件著作权登记证书

证书号：软著登字第[illegible]号

软件名称：河（湖）长制评估现场核查系统APP
[简称：河（湖）长制现场核查APP]
V1.0

著作权人：南京宁图信息技术有限责任公司；河海大学

开发完成日期：2019年04月29日

首次发表日期：2019年04月29日

权利取得方式：原始取得

权利范围：全部权利

登记号：2019SR0546078

根据《计算机软件保护条例》和《计算机软件著作权登记办法》的规定，经中国版权保护中心审核，对以上事项予以登记。

中华人民共和国国家版权局
计算机软件著作权登记专用章
2019年05月30日

No. 04062861 副本

图 1.4　河(湖)长制评估现场核查 APP 证书

五、开展试评估

为了验证软件系统的科学性和实用性，河海大学利用寒假组织大学生开展社会调查，组织 100 多个调研组，制定了严格规范的调研操作系统和规则，每个组对当地群众做 30 份以上的《推行河湖长制问卷调查》，评估河湖问题及群众满意度，每组抽查 10 块以上河湖长公示牌，与调查问卷对应，定点定位拍摄公示牌上游、下游 1 公里河湖问题，及时上报系统，收集了全国各地河湖的真实情况及群众的满意度，为全国核查评估奠定了实践基础。河海大学评估团对安徽、云南、上海、天津、浙江、河北、广东、福建、陕西、四川、宁夏、黑龙江、辽宁、新疆等省市、自治区进行试评估，根据各省试评估情况，筛选提炼出省、市、县 128 个数据，直辖市 93 个数据，作为各省、市、县核查的基础数据。

六、制定评估工作手册

为了有效开展全国核查评估，河海大学精心制订了《全面推行河（湖）长制总结评估工作手册》，含具体核查程序、方法、操作规程、填写表格，具体指导评估员到全国核查。同时，制订了《全面推行河（湖）长制总结评估核查技术要求》，印发全国 31 个省份，作为各省及核查组核查的依据，指导全国开展河（湖）长制总结评估核查。

七、组织开展核查评估

学校组织对全体评估人员进行统一培训，组织核查动员；先后安排 96 名专家和 144 名评估员，组成 32 个评估组（每个评估组 7～12 人：1 位组长，2 位副组长，4～9 位评估员）。组长负责与学校及各省河长办协调沟通，统筹全省核查评估工作，确保评估核查工作公平、公正、科学、合理。副组长负责河湖管理保护创新核查及系统工作。4～9 名组员负责对组织体系建设完善情况、河（湖）长制制度及机制建设到位情况、河长湖长履职尽责情况、工作组织推进情况 4 项评估内容开展核查工作。每个省抽查 3 个市 6 个县，按照《全面推行河（湖）长制总结评估工作手册》，请省份上传自评估的数据和佐证材料，先在省级交流和仔细核查省级评估报告及省级数据。分 3 个小组赴 3 个市，每个小组核查市级数据、5 块以上河长公示牌及河湖现场拍照，再到 6 个县核查县级、乡级数据、5 块以上河长公示牌及河湖现场拍照。小组需公众满意度调查 45 份以上问卷，与群众交流河湖保护对策。重点核查河长公示牌附近 1 公里河湖，河清、水畅、岸绿、景美的效果，每块公示牌及河湖定位并拍照上传到系统，问卷以系统填报为主，纸质版补充上传到系统。核查组分赴各省（市）开展现场核查工作，采取座谈交流、资料核查、现场核查、质询核查等方式,对31个省份本级和81个地市级、174个县区级(含直辖市的区县)开展了实地核查工作。

八、撰写核查及评估报告

根据自评估报告和盖章的核查数据表(每个省份10张),统计整理核查数据表、满意度调查表、现场照片,输入评估系统,评估各项分值。河海大学对各省份全面建立河湖长制工作进行总体评估,撰写63本报告:31个省份核查和总结评估报告62本以及全国总结评估报告1本。

九、报送评估报告进行咨询

2019年6月20日,水利部发展研究中心在北京科技会堂组织汇报咨询会,项目组报送82本报告(31个省份核查和总结评估报告62本,全国总结评估报告20本),听取领导和专家意见,根据要求继续修改完善。编制全国核查报告及总结评估报告,修改完善后,6月26日报送水利部发展研究中心。

十、汇报并完善评估成果

2019年7月30日,水利部魏山忠副部长及河湖司领导听取汇报评估成果,按照会议要求,梳理31个省(自治区、直辖市)推行河湖长制的经验、问题及工作建议,经验要具有可复制性、可推广性、独特性,问题是推行河湖长制过程中迫切需要解决的重要问题,建议乃推行河湖长制解决实际问题要做的事。评估组认真进行梳理,并征求31个省(自治区、直辖市)河长办意见,意见返回后,评估组又根据各省扣分值对主要问题进行了调正;参考31个省份河长办建议,形成了全国推行河湖长制经验、问题及建议(详见第六章)。

十一、验收评审

2019年8月16日水利部组织对《全面推行河(湖)长制总结评估》项目进行验收评审,同意通过验收。最终修改完善的全国核查报告及总结评估报告于8月19日提交水利部发展研究中心。验收意见如下:

全面推行河(湖)长制总结评估
成果验收意见

2019年8月16日,水利部发展研究中心在北京组织召开了"全面推行河(湖)长制总结评估"项目评审验收会。会议成立了验收专家组(名单附后),听取了项目承担单位河海大学的汇报，经过认真讨论，形成验收意见如下：

一、按照中央要求和水利部、生态环境部《贯彻落实〈关于全面推行河长制的意见〉实施方案》明确的工作任务，对各省份全面推行河（湖）长制工作情况进行总结评估，提炼各地好的做法和典型经验，分析存在的主要问题，提出相关意见和建议，对全面推行河（湖）长制各项工作任务落地生根、取得实效具有重要意义。

二、承担单位根据"全面推行河（湖）长制总结评估入围项目"招标文件及与水利部发展研究中心签订的技术服务合同有关要求，编制了《全面推行河（湖）长制总结评估技术大纲》《全面推行河（湖）长制总结评估核查技术要求》以及相关技术文件，在31个省份《河（湖）长制总结评估自评报告》的基础上，赴全国31个省份开展总结评估现场核查及社会满意度调查，形成了31个省份的核查报告和《全面推行河（湖）长制总结评估报告》。

三、评估工作技术路线可行、评估方法合理。从"有名"和"有实"两个方面，对31个省份开展了定性定量相结合的系统评估，总结各地典型经验和好的做法，分析了存在的主要问题，提出了相关对策建议，评估成果对推进河（湖）长制从"有名"到"有实"转变具有重要支撑作用。

专家组认为，项目承担单位按照技术大纲和合同的要求全面完成了评估工作，同意通过验收。

专家组组长：孙继昌

二〇一九年八月十六日

第二节　核查方法

核查是评估工作的重要内容，如何做好核查工作，关系到评估结果是否真实有效。本节以N区为例，简述核查的基本做法。

一、抽取核查市县

本次评估，随机抽取3个市6个县作为核查对象。

二、核查方式

采取明查与暗访相结合的核查方式。

以宁夏为例，评估组在N区座谈交流后，分3个小组到3个市、6个县的河长办，核查数据表及佐证材料。核查45块以上公示牌及河湖情况，做45份以上问卷；进行暗访。

每个省核查10张数据表，签字盖章，其中：省1张，市3张，县6张。10张数据表为核查主要结果及评分依据，系统按10张表评分。

1. 填报省、市、县级10张核查数据表，签字盖章

对技术大纲中提炼出的省、市、县三张数据表（抽查1省3市6县共10张表），评估组在各地逐个数据认真核查其依据，双方确认后，签字盖章，形成核查的重要成果表，作为省份输入作为评估系统评分的重要依据。因篇幅所限，省、市、县三张数据表如表1.1—表1.3：

表1.1 N区（省级）全面推行河（湖）长制总结评估核查数据表

序号	基础信息	数据	基础信息	数据
1	省级总河长（人）	2	省级总河长公告（人）	2
2	省级河（湖）长（人）	4	省级河（湖）长公告（人）	4
3	省河长办专职人员（含正式编制4人、抽调人员6人）	10	省河长办兼职人员（人）	4
4	2018年省河长办工作经费总数（万元）	300		
5	省级河长办办公面积（平方米）	105		
6	省级河（湖）长公示牌总数（个）	118		
7	六项制度发布及执行（Y/N）	Y		
8	省级工作方案明确各河长制成员单位职责及分工（Y/N）	Y		
9	建立部门联合执法机制或部门分工协作机制（Y/N）	Y		
10	省级建立公众参与机制并开展活动（次）	4		
11	2018年省级建立河湖治理保护资金落实总数（万元）	386 475		
12	省级党政领导担任河（湖）长（个）	7	主要河湖落实管护单位（个）	7
13	省级总河（湖）长会议（次）	3		
14	省级河（湖）长专项行动部署（次）	17		

续表

序号	基础信息	数据	基础信息	数据
15	省级河(湖)长专题会议协调解决重大问题(次)	8		
16	突出问题督办总数(次)	3	突出问题处理(次)	3
17	省级河(湖)长计划巡河(次)	24	省级河(湖)长实际巡河(次)	25
18	省级河(湖)长巡河发现问题及时督办(次)	67		
19	省级河(湖)长对下级河(湖)长开展考核(次)	2		
20	省级督察下级工作并推进整改落实(次)	7		
21	省级针对河(湖)长重大问题整改不到位问责(次)	1		
22	省级河(湖)长制考核结果作为地方党政领导干部综合考核评价重要依据(Y/N)	Y		
23	省级一河一策方案印发数量(个)	7		
24	省级已建立一河一档数量(个)	7		
25	开展信息系统建设(Y/N)	Y		
26	信息系统建成(Y/N)	Y		
27	信息系统应用(Y/N)	Y		
28	国家宣传报道(次)	20		
29	省级通过各类媒体宣传报道河长制(次)	103		
30	省河(湖)长制培训(期数)	6		
31	省党委组织部门组织开展河(湖)长制培训(期数)	1		
32	2018年国控断面水质考核指标(%)	73.3	2018年国控断面水质优良比例(%)	73.3
33	2018年劣Ⅴ类水体考核指标(%)	0	2018年国控断面劣Ⅴ类水体比例(%)	0

续表

序号	基础信息	数据	基础信息	数据
34	2018年饮用水水源优于Ⅲ类水考核指标(%)	72.7	2018年饮用水水源优于Ⅲ类水比例(%)	90.9
35	2018年省会计划单列市建成区黑臭水体考核指标(%)	90	2018年省会计划单列市建成区黑臭水体消除比例(%)	100
36	2018年地级及以上城市建成区黑臭水体考核指标(%)	80	2018年地级及以上城市建成区黑臭水体消除比例(%)	84.6
37	“清四乱”等专项行动及部署(Y/N)	Y		
38	省级“清四乱”台账建立(Y/N)	Y		
39	清四乱完成率(%)	81		
40	地级以上河湖应划定管理保护范围比例(%)	50		
41	河湖生态综合治理修复试点(个)	7		
42	生态修复示范区明显成效(个)	7		
43	开展淡水违规养殖等整治(Y/N)	Y		
44	部署开展农村河道整治或污水治理(Y/N)	Y		
45	农村河道整治或污水治理取得明显成效(个)	15		
46	部署开展农村畜禽养殖污染治理(Y/N)	Y		
47	农村畜禽养殖污染治理取得明显成效(个)	7		
48	群众满意度(%)	97.18		

单位：

填表日期：2019.6.1　　填表人：姜中清　　联系方式：13895178772　18852000560

表 1.2　N 区 Y 市全面推行河长制总结评估核查数据表

序号	基础信息	数据	基础信息	数据
1	市级总河长(人)	2	市级总河长公告(人)	2
2	市级河(湖)长(人)	16	市级河(湖)长公告(人)	16
3	市河长办专职人员(在编)(人)	5	市河长办专职人员(抽调)(人)	6
4	2018 年市河长办工作经费总数(万元)	283.74		
5	市级河长办办公面积(平方米)	30		
6	市级河(湖)长公示牌总数(个)	43		
7	六项制度发布及执行(Y/N)	Y		
8	市级工作方案明确各河长制成员单位职责及分工(Y/N)	Y		
9	建立部门联合执法机制或部门分工协作机制(Y/N)	Y		
10	市级建立公众参与机制并开展活动(次)	5		
11	2018 年市级建立河湖治理保护资金落实总数(万元)	45 933.93 万元		
12	市级党政领导担任河(湖)长(个)	16	主要河湖落实管护单位(个)	16
13	市级总河(湖)长会议(次)	4		
14	市级河(湖)长专项行动部署(次)	5		
15	市级河(湖)长专题会议协调解决重大问题(次)	18		
16	突出问题督办总数(次)	21	突出问题处理(次)	21
17	市级河(湖)长计划巡河(次)	64	市级河(湖)长实际巡河(次)	590
18	市级河(湖)长巡河发现问题及时督办(次)	21		
19	市级河(湖)长对下级河(湖)长开展考核(次)	2		
20	市级督察下级工作并推进整改落实(次)	21		

续表

序号	基础信息	数据	基础信息	数据
21	市级针对河(湖)长重大问题整改不到位问责(次)	2		
22	市级河(湖)长制考核结果作为地方党政领导干部综合考核评价重要依据(Y/N)	Y	地级党政领导担任河湖长的河湖已划定管理保护范围比例(%)	100%
23	信息系统应用吗(Y/N)	Y		
25	市级通过各类媒体宣传报道河长制(Y/N)	Y		
26	市河(湖)长制培训(期数)	1		
27	市党委组织部门组织开展河(湖)长制培训(期数)	1		

单位:银川市河长办　　填表日期:2019 年 5 月 31　　填表人:马培蛟　　联系方式:6888963

表 1.3　N 区 Y 市 H 县全面推行河长制总结评估核查数据表

序号	基础信息	数据	基础信息	数据
1	县级总河长(人)	1	县级总河长公告(人)	1
2	乡镇总河长人数(人)	7	公告人数(人)	7
3	县级河(湖)长(人)	22	县级河(湖)长公告(人)	22
4	乡镇河(湖)人数(人)	47	公告人数(人)	47
5	县河长办专职人员(在编)(人)	1	县河长办专职人员(抽调)(人)	2
6	2018 年县河长办工作经费总数(万元)	300		
7	县级河(湖)长公示牌总数(个)	68		
8	乡级公示牌个数(个)	89		
9	六项制度发布及执行(Y/N)	Y		
10	县级工作方案明确各河长制成员单位职责及分工(Y/N)	Y		
11	建立部门联合执法机制或部门分工协作机制(Y/N)	Y		
12	县级建立公众参与机制并开展活动(次)	3		

续表

序号	基础信息	数据	基础信息	数据
13	2018年县级建立河湖治理保护资金落实总数(万元)	8 579.04		
14	县级党政领导担任河(湖)长(个)	22	主要河湖落实管护单位(个)	11
15	县级总河(湖)长会议(次)	1		
16	县级河(湖)长专项行动部署(次)	6		
17	县级河(湖)长专题会议协调解决重大问题(次)	6		
18	突出问题督办总数(次)	8	突出问题处理(次)	8
19	县级河(湖)长计划巡河(次)	264	县级河(湖)长实际巡河(次)	281
20	县级河(湖)长巡河发现问题及时督办(次)	14		
21	县级河(湖)长对下级河(湖)长开展考核(次)	1		
22	县级督察下级工作并推进整改落实(次)	14		
23	县级针对河(湖)长重大问题整改不到位问责(次)	1		
24	县级河(湖)长制考核结果作为地方党政领导干部综合考核评价重要依据(Y/N)	Y		
25	信息系统应用(Y/N)	Y		
26	县级通过各类媒体宣传报道河长制(Y/N)	Y		
27	县河(湖)长制培训(期数)	1		
28	县党委组织部门组织开展河(湖)长制培训(期数)	0		
29	合计			

单位:贺兰县河长办　　填表日期:2019.6.1　　填表人:李晓龙　　联系方式:18095594464

2. 三个市核查成果

分三个小组开展工作，三个小组分别核查三个市级数据表，根据市级填报的数据表，对照佐证材料核实数据正确性。现场暗访，每个市核查5块以上河湖长公示牌及牌子上下游1公里范围之内河湖情况，做5份公众满意度调查问卷。现场暗访拍20块公示牌及沿岸河道照片100张以上，做15份公众满意度调查问卷。

3. 六个县核查成果

每个小组核查所在市两个县的县级数据表，根据县级填报的数据表，对照佐证材料核实数据正确性。现场暗访，每个县核查5块以上县级、乡级河长公示牌及牌子上下游1公里范围之内河湖情况，做5份公众满意度调查问卷。现场暗访拍30块公示牌及沿岸河道照片150张以上，做30份公众满意度调查问卷。

4. 暗访五步法(结合手机APP核查)

一看水：看水体颜色是否异常，水生动植物生长是否正常，水体有无异味。

二查牌：河长牌有无缺失破损，信息是否完整，信息是否及时更新。

三巡河：河道河岸河面三位一体，水体环境卫生吗？有新增污染源吗？有垃圾吗？有晴天排水口吗？

四访民：问居民知道河长制吗？对水环境满意吗？有啥护水良策？

五落实：落实到公众调查表和核查表，记录问题及措施。

第三节　分项评估

依据省、市、县级10张盖章核查成果表，现场调查拍的公示牌及沿岸河道照片，现场调查得到的满意度调查表，根据各省份核查评估报告，对各省以及全国推行河湖长制工作进行评估。

一、河湖长组织体系建设评估

通过审核河湖长任命文件、编制文件、河长办的财政预算报告或批复文件、河湖长公示牌台账等佐证材料，评估组认为各省河湖长组织体系建设已经到位。通过现场核查河(湖)长制公示牌，大部分公示牌无缺失破损，信息完整，有明确的河长职责、管护目标和监督电话，大部分河(湖)长制公示牌右下角设有地方河长制办公室的微信二维码，方便问题反馈及交流，且大部分河长牌信息及时更新。因保密需要，敏感数据用×代表。

(1) 总河长设立和公告情况,分值 4 分。除个别市外,其余各省均得 4 分。

(2) 河湖长设立和公告情况,分值 9 分。除个别省外,其余各省份均得到 9 分。

(3) 河(湖)长制办公室建设情况,分值 9 分。全国各省份分值处于 0～7.99 分的有×个省份,占×%,8～8.99 分的有××个,占××%,9 分的有××个,占××%。存在的问题:部分基层河长办人员配置不到位。

(4) 河湖长公示牌设立情况,分值 3 分。2.85 分以下的有×个省份,占×%;2.86～2.99 分的有×个,占××%;3 分的有××个,占××%。存在的主要问题:部分公示牌破损,少量河长公示电话无法接通。

对比全面建立河(湖)长制的各项要求,通过严格评估,得分均高于××分,各省份对全面推行河(湖)长制高度重视,行动雷厉风行,效果明显,既有名,又有实,受到群众好评。31 个省份已于 2018 年底前完成全面建立河(湖)长制,并按照中共中央办公厅、国务院办公厅《关于在湖泊实施湖长制的指导意见》,将湖长制纳入全面推行河(湖)长制工作体系。各省份结合实际,做到了工作方案到位、责任落实到位、相关制度和政策措施到位、监督检查和考核评估到位,全面建立省、市、县、乡四级河长体系,并进一步细化实化了河湖水域空间管控、岸线管理保护、水资源保护和水污染防治、水环境综合整治、生态治理与修复、执法监管等主要任务,为维护河湖健康,实现河湖功能永续利用提供了制度保障。

二、河湖长制度及机制建设评估

河(湖)长制制度及机制建设情况方面,评估小组通过核查六项制度文件及执行情况、相关的工作协作机制文件、财政预算报告或批复文件、党政领导担任河湖长的相关文件、河湖管理单位相关证明、公众参与活动记录等佐证材料,结合现场调查问卷题 9 的调查结果,大部分省份河(湖)长制制度及机制建设到位。

(1) 省、市、县六项制度建立情况,分值 4 分。全国 31 个省份均已建立六项制度。

(2) 工作机制建设情况,分值 8 分。全国 7.89 分以下的有×个省份,占××%;7.9～7.99 分的有×个,占××%;8 分的有××个,占××%。存在问题:部分基层河长办河湖治理保护资金投入落实不到位。

(3) 河湖管护责任主体落实情况,分值 3 分。2.49 分以下的有×个省份,占××%;2.5～2.99 分的有×个,占××%;3 分的有××个,占××%。存在问题:部分省份河湖管护责任主体未落实。

三、河湖长履职情况评估

评估组通过审核总河湖长会议部署及简报照片、专项行动文件、相关督办文件、巡河台账及巡河记录、考核文件等佐证材料，结合现场调查问卷题7的调查结果，发现各成员单位认真履行职责，形成良好地组织协调机制。

(1) 重大问题处理情况，分值8分。7.49分以下的有××个省份，占××%；7.5～7.99分的有××个，占××%；8分的有×个，占××%。存在问题：个别省份因河长履职不力被相关部门约谈问责或中央媒体通报，部分省份突出问题挂牌督办处理不及时。

(2) 日常工作开展情况，分值4分。3.49分以下的有×个省份，占×%；3.5～3.99分的有××个，占××%；4分的有××个，占××%。存在问题：部分省份河湖长巡河发现问题处置不及时。

四、工作组织推进情况评估

评估组通过审核督察通知、问责的相关文件、考核运用制度、"一河一策"成果、"一河一档"资料、信息系统建设相关材料、宣传报道相关记录、培训通知等佐证材料，全国上下齐发力，以生态综合治理为抓手，全面有序、统筹推进河(湖)长制工作。

(1) 督察与考核结果运用情况，分值6分。5.49分以下的有×个省份，占××%；5.5～5.99分的有××个，占××%；6分的有×个，占××%。存在问题：部分省份督察下级河(湖)长制工作并推进整改落实不彻底。

(2) 基础工作开展情况，分值6分。5.49分以下的有×个省份，占×%；5.5～5.99分的有×个，占××%；6分的有××个，占××%。存在问题：个别省份河(湖)长制管理信息系统应用未全覆盖，县区没有河(湖)长制管理信息系统。

(3) 宣传与培训情况，分值4分。全国××个省份得到满分，×个省份得到3.8以上。存在问题：个别省份存在因工作不到位出现负面报道的情况。

各省份积极推进督察和考核方案制定，重庆、陕西、西藏、广西、黑龙江等省市、自治区将河(湖)长制督察和考核列入了政府年度绩效考核；贵州、海南、云南、湖北、江西、广东等省份制定了相应的督察考核制度方案；其他省份也都定期开展督导检查。

全国31个省份都开展了"一河(湖)一策""一河(湖)一档"方案编制工作。大部分地方搭建的河(湖)长制信息系统得到了实际的应用，基本完成省、市、县(市、区、开发区)、乡镇河长制体系相关数据的整编和入库工作。

31个省份开展河(湖)长制宣传。江苏、广西、云南、浙江等省份印发宣传手册、设立宣传牌、印制日历、海报、条幅；一些地方还将河(湖)长制作为"世界水日·中国水周"重要宣传内容，举办节水护水知识竞赛，利用工作简报、报刊、电视、网站、QQ群、微信公众号、手机APP、专题片、微电影、微视频等丰富多样的形式，将

河(湖)长制工作宣传到乡镇社区、厂矿企业、中小学校,积极营造全民爱水、护水、管水的社会氛围。

五、河湖治理保护及成效评估

评估组通过核查省级生态环境部门出具的水质情况相关材料、“清四乱”专项行动部署文件、“清四乱”台账等佐证材料,结合现场暗访有代表性的河流,发现大部分河湖“清四乱”整治任务效果显著,岸边有绿化带,有植被花草,无乱占、乱采、乱堆、乱建的现象,河湖水质好、无异味,水体无垃圾等漂浮物;利用手机微信,请当地居民扫码填写河(湖)长制公众参与及满意度调查问卷,通过问卷反映出各省份河(湖)长制宣传情况,大多数居民对河长、湖长有所了解,且对河湖清理整治效果比较满意,表示身边河湖较以前更好,认为河(湖)长制有效果,对河(湖)长工作总体评价较为满意。

(1) 河湖水质及城市集中式饮用水水源水质达标情况,分值9分。7.99分以下的有××个省份,占××%;8~8.99分的有×个,占×%;9分的有××个,占××%。其中,城市集中式饮用水水源水质达到或优于Ⅲ类的比例,1.49分以下的有×个省份,占×%;1.5~2.99分的有×个,占×%;3分的有××个,占××%。存在问题:部分省份水质不达标,城市集中式饮用水水源水质达到或优于Ⅲ类的比例、国控断面地表水水质劣Ⅴ类水体控制比例均未达到考核指标要求。

(2) 城市建成区黑臭水体整治情况,分值4分。全国各省份得满分的有××个,占××%,存在问题:个别省地级及以上城市建成区黑臭水体治理不达标。

(3) 河湖水域岸线保护情况,分值9分。全国各省份7.49分以下的有××个省份,占××%;7.5~8.99分的有×个,占××%;9分的有×个,占×%。

其中,“清四乱”完成率(已清理数量/台账总数)达80%以上,有××个省份,占××%;50%以上,有××个省份,占××%;已开展清理工作并取得一定成效,有×个省份,占×%。

河湖管理保护范围划定情况,省、市级党政领导担任河湖长的河湖已全部划定管理范围的,有×个省份,占××%;50%河湖完成划定的,有××个省份,占××%;30%河湖完成划定的,有×个省份,占××%;全省范围内部署开展河湖管理范围划定并开展工作的,有×个省份,占××%。

(4) 河湖生态综合治理情况,分值5分。3.99分以下的有×个省份,占××%;4~4.99分的有××个,占××%;5分的有×个,占××%。存在问题:部分省份河湖生态综合治理修复试点建设不达标;部分省份不存在河湖水域围网肥水养殖整治行动。

(5) 公众满意度调查,分值5分。4.49分以下的有×个省份,占×%;4.5~

4.99 分的有×个，占×%；5 分的有××个，占××%。

全国各地认真贯彻落实党中央国务院决策部署，紧密结合本地实际，创造性开展河（湖）长制工作，在河湖水质、城市集中式饮用水水源水质、城市黑臭水体整治、河湖水域岸线保护、河湖生态综合治理等方面取得明显成效，积累了宝贵的经验，这些做法和经验使得社会公众对河湖管理的满意度逐步提升，值得认真总结、大力宣传和积极推广。

大多数省份对乱占、乱采、乱堆、乱建等河湖管理保护“四乱”问题开展专项清理整治行动，有的省份在消灭垃圾河、清除黑臭水体、剿灭劣Ⅴ类水体、保护饮用水水源地、河湖综合治理与生态修复等方面取得了初步成效，31 个省份经过两年多的努力，河湖水环境得到明显改善，水污染得到一定治理，水生态得到进一步修复，部分中小河流已初步实现了河畅、水清、岸绿、景美的目标。

第四节　主要成果

全面推行河（湖）长制以来，各地认真贯彻落实党中央、国务院、水利部和省委、省政府关于推进河（湖）长制的决策部署，各级河（湖）长积极巡河（湖）履职，圆满完成各项年度目标任务，碧水保卫战“清流行动”取得丰硕成果，河湖面貌显著改善，水质稳步提升，长效机制不断健全，得到人民群众普遍认可。各省份河（湖）长制工作成绩来之不易，经验弥足珍贵，但河湖治理绝非一朝一夕之功，护水治水永远在路上。各省份要继续按照水利部和省委省政府的决策部署，攻坚克难，持续开展河湖专项整治行动，强化流域生态综合治理，推动河（湖）长制提档升级，推动长江、河湖大保护向纵深开展，为国家生态文明建设打造美丽中国“河湖样板”。

从评估系统里统计出全国主要数据：省级河长 375 人，省河长办专职工作人员 517 人，省河长办经费 60 632（万元，2018 年全国河湖治理保护资金 2 947 亿元，省党政领导担任河湖长 488 人，省级“一河一策”方案印发 524 本，国家宣传报道 2 530次，省级开展河湖长制培训 142 期，河湖生态综合治理修复试点 1 831 个，生态修复示范区明显成效 1 194 个，农村畜禽养殖污染区治理取得明显成效 135 322 个。

主要成果包括以下报告和相关内容。

一、自评估报告

按照《技术大纲》评估指标体系、赋分标准和填报的基础信息，各省份对七方面工作定量定性相结合进行赋分，并逐项予以说明，提供评分依据。

（一）河长组织体系建设
（二）湖长组织体系建设
（三）河湖长制办公室建设情况
（四）河湖长制长效机制建设情况
（五）河长湖长履职情况
（六）工作组织推进情况
（七）河湖治理保护及成效

二、核查报告（以福建省为例）

目　录

三、总结评估报告(以福建省为例)

目　录

四、全国总结评估报告

五、评估工作手册

目 录

第五节　主要创新点

一、创新思路开展河(湖)长制复杂大系统评估综合研究

全面推行河(湖)长制总结评估,其内容之多(既有党中央国务院六大任务完成情况及成效评估,又有河(湖)长组织体系建设、制度及机制建设、履职情况及工作组织推进情况的总结评估),范围之广(空间上包括全国 31 个省、自治区、直辖市),难度之大(既要考虑水利部及生态环境部的统一性,又要考虑各省份的特殊性,技术大纲要科学公平合理,核查细则要合理、实用、可操作,各分值因素相互关系复杂),国内外尚未见到如此复杂庞大的大系统评估研究成果。本研究在研究思路、理论、方法、手段、措施诸方面进行创新,将省份划分为省、市、县、乡四级,分别从河(湖)长组织体系建设、制度及机制建设、履职情况、工作组织推进、湖河治理保护及成效 5 个部分共 17 个方面构建总结评估指标体系,分析计算省、市、县分值,得出各省份总结评估结论,并针对存在的问题提出推进河(湖)长制健康发展的建议。

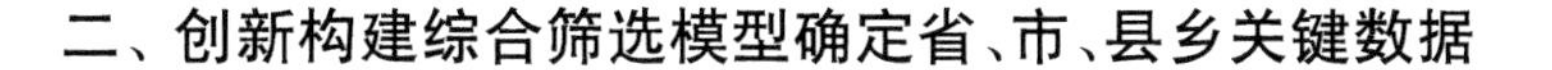

二、创新构建综合筛选模型确定省、市、县乡关键数据

创新构建 IAHP(改进的层次分析法)—SA(成功度评价法)—FCA(模糊综合分析法)综合筛选模型确定省、市、县乡关键数据。总结评估技术大纲包含的指标数量及层次很多，有些模糊型指标很难定量分析，有些数据难以收集，有些指标很难操作，研究组创新构建上述综合筛选模型，邀请 180 位河长办专家召开全国推行河湖长制总结评估研讨会。该模型发挥三种方法的特长，取长补短，科学、系统、客观地找出了省份 128 个、直辖市 93 个关键数据。

三、创建公众满意度调查系统

将传统的满意度调查方式改进为网络模式的公众满意度调查，开发手机满意度调查应用系统，利用微信二维码扫码方式，同时开发微信应用程序，解决不同手机操作系统兼容问题，增强了应用的广泛性。通过拍摄河长制公示牌、官方网站、地方媒体以及招募志愿者等方式广泛推广应用，使得公众通过自己手机，即可参与到河长评估的满意度调查中来，全程实行无纸化操作，并可通过系统实时查看公众调查情况；直接统计调查成果，导出调查成果，节约大量统计工作时间。

四、创建河(湖)长制现场核查 APP 系统

开发河(湖)长制现场核查 APP，利用其高效、稳定、安全的优势，采用与 PC 端统一的认证登录模式，实现 APP 与 PC 端的实时互动、即查即传，开发 GPS 定位、现场拍照、文件上传等主要功能。河(湖)长制现场核查 APP 系统，真实反映现场核查情况，为监督评估和评估河(湖)长制推行效果提供精准化依据。增加综合显示功能，通过 APP 查询评估进展情况，进一步提高了评估小组对工作开展的把控。该核查 APP 系统为调研员现场暗访核查提供技术支撑和操作方法，APP 系统可根据评估报告模式，一键化导出调查成果，大大降低了后期评估的工作量，提高了工作效率。

五、创建河(湖)长制核查系统

采用先进的 B/S 网络结构模式，开发 PC 版核查系统，通过 Web 浏览器统一认证登录，增强系统便捷性与安全性。将公众满意度调查系统、河(湖)长制现场核查 APP 系统及省、市、县三张核查数据表作为核查系统的输入子系统，实现河(湖)长制现场核查 APP、公众满意度调查系统与三张核查表的联动使用，通过即时上报，远程查看暗访、核查的现场情况，实现异地办公，为远程评估核查提供技术支撑与依据。采用层级评估与第三方独立评估模式，严格控制评估权限，做到评估对象

清晰、指标明确、互不干预，使评估更加公正、透明与即时；科学、客观、公正地核查省、市、县及各子系统河（湖）长制推行情现。

六、创建河（湖）长制推行情况评估系统

采用系统工程理论构建复杂与便捷的河（湖）长制推行情况评估系统，在电脑上核查系统成果，实现全程无纸化办公、信息化办公，实现与当地河（湖）长制系统的数据对接，减少了自评过程中纸质繁多冗杂的情况，创建层级指标配置模型与计算模型，实现省、市、县、乡指标单独配置与分值计算独立运行。以便捷、高效为原则，采用可视化窗口，即时出分，实现现场提交现场查询得分情况的全透明化评估。采用层级评估与第三方独立评估相结合模式，使评估更加公正、透明与及时。

第二章 评估技术及管理措施

为加快全面推行河(湖)长制总结评估工作,提高项目服务质量,水利部发展研究中心采用国内公开招标,择优选择总结评估机构,开展评估工作。要求从“有名”和“有实”两个方面,对31个省份全面推行河(湖)长制工作开展总结评估。“有名”主要包括河长湖长组织体系建设、河长制办公室建设情况、制度建设情况、河湖管护长效机制建设情况等;“有实”主要包括河长湖长履职情况、工作组织推进情况、河湖管理保护情况等。评估机构按照评估内容设计评估指标体系及赋分规则,编写总结评估技术文件,由31个省份按照要求开展自评估。评估机构分别对31个省份自评估情况进行复核并开展现场抽样核查和社会满意度调查,评估单位在每个省份分别随机抽取不少于3个地级行政区、每个地级行政区随机抽取不少于2个县级行政区进行抽样核查。

河海大学从校长到教师、研究生都高度关注、全力支持此项目。河海大学及河长制研究培训中心以校长牵头,组织全校有经验的师生参加《全面推行河(湖)长制总结评估》。此次全国性评估,从2017年唐德善教授参加水利部发展研究中心的中期评估技术大纲研讨时就开始准备,河海大学重点支持唐德善团队六十万元研究《河长制实施效果评价指标体系及评价方法》,已广泛调研各省河长制推行情况,制定了适合全国的《河(湖)长制总结评估指标体系和赋分标准》,这为此次评估奠定了坚实基础。

第一节 评估技术路线及数据库

一、评估技术路线

根据《河(湖)长制总结评估工作方案》和《河(湖)长制总结评估评分标准》,结合各地区河(湖)长制实施的具体情况,评估组制定了《河(湖)长制总结评估技术大纲》,明确了评估的技术要求、评估范围、评估思路、评估原则、评估内容、评估方法、评估基础信息、组织实施、考核方式、评估结果运用。中标后,该《河(湖)长制总结评估技术大纲》进一步征求各省河长办及领导专家们的意见,加强技术大纲的科学性、合理性、可操作性,再修改完善,最后由水利部发展研究中心组织评审通过,作为此次评估依据,详见《河(湖)长制总结评估技术大纲》。全面推行河长制工作评估技术路线见图 2.1。

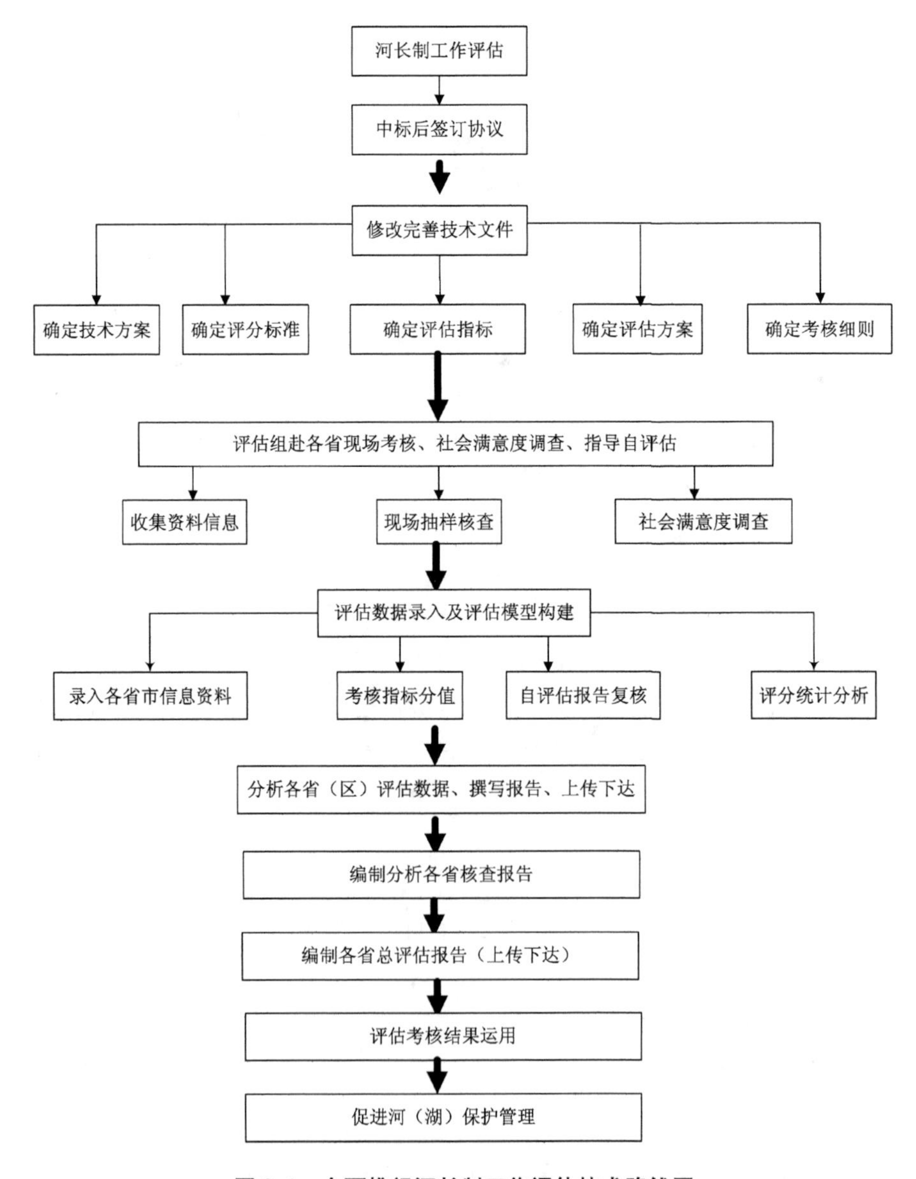

图 2.1　全面推行河长制工作评估技术路线图

二、评估数据库

评估组已在原黑河调水及近期治理评估模型的基础上，整理了评估数据库和统计模型，已在《鼓楼区"黑臭水体整治效果"公众满意度调查测评》中应用。采用已构建的数据库和统计软件 SPSS 进行调查数据录入、数据查错、统计分析、数据库及统计模型应用见下图 2.2。

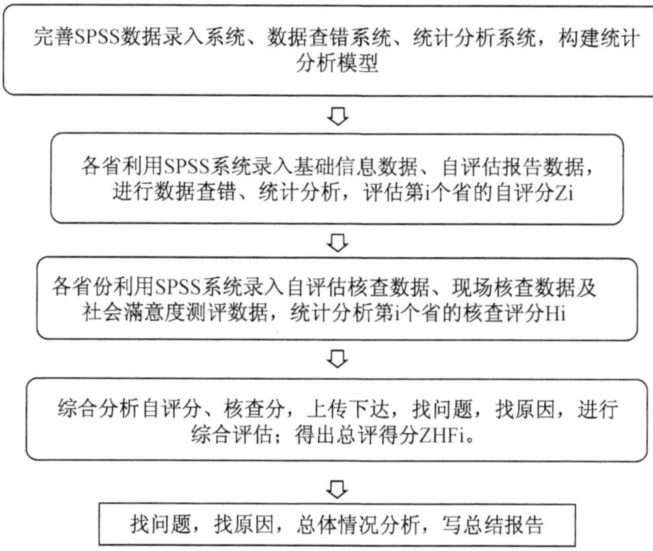

完善SPSS数据录入系统、数据查错系统、统计分析系统，构建统计分析模型

⇩

各省利用SPSS系统录入基础信息数据、自评估报告数据，进行数据查错、统计分析，评估第i个省的自评分Zi

⇩

各省份利用SPSS系统录入自评估核查数据、现场核查数据及社会满意度测评数据，统计分析第i个省的核查评分Hi

⇩

综合分析自评分、核查分，上传下达，找问题，找原因，进行综合评估；得出总评得分ZHFi。

⇩

找问题，找原因，总体情况分析，写总结报告

图 2.2 数据库及统计模型应用

根据水利部河长办批准的《技术大纲》，重点研究《河(湖)长制总结评估核查技术要求》及现场考核情况、对河长湖长组织体系建设情况、河长制办公室建设情况、制度建设情况、河湖管护长效机制建设情况、河长湖长履职情况、工作组织推进情况、河湖管理保护情况八个方面的完成情况认真仔细核查各项得分，出现疑问及时沟通，在县、市、省逐项指标评分核查的基础上，将经过核查及复核的自评分及核查分录入数据库，录入数据经统计模型计算得出评估分。

第二节　评估质量保证措施

一、指标体系科学合理

河海大学立项重点支持唐德善团队六十万元研究《河长制实施效果评价指标体系及评价方法》(见附件)，已对六个大区31个省份广泛调研河长制推行情况，根据六个大区的评估指标，利用聚类分析和专家评估法筛选出适合全国的《河(湖)长制总结评估指标体系和赋分标准》，为此次评估奠定了坚实基础。

此次评估从“有名”“有实”两方面进行。“有名”主要包括：河长湖长组织体系建设；河长制办公室建设情况；制度建设情况；河湖管护长效机制建设情况。“有实”主要包括：河长湖长履职情况；工作组织推进情况；河湖管理保护情况。中标后，为了更好地符合中央文件及招标要求，该指标体系进一步征求各省河长办及领导专家们的意见，加强指标体系的科学性、代表性、独立性、可操作性，再修改完善，最后由水利部发展研究中心组织评审通过，作为此次评估依据，详见《河(湖)长制总结评估工作方案》。

二、评分标准科学合理

根据已建立的《河长制实施效果评价指标体系及评价方法》，在对东北地区、黄淮海地区、长江中下游地区、东南沿海地区、西南地区、西北地区各省河长制推行情况广泛调研的基础上，利用专家咨询法、头脑风暴法、德尔斐法制定评价指标体系的评分标准。此次评估从“有名”“有实”两方面进行：

“有名”主要包括：河长湖长组织体系建设(10分)；河长制办公室建设情况(10分)；制度建设情况(10分)；河湖管护长效机制建设情况(10分)。

“有实”主要包括：河长湖长履职情况(8分)；工作组织推进情况(12分)；河湖管理保护情况(40分)。上述7项评估内容中，2018年需要重点推进的工作包括河湖管理保护情况、河长工作组织推进情况，因此与之相关的内容分值相对较高，“有名”“有实”两方面分值合计为100分。

三、工作方案切实可行

根据中共中央办公厅、国务院办公厅《关于全面推行河长制的意见》(厅字〔2016〕42号)、《关于在湖泊实施湖长制的指导意见》(厅字〔2018〕33号)，以下简称

《指导意见》，水利部、原环境保护部印发的《〈关于全面推行河长制的意见〉实施方案》提出，2018年底组织对全面推行河（湖）长制情况进行总结评估。评估是对其实施取得的成效和存在的问题及原因所作的客观评价，旨在进一步提高决策的科学性和政府的公信力，促进政府管理方式的创新，加强河湖管理保护，解决水环境突出问题，维护河湖健康生命，促进河（湖）长制工作健康发展。结合全面推行河长制工作的实际，制定全面推行河长制工作评估方案，对《关于全面推行河长制的意见》《〈关于全面推行河长制的意见〉实施方案》及相关文件提出的各项工作任务进行细化，结合各地区河（湖）长制实施的具体情况，加强工作方案的科学性、合理性、可操作性，再修改完善，作为此次评估依据。

四、核查要求科学合理

根据《意见》和《实施方案》提出的目标任务，按照全面建立河长制的相关要求，对各省份全面推行河长制工作逐项进行对比分析，掌握各地工作完成情况，判断全面推行河长制工作总体进展，总结工作经验和重点措施成效，分析存在的问题和困难，评估组已经制定了《河（湖）长制总结评估核查技术要求》，加强核查技术要求的科学性、合理性、可操作性，作为此次核查评估依据。

五、评估手册科学合理

将《河（湖）长制总结评估技术大纲》《河（湖）长制总结评估核查技术要求》等编制成《评估手册》，印发到31个省份，作为指导31个省份开展自评估及作为评估人员的评估依据。详见《河（湖）长制总结评估手册》（此手册已印发500本给各省评估人员）。

六、核查报告公平合理

按照《技术大纲》编制《核查技术要求》；以务实管用高效为目标，明查暗访相结合、以暗访为主，不发通知、不打招呼、不听汇报、不用陪同，直奔基层、直插现场。采用飞行检查、交叉检查、随机抽查等方式，及时准确掌握各级河长履职和河湖管理保护的真实情况。对发现的突出问题，采取“一省一单”“一市一单”“一县一单”。定位并拍照，拟放进核查报告并上报有关部门，作为核查扣分的依据。为了保证核查评估质量，河海大学安排93名专家（负责人）和248名评估员共341人，组成31个考评组（每个考评组由11人组成：1位组长，2位副组长，8位评估员）分别对31个省份进行现场核查，组长负责与国家及省河长办协调沟通，统筹全区评估工作，确保评估核查工作公平、公正、公开、科学、合理。第一副组长负责河湖管理保护、鼓励河湖管理保护创新两项核查情况，第二副组长负责前六项核查情况。8名组员就河长湖长组织体系建设，河湖长制办公室建设情况，河湖管护制度建设情况，河湖管护长效机制建设情况，河长湖长履职情况，工作组织推进情况，河湖管理保护情况，鼓励河湖管理保护创新 8 项评估内容采取调查。每个县抽查二条县级河湖，每个市抽查二条市级河湖，每个省抽查 2 条省级河（湖）。重点核查河长公示牌，电话是否有人接听，河清、水畅、岸绿、景美的效果，每条河（湖）定位并拍照，放进核查报告，作为核查扣分的依据；发放问卷进行社会满意度调查，社会满意度调查采用问卷调查，针对领导干部（A 卷）和群众（B 卷）设计二套问卷，根据河海大学多次调研测评的问卷提炼出 A 卷和 B 卷。A 卷在听取汇报、座谈交流时发放，B 卷在现场检查时发放，确保每省当场收回 A 卷 100 份，B 卷 100 份，以保证社会满意度调查质量。编写完成 31 份核查报告，并与各省份交换核查意见（此项工作在省级自评完成时马上进行）。按照经评审并实践验证的《核查技术要求》，完成好各省的《核查报告》。

七、评估报告公正合理

河海大学对《全面推行河（湖）长制总结评估》全力支持，书记、校长、创新研究院、科技处、河长制研究培训中心、水电院、水文院、水环院、商学院、法学院、公管院、研究生院都安排精兵强将参与，已采取有效措施从人力、财力方面给予支持，有领导高度重视和支持，有大量人力投入，更有资金的投入，加上已有研究成果的积累为完成此次评估奠定了厚实的科技支撑唐德善项目组的事先谋划为完成该评估做好了充分准备，河海大学已具有完成《全面推行河（湖）长制总结评估》的"天时""地利""人和"的条件。评估组负责同志根据自评估报告、核查报告和基础数据表，对全面建立河长制工作进行定性与定量评价，对各省份报送的自评材料进行汇总复核与比较分析，对随机抽取的典型地区的材料真实性进行当场核定，对河（湖）问题现场核定，对社会满意度发放问卷核定，应用《河（湖）长制总结评估数据库及统计模型》核定计算评分，科学合理协调《自评估报告》和《核查报告》，提出公正合理的评估意见，形成《总结评估报告》。

八、项目监控管理办法

本项目将围绕项目实施计划，跟踪进度、成本、质量、资源，掌握各项工作现状，及时进行适当的资源调配和进度调整，将随时对项目进行跟踪监控，以使项目按计划规定的进度、技术指标完成，并提供现阶段工作的反馈信息，以利后续阶段工作的顺利开展和整个项目的完成。将在项目监督、项目巡查、项目检查、项目审核、项目控制、项目预警和监控通报七个环节加强项目监控管理，其中项目检查和项目监控是重中之重。

本项目将由业主和项目组成员联合组建项目检查小组，检查小组将对项目管理活动细节进行专项检验和核查，包括项目计划检查、项目资金检查、项目进程检查、项目工作量检查、项目保障检查、项目装备检查和项目技术检查等。

项目负责人将定期做项目进展报告，将各项监控的结果记录在项目进展报告里，使业主及项目组成员及时地了解项目的真实进展状况。项目监控包括：

1. 任务进度监控

主要工作是：记录下任务的实际开始时间与实际结束时间，实际的工作量及工作成果等信息，以判断该任务是否正常执行。对于进度延误的任务，项目负责人将和任务责任人沟通，找出延误的原因，适当修改原有的计划或者要求责任人加紧完成进度。

2. 项目开支监控

主要是将项目的实际开始控制在预算范围之内。记录下所有的项目开支，与计划中的开支项进行对比，看是否超出原预算，若有较大的赤字，则要找出具体的费用超出项，分析原因，并采取相应的措施确保项目按期保质完成。

3. 人员表现监控

项目负责人将在平时记录下项目组每个成员的表现，对表现突出的成员进行表扬和肯定；对表现不好的成员应提出批评，并要求其立即改正态度，项目负责人将主动去找他们了解具体的情况，询问他们是否遇到什么困难或是有什么想法，及时地帮助他们排除疑难，使所有成员能把全部的精力放到项目上来，使得项目能按预定轨道前进。

第三节　评估时限保证措施

本项目工期保证措施主要有以下四个方面。

一、组织保证措施

完善的组织管理、科学的合作分工是做好评估的保证。在长期的实践中，“河海大学测评队”已形成了完善的组织管理制度和科学的团队合作机制，确保测评组各成员各司其职，实现工作效率和工作质量的最优化，主要做法是：

1. 合理配置人力资源

2. 明确分工，加强沟通与协作

评估调研工作涉及内容多，评估人员加强沟通、协作，保证问题能在第一时间内解决，评估组内部做好数据信息化，保证资源共享。同时，对于各部分的工作分工明确，有专人负责，确保各项工作落实到位，责任到人。

总负责人全面负责调研过程中各项评估工作的分配和组织实施工作。分负责人协助总负责人完成各项工作的展开和确保各项工作的实施质量。在总负责人的领导下，具体负责调研质量目标的分解、推进、实施、控制和检查。

二、制度保证措施

通过周、月评估计划对评估工作的工期、质量进行控制，对完成计划的考评组进行奖励和通报表扬，对完不成计划的考评组进行处罚和通报批评，通过奖罚制度保证工期、兑现质量。当上级下达工作任务后，组长须明确完成时间表，组员在规定的工作时间内完成，组长督促组员加强合作。在工作进程中实时请示汇报，同时要求在规定完成的时间内必须汇报工作完成情况。未完成的必须说明未完成的原因及下一步的工作计划。通过汇报制度保证工期兑现，各考评小组每周进行一次总结，总结上周工作亮点，不足之处。分享之前的工作亮点，改进不足之处，并为下周工作制定计划，通过总结制度保证工期、兑现质量。

三、技术保证措施

在吃透中央“河长制”文件精神的基础上，充分理解并掌握水利部发展研究中心的评估要求，科学合理的编制好以下8个技术文件：

1.《河(湖)长制总结评估指标体系》

2.《河(湖)长制总结评估评分标准》

3.《河(湖)长制总结评估工作方案》

4.《河(湖)长制总结评估技术大纲》

5.《河(湖)长制总结评估核查技术要求》

6.《河(湖)长制总结评估手册》

7.《河(湖)长制总结评估技术导则》

8.《河(湖)长制总结评估数据库及统计模型》

通过制定以上技术文件为评估工作提供技术支撑，加强评估技术管理，避免因返工造成工期延误，不断优化评估方案，积极推广应用新技术，以科技含量确保工期。

四、计划保证措施

为保证评估工作如期完成，对省级自评估、河长制核查评估、河长制总结评估都制定详细具体的工作计划。

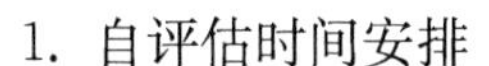

1. 自评估时间安排

大局意识，有求必应。“河海大学评估队”有大局意识。在做好份内评估工作的基础上，评估队成员可以指导协助自评估组统计分析各地情况，完善问卷，根据发现的问题提合理化建议，免费（少费）完成省份临时紧急的评估工作，做到“有求必应”，快速高效。

2. 核查评估时间安排

核查是此次评估的重点，按照招标文件要求，评估机构分别对 31 个省份自评估情况进行复核并开展现场抽样核查和社会满意度调查，每家评估单位在每个省份分别随机抽取不少于 3 个地级行政区、每个地级行政区随机抽取不少于 2 个县级行政区进行抽样核查。以省为单位形成抽样核查报告，在此基础上撰写总结评估报告。

第四节　评估流程及要点

过程管理保证评估结果可靠。在历次的评估调研过程中，“河海大学评估队”通过完善的过程管理，确保了评估结果的可靠性、科学性，具体如下：

1. 预先准备，了解被调研范围

实施问卷调研过程中，提高调研效率，提高问卷调研质量，避免做无用功。

2. 明确调研思路，做好记录安排

在调研过程中，当问卷成功发放给居民后，将居民门牌号记录在相应表格中，当此社区问卷全部发放完毕后，按门牌表格记录一一收取问卷，加快工作进程，提高工作效率。所有测评问卷皆编码保存，每份问卷皆落实到户（均记录下门牌号码），评估结果经得起领导、专家、检查。

3. 实时监测评估每一环节

利用专业知识构建科学合理的数学模型进行评分，并实时对模型中的评估数据进行合理性检验，发现异常，随时抽查，确保评估结果客观、公平。

一、评估流程

为贯彻落实《意见》精神，水利部、原环境保护部印发的《〈关于全面推行河长制的意见〉实施方案》提出：2017 年底组织对建立河长制工作进展情况进行中期评估；2018 年底组织对全面推行河长制情况进行总结评估。为提高评估工作质量和保证评估工作准时完成，评估分五步进行。印发文件，统一技术要求；专题调研，开展摸底工作；省级自评，完成评估任务；开展现场核查；编制总结评估报告。评估流程见下图 2.3。

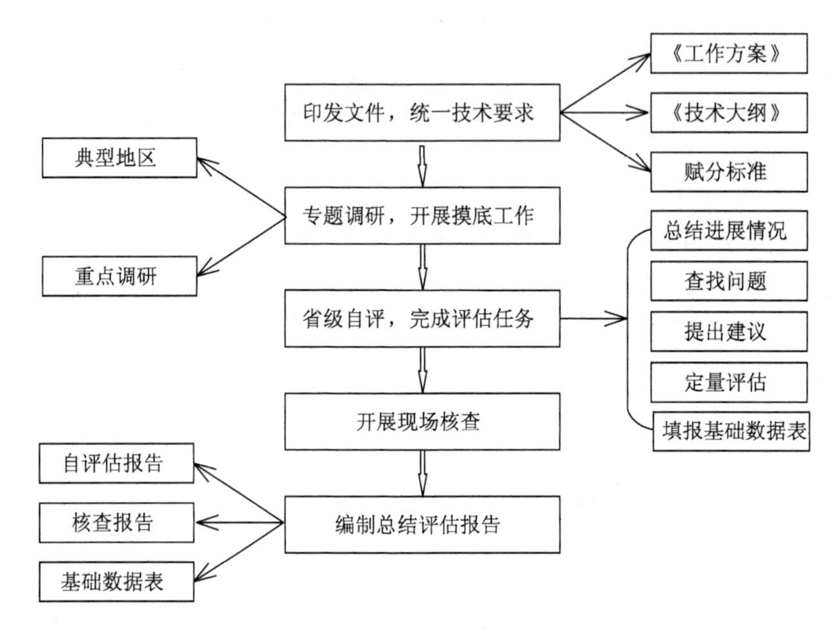

图 2.3　评估流程图

(一) 评估单位统一技术要求，印发《河长制总结评估手册》

细化《意见》《实施方案》及相关文件提出的各项工作任务，结合各地工作总体推进情况，明确各项评估指标及赋分标准(按 6 个评估区定赋分标准)，评估单位编制形成总结评估《工作方案》和《技术大纲》《赋分标准》《核查技术要求》、附图、附表等，征求各省河长办及领导专家意见，对相关评估指标及赋分标准进行修改完善。评审定稿后进行动员和培训，并于 10 月组织对天津，内蒙古、江苏、湖南，四川、宁夏等 8 省、市、自治区全面建立河(湖)长制工作进行试评估，形成一整套技术文件，经水利部批准后正式印发，作为开展全面推行河(湖)长制总结评估的技术依据。技术文件经评审及水利部河长办认可后印《河长制总结评估手册》(内容包括工作方案、技术大纲、赋分标准、核查技术要求)。统一技术要求工作流程见图 2.4。

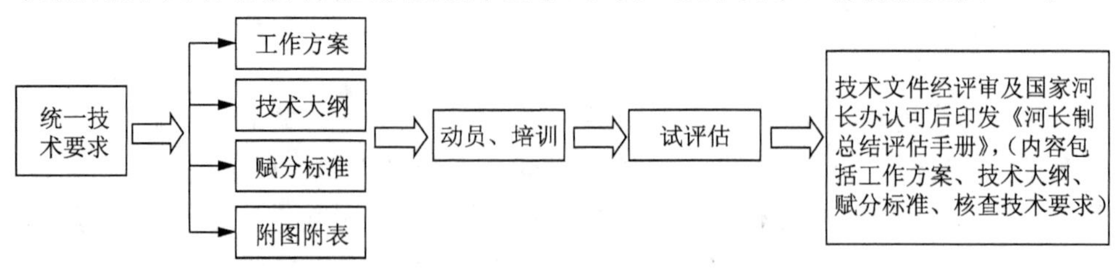

图 2.4　统一技术要求工作流程图

（二）专题调研，开展摸底工作

选择典型地区，赴浙江、福建、陕西、内蒙古、吉林、辽宁、贵州等省区开展典型调研评估，对全面建立河长制各项工作进展情况进行重点调研评估。对省、市、县、乡工作方案出台情况、河长组织体系建设情况、河长公示情况、相关制度制定出台及实施情况等进行调研，了解和掌握全面推行河（湖）长制各项工作的主要环节、控制因素和工作周期等情况，落实各省自评估方案，经调研摸底将《河长制总结评估手册》改进为详实完善的《河长制总结评估技术导则》；为全面开展总结评估做好准备。开展专题调研、摸底工作，流程见图 2.5。

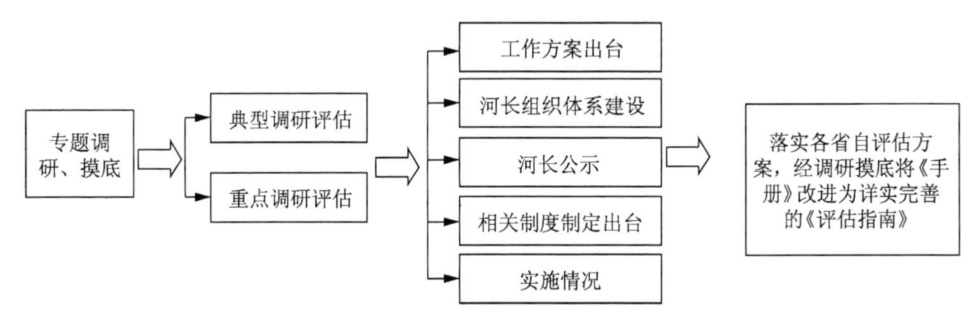

图 2.5　开展专题调研、摸底工作流程图

（三）省级自评，完成评估任务。

31 个省（自治区、直辖市）按照统一的技术要求，对省、市、县、乡全面推行河长制工作进行自评估，31 个省（自治区、直辖市）按照《技术大纲》要求，以 2018 年 12 月 31 日为截止日，对本省份全面建立河长制进行自评估，总结进展情况、典型经验和做法，查找问题，提出建议，并进行定量评估，填报基础数据表，指导协调各省按技术要求和《河长制总结评估技术导则》完成好自评估报告。各省区于 2019 年 1 月 10 日前向水利部河长办和评估机构提交自评估报告（提前提交自评估报告加分）。开展省级自评估工作流程见图 2.6。

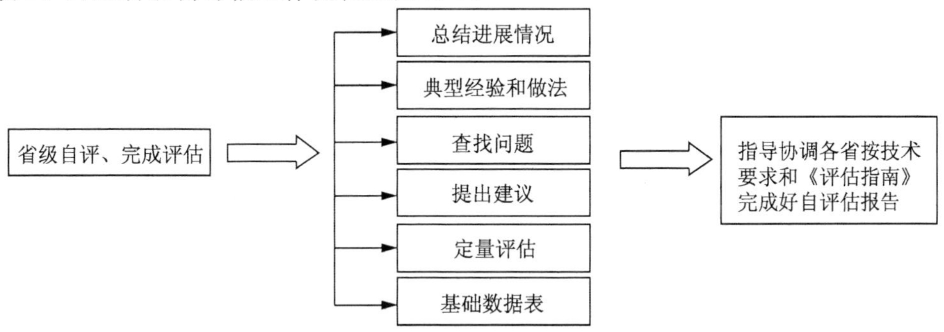

图 2.6　开展省级自评估工作流程图

（四）开展现场核查

按照《河长制总结评估技术大纲》《河长制总结评估核查技术要求》《河长制总结评估技术导则》;河海大学安排93名专家(负责人)和124名评估员共279人组成31个考评组(每个考评组由9人组成:1位组长,2位副组长,6位评估员)分别对31个省份进行现场核查,组长负责与国家及省河长办协调沟通,统筹全区评估工作,确保评估核查工作公平、公正、公开、科学、合理。第一副组长负责河湖管理保护、鼓励河湖管理保护创新两项核查情况,第二副组长负责前六项核查情况。8名组员就河长湖长组织体系建设、河湖长制办公室建设情况、河湖管护制度建设情况、河湖管护长效机制建设情况、河长湖长履职情况、工作组织推进情况、河湖管理保护情况、鼓励河湖管理保护创新8项评估内容开展工作。每个县抽查二条县级河湖(6×2=12条),每个市抽查二条市级河湖(3×2=6),每个省抽查2条省级河(湖)。重点核查河长公示牌,电话是否有人接听,河清、水畅、岸绿、景美的效果,每条河(湖)定位并拍照,放进核查报告,作为核查扣分的依据。编写完成31份核查报告,并与各省份交换核查意见(此项工作在省级自评完成时马上进行)。按照经评审并实践验证的《核查技术要求》,完成好各省的《核查报告》。

1. 听取汇报

考评组听取省、市、县关于建立河长制工作情况汇报,省级汇报要对省级河长建设情况、省级河流的过去和现状情况及自评估情况进行重点说明。市级汇报要对市级河长建设情况、市级河流的过去和现状情况及自评估情况进行重点说明。县级汇报要对县级河长建设情况、县级河流的过去和现状情况及自评估情况进行重点说明。

2. 资料核查

考评组核查工作方案、河长设立及公告、河长办设置、河长制制度、“一河一策”报告、“一河一档”等相关资料。按照评估大纲中评价内容进行资料整理核查。

3. 现场核查

按照《技术大纲》编制《核查技术要求》,河海大学安排6名专家(负责人)和60名评估员共66人,组成6个核查组分别对核查的省份、地级行政区、县级行政区和乡镇深入到河长制办公机构、有代表性河段、河道治理等现场,重点核查河长公示牌,电话是否有人接听,河清、水畅、岸绿、景美的效果,每条河(湖)定位并拍照,放进核查报告,作为核查扣分的依据,严格按照《核查技术要求》核查各省份被抽查县市每项指标的得分,确保核查评估数据可靠、公平公正。开展现场核查工作流程见图2.7。

4. 编制总结评估报告

根据自评估报告、核查报告和基础数据表,评估机构对全面建立河长制工作进

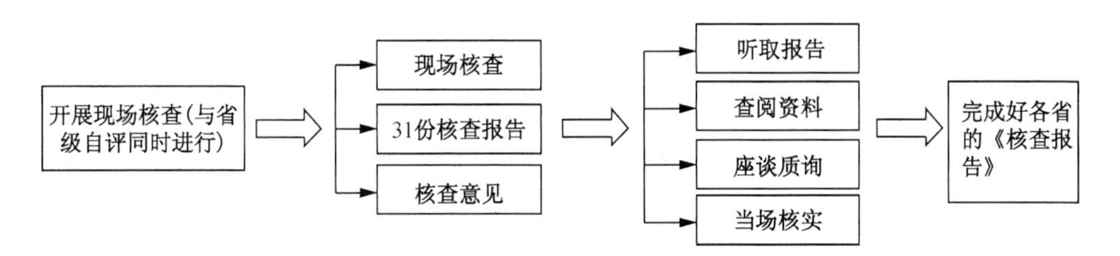

图 2.7　开展现场核查工作流程图

行定性与定量评价，评估机构对各省份报送的自评材料进行汇总复核与比较分析，随机抽取典型地区对相关材料真实性进行核定，提出评估意见，科学合理协调《自评报告》和《核查报告》，形成《总结评估报告》。作为水利部报送党中央、国务院全面推行河长制工作进展报告的附件上报。开展总结评估工作流程见图 2.8。

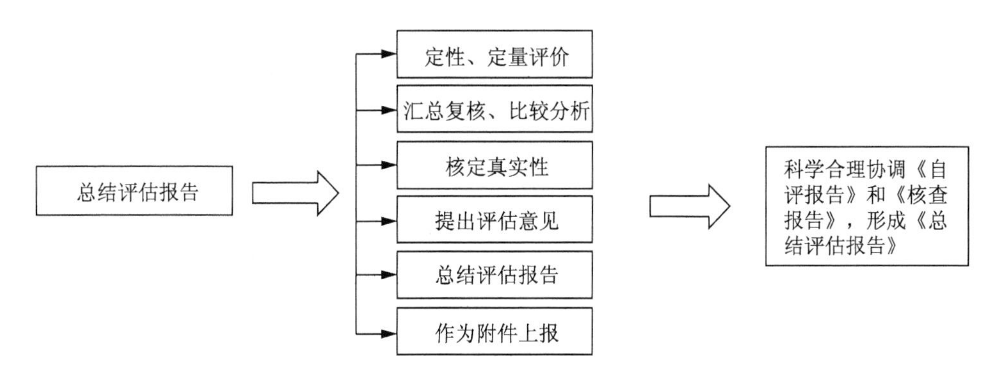

图 2.8　开展总结评估工作流程图

二、评估要点

从“有名”和“有实”两个方面，对 31 个省份(分为 6 个评估区)全面推行河(湖)长制工作开展总结评估。

根据中央全面推行河长制工作部署和要求，重点围绕河长湖长组织体系建设、河长制办公室建设情况、制度建设情况、河湖管护长效机制建设情况及河长湖长履职情况、工作组织推进情况、河湖管理保护情况、河湖管理保护创新示范情况，采取“自评估与第三方评估”相结合的方式，以省份为评估单元，对全面推行河(湖)长制工作情况进行总结评估，提出评估意见。

(一) 评估原则

1. 客观公正

以各省份开展的实际工作为依据，对各项工作进展情况进行客观分析，提出的评估结论真实可信。

2. 上下联动

以省份为评估单元，按照总结评估技术大纲要求，统计和填报数据，开展评估。河海大学组成核查组，对各省份进行抽样核查。根据自评估报告和核查报告，形成总结评估报告。

3. 有序推进

严格按照时间节点的要求，做好相关信息数据的收集、填报、统计、上报、核查和评估报告编制工作，确保按期完成总结评估任务。

4. 促进发展

通过总结评估，促进各省(自治区、直辖市)总结推进河(湖)长制的经验，找出存在的问题，明确努力的方向，促进各地推进河(湖)长制取得实效，利用评估引导地方将“河长制”与今年中央一号文件“乡村振兴战略”结合，解决农业面源污染的“癌症”，建设“生态河湖”“生态农业”“循环经济”“田园综合体”示范区，探寻符合各省实际的“治本之策”——保护环境、发展经济，实现人们对美好生活的想往。

(二) 评估方法

采用定性与定量相结合的方法，以定量评估为主。根据中央全面推行河长制工作任务及要求，将需要评估的内容细化分解为单项评估指标，根据每项指标工作进展情况进行赋分，所有得分合计为评估总分值，量化反映各省区工作进展。

“有名”“有实”两方面按照 40∶60 比例赋分。由河海大学按照评估内容设计评估指标体系及赋分规则，编写总结评估技术文件，由 31 个省区按照要求开展自评估。河海大学分别对 31 个省份自评估情况进行复核并开展现场抽样核查和社会满意度调查，每个省区分别随机抽取不少于 3 个地级行政区、每个地级行政区随机抽取不少于 2 个县级行政区进行抽样核查。最终以省为单位形成抽样核查报告，在此基础上撰写总结评估报告。

通过细化研究河长制六大任务，利用专家咨询法、头脑风暴法、德尔斐法，初步建立河长制实施效果评价指标体系。河长制工作的主体在于六大任务的落实，即水资源保护、水域岸线管理保护、水污染防治、水环境治理、水生态修复、执法监管，但是各地实际情况与河流大小有所不同，易造成评价指标的独特性。因此，在初步建立河(湖)长制评估指标体系时，首先利用专家咨询法、头脑风暴法、德尔斐法，建立全国河(湖)长制评估通用指标，然后结合各地实际情况，建立东北地区、黄淮海地区、长江中下游地区、东南沿海地区、西南地区、西北地区的区域特色《评价指标》及《赋分标准》、附图、附表等。(符合六个大区的指标体系和赋分标准河海大学已立基金项目，负责人是唐德善，若领导和专家们认为此次总结评估需考虑各区的特殊性，则可用之。为清楚起见，此处只讲分析统计后提炼出来的、全国统一的评估指标体系和赋分标准，以一把尺子量遍全国)。

评估指标体系设置3层。第1层为目标层，表征指标为全面建立河长制工作完成情况，以百分制表示。第2层为准则层，共设置8方面评估内容(根据各地实际确定附加评估项)。第3层为指标层，进一步细化准则层的各项内容。

1. 评估主要内容

(1) 河长湖长组织体系建设。

(2) 河长制办公室建设情况。

(3) 河长制制度建设情况。

(4) 河湖管护长效机制建设情况。

(5) 河长湖长履职情况。

(6) 工作组织推进情况。

(7) 河湖管理保护情况。

(8) 河湖管理保护创新情况。

2. 评估指标与赋分标准

从“有名”和“有实”两个方面，对31个省区全面推行河(湖)长制工作开展总结评估。“有名”主要包括河长湖长组织体系建设、河长制办公室建设情况、制度建设情况、河湖管护长效机制建设情况等;“有实”主要包括河长湖长履职情况、工作组织推进情况、河湖管理保护情况等，“有名”“有实”两方面按照40∶60比例赋分。

工作推进情况评估指标及赋分按照百分制设置不同内容的分值。按照《意见》《实施方案》要求，结合各地工作实践，上述8项评估内容中，2018年需要重点推进的工作包括河湖管理保护情况、河长组织体系建立、相关制度建设及督导考核实施情况。因此与之相关的内容分值相对较高，其他方面的工作内容分值相对较低。工作推进正常分值为100分，为考虑部分地区超前开展工作，设置加分项分值20分。正常评估分值与加分项分值之和除以100，即为该省份全面推行河长制中期工作完成率。

第五节　评估制度及管理制度

为保证总结评估工作的顺利进行，须制定严格合理的工作制度与管理制度，以下为制度内容：

一、请示汇报制度

(1) 各小组人员遇到本小组职权范围内的重要问题和事项要及时向组长请示报告。

(2) 各小组遇到超越本小组工作职权范围的问题和事项，由组长向项目负责人请示报告。

(3) 项目负责人对超出职权范围的事项要向水利部发展研究中心有关领导请示报告。

(4) 当上级下达工作任务后，组长须明确完成时间或组员自定预期完成的工作时间，督促组员合作完成。在工作进程中可实时请示汇报，同时要求在规定完成的时间内必须回报工作完成情况。未完成的必须说明未完成的原因及下一步的工作计划。

(5) 项目负责人负有监管执行、协调各资源帮助各考核小组完成任务的责任。

二、总结制度

(1) 各考评小组每周进行一次总结，总结内容为上周工作亮点及不足之处。

(2) 工作亮点的分享及不足之处的改进。

(3) 下周工作计划的一个安排。

(4) 总结报告按级呈报批复并递交至行政部保管。

三、会议制度

增设早会、午餐会等短会。

(1) 早会总时长不超过半个小时。小组组长早会 10～15 分钟，小组内部早会 10～15 分钟。主要内容为总结昨天的工作，明确今天的工作内容和计划。

(2) 午餐会由各考评小组自行组织，主要内容为小组当前遇到的问题，通过大家集思广益，共同探讨以寻求解决问题的最佳方案；小组内成功经验的分享，促进小组组员的工作能力的全面提升。

四、岗位职责制度

(1) 组长负责与国家及省河长办协调沟通，统筹全区评估工作，确保评估核查工作公平、公正、公开、科学、合理。

(2) 第一副组长负责河湖管理保护、鼓励河湖管理保护创新两项核查情况。

(3) 第二副组长负责河长湖长组织体系建设、河湖长制办公室建设、河湖管护制度建设、河湖管护长效机制建设及河长湖长履职、工作组织推进六项核查情况。

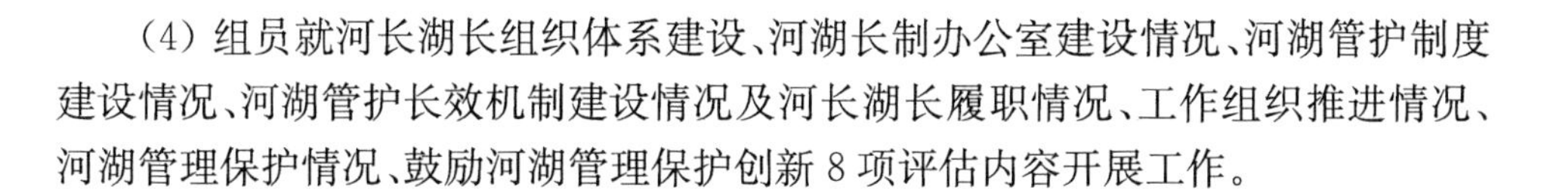

（4）组员就河长湖长组织体系建设、河湖长制办公室建设情况、河湖管护制度建设情况、河湖管护长效机制建设情况及河长湖长履职情况、工作组织推进情况、河湖管理保护情况、鼓励河湖管理保护创新 8 项评估内容开展工作。

五、借款及报销制度

（1）员工因工出差借款或报销，由各部门经理审签后，报财务部门审核，并送上级主管领导批准，方能借款或报销。凡有审签权限的部门负责人须在财务部门签留字样备案。

（2）员工出差应填写出差申请单，并按规定程序报批后，到财务部门预借出差费。

（3）员工出差返回后，填写差旅费报销单，按规定的时间及审批手续到财务部门报销。

具体借款及报销执行标准按照河海大学借款及报销制度执行。

第六节　评估人员职责及相关措施

一、评估人员职责

"河海大学评估队"是由 60 多位博士生导师和 100 多位教师、200 多位博士生、硕士生组成的具有丰富经验的调研队伍。

根据考核内容要求，按照东北地区、黄淮海地区、长江中下游地区、东南沿海地区、西南地区、西北地区六个区域分成 6 个评估小组。每个评估小组安排 1 名组长、2 名副组长，8 名组员。组长负责与国家及省河长办协调沟通，统筹全区评估工作，确保评估核查工作公平、公正、公开、科学、合理。第一副组长负责河湖管理保护、鼓励河湖管理保护创新两项核查情况，第二副组长负责前六项核查情况。8 名组员就河长湖长组织体系建设、河（湖）长制办公室建设情况、河湖管护制度建设情况、河湖管护长效机制建设情况及河长湖长履职情况、工作组织推进情况、河湖管理保护情况、鼓励河湖管理保护创新 8 项评估内容开展工作。

二、评估廉洁措施

打铁必须自身硬，铁打的纪律，廉洁的作风；"河海大学评估队"是一支纪律严明、廉洁自律的队伍。在多年的评估实践中，评估组成员本着洁身自好的原则，严禁吃请。实践证明，铁的纪律受到好评，树立了评估队伍的权威性。

为了防止可能存在玩忽职守、滥用职权或者徇私舞弊等渎职行为，保证评估工作做到公平、公正、透明。因此河海大学评估队制定廉政风险防控措施，减少评估人员廉政风险事件的发生。

(1) 不接受被评估单位请客、送礼、宴请及参加其他有可能影响客观公正监管的活动，只吃工作餐。

(2) 采取多种形式进行廉政教育、思想道德教育、职业道德教育，树立正确的人生观、价值观、权力观和社会主义荣辱观，提高抵御腐败侵袭的能力。注重政治理论和业务知识的学习，通过专题学习、研讨交流、自学等形式，不断提高自身综合素质。

(3) 正确行使手中权利，树立"公平、公正、公开"意识；组织评估人员学习并严格按照"四大纪律、八项要求"开展评估工作，弘扬正气，摒弃歪风邪气。

1. 四大纪律

严格遵守党的政治纪律、组织纪律、经济工作纪律和群众工作纪律。

2. 八项要求

要同党中央保持高度一致，不阳奉阴违、自行其是；

要遵守民主集中制，不独断专行、软弱放任；

要依法行使权力，不滥用职权、玩忽职守；

要廉洁奉公，不接受任何影响公正执行公务的利益；

要管好配偶、子女和身边工作人员，不允许他们利用本人的影响谋取私利；

要公道正派用人，不任人唯亲、营私舞弊；

要艰苦奋斗，不奢侈浪费、贪图享受；

要务实为民，不弄虚作假、与民争利。

3. 提倡"九个坚持、九个反对"

坚持解放思想、实事求是，反对因循守旧、不思进取；

坚持理论联系实际，反对照搬照抄、本本主义；

坚持密切联系群众，反对形式主义、官僚主义；

坚持民主集中制，反对独断专行、软弱涣散；

坚持党的纪律，反对自由主义；

坚持艰苦奋斗，反对享乐主义；

坚持清正廉洁，反对以权谋私；

坚持艰苦奋斗，反对享乐主义；

坚持任人唯贤，反对用人上的不正之风。

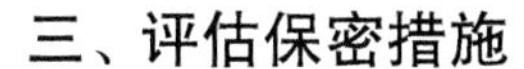

三、评估保密措施

为维护项目双方的自身利益，保守国家秘密、工作秘密和商业秘密，依据《中华人民共和国保守国家秘密法》，制定以下保密措施。

（1）全体员工都有保守评估项目秘密的义务。

（2）在对外交往和合作中，须特别注意不泄漏评估项目秘密，更不准出卖评估项目的秘密。

（3）评估秘密关系评估单位和被评估单位发展和利益，在一定时间内只限一定范围的评估人员知悉的事项。在评估结束前不得泄露下列秘密事项：

①招标项目的资料；

②各省的《自评估报告》；

③本评估机构制定的《核查报告》；

④本评估机构制定的《总结评估报告》；

⑤重要的合同；

⑥非向公众公开的财务情况、银行账户账号；

⑦其他评估项目负责人确定应当保守的评估项目秘密事项。

（4）属于评估项目秘密的文件、资料，应标明“秘密”字样。

（5）评估项目秘密应根据需要，限于一定范围的员工接触

（6）非经批准，不准复印秘密文件、资料等。

（7）记载有评估项目秘密事项的工作笔记，持有人必须妥善保管。如有遗失，必须立即报告并采取补救措施。

（8）接触评估项目秘密的人员，未经批准不准向他人泄露。非接触评估项目秘密的人员不得收集、泄露评估项目秘密。

四、评估合理化建议

“河海大学评估队”坚定“金杯银杯不如口碑”的信念，尽心尽责，客观公正，身在河海、心系全国，针对评估中发现的问题提出合理建议，为河长制全面发展做好参谋。

（1）建立健全奖惩体系，明晰“责、权、利”“权、责、利”对等，对参与评估工作的人员及时进行奖励或惩处，以提高人员的工作效率和积极性。对于表现良好的评估人员，进行大会表扬，表现十分突出者给予奖金奖励。对于表现不好的评估人员，经批评教育不改的，视情节轻重，分别给予扣除一定时期的奖金、扣除部分工资、警告、记过、降级、辞退、开除等处分。

（2）完善反馈机制，对与参与评估的人员所提出的合理化建议或投诉应该及

时接受或处理,鼓励参与人员从工作角度出发负责地反馈有效信息,提高参与人员的主动性并且促进工作创新。

(3) 提高评估效率,采取切实可行的措施,保证在计划工期内按期完成评估任务,力争合理提前;优化评估工作方案,搞好工序衔接和交叉项目的协调工作,做到均衡工作,提高效率。充分发挥本机构的科技优势,强化评估技术管理,加大新技术的开发应用,提高评估效率。强化材料管理。把好评估项目中材料的采购、运输、保管、发放及使用关,加强评估工作材料核算,以降低材料消耗费用。

(4) 利用评估促进全面推进河(湖)长制工作,考核评估工作是推动党的理论和路线方针政策、党中央决策部署贯彻落实的重要手段,是改进党的作风、激励广大干部担当作为的重要举措。在全面推行河(湖)长制总结评估工作中突出问题导向,既着重发现落实中存在的问题,又及时了解有关政策需要完善的地方。对督察检查考核中发现的问题,要以适当方式进行反馈,加强督促整改,最终目的是实现如期高质量的完成全面推行河(湖)长制工作。

(5) 利用评估引导地方将“河长制”与今年中央一号文件“乡村振兴战略”结合,解决农业面源污染的“癌症”,建设“生态河湖”“生态农业”“循环经济”“田园综合体”示范区,探寻符合各省实际的“治本之策”——保护环境、发展经济,实现人们对美好生活的想往。

综上所述,河海大学评估队秉承“艰苦朴素、实事求是、严格要求、勇于探索”的校训和“金杯银杯不如口碑”的实干精神,在历次的评估工作中表现出色,受到有关部门和居民的好评,实践证明河海大学评估队人员素质高,具有很强的责任心和严格的纪律,能客观、公正地处理评估中的各类问题,是一支拉得出、打得赢兼具团体优势的优秀评估队伍。

第三章 评估指标及评分标准

本章主要研究全国河(湖)长制推行情况复杂大系统总结评估指标体系构建,全面推行河(湖)长制总结评估,其内容之多(既有党中央国务院六大任务完成情况及成效评估,又有河湖长组织体系建设、制度及机制建设、履职情况及工作组织推进情况的总结评估),范围之广(空间上包括全国 31 个省、自治区、直辖市),难度之大(既要考虑水利部及生态环境部的统一性,又要考虑各省份的特殊性,技术大纲要科学、公平、合理,核查细则要合理、实用、可操作,各分值因素相互关系复杂),国内外尚未见到如此复杂庞大的大系统总结评估研究成果。本章在研究思路、理论、方法、手段、措施诸方面进行创新,划分为省、市、县、乡四级,分别从河(湖)长组织体系建设、制度及机制建设、履职情况、工作组织推进、湖河治理保护及成效五个部分的 17 个方面构建总结评估指标体系,研究指标赋分标准,分析计算省、市、县分值,得出各省份总结评估结论,并针对存在问题提出推进河(湖)长制健康发展的建议。

第一节 复杂大系统指标体系构建过程

自河长制被提出,有关河长制的研究成为社会热点,有从定性分析的角度对河长制制度研究[1,2,13]、河长制发挥的角色作用研究[3,4,5]、河长制发挥的效用研究[5,6,7,8,9,14]。章运超等从水资源保护、水污染防治、水环境治理、水生态修复 4 个层面构建了包含 17 个指标的评价河长制绩效的指标体系[10];李红梅等从监督手段、指标构建、考核方式三个角度对河长制的绩效评价体系进行研究[11];张丛林等从方案制定、组织形式、考核机制、长效执行机制和任务完成情况五个方面构建了包含 37 个原子指标的指标体系[12]。本章首先讨论全面推行河长制总结评估投标文件中总结的指标体系成果,结合国人研究成果进行初选;再采用专家分析法、贝叶斯判别与聚类分析方法,优选出重要指标;最后采用权重区间的思想并结合专家组研讨对指标体系各项指标制定百分制赋分标准。依此指标体系对全国 31 个省(自治区、直辖市)推行河长制情况开展总结评估并取得良好的实践结果，指标体系构建过程见图 3.1。

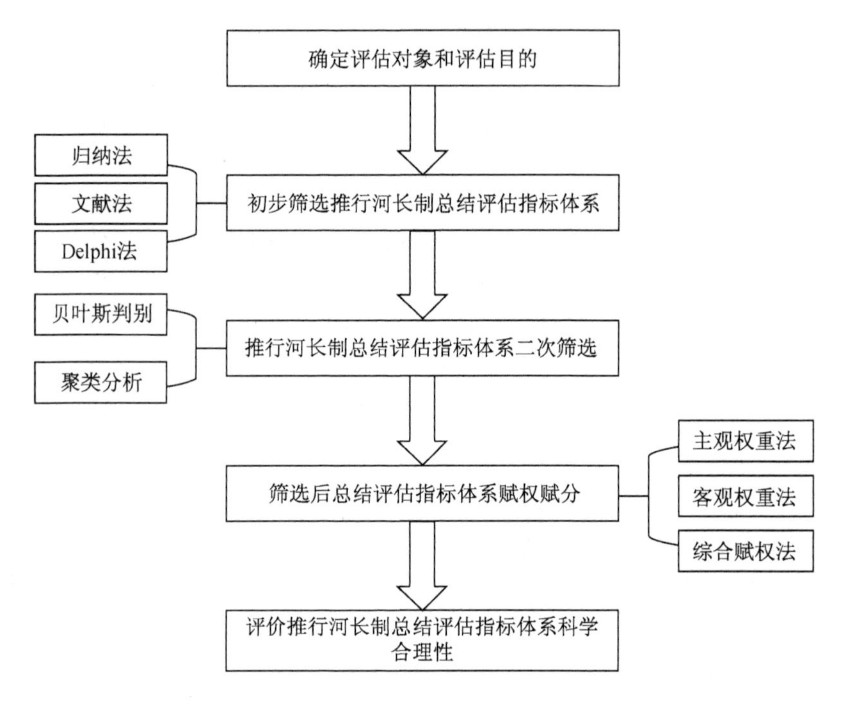

图 3.1　指标体系构建过程

第二节　总结评估指标体系初选

一、指标体系构建原则

(一) 科学性原则

(1) 该指标体系有代表性，可以完整地评估全面推行河(湖)长制成效；

(2) 准则层和指标层之间层次分明，体系结构严谨。

(二) 合理性原则

(1) 构建指标体系要客观，针对差异地区的指标体系应普遍适用；

(2) 指标个数应适度，在相对完备的情况下，尽量压缩指标数量。

在一定量人力物力财力条件下，充分考虑相应指标数据获得的难易度，最大程度上实现一手资料充分利用。

二、指标体系初选

在采用 Delphi 法[15]过程中，首先确定专家组和调查组，然后就研究问题与专家组成员采用电子邮件的方式分别进行了三轮沟通、反馈、汇总工作。进而初步筛选出如表 3.1 所示的 8 个方面总结评估指标体系，主要包括：河长湖长组织体系建设、河长制办公室建设情况、河长制制度建设情况、河湖管护长效机制建设情况、河长湖长履职情况、工作组织推进情况、河湖管理保护情况、河湖管理保护创新情况。指标体系初选阶段主要采用文献归纳法、Delphi 法。

表 3.1　全面推行河（湖）长制评估指标体系初选结果

总结评估内容	总结评估指标
1. 河长湖长组织体系建设	省市县乡四级河湖长制体系情况
	省市县乡四级总河长设立及公告情况
	省市县乡四级河（湖）长设立和公告情况
	省市县乡四级河长制成员单位职责分工情况
2. 河（湖）长制办公室建设情况	省市县各级河（湖）长制办公室设置情况
	省市县各级河（湖）长制办公室履职情况
	组织召开总河长会议、河长大会、部门联席会议和省河长制办公会议
	河（湖）长公示牌设置情况
3. 制度建设情况	省、市、县各级六项制度建立情况
	省级政策措施完善情况
	工作机制建设情况
	河湖管护责任主体落实情况
4. 河湖管护长效机制建设情况	组织领导情况
	资金保障情况
	科技支撑情况
	考核评价情况

续表

总结评估内容	总结评估指标
5. 河长湖长履职情况	省级河长湖长履职情况
	市(地)级河长湖长履职情况
	县(市、区)级河长湖长履职情况
	乡(镇)级河长湖长履职情况
	重大问题处理情况
6. 工作组织推进情况	河长制管理体系建设情况
	河长制工作任务落实情况
	河长制基础工作开展情况
	“一河(湖)一档”“一河(湖)一策”及信息系统应用情况
	宣传与培训情况
	监督检查和考核评估到位情况
7. 河湖管理保护情况	水资源保护情况
	水域岸线管护情况
	水污染防治情况
	水生态修复情况
	河湖生态治理及农村污水治理情况
	河湖生态综合治理情况
	地级及以上城市建成区黑臭水体整治情况
	河湖水质及城市集中式饮用水水源水质达标情况
8. 鼓励河湖管理保护创新示范	开展生态河湖示范建设数量及质量
	实施河湖管理保护社会满意度测评数量及质量
	河湖治本示范区建设数量及质量

第三节　指标体系优选

筛选指标的方法理论上可以分为三类:定性方法、定量方法以及定量定性相结合方法。定性分析方法主要依靠专家意见法,然而这类方法往往带有专家的主观臆断、个人偏好等特征，应用虽然广泛，但是相比定量分析缺乏说服性。定量方法是基于统计学理论和数学理论之上，能够更好地为指标体系筛选呈现出全面性、科学性以及合理性，受到更多学者的追捧。定量方法主要有：主成份分析、相关性系数、灰色关联分析、极大极小离差法等等，这些方法瑕瑜互见，在实际应用过程中通常采用两种以上的方法来克服单种方法的缺陷。本章在指标筛选过程中采用贝叶斯判别和聚类分析法。

采用贝叶斯判别法对指标体系进行筛选的标准是判别精度，判别精度表示贝叶斯判别样本数与实际样本数接近度，越接近表示指标体系判别效果越好[16]。具体步骤如下：

步骤1.对所有指标数据进行标准化，总结评估指标均为正向指标，则计算公式[16]为：

$$x_{ij}=\frac{a_{ij}-\min(a_{ij})}{\max\limits_{1\leqslant j\leqslant n}(a_{ij})-\min\limits_{1\leqslant j\leqslant n}(a_{ij})} \tag{3.1}$$

x_{ij} 表示河长制总结评估系统第 i 个总体的第 j 个指标标准化后的数值。（$i=1,2,\cdots,n$；$j=1,2,\cdots,m$）。

步骤2.根据贝叶斯判别规则[16]测算推行河长制总结评估指标的判别精度公式(3.2)，判断样本属于哪一个总体：

$$P(i\mid x)=\max\{P(G_i\mid x)\} \tag{3.2}$$

如果满足下述公式(3.3)，则说明该样本来源于第 i 个总体，记为 D_i。

$$P(G_i\mid x)>P(G_{i-1}\mid x) \tag{3.3}$$

在公式(3.3)中，

$$P(G_i\mid x)=\frac{\hat{p}_i f_i(x)}{\sum\limits_{i=1}^{n}\hat{p}_i f_i(x)} \tag{3.4}$$

其中，$P(G_i\mid x)$ 表示样本来自第 i 个总体的后验概率；$\hat{p}_i$ 表示样本来自第 i 个总体的先验概率；$f_i(x)$ 表示第 i 个总体的核密度函数。$\hat{p}_i$ 和 $f_i(x)$ 的计算公式分别如(3.5)和(3.6)：

$$\hat{p}_i=\frac{n_i}{\sum\limits_{i=1}^{n}n_i} \tag{3.5}$$

$$f_i(x)=\frac{1}{n_i h_n}\sum_{j=1}^{n_i}K\left(\frac{x-X_{ij}}{h_n}\right) \tag{3.6}$$

在公式(3.6)中，h_n 是一个平滑参数，通过平均积分平方误差衡量，计算公式为(3.7)：

$$h_n = \left[\frac{\int_{-\infty}^{+\infty} K(x)^2 \mathrm{d}x}{\left(\int_{-\infty}^{+\infty} x^2 K(x) \mathrm{d}x\right)^2} \right]^{0.2} \left[\int_{-\infty}^{+\infty} f''(x)^2 \mathrm{d}x \right]^{-0.2} n^{-0.2} \tag{3.7}$$

在公式(3.7)中，核密度函数 $K(x)$ 采用高斯核函数(3.8)：

$$K(x) = \frac{1}{\sqrt{2\pi}} \mathrm{e}^{-\frac{1}{2}x^2} \tag{3.8}$$

用 M 表示所有样本的判断精度，计算公式为(3.9)：

$$M = \frac{\sum_{i=1}^{n} M^{(i)}}{n} \tag{3.9}$$

其中，$M^{(i)} = \frac{D}{n_i}$，n_i 表示第 i 个样本的实际个数，D_i 表示贝叶斯判别的第 i 个样本个数。

步骤 3. 根据步骤 2 计算推行河长制总结评估指标体系中所有指标的判断精度 M_0 。

步骤 4. 计算该总结评估指标体系中不包含第 j 个指标的判断精度，将剩余的 $m-1$ 个指标带入步骤 2 中，计算得出 $m-1$ 个指标的判断精度 M_j 。

步骤 5. 计算第 j 个指标对总结评估指标体系的判断精度的影响度，计算公式为(3.10)：

$$U_j = M_j - M_0 \tag{3.10}$$

如果 $U_j \geqslant 0$，则表示删除该指标后，总结评估指标体系判断进度有所提升或不变，因此应删除该指标；反之，保留该指标。

步骤 6. 当总结评估指标对判断精度影响程度累计比重达到 95%及以上时[16]，停止累加指标。计算公式为(3.11)：

$$Y^{(k)} = \sum_{j=1}^{k} \frac{|U_j|}{\sum_{j=1}^{k} |U_j|} \tag{3.11}$$

$Y^{(k)}$ 表示指标对判断精度累计影响程度。

步骤 7. 针对保留下来的指标采用聚类分析的思想再度处理，即将保留下来的单个指标均视为一个类，然后寻找某指标与另一个指标距离最近且估计密度较大的指标，对其所属两类进行合并。估计密度公式[16]为(3.12)：

$$\hat{f}_j = \frac{m_j}{m\, v_j} \tag{3.12}$$

其中，m 表示指标数，v_j 表示以指标 j 为中心的球的体积，m_j 表示在该球内包含的指标数。

步骤 8. 对其他指标，合并那些估计密度等于某些相邻指标的估计密度但不小于任何相邻指标的估计密度的指标所属的类。

步骤 9. 剔除类中对指标体系判别精度影响程度较小的指标，保留类中对指标体系判断精度影响程度较大的指标。

经过上述方法筛选的指标递阶层次结构见图 3.2。

递阶层次结构分为四层：

A 层，这一层次是预定目标，即河长制总结评估成效。

B 层，这一层次中包含了为实现 A 层成效所涉及的 5 个方面。

C 层，该层次包括了实现 B 层 5 个方面的 17 个核心指标。

D 层，该层次包括了实现 C 层 17 个核心指标的 48 个核心数据。

第四节　评分标准研究

采用喻登科提出的权重区间的思路[17]，主要是通过糅合多种赋权方法，通过优化权重置信区间，并结合专家组研讨对表 3.1 指标体系各项指标制定百分制赋分标准。算法具体操作步骤如下。

步骤 1. 采用层次分析法确定指标权重区间，计算公式[17]为：

$$\overline{w}_j \in [\min_l \overline{w}_{lj}, \max_l \overline{w}_{lj}] \tag{3.13}$$

其中，l 代表专家位数，j 代表指标体系指标个数。用矩阵 $\boldsymbol{A}$ 表示 l 位专家对 j 个指标的权重矩阵。

$$\boldsymbol{A} = \begin{pmatrix} \overline{w}_{11} & \overline{w}_{12} & \cdots & \overline{w}_{1j} \\ \overline{w}_{21} & \overline{w}_{22} & \cdots & \overline{w}_{2j} \\ \vdots & \vdots & \ddots & \vdots \\ \overline{w}_{l1} & \overline{w}_{l2} & \cdots & \overline{w}_{lj} \end{pmatrix} \tag{3.14}$$

为保证足够多的客观权重区间，应尽可能采用多种客观确权法。确定指标权

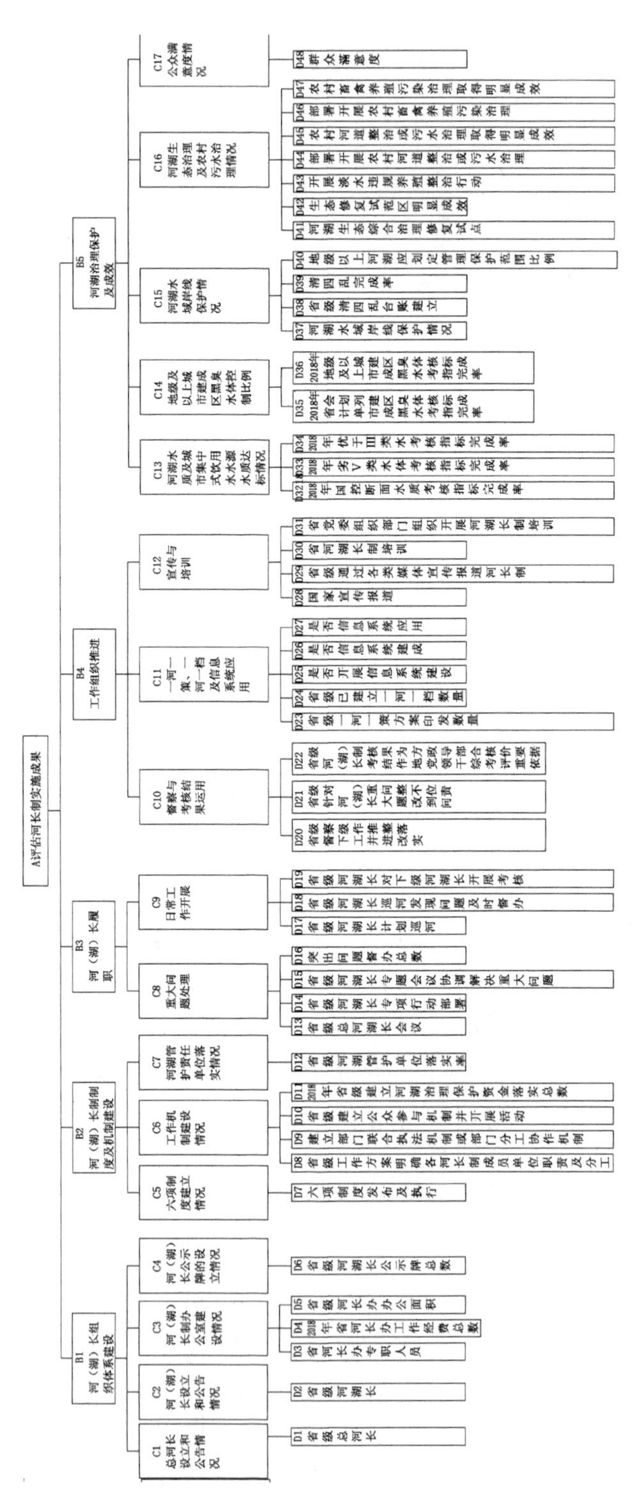
A评估河长制实施成果
B1 河（湖）长组织体系建设
B2 河（湖）长制制度及机制建设
B3 河（湖）长履职
B4 工作组织推进
B5 河湖治理保护及成效
C1 总河长设立和公告情况
C2 河（湖）长设立和公告情况
C3 河（湖）长制办公室建设情况
C4 河（湖）长公示牌的设立情况
C5 六项制度建立情况
C6 工作机制建设情况
C7 河湖管护责任单位落实情况
C8 重大问题处理
C9 日常工作开展
C10 督察与考核结果运用
C11 一河一策、一河一档及信息系统应用
C12 宣传与培训
C13 河湖水质及城市集中式饮用水水源水质达标情况
C14 地级及以上城市建成区黑臭水体控制比例
C15 河湖水域岸线保护情况
C16 河湖生态治理及农村污水治理情况
C17 公众满意度情况
D1 省级总河长
D2 省级河湖长
D3 省河长办专职人员
D4 2018年省河长办工作经费总数
D5 省级河长办办公面积
D6 省级河湖长公示牌总数
D7 六项制度发布及执行
D8 省级工作方案明确各河长制成员单位职责及分工
D9 建立部门联合执法机制或部门分工协作机制
D10 省级建立公众参与机制并开展活动
D11 2018年省级建立河湖治理保护资金落实总数
D12 省级河湖管护单位落实率
D13 省级总河湖长会议
D14 省级河湖长专项行动部署
D15 省级河湖长专题会议协调解决重大问题
D16 突出问题督办总数
D17 省级河湖长计划巡河
D18 省级河湖长巡河发现问题及时督办
D19 省级河湖长对下级河湖长开展考核
D20 省级督察下级工作推进落实
D21 省级针对河（湖）长重大问题整改不到位问责
D22 省级河（湖）长制考核结果作为地方党政领导干部综合考核评价重要依据
D23 省级一河一策方案印发数量
D24 省级已建立一河一档数量
D25 是否开展信息系统建设
D26 是否信息系统建成
D27 是否信息系统应用
D28 国家宣传报道
D29 省级通过各类媒体宣传报道河长制
D30 省河湖长制培训
D31 省党委组织部门组织开展河湖长制培训
D32 2018年国控断面水质考核指标完成率
D33 2018年劣V类水体考核指标完成率
D34 2018年优于III类水体考核指标完成率
D35 2018年省会计划单列市建成区黑臭水体考核指标完成率
D36 2018年地级及以上城市建成区黑臭水体考核指标完成率
D37 河湖水域岸线保护情况
D38 省级清四乱台账建立
D39 清四乱完成率
D40 地级以上河湖应划定管理保护范围比例
D41 河湖生态综合治理修复试点
D42 生态修复试范区明显成效
D43 开展渗水违规养殖整治行动
D44 部署开展农村河道整治或污水治理
D45 农村河道整治或污水治理取得明显成效
D46 部署开展农村畜禽养殖污染治理
D47 农村畜禽养殖污染治理取得明显成效
D48 群众满意度

图 3.2 递阶层次结构图

重区间公式[17]可表示为：

$$\underline{w}_j = [\min \underline{w}_{cj}, \max \underline{w}_{cj}] \tag{3.15}$$

其中，c（$c=2,3,\cdots$）表示采用方法个数。用矩阵 $\boldsymbol{B}$ 表示 c 种方法对 j 个指标的权重矩阵。

$$\boldsymbol{B} = \begin{pmatrix} \underline{w}_{11} & \underline{w}_{12} & \cdots & \underline{w}_{1j} \\ \underline{w}_{21} & \underline{w}_{21} & \cdots & \underline{w}_{2j} \\ \vdots & \vdots & \ddots & \vdots \\ \underline{w}_{c1} & \underline{w}_{c1} & \cdots & \underline{w}_{cj} \end{pmatrix} \tag{3.16}$$

步骤 2. 计算权重区间的置信度和精确度[17]。

用置信度表示两种权重区间的重合程度，置信度公式为：

$$\rho_j = \frac{\| \overline{w}_j \cap \underline{w}_j \|}{\| \overline{w}_j \cup \underline{w}_j \|} \tag{3.17}$$

用精确度代表两种权重总区间的一致性程度，精确度公式为：

$$\theta_j = 1 - \| \overline{w}_j \cup \underline{w}_j \| \tag{3.18}$$

步骤 3. 判断置信度和精确度是否达到要求。达到要求与否依赖于所研究问题和专家的判断，若是，则得到最终权重区间；否则重新执行步骤 2 和步骤 3。

先计算各指标权重区间中心 $w_j^{(t)}$ [17]，计算公式如下(3.19)：

$$w_j^{(t)} = \frac{\min(\min_l \overline{w}_{lj}, \min \underline{w}_{cj}) + \max(\max_l \overline{w}_{lj}, \max \underline{w}_{cj})}{2} \tag{3.19}$$

其中，t 表示为计算该中心次数。

再计算其与各组权重的相关度 $\gamma_j^{(t)}$ [17,18]，计算公式如(3.20)、(3.21)：

$$\rho(w_j^{(t)}, A_{lj} OR\ B_{cj}) = \frac{\min_l \min_j |w_j^{(t)} - A_{lj} OR\ B_{cj}| + \varepsilon \max_l \max_j |w_j^{(t)} - A_{lj} OR\ B_{cj}|}{|w_j^{(t)} - A_{lj} OR\ B_{cj}| + \varepsilon \max_l \max_j |w_j^{(t)} - A_{lj} OR\ B_{cj}|},$$
$$\varepsilon = 0.5 \tag{3.20}$$

$$\gamma_j^{(t)} = \frac{1}{17} \sum_{j=1}^{17} \rho(w_j^{(t)}, A_{lj} OR\ B_{cj}) \tag{3.21}$$

在此基础上，剔除相关度最小的权重组合，确定新的权重区间，直到得出满意的置信度和满意度。

步骤 4. 结合各个指标权重区间，采用百分制评分标准得出各个指标的分值区间。

步骤 5. 邀请业内专家就制定推行河长制总结评估标准展开研讨，请专家们参考步骤 4 分值区间并结合自己的经验和看法，对各个指标评出一个分值。

步骤 6. 针对每个指标，所有各位专家打分求平均值，采用四舍五入的方法得出指标分值。

根据上述步骤测得关于全面推行河长制总结评估 17 项指标分值标准，见表 3.2。

表 3.2　全面推行河(湖)长制总结评估指标体系及评分标准

内容及分值	指标及分值	评分标准
一、河(湖)长组织体系建设(25分)	1. 总河长设立和公告情况(4分)	明确省级总河长并公告的，得 1 分。 明确市、县、乡三级总河长并公告的，得 3 分；未全部明确或公告的，按比例赋分：各级得分＝(符合要求的数量/总的数量)×1.0；公告形式包括报纸、电视、网络等，乡级公告可以是乡镇街道政务信息公开栏。
	2. 河(湖)长设立和公告情况(9分)	省级主要河湖全部明确省级河(湖)长并公告的，得 3 分；未全部明确并公告的，得 0 分。 市、县、乡级主要河湖全部明确各级河(湖)长并公告的，得 6 分；未全部明确并公告的，按比例赋分，各级得分＝(符合要求的数量/总的数量)×2.0。公告形式包括报纸、电视、网络等，乡级公告可以是乡镇街道政务信息公开栏。省、市、县、乡河(湖)长未按要求设立(如：河湖未全覆盖、不是同级负责同志担任河(湖)长)发现 1 例扣除该级该项全部分值。
	3. 河(湖)长制办公室建设情况(8分)	人员到位情况(4 分)。 包括专职人员(含正式编制、抽调人员)和兼职人员。根据各级河(湖)长制办公室专职人员数量和专兼职人员比例赋分。河长制办公室专职人员与兼职人员，应有相应的文件证明。 省级河长办专职人员 5 人以下的，得 0.5 分；5 人及以上的，得 1 分；8 人及以上的，得 1.5 分；专职人员数量多于兼职人员的，得 0.5 分。 全部市级河长办专职人员 5 人及以上的，得 1 分；未得 1 分的，按比例赋分，得分＝(符合要求的市数量/总的市数量)×1.0。 全部县级河长办专职人员 3 人及以上的，得 1 分；未得 1 分的，按比例赋分，得分＝(符合要求的县数量/总的县数量)×1.0。 工作经费保障情况(2 分)。 省级河(湖)长制办公室工作经费列入财政预算或有稳定资金渠道的，得 1 分。 全部市、县级河(湖)长制办公室工作经费列入财政预算或有稳定资金渠道的，得 1 分；未全部符合要求的，按比例赋分，各级得分＝(符合要求的数量/总的数量)×0.5。 办公场所到位情况(2 分)。 省级河(湖)长制办公室有明确的办公场所和标牌，得 1 分。 全部市、县级河(湖)长制办公室有明确的办公场所和标牌，得 1 分；未全部符合要求的，按比例赋分，各级得分＝(符合要求的数量/总的数量)×0.5。

续表

内容及分值	指标及分值	评分标准
一、河（湖）长组织体系建设(25分)	4. 河（湖）长公示牌的设立情况(4分)	省、市、县、乡四级河（湖）长公示牌内容规范，标明河（湖）长职责或任务、河湖概况、管护目标、河（湖）长姓名、河（湖）长职务、联系或监督电话等内容的，得4分；未符合要求的，按比例赋分，各级得分=（符合要求的数量/总的数量）×1.0。公示牌已毁损未及时修复或监督电话拨打3次及以上无人接听且无回复，发现1例减0.1分（抽查总数不少于10块）。 各级河（湖）长如有岗位调整，新任河（湖）长到位1个月后未更新河（湖）长公示牌，发现1例减0.2分。
二、河（湖）长制制度及机制建设情况(15分)	5. 省、市、县六项制度建立情况(4分)	省、市、县河长会议、信息共享、信息报送、工作督察、考核问责与激励、验收六项制度全部建立、发布并执行。省级得2分，市级得1分，县级得1分；未出台制度的或出台的制度没有实时记录的，发现1例减0.1分。
	6. 工作机制建设情况(8分)	部门分工协作机制(4分) 省级工作方案明确各河长制成员单位职责及分工，得1分；建立部门联合执法机制或部门分工协作机制，得1分。共2分。 全部市、县级工作方案明确各河长制成员单位职责及分工，得1分，未全部符合要求的，按比例赋分，各级得分=（符合要求的数量/总的数量）×0.5；建立部门联合执法机制或部门分工协作机制，得1分，未全部符合要求的，按比例赋分，各级得分=（符合要求的数量/总的数量）×0.5。 公众参与机制(2分) 省级建立公众参与机制并开展活动的，每次0.5分，最高得1分。 全部市、县级建立公众参与机制并开展活动的，得1分；未全部符合要求的，按比例赋分，各级得分=（符合要求的数量/总的数量）×0.5。 活动包括聘请社会监督员或民间河湖长、开展河湖志愿者活动、征文、摄影展（赛）、知识竞赛、科普活动、河湖管护建议、微信公众平台、六进（进单位、进机关、进企业、进学校、进社区、进乡村）等。 资金投入机制(2分) 省级建立河湖治理保护资金投入机制并落实的，得1分。 全部市、县级建立同级河湖治理保护资金投入机制并落实的，得1分；未全部符合要求的，按比例赋分，各级得分=（符合要求的数量/总的数量）×0.5。
	7. 河湖管护责任单位落实情况(3分)	省级主要河湖落实管护责任单位的，得1分。 全部市、县级主要河湖落实管护责任单位的，得2分；未全部符合要求的，按比例赋分：各级得分=（符合要求的数量/总的数量）×1.0。
三、河（湖）长履职情况(12分)	8. 重大问题处理(8分)	省、市、县组织召开总河（湖）长会议部署工作的，得2分。 省、市、县级河（湖）长签发专项行动等工作部署的，得2分。 省、市、县级河（湖）长召开专题会议协调解决重大问题的，得2分。 省、市、县级突出问题挂牌督办的，得2分。 未完全按上述要求履职的，酌情扣分。

续表

内容及分值	指标及分值	评分标准
三、河(湖)长履职情况(12分)	9. 日常工作开展(4分)	省、市、县级河(湖)长巡河(湖)次数均达到制度或计划要求的,得1分。 省、市、县级河(湖)长巡河发现问题及时督办的,得1分; 省、市、县级河(湖)长对下级河(湖)长以及同级河(湖)长制组成部门开展考核工作的,得2分。 未完全按上述要求履职的,酌情扣分。
四、工作组织推进情况(16分)	10. 督察与考核结果运用情况(6分)	省、市、县督察下级河(湖)长制工作并推进整改落实的,得1.5分,每级0.5分;市、县两级未全部符合要求的,按比例赋分,各级得分=(符合要求的数量/总的数量)×0.5。 针对河(湖)长不作为、慢作为或对重大问题整改不到位开展问责的,得1.5分,每级0.5分;市、县两级未全部符合要求的,按比例赋分,各级得分=(符合要求的数量/总的数量)×0.5。 省、市、县有河(湖)长制考核方案,考核结果作为地方党政领导干部综合考核评价重要依据的,得3分,每级1分;市、县两级未全部符合要求的,按比例赋分,各级得分=(符合要求的数量/总的数量)×1.0。
	11. “一河(湖)一策”“一河(湖)一档”及信息系统应用(6分)	组织编制完成并印发省级河湖“一河(湖)一策”方案的,得2分;未符合要求的,按比例赋分,得分=(完成并印发的数量/省级河湖总数量)×2.0。 组织建立省级河湖“一河(湖)一档”,得1分;未符合要求的,按比例赋分,得分=(建立的数量/省级河湖总数量)×1.0。 省级建立河湖长管理信息系统并应用的,得1.5分,其中已开展建设的得1分。 全部市、县级应用河湖长信息系统的,得1.5分;未全部应用的,按比例赋分,各级得分=(应用的数量/总的数量)×x。(市x=1,县x=0.5)
	12. 宣传与培训情况(4分)	省级通过电视、网站、报纸、公众号等各类媒体宣传报道河湖长制,得1分。 全部市、县级通过电视、网站、报纸、公众号等各类媒体宣传报道河湖长制,得1分;未全部达到要求的,按比例赋分,各级得分=(符合要求的数量/总的数量)×0.5。 得到国家媒体宣传或报道的,每1次加0.1分;因工作不到位出现负面报道的,每1次减0.1分;宣传总得分不超过2分。 省级河长办组织河(湖)长制培训的,培训1期得0.5分,2期得0.8分,3期及以上得1分。 市、县级河长办组织河(湖)长制培训的,得1分;未全部达到要求的,按比例赋分,各级得分=(培训期数/总数)×0.5 各级党委组织部门组织开展河(湖)长制培训的,每1例,加0.2分;培训总得分不超过2分。

续表

内容及分值	指标及分值	评分标准
五、河湖治理保护及成效（32分）	13. 河湖水质及城市集中式饮用水水源水质达标情况（9分）	国控断面水质的地表水水质优良比例达到《水污染防治行动计划实施情况考核规定》确定的考核指标要求的，得3分，每下降1个百分点，减0.5分；最低得0分。 国控断面水质的地表水劣Ⅴ类水体控制比例达到《水污染防治行动计划实施情况考核规定》确定的考核指标要求的，得3分，每上升1个百分点，减0.5分；最低得0分。 地级及以上城市集中式饮用水水源水质达到或优于Ⅲ类的比例达到《水污染防治行动计划实施情况考核规定》确定的考核指标要求的，得3分，每下降1个百分点，减0.5分；最低得0分。
	14. 地级及以上城市建成区黑臭水体控制比例（4分）	直辖市建成区黑臭水体消除比例高于90%，得4分；每下降1个百分点，减0.5分；最低得0分。 其他省份的省会城市、计划单列市建成区黑臭水体消除比例高于90%，得2分；每下降1个百分点，减0.5分，最低得0分；地级及以上城市建成区黑臭水体消除比例达到《水污染防治行动计划实施情况考核规定》确定的考核指标要求的，得2分，每下降1个百分点，减0.5分，最低得0分。
	15. 河湖水域岸线保护情况（9分）	“清四乱”等专项行动部署情况（2分） 省级有“清四乱”等河湖整治专项行动并部署的，得1分。 全部市、县级有“清四乱”等河湖整治专项行动并部署，得1分，未全部部署的，按比例赋分，各级得分=（部署的数量/总的数量）×0.5。 河湖管理保护范围划定情况（3分） 地市级以上河湖已全部划定管理范围的，得3分；50%河湖完成划定的，得1.5分；30%河湖完成划定的，得0.5分；其余不得分。 水域岸线管护情况（4分） 建立省级“清四乱”台账的，得1分。 按水利部要求，“清四乱”完成率（已清理数量/台账总数）达80%以上，得3分，50%以上，得2分；已开展清理工作并取得一定成效，得1分，未开展清理工作，得0分；其中长江经济带省份未按要求完成固体废物清理整治的，发现1例减0.2分，最高扣减1分；长江干流沿岸省份未按要求完成336项岸线整治的，发现1例减0.5分，最高扣减1分。 对于流域面积1 000 km^2 以上的河流、水面面积1 km^2 以上的湖泊，核查时发现有未纳入“清四乱”台账或漏报瞒报的，每发现1例，减0.2分，最高扣减3分。
	16. 河湖生态治理及农村污水治理情况（5分）	部署开展农村河道整治或农村污水治理的，得0.5分；已开展整治并取得明显成效的，得0.5分。 部署开展农村畜禽养殖污染治理的，得0.5分；已开展整治并取得明显成效的，得0.5分。 全省组织开展河湖生态综合治理修复工作并取得明显成效的，得2分；其中，组织开展河湖生态综合治理修复试点的，得1分。 组织开展河湖水域围网肥水养殖整治并取得明显成效的，得1分。
	17. 公众满意度情况（5分）	河长制实施的群众满意度调查，满意度≥90%，得5分；90%>满意度≥80%，得4分；80%>满意度≥70%，得3分；70%>满意度≥60%，得2分；60%>满意度≥50%，得1分；满意度<50%，得0分。

注：计算分值保留小数点后二位。

第五节 指标解析

表3.2中呈现的指标可从“有名”和“有实”两个方面解析。“有名”包含的评估内容主要为:河(湖)长组织体系建设、河(湖)长制制度及机制建设。“有实”包含的评估内容重点为:河长湖长履职情况、工作组织推进情况、河湖管理保护及成效。具体指标解析如下。

(一) 总河长设立和公告情况

该指标主要包括设立省、市、县、乡四级总河长并采用报纸、电视、网络或是乡镇街道政务信息公开栏等形式公告。

(二) 河(湖)长设立和公告情况

省、市、县、乡四级主要河湖全部明确省级河(湖)长并采用报纸、电视、网络或乡镇街道政务信息公开栏等形式公告。

(三) 河(湖)长制办公室建设情况

该指标主要包含人员到位情况,指专职人员(含正式编制、抽调人员)和兼职人员;工作经费保障情况,指省、市、县级河(湖)长制办公室工作经费列入财政预算或有稳定资金渠道的;办公场所到位情况,指省、市、县级河(湖)长制办公室有明确的办公场所和标牌。

(四) 河(湖)长公示牌的设立情况

主要指省、市、县、乡四级河(湖)长公示牌内容规范,标明河(湖)长职责或任务、河湖概况、管护目标、河(湖)长姓名、河(湖)长职务、联系或监督电话等内容。

(五) 省、市、县六项制度建立情况

主要指省、市、县河长会议、信息共享、信息报送、工作督察、考核问责与激励、验收等六项制度全部建立、发布并执行的情况。

(六) 工作机制建设情况

该指标主要包含:①部门分工协作机制,省级工作方案明确各河长制成员单位职责及分工情况和建立部门联合执法机制或部门分工协作机制情况,全部市、县级工作方案明确各河长制成员单位职责及分工情况。②公众参与机制,省、市、县级建立公众参与机制并开展活动的次数。③资金投入机制,省、市、县级建立河湖治理保护资金投入机制并落实的情况。

（七）河湖管护责任单位落实情况

该指标主要指各省、市、县级主要河湖落实管护责任单位的情况。

（八）重大问题处理

该指标主要指省、市、县组织召开总河（湖）长会议部署工作；省、市、县级河（湖）长签发专项行动等工作部署；省、市、县级河（湖）长召开专题会议协调解决重大问题；省、市、县级突出问题挂牌督办的情况。

（九）日常工作开展

省、市、县级河（湖）长巡河（湖）次数均达到制度或计划要求的情况；省、市、县级河（湖）长巡河发现问题及时督办的情况；省、市、县级河（湖）长对下级河（湖）长以及同级河（湖）长制组成部门开展考核工作的情况。

（十）督察与考核结果运用情况

省、市、县督察下级河（湖）长制工作并推进整改落实的情况；针对河（湖）长不作为、慢作为或对重大问题整改不到位开展问责的情况；省、市、县有河（湖）长制考核方案，考核结果作为地方党政领导干部综合考核评价重要依据的情况。

（十一）“一河（湖）一策”“一河（湖）一档”及信息系统应用

组织编制完成并印发省级河湖“一河（湖）一策”方案的情况；组织建立省级河湖“一河（湖）一档”的情况；省级建立河（湖）长管理信息系统并应用的情况；全部市、县级应用河（湖）长信息系统的情况。

（十二）宣传与培训情况

宣传指省、市、县各级通过电视、网站、报纸、公众号等各类媒体宣传报道河（湖）长制情况。培训指省、市、县级河长办组织河（湖）长制培训，各级党委组织部门组织开展河（湖）长制培训情况。

（十三）河湖水质及城市集中式饮用水水源水质达标情况

国控断面水质的地表水水质优良比例达到《水污染防治行动计划实施情况考核规定》确定的考核指标要求的情况。国控断面水质的地表水劣Ⅴ类水体控制比例达到《水污染防治行动计划实施情况考核规定》确定的考核指标要求的情况。地级及以上城市集中式饮用水水源水质达到或优于Ⅲ类的比例达到《水污染防治行动计划实施情况考核规定》确定的考核指标要求的情况。

（十四）地级及以上城市建成区黑臭水体控制比例

直辖市建成区黑臭水体消除比例高于90％；其他省份的省会城市、计划单列市建成区黑臭水体消除比例高于90％；地级及以上城市建成区黑臭水体消除比例达到《水污染防治行动计划实施情况考核规定》确定的考核指标要求的情况。

（十五）河湖水域岸线保护情况

该指标主要含省、市、县各级“清四乱”等专项行动部署情况；河湖管理保护范围划定情况；水域岸线管护情况。

（十六）河湖生态治理及农村污水治理情况

主要指部署开展农村河道整治或农村污水治理的和农村畜禽养殖污染治理的情况；全省组织开展河湖生态综合治理修复工作并取得明显成效的情况；组织开展河湖水域围网肥水养殖整治并取得明显成效的情况。

（十七）公众满意度情况

主要是河长制实施的群众满意度调查情况。公众通过自己手机参与河长评估的满意度调查，全程实行无纸化操作，并可通过系统实时查看公众调查情况；直接统计调查成果，导出调查成果，节约大量统计工作时间。

该指标体系及评分标准已经在全国 31 个省（自治区、直辖市）被实践应用，并取得了良好的结果。该指标体系及评分标准为各地方提供了一套推行河长制的标准，对发现各地方推行河长制存在的问题和面临的困难具有指示作用。下一步各地方可参考该总结评估标准，借鉴典型经验，为各地推行河长制提出指导意见。同时各地方可参考该指标体系及赋分标准研究推行河长制成效的地方评估标准。

参考文献

[1] 刘超，吴加明. 纠缠于理想与现实之间的“河长”制：制度逻辑与现实困局[J]. 云南大学学报(法学版)，2012，25(04)：39-44.

[2] 刘鸿志，刘贤春，周仕凭，席北斗，付融冰. 关于深化河长制制度的思考[J]. 环境保护，2016，44(24)：43-46.

[3] 王书明，蔡萌萌. 基于新制度经济学视角的“河长制”评析[J]. 中国人口·资源与环境，2011，21(09)：8-13.

[4] 朱玫. 论河长制的发展实践与推进[J]. 环境保护，2017，45(Z1)：58-61.

[5] 姜斌. 对河长制管理制度问题的思考[J]. 中国水利，2016(21)：6-7.

[6] 朱卫彬. “河长制”在水环境治理中的效用探析[J]. 江苏水利，2013(10)：7-8.

[7] 刘晓星，陈乐. “河长制”：破解中国水污染治理困局[J]. 环境保护，2009(09)：14-16.

[8] 沈坤荣，金刚. 中国地方政府环境治理的政策效应——基于“河长制”演进的研究[J]. 中国社会科学，2018(05)：92-115+206.

[9] 朱景雅，朱培武. 标准化视角下“河长制”在水环境治理中效用及对策研究[J]. 质量探索，2018，15(04)：43-47.

[10] 章运超，王家生，朱孔贤，闵凤阳. 基于 TOPSIS 模型的河长制绩效评价研究——以江苏省为例[J]. 人民长江，2020，51(01)：237-242.

[11] 李红梅，祝诗羽，张维宇. 我国“河长制”绩效评价体系构建研究[J]. 环境与发展，2018，30

(11):207-209.

[12] 张丛林,张爽,杨威杉,郝亮,乔海娟.福建生态文明试验区全面推行河长制评估研究[J].中国环境管理,2018,10(03):59-64.

[13] 孙继昌.河长制——河湖管理与保护的重大制度创新[J].水资源开发与管理,2018(02):1-6.

[14] 李成艾,孟祥霞.水环境治理模式创新向长效机制演化的路径研究——基于“河长制”的思考[J].城市环境与城市生态,2015,28(06):34-38.

[15] 肖瓅,程玉兰,马昱,陈国永,胡俊峰,李英华,杨宠,陶茂萱.Delphi法在筛选中国公众健康素养评价指标中的应用研究[J].中国健康教育,2008(02):81-84.

[16] 刘雨萌,李战江,尹伟.非参数下贝叶斯判别与聚类分析的信用指标筛选模型[J].统计与决策,2018,34(22):5-10.

[17] 喻登科.基于主客观组合群决策的权重区间确定方法[J].技术经济,2012,31(08):111-115.

[18] 刘思峰,蔡华,杨英杰,曹颖.灰色关联分析模型研究进展[J].系统工程理论与实践,2013,33(08):2041-2046.

第四章 数据优选及评分模型

本章在前两章的基础上，研究全面推行河长制总结评估关键数据优选及评分模型。采用专家会议法，初选出省、自治区、直辖市全面推行河长制总结评估主要数据；然后，构建 IAHP－SA－FCA 模型，优选出省份反映技术大纲赋分标准的省、市、县（乡）级的 128 个全面推行河长制总结评估关键数据，其中省级关键数据 59 个、市级关键数据 33 个和县级关键数据 36 个；优选出直辖市反映技术大纲赋分标准的市、区（乡）级的 93 个全面推行河长制总结评估关键数据，其中市级关键数据 57 个、区（乡）级关键数据 36 个。根据关键数据和赋分标准，开发省份评分模型、直辖市评分模型，以 H 省、T 市为例应用模型计算分值，与评估系统计算的分值相互印证，保证评估结果客观公正。

第一节 省份 128 个关键数据优选

一、关键数据优选过程

河长制是以各级党政主要领导负责某河湖治理与保护的一种管理形式[1]。关于推行河长制效果方面的研究，沈晓梅等基于 DPSIRM 理论构建了综合评价河长制推行效果指标体系[2]；彭欢等构建了从建立完善长效机制、落实主要任务、公众参与、激励与约束四方面适用于太湖流域片河（湖）长制考核评价指标体系[3]；章运超等采用 TOPSIS 模型构建了河长制绩效评价模型，并以江苏省为例实证分析[4]；唐新玥、唐德善等从水资源保护、水域岸线管护、水污染防治、水环境治理与水生态修复、执法监督以及河长体系和工作机制建设情况六个方面构建了基于云模型的区域河长制考核评价模型[5]。李红梅等从管理、水质和效益三个方面评估河长合格与否[6]；段红东从工作方案到位情况、组织体系和责任落实到位情况、相关制度和政策措施到位情况、监督检查和考核评估到位情况、开展的基础性工作情况、河湖管理保护成效情况方面对全面推行河长制工作中期评估[7]。本节以全面推行河(湖)长制总结评估技术大纲[8]为基础,采用专家会议法,初步筛选出省份全面推行河长制总结评估主要数据;再构建 IAHP-SA-FCA 模型,利用科学方法,优选出反映技术大纲的省、市、县(乡)级全面推行河长制总结评估关键数据(过程见图4.1),以利于对全面推行河长制的情况做出全面科学的评估。

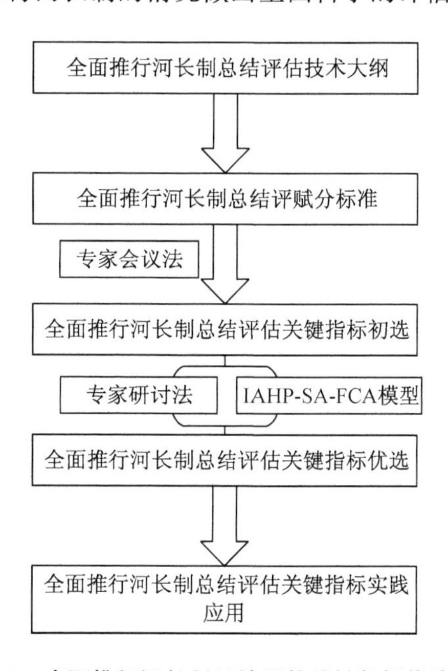

图 4.1　全面推行河长制总结评估关键数据优选过程

二、关键数据初选

全面推行河(湖)长制总结评估技术大纲[8]指标体系(见表 4.1)。该指标体系从五个方面:河(湖)长组织体系建设、河(湖)长制制度及机制建设情况、河(湖)长履职情况、工作组织推进情况、河湖治理保护及成效,划分为 17 项核心指标。

表 4.1　全面推行河长制总结评估指标体系

序号	总结评估内容	总结评估核心指标
一	河(湖)长组织体系建设	1. 总河长设立和公告情况
		2. 河(湖)长设立和公告情况
		3. 河(湖)长制办公室建设情况
		4. 河(湖)长公示牌的设立情况

续表

序号	总结评估内容	总结评估核心指标
二	河(湖)长制制度及机制建设情况	5. 省、市、县六项制度建立情况
		6. 工作机制建设情况
		7. 河湖管护责任单位落实情况
三	河(湖)长履职情况	8. 重大问题处理
		9. 日常工作开展
四	工作组织推进情况	10. 督察与考核结果运用情况
		11. “一河(湖)一策”“一河(湖)一档”及信息系统应用
		12. 宣传与培训情况
五	河湖治理保护及成效	13. 河湖水质及城市集中式饮用水水源水质达标情况
		14. 地级及以上城市建成区黑臭水体控制比例
		15. 河湖水域岸线保护情况
		16. 河湖生态治理及农村污水治理情况
		17. 公众满意度情况

在技术大纲的基础上,我们通过采用专家会议法,邀请具有代表性、权威性的与“水”有关专家,通过会议方式对研究问题进行交流、反馈和汇总,最终取得一致的结果。遵循择全不择优的原则,初选出反映17个核心指标的主要数据152个(见表4.2)。

表4.2 全面推行河长制总结评估关键数据

目标层	准则层	核心指标	主要数据
全面推行河长制总结评估成果	1. 河(湖)长组织体系建设	1. 总河长设立和公告情况	省、市、县、乡四级总河长(人)
			省、市、县、乡四级总河长公告(人)
		2. 河(湖)长设立和公告情况	省、市、县、乡四级河(湖)长(人)
			省、市、县、乡四级河(湖)长公告(人)
		3. 河(湖)长制办公室建设情况	省、市、县级河长办专职人员(正式编制、抽调人员)
			省、市、县级河长办兼职人员(人)
			省、市、县级河(湖)长制办公室工作经费列入财政预算(Y/N)

续表

目标层	准则层	核心指标	主要数据
全面推行河长制总结评估成果	1. 河(湖)长制组织体系建设	3. 河(湖)长制办公室建设情况	省、市、县级河(湖)长制办公室工作经费有稳定资金渠道(Y/N)
			省、市、县级河(湖)长办工作经费总数(万元)
			省、市、县级河(湖)长制办公室有明确的办公场所(Y/N)
			省、市、县级河(湖)长制办公室有明确的标牌(Y/N)
			省、市、县级河长办办公面积(平方米)
		4. 河(湖)长公示牌的设立情况	省、市、县、乡级河(湖)长公示牌总数
			省、市、县、乡级河(湖)长公示牌规范(Y/N)
			省、市、县、乡级河(湖)长公示牌已毁损未及时修复(Y/N)
	2. 河(湖)长制制度及机制建设情况	5. 省、市、县六项制度建立情况	省、市、县六项制度公布及执行(Y/N)
		6. 工作机制建设情况	省、市、县级工作方案明确各河长制成员单位职责及分工(Y/N)
			省、市、县级建立部门联合执法机制或部门分工协作机制(Y/N)
			省、市、县级建立公众参与机制并开展活动(次)
			省、市、县级建立河湖治理保护资金落实总数(万元)
		7. 河湖管护责任单位落实情况	省、市、县级党政领导担任河(湖)长(个)
			省、市、县级主要河湖落实管护单位(个)
	3. 河(湖)长履职情况	8. 重大问题处理	省、市、县级总河(湖)长会议(次)
			省、市、县级河(湖)长专项行动部署(次)
			省、市、县级河(湖)长专题会议协调解决重大问题(次)
			省、市、县级突出问题督办总数(次)
			省、市、县级突出问题处理(次)
		9. 日常工作开展	省、市、县级河(湖)长计划巡河(次)
			省、市、县级河(湖)长实际巡河(次)
			省、市、县级河(湖)长巡河发现问题及时督办(次)
			省、市、县级河(湖)长对下级河(湖)长开展考核(次)
			省、市、县级河(湖)长对同级河(湖)长开展考核(次)

续表

目标层	准则层	核心指标	主要数据
全面推行河长制总结评估成果	4. 工作组织推进情况	10. 督察与考核结果运用情况	省、市、县级督察下级工作并推进整改落实(次)
			省、市、县级针对河(湖)长重大问题整改不到位问责(次)
			省、市、县级河(湖)长制考核结果作为地方党政领导干部综合考核评价重要依据(Y/N)
			省、市、县级主要违法行为处理完成率(%)
			地级党政领导担任河(湖)长的河湖已划定管理保护范围比例(%)
		11. "一河(湖)一策""一河(湖)一档"及信息系统应用	省级"一河一策"方案印发数量(个)
			省级已建立"一河一档"数量(个)
			省级开展信息系统建设(Y/N)
			省级信息系统建成(Y/N)
			省、市、县级信息系统应用(Y/N)
		12. 宣传与培训情况	国家宣传报道(次)
			省、市、县级通过各类媒体宣传报道河长制(次)
			省、市、县级河(湖)长制培训(期数)
			省、市、县级党委组织部门组织开展河(湖)长制培训(期数)
全面推行河长制总结评估成果	5. 河湖治理保护及成效	13. 河湖水质及城市集中式饮用水水源水质达标情况	国控断面水质考核指标(%)
			国控断面水质优良比例(%)
			劣Ⅴ类水体考核指标(%)
			国控断面劣Ⅴ类水体比例(%)
			饮用水源优于Ⅲ类水考核指标(%)
			饮用水水源优于Ⅲ类水比例(%)
			集中式饮用水水源地达标率%
		14. 地级及以上城市建成区黑臭水体控制比例	省会计划单列市建成区黑臭水体考核指标(%)
			省会计划单列市建成区黑臭水体消除比例(%)
			地级及以上城市建成区黑臭水体考核指标(%)
			地级及以上城市建成区黑臭水体消除比例(%)

续表

目标层	准则层	核心指标	主要数据
全面推行河长制总结评估成果	5. 河湖治理保护及成效	15. 河湖水域岸线保护情况	“清四乱”等专项行动及部署(Y/N)
			省级“清四乱”台账建立(Y/N)
			“清四乱”完成率(%)
			“三乱”整治完成率
			地级以上河湖应划定管理保护范围比例(%)
			河湖生态综合治理修复试点(个)
			生态修复示范区明显成效(个)
			开展淡水违规养殖等整治(Y/N)
		16. 河湖生态治理及农村污水治理情况	部署开展农村河道整治或污水治理(Y/N)
			农村河道整治或污水治理取得明显成效(个)
			部署开展农村畜禽养殖污染治理(Y/N)
			农村畜禽养殖污染治理取得明显成效(个)
			畜禽规模养殖场治理率(%)
		17. 公众满意度情况	群众满意度(%)
			公众参与度(%)

三、关键数据优选模型

（一）指标数据筛选遵循的原则

(1) 代表性，关键数据能够有效反映核心指标推行河长制成效中的情况；

(2) 定量化，尽可能选择量化的信息数据；定性数据用 0、1 表示，0 代表“否(N)”，1 代表“是(Y)”。

(3) 操作性，关键数据易获得，尽可能选用统计数据、公开发表数据、年报数据等易获得可操作性数据；

(4) 精简性，优选出符合上面三条原则的关键数据，压缩关键数据数量，减轻基层负担，提高评估效率。

为高效优选出关键数据，评估组分析了现有算法，区间层次分析法与层次分析法的差异在于结合区间数据构造了区间判断矩阵来确定指标权重；成功度评价法可依靠专家经验对各项指标的相对重要性和成功度打分；模糊综合分析法可确定全面推行河长制总结评估指标关键数据优劣程度的隶属度。通过综合三种方法的特点，笔者构建了 IAHP-SA-FCA 模型，该模型可发挥三种方法的特长。

（二）IAHP-SA-FCA 模型

步骤 1. 采用 IAHP(Interval Analytic Hierarchy Process)法计算表 4.2 中各项指标权重。

①构建区间判断矩阵。

假设 $\mathbf{A}=(a_{ij})_{n\times n}=[\mathbf{A}^l,\mathbf{A}^u]$ 为区间判断矩阵，其中 $\mathbf{A}^l=(a_{ij}^l)_{n\times n}$，$\mathbf{A}^u=(a_{ij}^u)_{n\times n}$，$n$ 表示区间判断矩阵指标数。

②求解区间判断矩阵权重。

本文采用区间特征根法求解区间判断矩阵权重。设区间向量 $x=(x_1,x_2,\cdots,x_n)=[x^l,x^u]$，采用区间数形式 $x_i=[x_i^l,x_i^u]$，其中 $x^l=({x_1}^l,{x_2}^l,\cdots,{x_n}^l)$，$x^u=({x_1}^u,{x_2}^u,\cdots,{x_n}^u)$，$x^l$ 和 x^u 是区间判断矩阵 $\mathbf{A}^l$ 和 $\mathbf{A}^u$ 的最大特征根对应的特征向量。求解所有满足区间向量 $x=[x^l,x^u]$ 的正实数，如公式(4.1)[9]：

$$f=\sqrt{\sum_{j=1}^{n}\frac{1}{\sum_{i=1}^{n}a_{ij}^l}},h=\sqrt{\sum_{j=1}^{n}\frac{1}{\sum_{i=1}^{n}a_{ij}^u}} \tag{4.1}$$

根据公式(4.1)求解各项指标区间权重向量如公式(4.2)[9]：

$$w_i=[fx_i^l,hx_i^u] \tag{4.2}$$

求解各项指标权重公式如公式(4.3)[10]：

$$\overline{w_i}=\frac{fx_i^l+hx_i^u}{2} \tag{4.3}$$

并记 $W=(\overline{w_1},\overline{w_2},\cdots,\overline{w_n})$，表示判断矩阵中评价指标权重向量。$\hat{W}$ 是对 W 的归一化处理[10]。

③区间判断矩阵一致性检验。

AHP 一致性检验公式(4.4)：

$$CI=\frac{\lambda_{\max}-n}{n-1},CR=\frac{CI}{RI} \tag{4.4}$$

其中 $\lambda_{\max}$ 为 AHP 判断矩阵的最大特征根。

利用公式(4.5)和公式(4.6)求解区间判断矩阵 A^l 和 A^u 的最大特征根[9]：

$$\lambda_{\max}^l=\sum_{i=1}^{n}\frac{\mathbf{A}^l fx_i^l}{nfx_i^l} \tag{4.5}$$

$$\lambda_{\max}^u=\sum_{i=1}^{n}\frac{\mathbf{A}^u hx_i^u}{nhx_i^u} \tag{4.6}$$

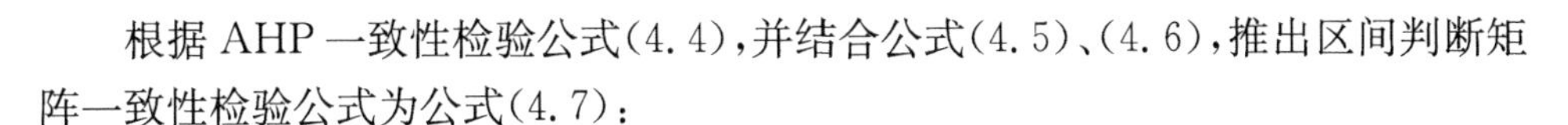

根据 AHP 一致性检验公式(4.4)，并结合公式(4.5)、(4.6)，推出区间判断矩阵一致性检验公式为公式(4.7)：

$$CR = \frac{\frac{\lambda_{max}^{l} + \lambda_{max}^{u}}{2} - n}{RI(n-1)} \tag{4.7}$$

当 $CR < 0.1$ 时[11]，判断矩阵 **A** 满足要求，则进行步骤 2。

步骤 2. 采用成功度评价理论(SA，Success Assessment)，以全面推行河长制总结评估各项指标实现情况为标准，将指标成功度等级按实现程度划分为 $U=$ {完全成功，基本成功，部分成功，基本不成功，完全失败}[12](见表 4.3)。邀请专家对全面推行河长制总结评估各项关键数据按照实现程度进行成功度等级评价。计算单项关键数据的成功度等级隶属向量可根据公式(4.8)计算：

$$r_{jkl} = \frac{lm_l}{\sum_{l=1}^{L} lm_l}(l = 1,2,3\cdots,L; j = 1,2,\cdots,17; k = 1,2,\cdots,n) \tag{4.8}$$

上式中，m_l 表示对第 jk 个关键数据的成功度评分等级为 l 的专家人数，l 表示成功度等级。

表 4.3　成功度标准表

标准	内容	成功度等级
完全成功	超额实现全面推行河长制总结评估指标	5
基本成功	基本实现全面推行河长制总结评估指标	4
部分成功	部分实现全面推行河长制总结评估指标	3
基本不成功	有限实现全面推行河长制总结评估指标	2
完全失败	无法实现全面推行河长制总结评估指标	1

步骤 3. 根据模糊综合分析理论(FCA，Fuzzy Comprehensive Analysis)，构建隶属度矩阵 $R = (r_{jkl})_{n \times l}$ 。

步骤 4. 根据采用公式(4.9)计算指标成功度隶属度。结合最大隶属度原则，得出全面推行河长制总结评估各项指标的模糊综合分析结果。

$$B = \hat{W} \circ R \tag{4.9}$$

步骤 5. 反向分析，找出关键数据中导致基本不成功和完全失败的指标。

步骤 6. 邀请河长办专家召开全国推行河湖长制总结评估研讨会，参考上述模型评估结果并结合指标筛选原则，筛选出全面推行河长制总结评估省、市、县(乡)级关键数据。

四、关键数据优选结果

通过上述 IAHP-SA-FCA 模型，可将表 4.2 中的关键数据：省、市、县级河(湖)长制办公室工作经费列入财政预算(Y/N)、省、市、县级河(湖)长制办公室工作经费有稳定资金渠道(Y/N)、省、市、县级河(湖)长制办公室有明确的办公场所(Y/N)、省、市、县级河(湖)长制办公室有明确的标牌(Y/N)、省、市、县级河(湖)长对同级河(湖)长开展考核(次)剔除。结合研讨分析，可筛选出省份 128 个关键数据，其中省级 59 个关键数据(见表 4.4)，市级 33 个关键数据(见表 4.5)，县级 36 个关键数据(见表 4.6)。

表 4.4　省级关键数据优选结果(59 个)

目标层	准则层	核心指标	关键数据
全面推行河长制总结评估成果	1. 河(湖)长制组织体系建设	1. 总河长设立和公告情况	1. 省级总河长(人)
			2. 省级总河长公告(人)
		2. 河(湖)长设立和公告情况	3. 省级河(湖)长(人)
			4. 省级河(湖)长公告(人)
		3. 河(湖)长制办公室建设情况	5. 省河长办专职人员(正式编制、抽调人员)
			6. 省河长办兼职人员(人)
			7. 2018 年省河长办工作经费总数(万元)
			8. 省级河长办办公面积(平方米)
		4. 河(湖)长公示牌的设立情况	9. 省级河(湖长公示牌总数)
	2. 河(湖)长制制度及机制建设情况	5. 六项制度建立情况	10. 六项制度公布及执行(Y/N)
		6. 工作机制建设情况	11. 省级工作方案明确各河长制成员单位职责及分工(Y/N)
			12. 建立部门联合执法机制或部门分工协作机制(Y/N)
			13. 省级建立公众参与机制并开展活动(次)
			14. 2018 年省级建立河湖治理保护资金落实总数(万元)
		7. 河湖管护责任单位落实情况	15. 省级党政领导担任河(湖)长(个)
			16. 主要河湖落实管护单位(个)

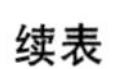

续表

目标层	准则层	核心指标	关键数据
全面推行河长制总结评估成果	3. 河（湖）长履职情况	8. 重大问题处理	17. 省级总河(湖)长会议(次)
			18. 省级河(湖)长专项行动部署(次)
			19. 省级河(湖)长专题会议协调解决重大问题(次)
			20. 突出问题督办总数(次)
			21. 突出问题处理(次)
		9. 日常工作开展	22. 省级河(湖)长计划巡河(次)
			23. 省级河(湖)长实际巡河(次)
			24. 省级河(湖)长巡河发现问题及时督办(次)
			25. 省级河(湖)长对下级河(湖)长开展考核(次)
全面推行河长制总结评估成果	4. 工作组织推进情况	10. 督察与考核结果运用情况	26. 省级督察下级工作并推进整改落实(次)
			27. 省级针对河(湖)长重大问题整改不到位问责(次)
			28. 省级河(湖)长制考核结果作为地方党政领导干部综合考核评价重要依据(Y/N)
		11. “一河(湖)一策”“一河(湖)一档”及信息系统应用	29. 省级“一河一策”方案印发数量(个)
			30. 省级已建立“一河一档”数量(个)
			31. 开展信息系统建设(Y/N)
			32. 信息系统建成(Y/N)
			33. 信息系统应用吗(Y/N)
		12. 宣传与培训情况	34. 国家宣传报道(次)
			35. 省级通过各类媒体宣传报道河长制(次)
			36. 省河(湖)长制培训(期数)
			37. 省党委组织部门组织开展河(湖)长制培训(期数)
	5. 河湖治理保护及成效	13. 河湖水质及城市集中式饮用水水源水质达标情况	38. 2018年国控断面水质考核指标(%)
			39. 2018年国控断面水质优良比例(%)
			40. 2018年劣Ⅴ类水体考核指标(%)
			41. 2018年国控断面劣Ⅴ类水体比例(%)
			42. 2018年饮用水源优于Ⅲ类水考核指标(%)
			43. 2018年饮用水水源优于Ⅲ类水比例(%)

续表

目标层	准则层	核心指标	关键数据
全面推行河长制总结评估成果	5. 河湖治理保护及成效	14. 地级及以上城市建成区黑臭水体控制比例	44. 2018年省会计划单列市建成区黑臭水体考核指标(%)
			45. 2018年省会计划单列市建成区黑臭水体消除比例(%)
			46. 2018年地级及以上城市建成区黑臭水体考核指标(%)
			47. 2018年地级及以上城市建成区黑臭水体消除比例(%)
		15. 河湖水域岸线保护情况	48. "清四乱"等专项行动及部署(Y/N)
			49. 省级"清四乱"台账建立(Y/N)
			50. "清四乱"完成率(%)
			51. 地级以上河湖应划定管理保护范围比例(%)
		16. 河湖生态治理及农村污水治理情况	52. 河湖生态综合治理修复试点(个)
			53. 生态修复示范区明显成效(个)
			54. 开展淡水违规养殖等整治(Y/N)
			55. 部署开展农村河道整治或污水治理(Y/N)
			56. 农村河道整治或污水治理取得明显成效(个)
			57. 部署开展农村畜禽养殖污染治理(Y/N)
			58. 农村畜禽养殖污染治理取得明显成效(个)
		17. 公众满意度情况	59. 群众满意度

表4.5　市级关键数据优选结果(33个)

目标层	准则层	核心指标	关键数据
全面推行河长制总结评估成果	1. 河(湖)长制组织体系建设	1. 总河长设立和公告情况	1. 市级总河长(人)
			2. 市级总河长公告(人)
		2. 河(湖)长设立和公告情况	3. 市级河(湖)长(人)
			4. 市级河(湖)长公告(人)
		3. 河(湖)长制办公室建设情况	5. 市河长办专职人员(在编)(人)
			6. 市河长办专职人员(抽调)(人)

续表

目标层	准则层	核心指标	关键数据
全面推行河长制总结评估成果	1. 河（湖）长制组织体系建设	3. 河（湖）长制办公室建设情况	7. 2018年市河长办工作经费总数（万元）
			8. 市级河长办办公面积（平方米）
		4. 河（湖）长公示牌的设立情况	9. 市级河（湖）长公示牌总数（个）
	2. 河（湖）长制制度及机制建设情况	5. 六项制度建立情况	10. 六项制度发布及执行（Y/N）
		6. 工作机制建设情况	11. 市级工作方案明确各河长制成员单位职责及分工（Y/N）
			12. 建立部门联合执法机制或部门分工协作机制（Y/N）
			13. 市级建立公众参与机制并开展活动（次）
			14. 2018年市级河湖治理保护资金落实总数（万元）
		7. 河湖管护责任单位落实情况	15. 市级党政领导担任河（湖）长（个）
			16. 主要河湖落实管护单位（个）
	3. 河（湖）长履职情况	8. 重大问题处理	17. 市级总河（湖）长会议（次）
			18. 市级河（湖）长专项行动部署（次）
			19. 市级河（湖）长专题会议协调解决重大问题（次）
			20. 突出问题督办总数（次）
			21. 突出问题处理（次）
		9. 日常工作开展	22. 市级河（湖）长计划巡河（次）
			23. 市级河（湖）长实际巡河（次）
			24. 市级河（湖）长巡河发现问题及时督办（次）
			25. 市级河（湖）长对下级河（湖）开展考核（次）
	4. 工作组织推进情况	10. 督察与考核结果运用情况	26. 市级督察下级工作并推进整改落实（次）
			27. 市级针对河（湖）长重大问题整改不到位问责（次）
			28. 市级河（湖）长制考核结果作为地方党政领导干部综合考核评价重要依据（Y/N）
			29. 地级党政领导担任河湖长的河湖已划定管理保护范围比例（%）

续表

目标层	准则层	核心指标	关键数据
全面推行河长制总结评估成果	4. 工作组织推进情况	11. “一河(湖)一策”“一河(湖)一档”及信息系统应用	30. 信息系统应用(Y/N)
		12. 宣传与培训情况	31. 市级通过各类媒体宣传报道河长制(Y/N)
			32. 市河(湖)长制培训(期数)
			33. 市党委组织部门组织开展河(湖)长制培训(期数)

表 4.6 县(乡)级关键数据优选结果(36 个)

目标层	准则层	核心指标	关键数据
全面推行河长制总结评估成果	1. 河(湖)长制组织体系建设	1. 总河长设立和公告情况	1. 县级总河长(人)
			2. 县级总河长公告(人)
			3. 乡镇总河长人数(人)
			4. 公告人数(人)
		2. 河(湖)长设立和公告情况	5. 县级河(湖)长(人)
			6. 县级河(湖)长公告(人)
			7. 乡镇河(湖)人数(人)
			8. 公告人数(人)
		3. 河(湖)长制办公室建设情况	9. 县河长办专职人员(在编)(人)
			10. 县河长办专职人员(抽调)(人)
			11. 2018 年县河长办工作经费总数(万元)
		4. 河(湖)长公示牌的设立情况	12. 县级河(湖)长公示牌总数(个)
			13. 乡级河(湖)公示牌个数(个)
	2. 河(湖)长制制度及机制建设情况	5. 六项制度建立情况	14. 六项制度发布及执行(Y/N)
		6. 工作机制建设情况	15. 县级工作方案明确各河长制成员单位职责及分工(Y/N)
			16. 建立部门联合执法机制或部门分工协作机制(Y/N)
			17. 县级建立公众参与机制并开展活动(次)
			18. 2018 年县级河湖治理保护资金落实总数(万元)

续表

目标层	准则层	核心指标	关键数据
全面推行河长制总结评估成果	2. 河(湖)长制制度及机制建设情况	7. 河湖管护责任单位落实情况	19. 县级党政领导担任河(湖)长(个)
			20. 主要河湖落实管护单位(个)
	3. 河(湖)长履职情况	8. 重大问题处理	21. 县级总河(湖)长会议(次)
			22. 县级河(湖)长专项行动部署(次)
			23. 县级河(湖)长专题会议协调解决重大问题(次)
			24. 突出问题督办总数(次)
			25. 突出问题处理(次)
		9. 日常工作开展	26. 县级河(湖)长计划巡河(次)
			27. 县级河(湖)长实际巡河(次)
			28. 县级河(湖)长巡河发现问题及时督办(次)
			29. 县级河(湖)长对下级河(湖)长开展考核(次)
	4. 工作组织推进情况	10. 督察与考核结果运用情况	30. 县级督察下级工作并推进整改落实(次)
			31. 县级针对河(湖)重大问题整改不到位问责(次)
			32. 县级河(湖)长制考核结果作为地方党政领导干部综合考核评价重要依据(Y/N)
		11. “一河(湖)一策”“一河(湖)一档”及信息系统应用	33. 信息系统应用(Y/N)
		12. 宣传与培训情况	34. 县级通过各类媒体宣传报道河长制(Y/N)
			35. 县河(湖)长制培训(期数)
			36. 县党委组织部门组织开展河(湖)长制培训(期数)

第二节　直辖市93个关键数据优选

上节讨论了省份全面推行河长制总结评估关键数据的筛选，其思路和模型可用于对直辖市的关键数据进行筛选，为了节省篇幅，下面仅列出直辖市全面推行河长制总结评估市级及区(乡镇)二级关键数据。

一、直辖市市级关键数据

直辖市市级关键数据优选结果见表 4.7。

表 4.7　直辖市市级关键数据优选结果(57 个)

目标层	准则层	核心指标	关键数据
全面推行河长制总结评估成果	1. 河(湖)长制组织体系建设	1. 总河长设立和公告情况	1. 市级总河长(人)
			2. 市级总河长公告(人)
		2. 河(湖)长设立和公告情况	3. 市级河(湖)长(人)
			4. 市级河(湖)长公告(人)
		3. 河(湖)长制办公室建设情况	5. 市河长办专职人员(正式编制、抽调人员)
			6. 市河长办兼职人员(人)
			7. 2018 年市河长办工作经费总数(万元)
			8. 市级河长办办公面积(平方米)
		4. 河(湖)长公示牌的设立情况	9. 市级河(湖)长公示牌总数
	2. 河(湖)长制制度及机制建设情况	5. 六项制度建立情况	10. 六项制度公布及执行(Y/N)
		6. 工作机制建设情况	11. 市级工作方案明确各河长制成员单位职责及分工(Y/N)
			12. 建立部门联合执法机制或部门分工协作机制(Y/N)
			13. 市级建立公众参与机制并开展活动(次)
			14. 2018 年市级河湖治理保护资金落实总数(万元)
		7. 河湖管护责任单位落实情况	15. 市级党政领导担任河(湖)长(个)
			16. 主要河湖落实管护单位(个)
	3. 河(湖)长履职情况	8. 重大问题处理	17. 市级召开总河(湖)长会议(次)
			18. 市级河(湖)长专项行动部署(次)
			19. 市级河(湖)长专题会议协调解决重大问题(次)
			20. 突出问题督办总数(次)
			21. 突出问题处理(次)

续表

目标层	准则层	核心指标	关键数据
全面推行河长制总结评估成果	3. 河(湖)长制履职情况	9. 日常工作开展	22. 市级河(湖)长计划巡河(次)
			23. 市级河(湖)长实际巡河(次)
			24. 市级河(湖)长巡河发现问题及时督办(次)
			25. 市级河(湖)长对下级和同级河(湖)长开展考核(次)
	4. 工作组织推进情况	10. 督察与考核结果运用情况	26. 市级督察下级工作并推进整改落实(次)
			27. 市级针对河(湖)长重大问题整改不到位问责(次)
			28. 市级河(湖)长制考核结果作为地方党政领导干部综合考核评价重要依据(Y/N)
		11. "一河(湖)一策""一河(湖)一档"及信息系统应用	29. 市级"一河一策"方案印发数量(个)
			30. 市级已建立"一河一档"数量(个)
			31. 开展信息系统建设(Y/N)
			32. 信息系统建成(Y/N)
			33. 信息系统应用(Y/N)
		12. 宣传与培训情况	34. 国家宣传报道(次)
			35. 市级通过各类媒体宣传报道河(湖)长制(次)
			36. 市河(湖)长制培训(期数)
			37. 市党委组织部门组织开展河(湖)长制培训(期数)
	5. 河湖治理保护及成效	13. 河湖水质及城市集中式饮用水水源水质达标情况	38. 2018年国控断面水质考核指标(%)
			39. 2018年国控断面水质优良比例(%)
			40. 2018年劣Ⅴ类水体考核指标(%)
			41. 2018年国控断面劣Ⅴ类水体比例(%)
			42. 2018年饮用水源优于Ⅲ类水考核指标(%)
			43. 2018年饮用水水源优于Ⅲ类水比例(%)
		14. 地级及以上城市建成区黑臭水体控制比例	44. 2018年直辖市建成区黑臭水体考核指标(%)
			45. 2018年直辖市建成区黑臭水体消除比例(%)
		15. 河湖水域岸线保护情况	46. "清四乱"等专项行动及部署(Y/N)
			47. 市级"清四乱"台账建立(Y/N)
			48. "清四乱"完成率(%)
			49. 地级以上河湖应划定管理保护范围比例(%)

续表

目标层	准则层	核心指标	关键数据
全面推行河长制总结评估成果	5. 河湖治理保护及成效	16. 河湖生态治理及农村污水治理情况	50. 河湖生态综合治理修复试点(个)
			51. 生态修复示范区明显成效(个)
			52. 开展淡水违规养殖等整治(Y/N)
			53. 部署开展农村河道整治或污水治理(Y/N)
			54. 农村河道整治或污水治理取得明显成效(个)
			55. 部署开展农村畜禽养殖污染治理(Y/N)
			56. 农村畜禽养殖污染治理取得明显成效(个)
		17. 公众满意度情况	57. 群众满意度

二、直辖市区(乡镇)级关键数据

直辖市区(乡镇)关键数据优选结果见表4.8。

表4.8　直辖市区(乡镇)级关键数据优选结果(36个)

目标层	准则层	核心指标	关键数据
全面推行河长制总结评估成果	1. 河(湖)长制组织体系建设	1. 总河长设立和公告情况	1. 区级总河长(人)
			2. 区级总河长公告(人)
			3. 乡镇总河长人数(人)
			4. 公告人数(人)
		2. 河(湖)长设立和公告情况	5. 区级河(湖)长(人)
			6. 区级河(湖)长公告(人)
			7. 乡镇河(湖)人数(人)
			8. 公告人数(人)
		3. 河(湖)长制办公室建设情况	9. 区河长办专职人员(在编)(人)
			10. 区河长办专职人员(抽调)(人)
			11. 2018年区河长办工作经费总数(万元)
		4. 河(湖)长公示牌的设立情况	12. 区级河(湖)长公示牌总数(个)
			13. 乡级河(湖)长公示牌个数(个)

续表

目标层	准则层	核心指标	关键数据
全面推行河长制总结评估成果	2. 河（湖）长制制度及机制建设情况	5. 六项制度建立情况	14. 六项制度发布及执行(Y/N)
		6. 工作机制建设情况	15. 区级工作方案明确各河长制成员单位职责及分工(Y/N)
			16. 建立部门联合执法机制或部门分工协作机制(Y/N)
			17. 区级建立公众参与机制并开展活动(次)
			18. 2018年区级建立河湖治理保护资金落实总数(万元)
		7. 河湖管护责任单位落实情况	19. 区级党政领导担任河(湖)长(个)
			20. 主要河湖落实管护单位(个)
	3. 河（湖）长履职情况	8. 重大问题处理	21. 区级总河(湖)长会议(次)
			22. 区级河(湖)长专项行动部署(次)
			23. 区级河(湖)长专题会议协调解决重大问题(次)
			24. 突出问题督办总数(次)
			25. 突出问题处理(次)
		9. 日常工作开展	26. 区级河(湖)长计划巡河(次)
			27. 区级河(湖)长实际巡河(次)
			28. 区级河(湖)长巡河发现问题及时督办(次)
			29. 区级河(湖)长对下级河(湖)长开展考核(次)
	4. 工作组织推进情况	10. 督察与考核结果运用情况	30. 区级督察下级工作并推进整改落实(次)
			31. 区级针对河(湖)重大问题整改不到位问责(次)
			32. 区级河(湖)长制考核结果作为地方党政领导干部综合考核评价重要依据(Y/N)
		11. “一河(湖)一策”“一河(湖)一档”及信息系统应用	33. 信息系统应用(Y/N)
		12. 宣传与培训情况	34. 区级通过各类媒体宣传报道河(湖)长制(Y/N)
			35. 区河(湖)长制培训(期数)
			36. 区党委组织部门组织开展河(湖)长制培训(期数)

第三节　省份评分模型研究

根据第一节关键数据，明晰赋分标准及评分模型。

一、明晰赋分标准

明晰省级赋分标准如下表4.9。

表4.9　河（湖）长制总结评估省级赋分标准

二级指标		分值	计分方法	赋分标准
1	省级总河长	1	一票否决	明确省级总河长并公告的，得1分，出现未公告的情况得0分
2	省级河（湖）长	3	优比例、最高限分	省级主要河湖全部明确省级河（湖）长并公告的，得3分，若未全部公告，则按比例赋分
3	省河长办专职人员	2	阶梯法	省级河长办人员到位情况2分；专职人员5人以下的，得0.5分；5人及以上的，得1分；8人及以上的，得1.5分；专职人员数量多于兼职人员的，得0.5分
4	2018年省河长办工作经费总数	1	优比例、最高限分	省河长办工作经费总数达到300万得满分1分，若未达标，则按比例赋分
5	省级河长办办公面积	0.5	优比例、最高限分	河（湖）长制办公室达到7 m^2/专职人员，得满分0.5分，若未达标，则按比例赋分
6	省级河（湖）长公示牌总数	1	优比例、最高限分	河（湖）长公示牌内容规范，无损坏且及时更新得1分；未符合要求的，按比例赋分
7	六项制度发布及执行	2	是否判断	河长会议、信息共享、信息报送、工作督察、考核问责与激励、验收六项制度全部建立、发布并执行得2分，否则得0分
8	省级工作方案明确各河长制成员单位职责及分工	1	是否判断	省级工作方案明确各河长制成员单位职责及分工，得1分
9	建立部门联合执法机制或部门分工协作机制	1	是否判断	建立部门联合执法机制或部门分工协作机制，得1分
10	省级建立公众参与机制并开展活动	1	优比例、最高限分	省级建立公众参与机制并开展活动的，每次0.5分，最高得1分

续表

二级指标		分值	计分方法	赋分标准
11	2018年省级河湖治理保护资金落实总数	1	优比例、最高限分	省级建立河湖治理保护资金落实总数达到1亿元，得满分1分，若未达标，则按比例赋分
12	省级河湖管护单位落实率	1	优比例、最高限分	省级每条主要河湖落实管护责任单位的，得1分，未达标则按比例赋分
13	省级召开总河（湖）长会议（次）	1	优比例、最高限分	省组织召开1次总河（湖）长会议部署工作的，得1分，否则得0分
14	省级河（湖）长专项行动部署（次）	1	优比例、最高限分	省级河（湖）长专项行动部署达到省级每条主要河湖1次，得1分，未达标则按比例赋分
15	省级河（湖）长召开专题会议协调解决重大问题（次）	1	优比例、最高限分	省级河（湖）长专题会议协调解决重大问题达到省级每条主要河湖1次，得1分，未达标则按比例赋分
16	突出问题督办总数（次）	1	优比例、最高限分	对突出问题督办且全部得到处理，则得1分，否则按完成比例赋分
17	省级河（湖）长计划巡河（次）	0.5	优比例、最高限分	省、市、县级河（湖）长巡河（湖）次数均达到制度或计划要求的，得0.5分，否则按照任务完成比例赋分
18	省级河（湖）长巡河发现问题及时督办（次）	0.5	优比例、最高限分	省级河（湖）长巡河发现问题及时督办达到省级每条主要河湖1次，得0.5分，未达标则按比例赋分
19	省级河（湖）长对下级河（湖）长开展考核（次）	1	优比例、最高限分	省级河（湖）长对下级河（湖）长开展1次考核，得1分，否则得0分。
20	省级督察下级工作并推进整改落实	0.5	优比例、最高限分	省级督察下级工作并推进整改落实达到省级每条主要河湖1次的，得0.5分，未达标则按比例赋分
21	省级针对河（湖）长重大问题整改不到位问责	0.5	是否判断	省级针对河（湖）长重大问题整改不到位问责次数达到一次即可得0.5分，无问责得0分。
22	省级河（湖）长制考核结果作为地方党政领导干部综合考核评价重要依据	1	是否判断	省级河（湖）长制考核结果作为地方党政领导干部综合考核评价重要依据的，得1分，否则得0分
23	省级一河一策方案印发数量	2	优比例、最高限分	省级每条主要河湖组织编制完成并印发省级河湖“一河（湖）一策”方案的，得2分，否则按照完成比例赋分

续表

二级指标		分值	计分方法	赋分标准
24	省级已建立“一河一档”数量	1	优比例、最高限分	省级每条主要河湖组织编制完成省级河湖“一河(湖)一档”的，得 1 分，否则按照完成比例赋分
25	开展信息系统建设(Y/N)	1	是否判断	开展信息系统建设得 1 分，否则不得分
26	信息系统建成(Y/N)	0.5	是否判断	信息系统建成得 0.5 分，否则不得分
27	信息系统应用(Y/N)	0.5	是否判断	信息系统应用得 0.5 分，否则不得分
28	国家宣传报道		优比例、最高限分	省内河长制工作或成果受到国家宣传报道每 1 次加 0.1 分。
29	省级通过各类媒体宣传报道河长制(Y/N)	1	是否判断	省级通过电视、网站、报纸、公众号等各类媒体宣传报道河湖长制，得 1 分，否则得 0 分，此项指标与前项指标总分不超过 1 分。
30	省河(湖)长制培训	1	阶梯法	省级组织河(湖)长制培训的，培训 1 期得 0.5 分，2 期得 0.8 分，3 期及以上得 1 分
31	省党委组织部门组织开展河(湖)长制培训		优比例、最高限分	省党委组织部门组织每开展河(湖)长制培训 1 次得 0.2 分，此项指标与前项指标总分不超过 1 分。
32	2018 年国控断面水质考核指标(%)	3	优目标比例和最高限分	国控断面地表水水质优良比例达到《水污染防治行动计划实施情况考核规定》考核指标要求的，得 3 分，每低于考核指标 1 个百分点减 0.5 分，最低 0 分。
33	2018 年劣Ⅴ类水体考核指标(%)	3	劣目标比例和最高限分	国控断面地表水水质劣Ⅴ类水体控制比例达到《水污染防治行动计划实施情况考核规定》考核指标要求的，得 3 分，上升 1 个百分点，减 0.5 分，最低 0 分。
34	2018 年优于Ⅲ类水考核指标(%)	3	优目标比例和最高限分	国控断面地表水水质优于Ⅲ类水水体控制比例达到《水污染防治行动计划实施情况考核规定》考核指标要求的，得 3 分，每下降 1 个百分点，减 0.5 分，最低 0 分
35	2018 年省会计划单列市建成区黑臭水体考核指标(%)	2	优目标比例和最高限分	省会城市和计划单列市建成区黑臭水体消除比例高于 90%的，得 2 分，每下降 1 个百分点，减 0.5 分，最低 0 分
36	2018 年地级及以上城市建成区黑臭水体考核指标(%)	2	优目标比例和最高限分	地级及以上城市建成区黑臭水体消除比例高于 90%的，得 2 分，每下降 1 个百分点，减 0.5 分，最低 0 分
37	“清四乱”等专项行动及部署(Y/N)	1	是否判断	省级部署“清四乱”等专项行动得 1 分，否则得 0 分

续表

二级指标		分值	计分方法	赋分标准
38	省级“清四乱”台账建立(Y/N)	1	是否判断	省级建立“清四乱”台账得1分,否则得0分
39	“清四乱”完成率(%)	4	优目标比例和最高限分	按按水利部要求,“清四乱”完成率(已清理数量/台账总数)达80%以上,得4分;50%以上,得3分;介于二者之间的按比例赋分
40	地级以上河湖应划定管理保护范围比例(%)	3	阶梯法	省、市级党政领导担任河(湖)长的河湖已全部划定管理范围的,得3分;50%河湖完成划定的,得2分;30%河湖完成划定的,得1分
41	河湖生态综合治理修复试点	1	优比例、最高限分	河湖生态综合治理修复试点达到省级每条主要河湖1个的,得1分,未达标则按比例赋分
42	取得明显成效生态修复试范区	1	优比例、最高限分	取得明显成效生态修复试范区达到省级每条主要河湖1个的,得1分,未达标则按比例赋分
43	开展淡水违规养殖整治行动	1	是否判断	开展淡水违规养殖整治行动得1分,否则得0分
44	部署开展农村河道整治或污水治理	0.5	是否判断	部署开展农村河道整治或污水治理行动得0.5分,否则得0分
45	农村河道整治或污水治理取得明显成效	0.5	优比例、最高限分	农村河道整治或污水治理取得明显成效达到省级每条主要河湖1个的,得0.50分,未达标则按比例赋分
46	部署开展农村畜禽养殖污染治理	0.5	是否判断	部署开展农村畜禽养殖污染治理行动得0.5分,否则得0分
47	农村畜禽养殖污染治理取得明显成效	0.5	优比例、最高限分	农村畜禽养殖污染治理取得明显成效达到省级每条主要河湖1个的,得0.50分,未达标则按比例赋分
48	群众满意度	5	阶梯法	河长制实施的群众满意度调查,满意度≥90%,得5分;90%>满意度≥80%,得4分;80%>满意度≥70%,得3分;70%>满意度≥60%,得2分;60%>满意度≥50%,得1分;满意度<50%,得0分。

二、明晰评分算式

根据上表赋分标准,以H省为例,明晰省级评分算式如下表4.10。

表 4.10　H 省(省级)得分计算表

序号	基础信息	代号	基础信息	代号	分值	评分算式
1	省级总河长(人)	A1	省级总河长公告(人)	B1	1.55	IF((B1＞＝A1),1,0)×1
2	省级河(湖)长(人)	A2	省级河(湖)长公告(人)	B2	4.25	IF((B2＞＝A2),1,0)×3
3	省河长办专职人员(人)	A3	省河长办兼职人员(人)	B3	3.5	IF(A3＋B3＞＝8,1.5＋IF(A3＞B3,0.5,0),IF(A3＋B3＞＝5,1＋IF(A3＞B3,0.5,0),IF(A3＋B3＜5,0＋IF(A3＞B3,0.5,0),IF(A3＞B3,0.5,0))))
4	2018 年省河长办工作经费总数(万元)	A4			1.75	IF((A4＞＝300),1,A4/300)×1
5	省级河长办办公面积(平方米)	A5			1.75	IF((A5＞＝(A3×7)),1,A5/(A3×7))×0.5
6	省级河(湖)长公示牌总数(个)	A6	省级河(湖)长公示牌符合要求数(个)	B6	1.55	IF((B6＞＝A6),1,B6/A6)×1
7	六项制度发布及执行(Y/N)	A7			2.5	IF(A7＝"Y",1,0)×2
8	省级工作方案明确各河长制成员单位职责及分工(Y/N)	A8			0.69	IF(A8＝"Y",1,0)×1
9	建立部门联合执法机制或部门分工协作机制(Y/N)	A9			0.69	IF(A9＝"Y",1,0)×1
10	省级建立公众参与机制并开展活动(次)	A10			1.3	IF((A10＞2),1,A10×0.5)×1
11	2018 年省级河湖治理保护资金落实总数(万元)	A11			2.25	IF((A11＞10 000),1,A11/10 000)×1
12	省级主要河湖(个)	A12	主要河湖落实管护单位(个)	B12	1.25	IF((B12＞＝A12),1,B12/A12)×1
13	省级总河(湖)长会议(次)	A13			1.3	IF((A13＞＝1),1,0)×1

续表

序号	基础信息	代号	基础信息	代号	分值	评分算式
14	省级河(湖)长专项行动部署(次)	A14			1	IF((A14>=A12),1,A14/A12)×1
15	省级河(湖)长专题会议协调解决重大问题(次)	A15			0.88	IF((A15>=A12),1,A15/A12)×1
16	突出问题督办总数(次)	A16	突出问题处理(次)	B16	0.5	IF((B16>=A16),1,B16/A16)×1
17	省级河(湖)长计划巡河(次)	A17	省级河(湖)长实际巡河(次)	B17	0.44	IF((OR(B17>=A17,B17>=1)),1,B17/A17)×0.5
18	省级河(湖)长巡河发现问题及时督办(次)	A18			0.44	IF((A18>A12),1,A18/A12)×0.5
19	省级河(湖)长对下级河(湖)长开展考核(次)	A19			0.94	IF((A19>=1),1,0)×1
20	省级督察下级工作并推进整改落实(次)	A20			0.44	IF((A20>=A12),1,A20/A12)×0.5
21	省级针对河(湖)长重大问题整改不到位问责(次)	A21			0.44	IF((A21>1),1,0)×0.5
22	省级河(湖)长制考核结果作为地方党政领导干部综合考核评价重要依据(Y/N)	A22			0.88	IF(A22="Y",1,0)×1
23	省级"一河一策"方案印发数量(个)	A23			2.06	IF((A23>=A12),1,A23/A12)×2
24	省级已建立"一河一档"数量(个)	A24			1.06	IF((A24>=A12),1,A24/A12)×1
25	开展信息系统建设(Y/N)	A25			1.06	IF(A25="Y",1,0)×1
26	信息系统建成(Y/N)	A26			0.5	IF(A26="Y",1,0)×0.5

续表

序号	基础信息	代号	基础信息	代号	分值	评分算式
27	信息系统应用(Y/N)	A27			0.5	IF(A27=“Y”,1,0)×0.5
28	国家宣传报道(次)	A28			0.56	IF(C29=1,0,IF(0.1×A28+C29>1,1,0.1×A28))
29	省级通过各类媒体宣传报道河长制(次)	A29			0.31	IF(A29=“Y”,1,0)×1
30	省河(湖)长制培训(期数)	A30			0.63	IF(A30=0,0,IF(A30=1,0.5,IF(A30>2,1,0.8)))
31	省党委组织部门组织开展河(湖)长制培训(期数)	A31			0.31	IF(C30=1,0,IF(0.2×A31+C30>1,1,0.2×A31))
32	2018年国控断面水质考核指标(%)	A32	2018年国控断面水质优良比例(%)	B32	2.63	IF((B32>=A32),3,IF((3-(A32-B32)×0.5<0),0,3-(A32-B32)×0.5))
33	2018年劣Ⅴ类水体考核指标(%)	A33	2018年国控断面劣Ⅴ类水体比例(%)	B33	2.63	IF((B33<=A33),3,IF((3-(B33-A33)×0.5<0),0,3-(B33-A33)×0.5))
34	2018年优于Ⅲ类水考核指标(%)	A34	2018年饮用水水源优于Ⅲ类水体比例(%)	B34	2.63	IF((B34>=A34),3,IF((3-(A34-B34)×0.5<0),0,3-(A34-B34)×0.5))
35	2018年省会计划单列市建成区黑臭水体考核指标(%)	A35	2018年省会计划单列市建成区黑臭水体消除比例(%)	B35	1.13	IF((B35>=A35),2,IF((2-(A35-B35)×0.5<0),0,2-(A35-B35)×0.5))
36	2018年地级及以上城市建成区黑臭水体考核指标(%)	A36	2018年地级及以上城市建成区黑臭水体消除比例(%)	B36	1.13	IF((B36>=A36),2,IF((2-(A36-B36)×0.5<0),0,2-(A36-B36)×0.5))

续表

序号	基础信息	代号	基础信息	代号	分值	评分算式
37	“清四乱”等专项行动及部署(Y/N)	A37			0.88	IF(A37=“Y”,1,0)×1
38	省级“清四乱”台账建立(Y/N)	A38			0.88	IF(A38=“Y”,1,0)×1
39	“清四乱”完成率(%)	A39			3.81	IF((A39>=80),4,IF((A39>=50),3+(A39−50)/30,A39/50×2))
40	地级以上河湖应划定管理保护范围比例(%)	A40			2.31	IF((A40>=100),3,IF((A40>=50),2+(A40−50)×0.02,IF((A40>=30),1+(A40−30)×0.05,A40/30)))
41	河湖生态综合治理修复试点(个)	A41			0.5	IF((A41>=A12),1,A41/A12)×1
42	生态修复示范区明显成效(个)	A42			0.5	IF((A42>=A12),1,A42/A12)×1
43	开展淡水违规养殖等整治(Y/N)	A43			0.25	IF(A43=“Y”,1,0)×1
44	部署开展农村河道整治或污水治理(Y/N)	A44			0.25	IF(A44=“Y”,1,0)×0.5
45	农村河道整治或污水治理取得明显成效(个)	A45			0.5	IF((A45>=A12),1,A45/A12)×0.5
46	部署开展农村畜禽养殖污染治理(Y/N)	A46			0.25	IF(A46=“Y”,1,0)×0.5
47	农村畜禽养殖污染治理取得明显成效(个)	A47			0.5	IF((A47>=A12),1,A47/A12)×0.5
48	群众满意度(%)	A48			4.44	IF((A48>=90),5,IF((A48>=50),1+(A48−50)×0.1,0))

以H省为例，明晰市级评分算式如下表4.11。

表 4.11　H 省（市级）得分计算表

序号	基础信息	代号	基础信息	代号	分值	评分算式
1	市级总河长（人）	A1	市级总河长公告（人）	B1	1	IF((B1＞＝A1),1,0)×1
2	市级河（湖）长（人）	A2	市级河（湖）长公告（人）	B2	2	IF((B2＞＝A2),1,B2/A2)×2
3	市河长办专职人员（人）	A3	市河长办兼职人员（人）	B3	2	IF((A3＋B3)＞＝5,1,(A3＋B3)/5)×2
4	2018 年市河长办工作经费总数（万元）	A4			0.5	IF((A4＞＝100),1,A4/100)×0.5
5	市级河长办办公面积（平方米）	A5			0.5	IF((A5＞＝(A3×7)),1,A5/(A3×7))×0.5
6	市级河（湖）长公示牌总数（个）	A6	市级河（湖）长公示牌符合要求数（个）	B6	1	IF((B6＞＝A6),1,B6/A6)×1
7	六项制度发布及执行（Y/N）	A7			1	IF(A7＝“Y”,1,0)×1
8	市级工作方案明确各河长制成员单位职责及分工（Y/N）	A8			0.5	IF(A8＝“Y”,1,0)×0.5
9	建立部门联合执法机制或部门分工协作机制（Y/N）	A9			0.5	IF(A9＝“Y”,1,0)×0.5
10	市级建立公众参与机制并开展活动（次）	A10			0.5	IF((A10＞2),1,A10×0.5)×0.5
11	2018 年市级河湖治理保护资金落实总数（万元）	A11			0.5	IF((A11＞5 000),1,A11/5 000)×0.5
12	市级主要河湖（个）	A12	主要河湖落实管护单位（个）	B12	1	IF((B12＞－A12),1,B12/A12)×1
13	市级总河（湖）长会议（次）	A13			0.5	IF((A13＞＝1),1,0)×0.5
14	市级河（湖）长专项行动部署（次）	A14			0.5	IF((A14＞＝A12),1,A14/A12)×0.5

续表

序号	基础信息	代号	基础信息	代号	分值	评分算式
15	市级河(湖)长专题会议协调解决重大问题(次)	A15			0.5	IF((A15>=A12),1,A15/A12)×0.5
16	突出问题督办总数(次)	A16	突出问题处理(次)	B16	0.5	IF((B16>=A16),1,B16/A16)×0.5
17	市级河(湖)长计划巡河(次)	A17	市级河(湖)长实际巡河(次)	B17	0.25	IF((OR(B17>=A17,B17>=2)),1,B17/A17)×0.25
18	市级河(湖)长巡河发现问题及时督办(次)	A18			0.25	IF((A18>A12),1,A18/A12)×0.25
19	市级河(湖)长对下级河(湖)长开展考核(次)	A19			0.5	IF((A19>=1),1,0)×0.5
20	市级督察下级工作并推进整改落实(次)	A20			0.5	IF((A20>=A12),1,A20/A12)×0.5
21	市级针对河(湖)长重大问题整改不到位问责(次)	A21			0.5	IF((A21>1),1,0)×0.5
22	市级河(湖)长制考核结果作为地方党政领导干部综合考核评价重要依据(Y/N)	A22			1	IF(A22="Y",1,0)×1
23	信息系统应用(Y/N)	A23			0.5	IF(A23="Y",1,0)×0.5
24	市级通过各类媒体宣传报道河长制(次)	A24			0.5	IF(A24="Y",1,0)×0.5
25	市河(湖)长制培训(期数)	A25			0.5	IF(A25=1,0.2,IF(A25>2,0.5,0.35))
26	市党委组织部门组织开展河(湖)长制培训(期数)	A26				IF(C25=0.5,0,IF(A26×0.2+C25>0.5,0,A26×0.2))

以H省为例,明晰县乡级评分算式如下表4.12。

表 4.12　县乡得分计算表

序号	基础信息	代号	基础信息	代号	分值	评分算式
1	县级总河长(人)	A1	县级总河长公告(人)	B1	1	IF((B1>=A1),1,0)×1
2	乡级总河长(人)	A2	乡级总河长公告(人)	B2	1	IF((B2>=A2),1,B2/A2)×1
3	县级河(湖)长(人)	A3	县级河(湖)长公告(人)	B3	2	IF((B3>=A3),1,0)×2
4	乡级河(湖)长(人)	A4	乡级河(湖)长公告(人)	B4	2	IF((B4>=A4),1,B4/A4)×2
5	县河长办专职人员(人)	A5	县河长办兼职人员(人)	B5	2	IF((A5+B5)>=5,1,(A5+B5)/5)×2
6	2018年县河长办工作经费总数(万元)	A6			0.5	IF((A6>=20),1,A6/20)×0.5
7	县级河(湖)长公示牌总数(个)	A7	县级河(湖)长公示牌符合要求数(个)	B7	0.5	IF((B7>=A7),1,B7/A7)×0.5
8	乡级河(湖)长公示牌总数(个)	A8	乡级河(湖)长公示牌符合要求数(个)	B8	0.5	IF((B8>=A8),1,B8/A8)×0.5
9	六项制度发布及执行(Y/N)	A9			1	IF(A9="Y",1,0)×1
10	县级工作方案明确各河长制成员单位职责及分工(Y/N)	A10			0.5	IF(A10="Y",1,0)×0.5
11	建立部门联合执法机制或部门分工协作机制(Y/N)	A11			0.5	IF(A11="Y",1,0)×0.5
12	县级建立公众参与机制并开展活动(次)	A12			0.5	IF((A12>=1),1,0)×0.5
13	2018年县级河湖治理保护资金落实总数(万元)	A13			0.5	IF((A13>2 500),1,A13/2 500)×0.5
14	县级主要河湖(个)	A14	主要河湖落实管护单位(个)	B14	1	IF((B14>=A14),1,B14/A14)×1

续表

序号	基础信息	代号	基础信息	代号	分值	评分算式
15	县级总河（湖）长会议（次）	A15			0.5	IF((A15＞＝1),1,0)×0.5
16	县级河（湖）长专项行动部署（次）	A16			0.5	IF((A16＞＝A14),1,A16/A14)×0.5
17	县级河（湖）长专题会议协调解决重大问题（次）	A17			0.5	IF((A17＞＝A14),1,A17/A14)×0.5
18	突出问题督办总数（次）	A18	突出问题处理（次）	B18	0.5	IF((B18＞＝A18),1,B18/A18)×0.5
19	县级河（湖）长计划巡河（次）	A19	县级河（湖）长实际巡河（次）	B19	0.25	IF((OR(B19＞＝A19,B19＞＝4)),1,B19/A19)×0.25
20	县级河（湖）长巡河发现问题及时督办（次）	A20			0.25	IF((A20＞＝A14),1,A20/A14)×0.25
21	县级河（湖）长对下级河（湖）长开展考核（次）	A21			0.5	IF((A21＞＝1),1,0)×0.5
22	县级督察下级工作并推进整改落实（次）	A22			0.5	IF((A22＞＝A14),1,A22/A14)×0.5
23	县级针对河（湖）长重大问题整改不到位问责（次）	A23			0.5	IF((A23＞＝1),1,0)×0.5
24	县级河（湖）长制考核结果作为地方党政领导干部综合考核评价重要依据（Y/N）	A24			1	IF(A24=“Y”,1,0)×1
25	信息系统应用（Y/N）	A25			0.5	IF(A25=“Y”,1,0)×0.5
26	县级通过各类媒体宣传报道河长制（次）	A26			0.5	IF(A26=“Y”,1,0)×0.5
27	县河（湖）长制培训（期数）	A27			0.5	IF((A27＞＝1),1,0)×0.5
28	县党委组织部门组织开展河（湖）长制培训（期数）	A28				IF(C27=0.5,0,IF(A28×0.2+C27＞0.5,0,A28×0.2))

三、实证应用研究

应用表4.10—4.12，计算得H省省级得分61.69分；市级1得分16.92分，市级2得分16.09分，市级3得分16.45分；县乡级1得分20.00分，县乡级2得分19.45分，县乡级3得分18.20分，县乡级4得分18.89分，县乡级5得分15.94分，县乡级6得分18.46分。H省河（湖）长制总结评估综合得分96.64分。

第四节　直辖市评分模型研究

本节根据第二节中省份93个数据，明晰赋分标准及评分模型，计算直辖市分值。具体思路与第三节相同，为节省篇幅，以区（乡）级关键数据36个为例，说明赋分标准、评分模型、实际应用。

一、区（乡）级赋分标准

河（湖）长制总结评估区乡级赋分标准见下表4.13。

表4.13　河（湖）长制总结评估区乡级赋分标准

二级指标		分值	计分方法	赋分标准
1	县级总河长（人）	1.5	一票否决	明确县级总河长并公告的，得1.5分，出现未公告的情况即得0分
2	乡级总河长（人）	1.5	一票否决	明确乡级总河长并公告的，得1.5分，出现未公告的情况即得0分
3	县级河（湖）长（人）	3	优比例、最高限分	县级主要河湖全部明确市级河（湖）长并公告的，得3分，若未全部公告，则按比例赋分
4	乡级河（湖）长（人）	3	优比例、最高限分	乡级主要河湖全部明确市级河（湖）长并公告的，得3分，若未全部公告，则按比例赋分
5	县河长办专职人员（人）	4	阶梯法	专职人员5人以下的，得1分；5人及以上的，得2分；8人及以上的，得3分；专职人员数量多于兼职人员的，得1分

续表

二级指标		分值	计分方法	赋分标准
6	2018年县河长办工作经费总数(万元)	1	优比例、最高限分	县河长办工作经费总数达到20万的，得满分1分，若未达标，则按比例赋分
7	县级河(湖)长公示牌总数(个)	1	优比例、最高限分	河(湖)长公示牌内容规范，无损坏且及时更新的，得1分；未符合要求的，按比例赋分
8	乡级河(湖)长公示牌总数(个)	1	优比例、最高限分	河(湖)长公示牌内容规范，无损坏且及时更新的，得1分；未符合要求的，按比例赋分
9	六项制度发布及执行(Y/N)	2	是否判断	河长会议、信息共享、信息报送、工作督察、考核问责与激励、验收六项制度全部建立、发布并执行的，得2分，否则得0分
10	县级工作方案明确各河长制成员单位职责及分工(Y/N)	1	是否判断	县级工作方案明确各河长制成员单位职责及分工的，得1分
11	建立部门联合执法机制或部门分工协作机制(Y/N)	1	是否判断	建立部门联合执法机制或部门分工协作机制的，得1分
12	县级建立公众参与机制并开展活动(次)	1	优比例、最高限分	县级建立公众参与机制并开展活动的，每次0.50分，最高得1分
13	2018年县级河湖治理保护资金落实总数(万元)	1	优比例、最高限分	县级河湖治理保护资金落实总数达到0.25亿元的，得满分1分，若未达标，则按比例赋分
14	县级河湖管护单位落实率(%)	2	优比例、最高限分	县级每条主要河湖落实管护责任单位的，得2分，未达标则按比例赋分
15	县级总河(湖)长会议(次)	1	优比例、最高限分	县组织召开1次总河(湖)长会议部署工作的，得1分，否则得0分
16	县级河(湖)长专项行动部署(次)	1	优比例、最高限分	县级河(湖)长专项行动部署达到市级每条主要河湖1次的，得1分，未达标则按比例赋分
17	县级河(湖)长专题会议协调解决重大问题(次)	1	优比例、最高限分	县级河(湖)长专题会议协调解决重大问题达到市级每条主要河湖1次的，得1分，未达标则按比例赋分
18	突出问题督办总数(次)	1	优比例、最高限分	对突出问题督办且全部得到处理的，得1分，否则按完成比例赋分

续表

二级指标		分值	计分方法	赋分标准
19	县级河(湖)长计划巡河任务完成率(次)	0.5	优比例、最高限分	县乡级河(湖)长巡河(湖)次数均达到制度或计划要求的,得 0.5 分,否则按照任务完成比例赋分
20	县级河(湖)长巡河发现问题及时督办(次)	0.5	优比例、最高限分	县级河(湖)长巡河发现问题及时督办达到县级每条主要河湖 1 次的,得 0.5 分,未达标则按比例赋分
21	县级河(湖)长对下级河(湖)长开展考核(次)	1	优比例、最高限分	县级河(湖)长对下级河(湖)长开展 1 次考核得 1 分,否则得 0 分
22	县级督察下级工作并推进整改落实(次)	1	优比例、最高限分	县级督察下级工作并推进整改落实达到市级每条主要河湖 1 次的,得 1 分,未达标则按比例赋分
23	县级针对河(湖)长重大问题整改不到位问责(次)	1	是否判断	县级针对河(湖)长重大问题整改不到位问责次数达到一次即可得 1 分,无问责得 0 分
24	县级河(湖)长制考核结果作为地方党政领导干部综合考核评价重要依据(Y/N)	2	是否判断	县级河(湖)长制考核结果作为地方党政领导干部综合考核评价重要依据的,得 2 分,否则得 0 分
25	有信息系统是否应用(Y/N)	1	是否判断	有信息系统应用得 1 分,否则不得分
26	县级通过各类媒体宣传报道河长制(Y/N)	1	是否判断	县级通过电视、网站、报纸、公众号等各类媒体宣传报道河(湖)长制,得 1 分,否则得 0 分
27	县河(湖)长制培训(次)	1	阶梯法	县级政府部门有河(湖)长制培训的,培训 1 期得 0.5 分,2 期得 0.8 分,3 期及以上得 1 分
28	县党委组织部门组织开展河(湖)长制培训(次)		优比例、最高限分	县党委组织部门组织每开展河(湖)长制培训 1 次,得 0.20 分,否则按比例赋分,此项指标与前项指标总分不超过 1 分

二、区(乡)级评分算式

河(湖)长制总结评估区乡级赋分标准见下表 4.14。

表 4.14　县乡级基础信息计算公式

序号	基础信息	代码	基础信息	代码	分值	评分算式
1	区级总河长(人)	A1	区级总河长公告(人)	B1	1.5	IF((B1>=A1),1,0)×1.5
2	乡级总河长(人)	A2	乡级总河长公告(人)	B2	1.5	IF((B2>=A2),1,B2/A2)×1.5
3	区级河(湖)长(人)	A3	区级河(湖)长公告(人)	B3	3	IF((B3>=A3),1,0)×3
4	乡级河(湖)长(人)	A4	乡级河(湖)长公告(人)	B4	3	IF((B4>=A4),1,B4/A4)×3
5	区河长办专职人员(人)	A5	区河长办兼职人员(人)	B5	4	IF(A5+B5>=8,3+IF(A5>B5,1,0),IF(A5+B5>=5,2+IF(A5>B5,1,0),IF(A5+B5<5,1+IF(A5>B5,1,0),IF(A5>B5,1,0))))
6	2018年区河长办工作经费总数(万元)	A6			1	IF((A6>=15),1,A6/15)×1
7	区级河(湖)长公示牌总数(个)	A7	区级河(湖)长公示牌符合要求数(个)	B7	1	IF((B7>=A7),1,B7/A7)×1
8	乡级河(湖)长公示牌总数(个)	A8	乡级河(湖)长公示牌符合要求数(个)	B8	1	IF((B8>=A8),1,B8/A8)×1
9	六项制度发布及执行(Y/N)	A9			2	IF(A9="Y",1,0)×2
10	区级工作方案明确各河长制成员单位职责及分工(Y/N)	A10			1	IF(A10="Y",1,0)×1
11	建立部门联合执法机制或部门分工协作机制(Y/N)	A11			1	IF(A11="Y",1,0)×1
12	区级建立公众参与机制并开展活动(次)	A12			1	IF((A12>=1),1,0)×1

续表

序号	基础信息	代码	基础信息	代码	分值	评分算式
13	2018年区级河湖治理保护资金落实总数(万元)	A13			1	IF((A13>2 500),1,A13/2 500)×1
14	区级主要河湖(个)	A14	主要河湖落实管护单位(个)	B14	2	IF((B14>=$A$14),1,B14/$A$14)×2
15	区级总河(湖)长会议(次)	A15			1	IF((A15>=1),1,0)×1
16	区级河(湖)长专项行动部署(次)	A16			1	IF((A16>=$A$14),1,A16/$A$14)×1
17	区级河(湖)长专题会议协调解决重大问题(次)	A17			1	IF((A17>=$A$14),1,A17/$A$14)×1
18	突出问题督办总数(次)	A18	突出问题处理(次)	B18	1	IF((B18>=A18),1,B18/A18)×1
19	区级河(湖)长计划巡河(次)	A19	县级河(湖)长实际巡河(次)	B19	0.5	IF((OR(B19>=A19,B19>=4)),1,B19/A19)×0.5
20	区级河(湖)长巡河发现问题及时督办(次)	A20			0.5	IF((A20>=$A$14),1,A20/$A$14)×0.5
21	区级河(湖)长对下级河(湖)长开展考核(次)	A21			1	IF((A21>=1),1,0)×1
22	区级督察下级工作并推进整改落实(次)	A22			1	IF((A22>=$A$14),1,A22/$A$14)×1
23	区级针对河(湖)长重大问题整改不到位问责(次)	A23			1	IF((A23>=1),1,0)×1
24	区级河(湖)长制考核结果作为地方党政领导干部综合考核评价重要依据(Y/N)	A24			2	IF(A24="Y",1,0)×2
25	信息系统应用(Y/N)	A25			1	IF(A25="Y",1,0)×1

续表

序号	基础信息	代码	基础信息	代码	分值	评分算式
26	区级通过各类媒体宣传报道河长制(次)	A26			1	IF(A26=“Y”,1,0)×1
27	区河(湖)长制培训(期数)	A27			1	IF(A27=0,0,IF(A27=1,0.5,IF(A27>2,1,0.8)))
28	区党委组织部门组织开展河(湖)长制培训(期数)	A28				IF(C27=1,0,IF(0.2×A28>2,2,0.2×A28))

三、实际应用

以T市为例,应用表4.15—4.16计算(市级),区(乡镇)级分值,分值见表4.15—4.16。

表4.15　T市(市级)得分计算表

序号	基础信息	代码	基础信息	代码	分值	得分
1	市级总河长(人)	1	市级总河长公告(人)	1	1	1.00
2	市级河(湖)长(人)	3	市级河(湖)长公告(人)	3	3	3.00
3	市河长办专职人员(人)	30	市河长办兼职人员(人)	15	2	2.00
4	2018年市河长办工作经费总数(万元)	90			1	1.00
5	市级河长办办公面积(平方米)	1 016.27			1	1.00
6	市级河(湖)长公示牌总数(个)	910	市级河(湖)长公示牌符合要求数(个)	910	1	1.00
7	六项制度发布及执行(Y/N)	Y			2	2.00
8	市级工作方案明确各河长制成员单位职责及分工(Y/N)	Y			1	1.00
9	建立部门联合执法机制或部门分工协作机制(Y/N)	Y			1	1.00

续表

序号	基础信息	代码	基础信息	代码	分值	得分
10	市级建立公众参与机制并开展活动(次)	3			1	1.00
11	2018年市级河湖治理保护资金落实总数(万元)	123 700			1	1.00
12	市级主要河湖(个)	44	主要河湖落实管护单位(个)	44	1	1.00
13	市级召开总河(湖)长会议(次)	1			1	1.00
14	市级河(湖)长专项行动部署(次)	44			1	0.5
15	市级河(湖)长专题会议协调解决重大问题(次)	44			1	0.5
16	突出问题督办总数(次)	10	突出问题处理(次)	10	1	1.00
17	市级河(湖)长计划巡河(次)	17	市级河(湖)长实际巡河(次)	17	0.5	0.50
18	市级河(湖)长巡河发现问题及时督办(次)	44			0.5	0.5
19	市级河(湖)长对下级河(湖)长开展考核(次)	13			1	1.00
20	市级督察下级工作并推进整改落实(次)	44			0.5	0.5
21	市级针对河(湖)长重大问题整改不到位问责(次)	8			0.5	0.50
22	市级河(湖)长制考核结果作为地方党政领导干部综合考核评价重要依据(Y/N)	Y			1	1.00
23	市级"一河一策"方案印发数量(个)	43			2	1.95
24	市级已建立"一河一档"数量(个)	44			1	1.00
25	开展信息系统建设(Y/N)	Y			1	1.00
26	信息系统建成(Y/N)	Y			0.5	0.50
27	信息系统应用(Y/N)	Y			0.5	0.50

续表

序号	基础信息	代码	基础信息	代码	分值	得分
28	国家宣传报道(次)	8				0.00
29	市级通过各类媒体宣传报道河长制(次)	Y			1	1.00
30	市河(湖)长制培训(期数)	4			1	1.00
31	市党委组织部门组织开展河(湖)长制培训(期数)	0			2	0.00
32	2018年国控断面水质考核指标(%)	25	2018年国控断面水质优良比例(%)	40	3	3.00
33	2018年劣Ⅴ类水体考核指标(%)	55	2018年国控断面劣Ⅴ类水体比例(%)	25	3	3.00
34	2018年优于Ⅲ类水体考核指标(%)	100	2018年饮用水水源优于Ⅲ类水比例(%)	100	3	3.00
35	2018年直辖市建成区黑臭水体考核指标(%)	90	2018年直辖市建成区黑臭水体消除比例(%)	96.2	2	2.00
36	“清四乱”等专项行动及部署(Y/N)	Y			1	1.00
37	市级“清四乱”台账建立(Y/N)	Y			1	1.00
38	“清四乱”完成率(%)	59			4	3.30
39	地级以上河湖应划定管理保护范围比例(%)	63.6			3	2.27
40	河湖生态综合治理修复试点(个)	40			1	0.91
41	生态修复示范区成效明显(个)	40			1	0.91
42	开展淡水违规养殖等整治(Y/N)	Y			1	1.00
43	部署开展农村河道整治或污水治理(Y/N)	Y			0.5	0.50
44	农村河道整治或污水治理取得明显成效(个)	324			0.5	0.50

续表

序号	基础信息	代码	基础信息	代码	分值	得分
45	部署开展农村畜禽养殖污染治理(Y/N)	Y			0.5	0.50
46	农村畜禽养殖污染治理取得明显成效(个)	557			0.5	0.50
47	群众满意度(%)	97			5	5.00
合计					63	59.34

表 4.16　T 市区 1 得分计算表

序号	基础信息	代码	基础信息	代码	分值	得分
1	区级总河长(人)	1	区级总河长公告(人)	1	1.5	1.50
2	乡级总河长(人)	21	乡级总河长公告(人)	21	1.5	1.50
3	区级河(湖)长(人)	5	区级河(湖)长公告(人)	5	3	3.00
4	乡级河(湖)长(人)	22	乡级河(湖)长公告(人)	22	3	3.00
5	区河长办专职人员(人)	3	区河长办兼职人员(人)	19	4	3.00
6	2018 年区河长办工作经费总数(万元)	30			1	1.00
7	区级河(湖)长公示牌总数(个)	90	区级河(湖)长公示牌符合要求数(个)	90	1	1.00
8	乡级河(湖)长公示牌总数(个)	2 758	乡级河(湖)长公示牌符合要求数(个)	2 758	1	1.00
9	六项制度发布及执行(Y/N)	Y			2	2.00
10	区级工作方案明确各河长制成员单位职责及分工(Y/N)	Y			1	1.00
11	建立部门联合执法机制或部门分工协作机制(Y/N)	Y			1	1.00
12	区级建立公众参与机制并开展活动(次)	2			1	1.00
13	2018 年区级建立河湖治理保护资金落实总数(万元)	300			1	0.12

续表

序号	基础信息	代号	基础信息	代号	分值	得分
14	区级主要河湖(个)	39	主要河湖落实管护单位(个)	39	2	2.00
15	区级总河(湖)长会议(次)	1			1	1.00
16	区级河(湖)长专项行动部署(次)	6			1	1.00
17	区级河(湖)长专题会议协调解决重大问题(次)	1			1	1.00
18	突出问题督办总数(次)	2	突出问题处理(次)	2	1	1.00
19	区级河(湖)长计划巡河(次)	48	县级河(湖)长实际巡河(次)	91	0.5	0.50
20	区级河(湖)长巡河发现问题及时督办(次)	4			0.5	0.50
21	区级河(湖)长对下级河(湖)长开展考核(次)	13			1	1.00
22	区级督察下级工作并推进整改落实(次)	4			1	1.00
23	区级针对河(湖)长重大问题整改不到位问责(次)	17			1	1.00
24	区级河(湖)长制考核结果作为地方党政领导干部综合考核评价重要依据(Y/N)	Y			2	2.00
25	信息系统应用(Y/N)	Y			1	1.00
26	区级通过各类媒体宣传报道河长制(次)	Y			1	1.00
27	区河(湖)长制培训(期数)	3			1	1.00
28	区党委组织部门组织开展河(湖)长制培训(期数)	0				0.00
合计					37	35.12

应用表4.15—4.16计算得T市市级得分59.34分;T市区1得分35.12,T市区2得分34.76,T市区3得分36.11。T市河(湖)长制总结评估综合得分94.67分。

本章论述了总结评估的核心技术：

(1) 优选出反映技术大纲要求、反映省份(含直辖市)推行河(湖)长制成效的关键数据，省份128个数据，直辖市93个数据。

(2) 制定赋分标准、开发评估模型，根据优选数据明晰赋分标准，按照赋分标准研制省级、市级、县(乡镇)级评分算式(三张算式表)，直辖市市级、区(乡镇)级评分算式表(二张算式表)，这五张评分表(看得见的评分模型)是对第五章评估系统评分模型(看不见的评分模型)的核查与校核，确保二个模型的评分结果一致，客观公平地评估出各地分值。

(3) 从评分表可见扣分原因，各省份核查报告中对扣分原因有详细阐述。

(4) 根据得分、扣分原因，提出各省份的经验、问题及建议，详见第六章，根据第六章统计全国排名前10的经验、问题及建议，见第七章。

参考文献

[1] 刘鸿志，刘贤春，周仕凭，等. 关于深化河长制制度的思考[J]. 环境保护，2016，44(24)：43-46.

[2] 沈晓梅，姜明栋. 基于DPSIRM模型的河长制综合评价指标体系研究[J]. 人民黄河，2018，40(08)：78-84+90.

[3] 彭欢，韩青，曹菊萍，陈凤玉，尚钊仪，吴志飞，邓越. 太湖流域片区河湖长制考核评价指标体系研究[J]. 中国水利，2019(06)：11-15+5.

[4] 章运超，王家生，朱孔贤，等. 基于TOPSIS模型的河长制绩效评价研究——以江苏省为例[J]. 人民长江，2020，51(1)：237-242.

[5] 唐新玥，唐德善，常文倩，袁志美，唐肖阳. 基于云模型的区域河长制考核评价模型[J]. 水资源保护，2019，35(01)：41-46.

[6] 李红梅，祝诗羽，张维宇. 我国"河长制"绩效评价体系构建研究[J]. 环境与发展，2018，30(11)：207-209.

[7] 段红东. 全面推行河长制工作中期评估情况与河(湖)长制总结评估框架设计[J]. 中国水利，2018，(12)：8-13.

[8] 水利部办公厅，环境保护部办公厅. 全面推行河(湖)长制总结评估技术大纲[R]. 2018.

[9] 王振，刘茂. 应用区间层次分析法(IAHP)研究高层建筑火灾安全因素[J]. 安全与环境学报，2006，6(1)：12-15.

[10] 李姗姗. 基于IAHP的生产系统作业疲劳模糊综合评价[J]. 武汉理工大学学报(信息与管理工程版)，2014，(3)：430-433.

[11] 肖峻，王成山，周敏. 基于区间层次分析法的城市电网规划综合评判决策[J]. 中国电机工程学报，2004，24(4)：50-57.

[12] 易丽丽，杨云芳，李柯，刘金英. 基于成功度等级评价法的高校校内科技项目绩效评价研究[J]. 浙江理工大学学报，2013，30(06)：937-941.

第五章　评估系统开发研究

为了提高河(湖)长制评估工作的效率和质量,实现评估工作的全流程无纸质化、电子化,减轻省、市、县、乡各级自评单位的资料提供工作量,提高评估结果的统计分析效率和质量,开发全面推行河(湖)长制总结评估系统是十分必要的。

系统主要是根据评估的技术大纲,整合各省、市、县、乡河长制评估的相关数据资源,由全国相关的河长办工作人员、第三方评估人员和社会公众等共同参与,形成数据规范、全国协同、全程电子化、数据一致、客观公正、快速便捷、灵活通用的评估平台。

系统依据技术大纲制定了详细的赋分指标体系,将各省和各级的数据信息纳入统一的评估平台,确保省、市、县、乡四级自评估的材料信息的实时共享,上级对下级的申报成果能进行在线审核。使用该评估系统,对于评估全国全面推行河(湖)长制的推行情况,实现评估成果的准确、可靠、公正,提高评估工作的效率,促进河长湖长的履职、尽职,保障评估信息的安全,促进水清、岸绿、河畅、景美具有重要意义。

第一节　系统服务对象与内容

全面推行河(湖)长制总结评估系统分为自评估模式和核查评估模式。自评估用户进行数据录入、佐证资料上传并提交赋分说明,由系统自动产生分级统计报表。主要的特点是规范、准确和高效,可以做到即时上传、即时计算、即时数据共享、自动生成各类报表等,减轻技术人员繁琐重复的工作。

核查评估模式,即第三方模式,将由第三方评估人员通过明察暗访、现场收集资料、核查数据录入并查看上传的佐证材料和赋分说明来进行评估。最后生成第三方核查评估的报表。主要的特点是能根据评价要点及时调阅自评的佐证材料,大大提高资料查找效率,同时还可以通过移动端上传现场查看的现场照片、地点、说明等信息，对评估需要的多要素数据源的真实性进行把控，见图 5.1。

根据评估技术大纲的总体要求，系统建立了评估指标的计算模型，实现自评估、第三方评估的全程电子化，能快速、便捷地得出客观、公正的评估结果，最大程度地减少评估工作对河长办工作的影响。

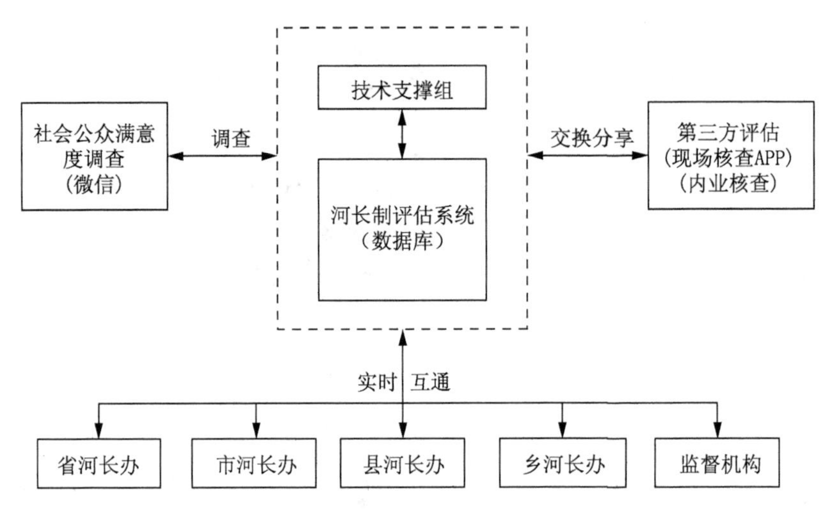

图 5.1　河长制评估系统服务对象与服务内容

一、面向各级河长办提供技术支撑服务

根据大纲要求，系统支持组事先进行各级河长办机构、指标计算模型、参数设置、统计报表的初始化，使参与本项工作的人员通过统一的登录入口可直接使用，系统应用简单、便捷，能在最短的时间内学会操作。

二、面向各评估组提供信息实时互通共享服务

各地河长办自评估提交的指标参数和佐证材料是本次评估的依据，各评估组根据任务分配自动对应到相应的评估对象，登录系统后就能直接查看到所评估的省、市、县、乡等各级河长办提供的数据。同时评估组在现场核查中的信息，也能通过共享信息实现全组评价标准的一致。

三、面向监督组的统一指标评判服务

尽管评估工作有详细的技术大纲要求，评估前对参与评估人员也进行了培训。但由于有些指标评估时对参数的认定难度较大，容易产生偏差。为了保证评估质量，本次评估工作成立了监督组，对各评估组的成果进行了抽样核查，对认定指标

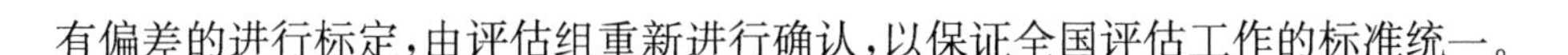

有偏差的进行标定，由评估组重新进行确认，以保证全国评估工作的标准统一。

四、面向社会公众提供满意度调查

公众对河长制推行的满意度是重要指标，为了收集到公众对河长制推行成效的有效问卷，系统通过微信方式提供满意度调查表的简便录入，同时能采集到调查时的位置信息，便于查看调查区域的分布是否均匀。

第二节　系统建设目标与原则

系统以评估技术大纲为依据，按照评估工作的统一部署，围绕全国河长制评估工作的总体目标和主要任务，立足本次评估工作点多、面广、人多，以及全国地区差异大等实际情况，以便捷服务和公平公正为导向，以全程数据共享为核心，按照水利部、生态环境部的要求，系统建设和培训应用稳步推进，建成了覆盖全国、各级互通、信息资源得到充分共享的河长制评估平台，使其成为支撑本次全国评估工作的基础，为各级河长办、评估机构、公众等参与方提供了高效的支撑服务。

一、依据大纲原则

本次系统建设严格遵循评估技术大纲的要求，通过建立评估计算模型，能实现计分统计的准确无误。

二、立足服务原则

本系统建立的目标是最大程度地减少各级河长办，特别是基层河长办自评估的工作量，所以针对评估佐证材料的电子化提出了具体的要求，对于大图纸、纸文件等信息采集提出了简化方案。同时，系统的评估模型和计分统计均由技术支持组提供事先初始化，各级河长办只需要填写指标和说明，上传佐证材料即可。操作简便，工作量小，同时也便于后期材料的补充和调整。

三、协调联动原则

本次评估工作因省、市、县、乡四级均要提供佐证材料，但由于基层河长办的技术能力不足，对评估指标的要求理解容易产生偏差，本系统根据行政代码体系实现访问授权，能实现上级对下级自评的审核。同时，第三方评估时，监督组也能通过授权实现对全国各评估组工作的监控和评定，实现评估标准的一致，最大程度地实现评估结果的公平公正。

四、信息共享原则

本次评估中由于参与方众多，采集信息多，且需要多方使用，为最大程度地减少重复信息采集工作，在保证信息安全的前提下，系统通过层级授权，实现了信息一方采集、多方使用的共享模式。

第三节　系统设计

系统设计的主要依据是水利部办公厅、生态环境部办公厅印发《全面推行河(湖)长制总结评估工作方案》的通知，和水利部发展研究中心、河海大学、华北水利水电大学制定的《全面推行河(湖)长制总结评估技术大纲》，从"有名""有实"两个方面，定性与定量相结合，组织对全面推行河(湖)长制工作进行总结评估。系统的开发是为支撑本次评估工作服务。

系统是以云服务为支撑，以技术大纲为依据，通过指标提取和模型计算，实现评估工作的快速便捷和评估成果的公平公正。为了使系统使用方便，针对不同的应用场景，开发了相应软件系统。在系统设置、资料上传、自评估、第三方评估方面，主要采用 B/S 模式；河(湖)长制满意度调查采用微信方式，便于群众能直接进行扫码填写和位置记录，以确保填写信息的真实性；第三方评估的现场核查主要采用移动 APP 方式，能方便现场多媒体和位置信息的采集，见图 5.2。

全系统包括 PC 电脑端(评估系统与河长制调研报名系统)、手机 APP 与微信公众号，可实现即时上传、即时计算、即时数据共享、自动生成各类报告等，减轻技术人员工作量，最主要是可通过监测时间、上传时间、上传地点、现场照片等多要素对数据源的真实性进行把控，可随时随地通过手机即时查看。评估系统软件具备与河长制信息管理平台对接的功能，同时提供评估材料上传与第三方评估核查功能，提高评估效率。

一、自评估系统

自评估系统软件实现与河湖长制信息管理平台统一认证登录。根据考核评估指标，通过管理员模式为各级用户进行指标配置。各级用户根据指标进行上报河长制数据及相关佐证材料。具体功能有：1)录入基础数据；2)显示分值及评分标准；3)统计得分。

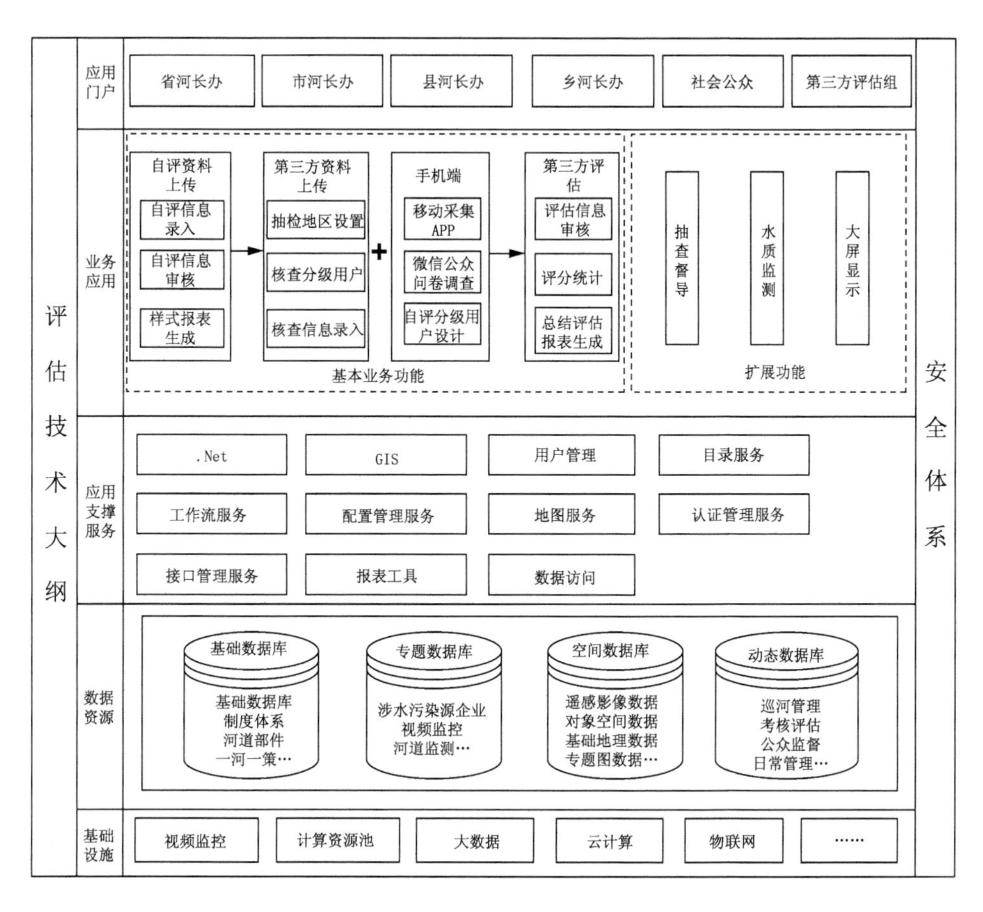

图 5.2 河长制评估平台系统框架

二、第三方评估系统

与自评估一样采用 B/S 结构进行登录。各省考核组用户通过浏览器输入网址、账号与密码登录系统。具体功能包括:1)评估目标选择;2)基础信息统计;3)自评信息查询;4)评估任务查询;5)核查计算;6)统计得分。

三、现场核查评估系统(APP)

核查评估 APP 与第三方评估系统实现对接,采用统一账号登录。评估组人员现场核查河湖时,应用 APP 系统对发现的现场问题进行及时上报。

四、满意度调查系统

满意度调查系统用于评估组对评估地区进行现场问卷调查。以公众微信号的形式，通过扫码邀请公众进行调查。每提交一份问卷调查都会自动上传到满意度统计中。（备注：针对无微信扫码的公众，可通过问询或纸质问卷进行调查，然后考核组自行扫码上传。该公众微信号不限制一个微信上传一张问卷。）

其他功能：统计问卷调查量、查看历史上传记录。

为了减少评估中基层的工作量，能从已有信息平台获取的信息，将不再要求地方提供。河长制评估系统将直接对接河湖长制信息管理系统数据平台的功能服务接口，实现各级数据的交互，接口的对接工作由省河长办协调完成。

可对接数据如下：

(1) 对接河长制系统内的“一河（湖）一策”“一河（湖）一档”等，可直接调阅其河（湖）相关档案资料。

(2) 对接河（湖）长履职工作内容：河（湖）长巡河记录及佐证材料、河（湖）长问题处置流程与督办（催办）情况。

(3) 对接河（湖）长制基础信息：公示牌数量、位置、阅览现场照片。

第四节 赋分计算模型

根据评估技术大纲的要求，制定了相应的评分标准，针对不同的评估项提取了相应的参数，通过赋分计算模型能直接进行计算。系统已建立了相应的模型库，主要赋分模型如下：

一、各级百分比法

本次评估主要的计分规则是针对一个省、市、县、乡各级分别统计符合要求的数量和应该值，求其比例。所以在各级行政区填写时，是以单个行政区为单位，填写“是/否”符合就可，当行政区内本级的全部市（县）符合要求时，填写“是”，当有一项不符合要求时，填写“否”。

$$S = \frac{N_{符}}{N_{总}} S_1 \tag{5.1}$$

式中：S 表示得分；S_1 表示该项分值；$N_{符}$ 表示符合要求的行政区的数量；$N_{总}$ 表示总的行政区的数量。但当有些行政区没有该项工作内容时，该数据是“应该的行政区数量”，宣传赋分统计模型见图 5.3。

分级分段河长设立和公告情况：

1）市级主要河流全部明确市级河长（分级分段河长）并公告的，得1.5分；未全部明确并公告的，按比例赋分，得分=（符合要求的市数量/总的市数量）×1.5。

2）县级主要河流全部明确县级河长（分级分段河长）并公告的，得1.5分；未全部明确并公告的，按比例赋分，得分=（符合要求的县数量/总的县数量）×1.5。

3）乡级主要河流全部明确乡级河长（分级分段河长）并公告的，得1分；未全部明确并公告的，按比例赋分，得分=（符合要求的乡数量/总的乡数量）×1.0。

二、一票否决法

在统计范围内，当有一个个体不符合要求时，全部不得分。但当本级“应该的行政区的数量”为0时，即本项无此内容时，为合理缺项。

$$S = 0 \mid N_{符} < N_{总} \mid$$
$$S_1 \mid N_{符} = N_{总} \mid \quad (5.2)$$

式中：S 表示得分；S_1 表示该项分值；$N_{符}$ 表示符合要求的行政区的数量；$N_{总}$ 表示总的行政区的数量。

如：省级主要河流全部明确省级河长并公告的，得2分；未全部明确并公告的，得0分。

三、优目标比例法

即要达到优良目标的值，当达到目标时得满分，当未达到时按比例得分。

$$\begin{aligned} S = S_1 \quad & \mid R_{实} > R_{目标} \mid \\ S_1 - (R_{目标} - R_{实}) \times S_{每} \quad & \mid R_{实} \leqslant R_{目标} \mid \\ 0 \quad & \mid S_1 \leqslant (R_{目标} - R_{实}) \times S_{每} \mid \end{aligned} \quad (5.3)$$

式中：S 表示得分；S_1 表示该项分值；$S_{每}$ 表示每下降1个百分点扣的分值；$R_{目标}$ 表示实际的完成率（%）；$R_{实}$表示目标的完成率（%）。

如：直辖市建成区黑臭水体消除比例高于90%，得4分；每下降1个百分点，减0.5分；最低得0分。

四、控制目标比例法

即要把指标控制在目标范围内的值，当在目标范围内时得满分，当超过目标值时按比例得分。

$$\begin{aligned} S = S_1 \quad & \mid R_{实} \leqslant R_{目标} \mid \\ S_1 - (R_{实} - R_{目标}) \times S_{每} \quad & \mid R_{实} > R_{目标} \mid \\ 0 \quad & \mid S_1 \leqslant (R_{实} - R_{目标}) \times S_{每} \mid \end{aligned} \quad (5.4)$$

式中：S 表示得分；S_1 表示该项分值；$S_{每}$ 表示每上升 1 个百分点扣的分值；$R_{目标}$ 表示实际的完成率（%）；$R_{实}$ 表示目标的完成率（%）。

如：国控断面水质的地表水劣Ⅴ类水体控制比例达到《水污染防治行动计划实施情况考核规定》确定的考核指标要求的，得 3 分，每上升 1 个百分点，减 0.5 分；最低得 0 分。

五、阶梯计分法

即根据要达到的目标的阶段值，按照达到的区间值，赋相应的分值。

$$
\begin{aligned}
S = S_1 \quad & | R_0 \leqslant R_{实} < R_1 | \\
S_i \quad & | R_{i-1} \leqslant R_{实} < R_i | \\
S_n \quad & | R_{n-1} \leqslant R_{实} < R_n |
\end{aligned}
\tag{5.5}
$$

式中：S 表示得分；$R_{目标}$ 表示实际的完成率（%）；$R_{实}$ 表示目标的完成率（%）；S_1 表示 $R_0 \leqslant R_{实} < R_1$ 在阶段 1 分值；S_i 表示 $R_{i-1} \leqslant R_{实} < R_i$ 在阶段 i 分值；S_n 表示 $R_{n-1} \leqslant R_{实} < R_n$ 在阶段 i 分值。

如：最高层级河（湖）长为省级和市级的河湖管理范围划定，全部河湖已划定的，得 3 分；50%河湖完成划定的，得 1.5 分；30%河湖完成划定的，得 0.5 分；其余不得分。

注：在上例中，需要对每一个“最高层级河（湖）长为省级和市级的河湖”要进行“是/否”的标定，计分时再采用上述方法。

如：县级河长办组织河（湖）长制培训的，全部培训期数大于等于县的总数量，得 0.5 分，培训指标赋分统计模型见图 5.3。

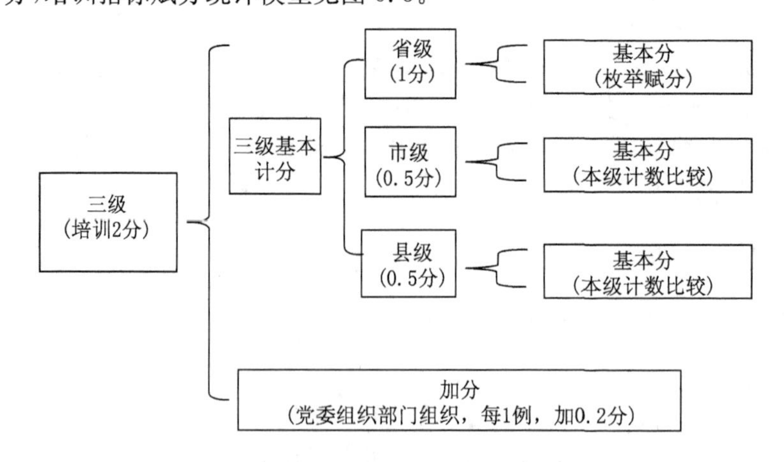

图 5.3　培训指标赋分统计模型

该项也可以两阶段法进行赋分

六、酌情计分法

该分项主要是针对难以量化的评价项，可根据现场核查的情况，直接赋予一定的分值，分值在0与本项分值之间。

$$S = S_{酌} \quad | 0 \leqslant S_{酌} \leqslant S_{项} | \tag{5.6}$$

式中：S表示得分；$S_{项}$表示本项的分值，即本项的最高分值；$S_{酌}$表示本项的酌情分值。

如：组织召开省级总河（湖）长会议部署工作的，得1分。

河（湖）长签发专项行动等工作部署的，得1分。

河（湖）长召开专题会议协调解决重大问题的，得1分。

河（湖）长巡河（湖）次数均达到制度或计划要求的，得1分。

河（湖）长巡河发现问题及时督办的，得0.5分；突出问题挂牌督办的，得0.5分。

河（湖）长对下级河（湖）长以及同级河（湖）长制组成部门开展考核工作的，得1分。

未完全按上述要求履职的，酌情扣分。

七、综合计分法

当一项计分由基本分、加分、扣分、减分等组成时，先分别计算各项分数，然后再统计该项部分，总分的分值为0至该项分值。

$$\begin{aligned} & S = 0 && | S_{基} + S_{加} \leqslant S_{减} + S_{扣} | \\ & S_{项} \ | S_{项} \leqslant S_{基} + S_{加} + S_{减} + S_{扣} | \\ & S_{基} + S_{加} - S_{减} - S_{扣} \end{aligned} \tag{5.7}$$

式中：S表示得分；$S_{项}$表示本项的分值，即本项的最高分值；$S_{基}$表示本项的基本分值；$S_{加}$表示本项的加分值；$S_{减}$表示本项的减分值；$S_{扣}$表示本项的扣分值。

如：省级通过电视、网站、报纸、公众号等各类媒体宣传报道河（湖）长制的，得1分。全部市级通过电视、网站、报纸、公众号等各类媒体宣传报道河湖长制的，得0.5分；未全部达到要求的，按比例赋分，得分=（符合要求的市数量/总的市数量）×0.5。全部县级通过电视、网站、报纸、公众号等各类媒体宣传报道河湖长制的，得0.5分；未全部达到要求的，按比例赋分，得分=（符合要求的县数量/总的县数量）×0.5。得到国家媒体宣传或报道的，每1次加0.1分；因工作不到位出现负面报道的，每 1 次减 0.1 分；宣传总得分不超过 2 分。宣传赋分统计模型见图 5-4。

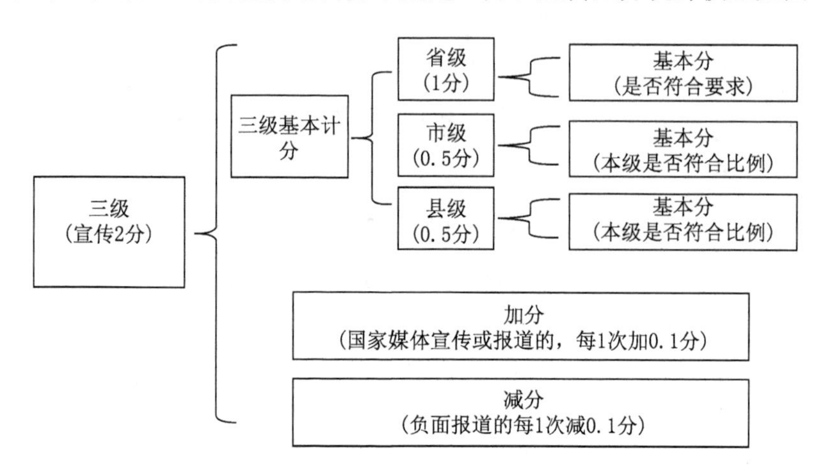

图 5.4　宣传赋分统计模型

第五节　系统功能

系统能实现自评估和第三方评估的全流程无纸化、电子化，大大减轻省、市、区县、乡镇街道各级自评估单位的资料提供工作量，提高评估结果的统计分析效率和质量。系统功能设计是根据技术大纲的要求，由技术支持组先进行指标和行政区的初始化，然后由各级河长办自评估，各评估组去现场进行核查，并参照自评估材料进行第三方评估，最后由系统统计出评估系统。具体流程如下图 5.5。

自评由省、市、区县和乡镇街道各级河长办通过系统分别填写本级的数据和上传佐证资料，能通过填写的数据自动统计出相应的各级分值，并分析出存在的问题。自评估的材料能作为第三方评估的资料。第三方评估是通过系统调阅自评估的数据与资料，在自评估的基础上进行抽查核实和明察暗访，填报核查结果和赋分说明，系统自动计算出各省份的分值。系统的主要功能如下：

一、指标配置

指标管理是依据于赋分计算模型，系统事先根据技术大纲的要求建立了计算模型。指标配置是根据评分标准提取量化的评估指标，再根据评估的分值计算模型进行参数的配置，以使系统能自动进行分值的计算。

通过【评估指标管理】即可进入评估指标管理页面。创建评估指标，编辑赋分

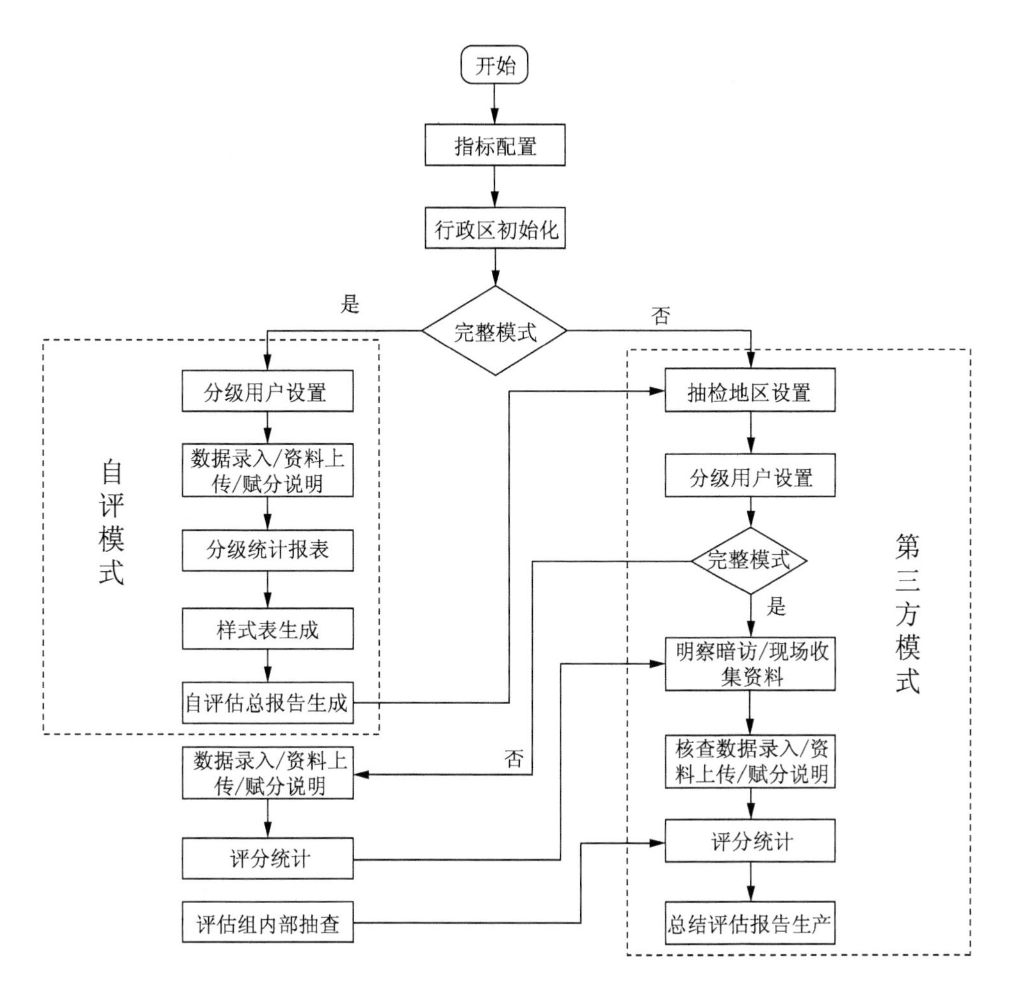

图 5.5 河(湖)长制评估系统流程

项,创建新的评估指标内容,见图 5.6。

二、行政区初始化

根据国家统计局的标准行政区数据,对系统的各行政区进行初始化,其关键值是行政区代码,行政区包括省、市、县、乡全国的所有行政区。对于部分开发园区等不在统计局的行政区数据内的管理单位,可以根据需要进行手工添加。

三、自评分级用户设置

通过行政区的层级关系,上级设置下一级的用户,建议一个行政区可以有 2 个以上帐号,角色包括录入、审核、录入审核等。为了简化用户名,用户的 ID=行政

图 5.6　评估指标内容创建

区代码＋UserID。所以，每栏信息下面可以有二个状态。

当下级的行政区缺少或归属不对时，可以手动进行添加或迁移。因按照国家的行政区设置时，许多开发区和园区虽不属于国家行政区，但在实际工作中是独立行使行政权力的，河长管理也是相对独立的。建议增加代码时，可在上级代码级下从 99 往下添加，能自动进行设置。

四、自评信息录入

根据评分数据项的要求，填写相关的指标值，本项的数据项可以是“0”的缺省状态，如“湖长制”中，有的乡是无湖泊的，所以在输入该数据时，可以有无的内容，也以 0 来表示，同时在统计“总的乡数量”时，要去掉“无湖泊”的乡，但在统计时要显示 0 的数据，该项要作为重点核查数据。

自评信息的输入主要有：评分参数、佐证资料、赋分说明，见图 5.7。

评分参数：要根据不同的评价模型，进行参数的设置，能自动生成数据录入界面，也可为了美观手工配置 XML 界面。

全面推行河长制湖长制总结评估 - 重庆市省级自评表 总分：63.00 得分：13.00

佐证材料 导入 导出

一、河（湖）长组织体系建设

赋分标准	操作	自评得分	自评说明
1.总河长设立和公告情况			
明确总河长并公告情况 1.00分	待评估	0.00	情况说明
2.河（湖）长设立和公告情况			
主要河湖明确河（湖）长并公告情况 3.00分	待评估	0.00	情况说明
3.河（湖）长制办公室建设情况			
河长办专职人员情况 1.50分	待评估	0.00	情况说明
河长办兼职人员情况 0.50分	待评估	0.00	情况说明
河长办2018年工作经费保障情况（万元） 1.00分	待评估	0.00	情况说明

1.总河长设立和公告情况

赋分标准：明确总河长并公告情况

明确省级总河长并公告的，得 1 分。公告形式包括报纸、电视、网络等。

* 省级总河长公告（人）

0

* 省级总河长（人）

0

情况说明

取消 确定

指标评估情况说明

请输入指标评估情况说明

点击或者拖动文件到这个区域完成上传

支持单个或批量上传。严禁上传不被允许上传的文件。

取消 提交

图 5.7　自评信息录入

佐证资料：要限定资料的格式，主要包括 Word、Pdf、EXCEL、RAR、ZIP 等，每个文件的大小有限制，建议 10 M 以内。针对每一项资料，建议列出示范文档。现可以参照系统和资料提交的目录要求和技术大纲要求进行填报。

赋分说明：可根据每一子项，给出说明。点击“待评估”后根据具体指标项输入对应指标数据。

五、自评估信息审核

当用户角色分录入与审核时，审核的用户可以进入进行审核，但不能修改，可以提出备注意见；当是“录入审核”角色时，用户可以进入进行审核和修改，可以提出备注意见，并标记通过与不通过的状态，见图 5-8。

图 5.8　自评信息审核

六、分级统计

每一项得分现是以全省范围来统计的，但每个市、县、乡均有分值贡献，所以在每一级可以在假定只有该级范围的数据时，可以得出的分值，并与分项分值比较，得出对全省分数可能存在的影响，也为作为各级检查之用。

同时，每一级除了能统计本级之外，还能统计下级和下下级的数据，并生成填报的督促报告，促使下级加快进行填报。该项功能在自评估和评估阶段均能使用。赋分统计模型见图 5.9。

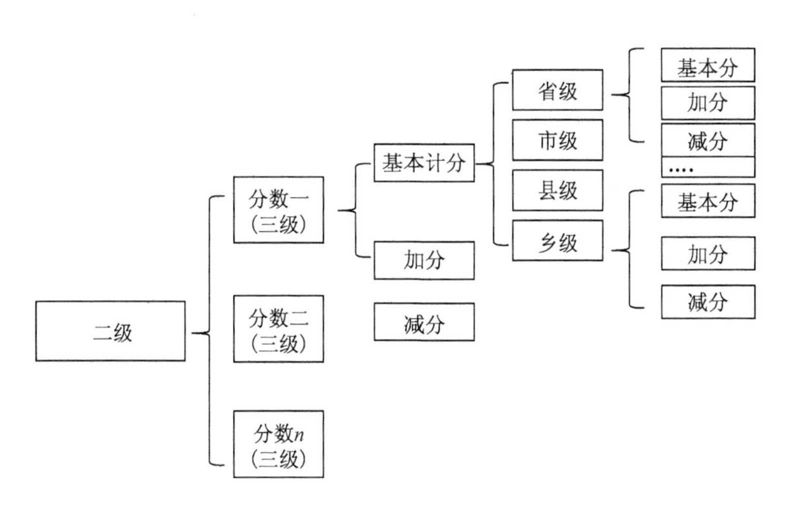

图 5.9　赋分统计模型

七、统计报表生成

根据评分规则生成统计报表,并得出各级的分数。当省级统计时,可得出省级的总分值。同时,可生成失分项的报告,总结失分的原因,见图 5.10。

省自评得分统计表

序号	一级指标	得分	二级指标	得分	各级得分		
					省	市	区县
一	河（湖）长组织体系建设（25分）	25.00	1. 总河长设立和公告情况（4分）	4.00	1.00	1.00	2.00
			2. 河（湖）长设立和公告情况（9分）	9.00	3.00	2.00	4.00
			3. 河（湖）长制办公室建设情况（9分）	9.00	3.50	3.00	2.50
			4. 河（湖）长公示牌设立情况（3分）	3.00	1.00	1.00	1.00
二	河（湖）长制制度及机制建设情况（15分）	14.09	5. 省、市、县六 项制度建立情况（4分）	4.00	2.00	1.00	1.00
			6. 工作机制建设情况（8分）	7.46	3.50	2.00	1.96
			7. 河湖管护责任主体落实情况（3分）	2.63	1.00	1.00	0.63
三	河（湖）长履职情况（12分）	11.46	8. 重大问题处理（8分）	7.46	4.00	1.67	1.79
			9. 日常工作开展（4分）	4.00	2.00	1.00	1.00
四	工作组织推进情况（16分）	15.46	10. 督察与考核结果运用情况（6分）	5.46	2.00	1.67	1.79
			11. 基础工作开展情况（6分）	6.00	3.00	0.50	0.50
			12. 宣传与培训情况（4分）	4.00	1.00	1.00	1.00
五	河湖治理保护及成效（32分）	32.00	13. 河湖水质及城市集中式饮用水水源水质达标情况（9分）	9.00	9.00	0.00	0.00
			14. 地级及以上城市建成区黑臭水体整治情况（4分）	4.00	4.00	0.00	0.00
			15. 河湖水域岸线保护情况（9分）	9.00	9.00	0.00	0.00
			16. 河湖生态综合治理情况（5分）	5.00	5.00	0.00	0.00
			17. 公众满意度调查（5分）	5.00	5.00	0.00	0.00
总分		98.01		98.01	59.00	16.84	19.17

图 5.10　自评得分统计表示例图

八、抽检地区设置

可根据抽查比例要求，针对行政区进行抽检。当抽检行政区的结果出来后，对抽检区作标志，并把不在抽检区的行政区排除到核查范围之外。核查报告是以抽检区为评估对象的。即以样本代表全部，其计分标准也是在抽检的行政区范围内。

选择【评估对象选择】，即可进入评估对象选择页面。然后选择相应的指标和区域，见图5.11。

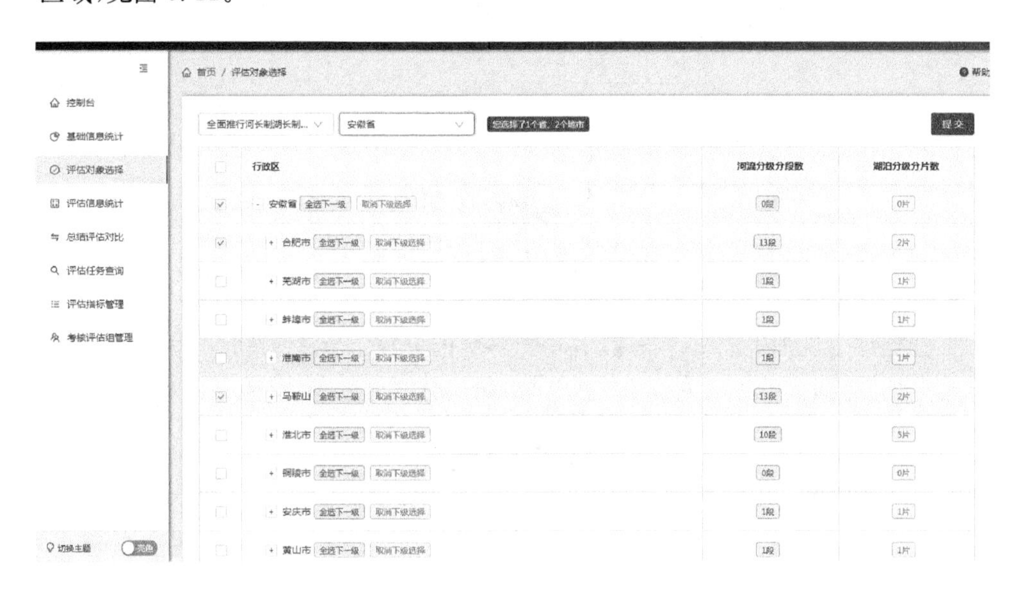

图5.11 抽检地区设置图

九、第三方评估

该信息录入与自评估相一致，对于数字可以自动缺省引用自评估的数据，也可以修改。录入的信息主要有：评分参数、核查资料、赋分说明，见图5.12。

当用户角色分录入与审核时，审核的用户可以进入进行审核，但不能修改，可以提出备注意见；当是"录入审核"角色时，用户可以进入进行审核和修改，可以提出备注意见，并标记通过与不通过的状态。

十、移动采集 APP

由于要通过明查暗访形式进行核查，需要固化证据，现场采集的照片有坐标位置信息，信息要直接上传到系统平台。系统包括了评估B/S平台的大部分功能。

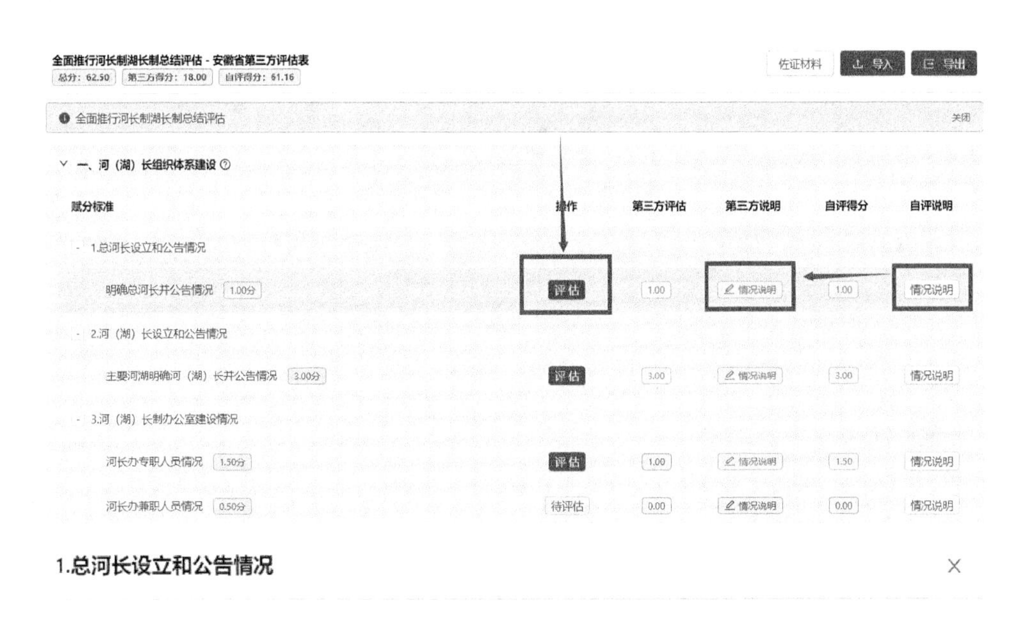

图 5.12　第三方审核信息图

十一、满意度调查微信

用于评估组进行现场调查，也可对组织民间河长、志愿者进行调查，或对公众直接访问进行满意度调查。系统是通过微信方式进行访问，调查时能自动获取访问时的坐标位置，可根据坐标进行行政区的自动归属，以便后续评分结果与区域关联；同时，可评价满意度问卷的分布合理性，见图 5.13、图 5.14。

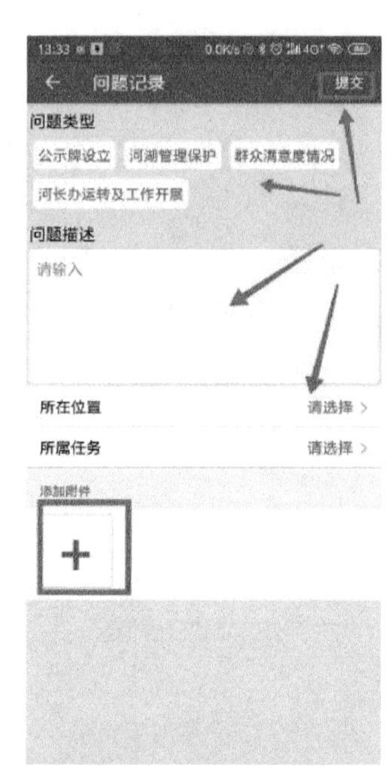

图 5.13　移动采集 APP 界面图

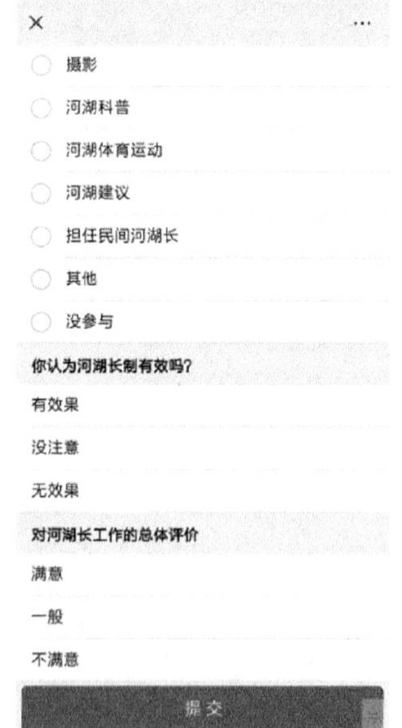

图 5.14　满意度调查公众号界面

第六章　典型经验、问题及建议

根据各省份“总结评估报告”“核查报告”，提炼出全面推行河（湖）长制的经验、问题及建议，第一轮征求各省份意见后已修改完善。为提高此章质量，反映总结评估以来各省份推行河湖长制成效，作者将第一稿又发给各省份征求意见，根据各省份意见修改完善，形成此章内容，故此章有省份署名的是提出修改建议并参与此章修改的省份。全国 31 个省份经验、问题及建议如下。

第一节　北京市典型经验、问题及建议

北京市水务局：河长制工作处甄立功处长、宋磊副处长、刘春阳高级工程师
河海大学：唐彦、范仓海、唐德善、王权、郭泽权、余晓彬、芮韦青、张晗

一、北京市典型经验

（一）高位推动，建立“多形式”有效整合的工作推动机制

全面推行河长制，实现河湖有效治理（管护），需要在河湖治理（管护）实践中实行“多形式”有效配合和协作，确保河湖治理（管护）的连续性和稳定性。北京市河湖管理保护实行流域管理和行政区域管理相结合的管理体制，将全市 1.641 万平方公里划分为 13 个流域，由市委市政府领导担任流域市级河长，负责统筹推进流域河长制工作；同时，在市属水管单位设立流域市级河长联络办公室，由市水务局副局级领导担任流域市级河长联络办公室主任，负责督促落实市级河长的批示要求，协调督导流域内各区落实河长制工作。

北京市委市政府高度重视河长制工作，市委每月召开区委书记工作点评会，北京市委、市政府、市人大、市政协主要领导参加，三个区的区委书记依次发言，汇报工作亮点、剖析工作不足，接受市委书记现场点评。市委书记对纳入点评内容的各区河长制工作亮点和不足进行点评，有力推动了河长制从“有名”到“有实”转变。

在北京市委市政府领导高位推动下，河长制在实践中充分发挥流域市级河长联络办的作用，建立了一套行之有效的“多形式”推动的工作机制，即“现场督察＋视频记录＋会议协调＋纪要通报＋整改落实＋定期报告”的工作机制。此机制一方面解决了北京市河长制推行中自上而下落实落地的问题，另一方面，该机制也是协调相关职能部门的重要手段之一。自该工作机制建立以来，解决了一大批重点难点问题，很多河湖实现了从“没人管”到“有人管”、从“管不住”到“管得好”的转变，河畅、水清、岸绿、景美的河湖景象逐步显现。

（二）建立“闭环”的河长流程管理机制

北京市在全面推行河长制的实践中，不断探索，建立起“发现-移交-督导-落实-反馈”的河长闭环工作机制。巡查人员通过巡河发现问题，移交给属地政府或相关部门办理，市河长办跟踪督导问题全过程，确保问题得到有效解决。督导是河长流程管理机制的核心环节，市河长办不定期以“四不两直”形式，对全市进行督导检查，对区、乡镇（街道）、村（社区）河长制工作中存在的问题，通过下发整改通知单、及时组织“回头看”等方式督促整改，确保问题得到彻底解决。市河长办每年开展河（湖）长制督察工作，由成员单位局级领导带队，会同市纪委市监委、市委督察室以及市河长办各成员单位，通过现场督察、查阅资料、交流谈话等多种形式开展督察，针对督察发现问题，以“一区一单”形式下发各区督促整改，并通过“回头看”确保问题整改落实到位。

（三）创新多部门协同共治机制

市河长办每年召开北京市河长制成员单位工作会，每月进行河长制工作调度，建立河长制月通报机制，统筹协调各部门工作，协调推进各区河长制工作任务落实。一方面，市环保局、市财政局、市水务局、市公安局、市规划国土委、市城管委、市交通委、团市委等相关部门，作为河长制成员单位，在河湖治理中各司其职，积极履职，相互协调。另一方面，利用“街乡吹哨、部门报到”工作机制，各区将河（湖）长制与网格化、街巷长、小巷管家、平房区物业管理相融合，协调解决河湖管理保护中存在的问题，这是一种有效的河湖精细化管理方式，能引导各相关力量依法履职，形成合力共同治理河湖复杂问题。

（四）引导社会力量参与河湖治理

北京市积极探索公众亲水护水方式，鼓励社会各界参与到河长制工作中，共同推动河湖管理保护工作。利用“世界水日　中国水周”等相关活动大力宣传河长制；通过河长制公示牌、微信公众号等，鼓励公众举报身边的河湖问题，创建全民参与河长制工作的平台；积极引导社会资本参与到凉水河、萧太后河等河湖水环境治理中；全市开展河长制“进企业、进学校、进社区、进机关、进乡村、进单位”六进活动，大力推广、宣传河长制工作，涌现出“丰台当班河长”“朝阳群众小河长”“顺义星

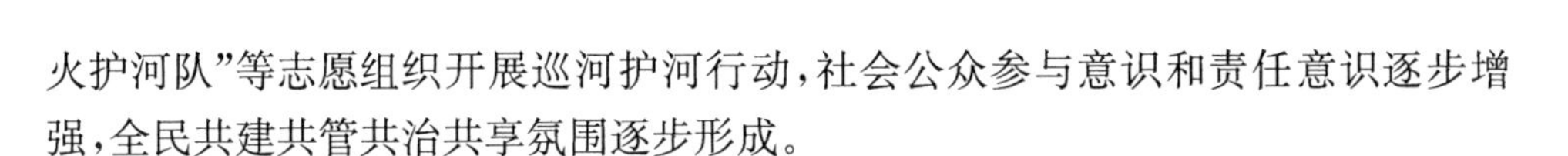

火护河队”等志愿组织开展巡河护河行动，社会公众参与意识和责任意识逐步增强，全民共建共管共治共享氛围逐步形成。

二、北京市主要问题

（一）河湖管理保护范围划定有待加快推进

市级党政领导担任河湖长的河湖管理保护范围的划界尚未完成。截止 2018 年底，市级河湖管理保护范围的划界比例为 70%，需加快推进全市河湖管理保护范围划定工作。

（二）河湖治理任务需大力推进

截止到 2018 年底，全市“清四乱”完成率为 85%，尚未整改完成的“四乱”问题需加大力度推进。河湖精细化管理水平仍需提高，社会共治共管共享氛围有待进一步营造。

（三）河湖治理管护经费需加大投入

中小河道日常管护工作任务繁重，经费需求量较大，应加大对中小河道管护费用的投入；区级河湖治理管护资金相对投入较少。

三、北京市推行河（湖）长制建议

（一）进一步强化措施落实，提升河湖水环境质量

坚持以问题为导向，将“清河行动”和“清四乱”专项行动作为今后一段时期全面推行河长制的重点工作，集中解决河湖“乱占、乱采、乱堆、乱建”等突出问题。针对现存的突出问题及时协调解决并积极开展专项行动部署活动；加强推进河湖水域岸线管护，实施河湖管理保护范围划定工作。

（二）进一步强化工作创新，推动河湖管护再上新台阶

结合实施乡村振兴战略和幸福美丽新村建设，开展河湖管护示范区建设，发挥典型示范和引领带动作用，推动北京市河（湖）长制工作取得新成效。

（三）进一步强化主体责任，不断完善工作体制机制

严格落实各级河长工作职责，对突出问题及时督办处理，构建河（湖）长治理长效机制，形成一级抓一级，层层抓落实的工作格局。发挥好市政府绩效考核的导向作用，健全河湖管理保护考核体系，提升工作效能。协同配合相关部门，加强对履职不到位、工作推动不力的单位和个人问责，推动河长制工作真落实见实效。

（四）进一步加大资金投入，保障河湖管护落实到位

逐步建立稳定的河湖管理保护资金投入机制，加大河湖管护资金投入，特别是加大中小河道日常管护投入，强化制度建设，进一步建立健全河湖管理保护相关制

度，将河湖管理保护落到实处。

第二节　天津市典型经验、问题及建议

天津市水务局：河湖保护处李悦处长、河长制事务中心齐勇副主任、钱煜哲科长。

河海大学：唐彦、范仓海、唐德善、王权、郭泽权、余晓彬、芮韦青、张晗

一、天津市典型经验

（一）创新河（湖）长制组织形式

天津市基于本区域水情特点，将河流、坑塘纳入河长制管理，湖泊、湿地纳入湖长制管理。全市 19 条一级河道、185 条段二级河道、6 993 条段沟渠、1 个天然湖泊、81 个建成区开放景观湖、27 个水库湿地、2 万余个坑塘全面“挂长”，建立河长、湖长、湿地长、坑塘长“四长”统管的组织管理形式。同时，全部一二级河道、湿地、水库等河湖均明确了管理单位，在各级河（湖）长的领导下，大力推动河湖水环境改善及水生态修复。

（二）畅通公众参与渠道

为鼓励公众积极参与河（湖）长制管理，充分发挥社会舆论和群众监督作用，天津市出台了《天津市河（湖）长制有奖举报管理办法》《天津市河（湖）长制市级社会义务监督员聘任与管理办法》。在媒体上公布了市区两级河（湖）长制监督举报电话，对及时发现和制止河湖违法行为，提供有效属实线索的举报人给予一次性奖励；在全市范围内招募 160 名社会义务监督员，并将其监督范围内河湖管护情况的评价纳入河（湖）长制月度考核。同时，还通过 8890 天津便民服务专线平台、12319 城管热线转办等，多渠道接受群众监督，24 小时受理群众涉河湖举报。

（三）暗查暗访常态化制度化

为避免河（湖）长制“上热、中温、下冷”现象，天津市出台了《天津市河（湖）长制暗查暗访制度》，并督促各区建立暗查暗访工作机制，实现市区两级暗查暗访工作常态化、制度化。市河（湖）长办打破一级查一级的常规做法，在每月定期考核的同时，在检查上下功夫、撒大网、跨级查。检查人员事先不发通知、不打招呼，采取直奔基层现场突击检查、随机抽查、“回头看”复查等方式，对发现的问题及时开展调查取证，每月反馈各区并进行全市通报，督促各级河（湖）长履职尽责。

（四）扎实推进农村水环境改善

天津市以农业高质量发展为目标，积极推广生态农业，开展高标准农田建设，扎实推进农村水环境改善。通过在养殖池塘建设生态浮床、生态水循环等水污染处理技术，以及调整养殖生产方式，有效地降低了养殖水质恶化的风险，减少水产养殖尾水的排放，进一步解决了独流减河两岸水产养殖“大引大排”的问题。实施畜禽养殖场粪污治理工程，推广玉米秸秆粉碎腐熟还田技术、测土配方施肥技术、水肥一体化技术，有效减少农业主要污染物入河湖的排放总量。截至2018年底，实施高标准农田建设78万亩，其中高效节水37.42万亩。

二、天津市主要问题

（一）水资源短缺制约水环境治理效果

天津市人均水资源占有量不足100立方米，仅为全国人均占有量的1/20，水资源严重匮乏。全面推行河（湖）长制以来，通过“散乱污”治理、黑臭水体治理、污水处理厂提标改造等措施，有效地削减了入河污染负荷，基本消除建成区黑臭水体，河湖水质得到显著改善。但是，由于缺乏必要的生态水量，河湖自净能力差，导致部分河湖依然存在水动则清、水滞则绿的现象。

（二）河（湖）长制宣传力度仍需加强

天津市全面推行河（湖）长制以来，畅通了公众参与渠道，但对群众的宣传发动力度不够大、不深入，尚未形成声势浩大的社会舆论氛围，全社会对河湖保护工作的责任意识和参与意识还不够强，全民参与河（湖）制的氛围有待进一步加强。

（三）河湖岸线管理工作有待提高

天津市结合主要河湖管理保护蓝线划定工作，对河湖管理范围进行了数字化、矢量化，完成了19条一级河道及大型水库和湿地管理保护范围划定。截至2018年底，中心城区二级河道尚未完成，市级党政领导担任河（湖）长的河湖管理保护范围划界比例仅为63.3%。2018年底，河湖“清四乱”专项行动的完成率为58%，仍需进一步加大推动落实力度，建立河湖管护长效机制，杜绝“四乱”现象。

三、天津市主要建议

（一）坚持问题导向，完善工作机制

坚持目标导向、问题导向，完善督察、交办、巡查、约谈、激励机制，督促各级河（湖）长履职尽责，落实各级党委、政府和各级河（湖）长的河湖管理保护责任，充分发挥政治优势和行政资源，对河湖管护存在的突出问题立行立改、彻底整改。以强有力的考核倒逼责任落实，对履职不到位、存在形式主义的河（湖）长严厉追责

问责。

（二）加强培训力度，增强履职意识

组织各级河（湖）长、河（湖）长办主任和河（湖）长制工作领导小组成员单位广大干部积极参与河（湖）长制相关培训。使各级领导干部充分认识推行河（湖）长制的重大意义，深刻把握水环境治理的艰巨性、复杂性和紧迫性，切实增强履职尽责的自觉性、主动性，做到守河有责、守河负责、守河尽责。

（三）落实各项措施，提升水环境质量

持续推动“清四乱”专项行动，集中解决“乱占、乱采、乱堆、乱建”等突出问题，建立河湖管护长效机制。加强河湖水域岸线管护，加快完成河湖管理保护范围划定工作。推进各类污染治理及生态修复任务的实施，持续提升水环境质量。以水“蓄起来、动起来、净起来”为导向，加大生态补水力度，加强水系循环调度，加快河湖水生态修复。

（四）扩大舆论宣传，营造河湖保护氛围

开展多种形式的河湖治理保护宣传教育以及实践活动，实现公众参与制度化、常态化。利用“世界水日”“中国水周”“世界环境日”等时间节点，开展河（湖）长制集中宣传。组织开展河（湖）长制宣传进企业、进社区、进农村、进校园等活动，让河（湖）长制家喻户晓，营造良好的河湖水环境保护人人参与的浓厚氛围。充分利用新闻媒体资源，对河（湖）长中的先进典型予以表扬，对履职不力、失责失职的进行曝光。

第三节　河北省典型经验、问题及建议

河北省河湖长制办公室：齐婕、付佳、牛继坤
河海大学：王山东、吴太夏、黄其欢、王树东、杨莹莹、孙博、郭晓镇

一、河北省典型经验

3年来，在省委、省政府的高位推动下，把全面落实河湖长制作为践行“四个意识”、坚定“四个自信”，做到“两个维护”的具体行动和现实检验，着眼解决河湖突出问题，坚持河长主抓与部门联动相结合、集中整治与长效管控相结合、行政推动与社会监督相结合，加大工作力度，细化工作目标，严格落实责任，加快推进河（湖）长制从“有名”向“有实”转变，河湖管护成效显著，河湖面貌明显改善，在工作实践中形成了一些经验做法。

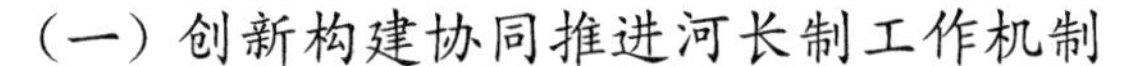

（一）创新构建协同推进河长制工作机制

河北省河长办与省检察院联合，创新构建协同推进河长制工作机制，联合开展白洋淀及上游河流生态环境保护专项检察监督活动。推进河湖管理行政执法与刑事司法有效衔接，充分发挥检察机关公益诉讼职能，推动河长履职，推进河湖突出问题解决。河北省水利厅与公安厅联合开展“飓风行动”，以高压态势依法惩处危害河道防洪、生态和涉河基础设施安全的非法采砂行为，着力构建常态长效管理机制。各市探索建立了“河长＋警长”“河长＋警长＋督察长”工作模式，构建大监察工作体系，强化对涉河涉湖行为的联合监管。

（二）积极推进区域间协作机制建设

按照国家关于在京津冀水源涵养区开展跨地区生态补偿试点工作的要求，河北省与北京、天津市多次协商、反复沟通，先后签订了《关于引滦入津上下游横向生态补偿的协议》《密云水库上游潮白河流域水源涵养区横向生态保护补偿协议》，推进京津冀生态保护协调发展。以联合行动整治南拒马河交叉河段非法采砂场为契机，建立京冀河长制协调联动机制。部分市探索建立了流域合作共治、设立流域工作专班等工作机制，推动区域合作，加强边界河湖管护。

（三）周到服务河长，提高巡河效率和解决问题的质量

省河长办编印了《河长湖长工作手册》，为每位省级河长湖长配备技术参谋，以河湖为单元梳理汇总问题台账，分别报送相应河长湖长。河长制办公室为河长巡河制作“巡河提示卡”“问题督办卡”，并及时将各类问题以问题台帐清单的形式下发到相关部门和单位。率先举办高规格高标准的省级提升河湖长履职能力专题培训班，同时按照分级负责原则，全面部署培训工作，全省累计开展河（湖）长专题培训 920 次、培训 5.5 万人。部分市由水利、生态环境、农业农村、公安、自然资源等部门分别为每位河长安排 1 名技术参谋，同时指定一相关协作部门作为责任单位，在巡河工作中，协助河长解决各类问题。

（四）强化顶层设计，构建河（湖）长效管护机制

发挥地方立法对河湖保护治理的引领、推动和保障作用，印发实施《河北省河湖保护和治理条例》，创新性地将省市县乡村五级河（湖）长组织体系写入地方法规，将我省推行河（湖）长制有关规定和各地实践经验通过立法固定下来，为全省推进落实河（湖）长制，强化河湖综合治理提供了坚强的法制保障。制定印发《河北省基层河（湖）长履职细则》，进一步细化规范了县级及以下河（湖）长职责要点和履职要求，着力解决部分基层河（湖）长履职不到位问题。率先在全国以省委办公厅、省政府办公厅名义印发《河北省地表水环境质量达标情况排名通报和奖惩问责办法（试行）》，按通报排名实施财政奖励或惩罚性措施，着力解决水环境治理考核激励

手段不足问题，层层传导治水压力。印发《白洋淀流域跨省(市)界河流水污染防治工作机制》《京津冀河(湖)长制协调联动机制》，加强省际协作，促进联防联控。

(五) 实施重点河湖生态补水

以华北地下水超采综合治理河流地下水回补试点为重点，组织实施了重点河湖生态补水。报经国务院副总理胡春华批示同意的滹沱河、滏阳河、南拒马河三条河流地下水回补试点工作进展顺利，通过"清、补、管、测"等综合措施，清理整治河道、实施多水源联合调度，加强河道巡查管护，开展河道监测评估，保障了补水工作的顺利实施。组织实施了西大洋水库、王快水库、安格庄水库、南水北调中线工程向白洋淀补水工程，倒排工期，严控质量，基本建成白洋淀引黄大树刘泵站主体工程，为引黄入冀补淀工程向白洋淀输水创造了条件。制定了《河北省主要河流生态补水实施方案》，推动实现河湖生态补水常态化。

2018 年，共实施河湖生态补水 13.9 亿立方米。其中华北地下水超采综合治理河湖地下水回补试点河道共补水 6.27 亿立方米，形成水面面积约 40 平方公里，常年干涸的河道重现生机，地下水位平均回升 0.76 米，2018 年 11 月 28 日，国务院副总理胡春华批示"效果很好，继续推进"。2019 年，首次调度东武仕、朱庄等 17 座大中型水库及中线引江水，累计向下游唐河、沙河等具备补源条件的 21 条河道生态补水 17.7 亿立方米。持续实施白洋淀、衡水湖生态补水，分别补水 4.0 亿立方米和 0.97 亿立方米，水面面积分别达到 283 平方公里和 42.5 平方公里。补水沿线城市河湖湿地水面面积明显扩大，区域水生态环境得到明显改善提升。

二、河北省主要问题及建议

(一) 河道占用与管理范围确定

河北省由于缺水严重，河道长期干涸，人多地少，河道沿线各类建筑、耕地、树障数量较多，严重挤占河道断面，影响河道行洪安全。河道管理范围不清制约了河道执法工作的正常开展。近几年，水利部门积极推动河道管理范围划定工作。目前完成了流域面积 200 平方公里以上河道管理范围的划定工作，并将河道界桩的管理纳入河道日常管理范围，加强巡查维护。但由于河道垃圾、违建问题是多年累积形成的遗留问题，垃圾处理能力有限，垃圾处理厂不能满足垃圾处理需求，导致河道垃圾缺少处理渠道，以填埋方式处理手续复杂且占地问题难以解决。

河道违建问题是河道划界确权前就形成的历史遗留问题，部分具备合法手续，且大多有县级人民政府颁发的土地使用权证，清理难度极大。由于河北大部分河道宽阔，河中深漕相对较窄，河滩地平整且适于农作物生长。河中的很多河滩地现作为耕地地类已进行了土地承包经营权的确权登记，形成事实上的河道管理范围(水域及水利设施用地)与已垦滩涂中的耕地、园地、林地、城镇、村庄、道路等地类

的重叠，给管理工作带来非常大的困难。

建议：大力推进河湖“清四乱”及划界工作。开展河湖“清四乱”专项行动，完善“清四乱”台账。河湖划界工作已开展，但由于财力有限，划界压力较大。河湖管理保护和河长制工作需法制化、系统化，需要加快相关法规制度建设，以规范水域岸线管理、采砂等工作。因河道管理范围和确权范围不一致，界限不清，以及国土、农业、城建、水利等部门信息不一致等原因，导致了长期以来在同一条河道范围内各行其是的局面，使问题长期积累，难以一下子解决。为此，解决河道占用问题要从根子上去解决。

1. 统一空间规划，理清管护关系

借第三次全国国土地调查的契机，和《中共中央　国务院关于建立国土空间规划体系并监督实施的若干意见》(2019-05-23)的出台，针对过去规划类型过多、内容重叠冲突，“规划打架”导致的空间资源配置无序、低效，割裂了“山水林田湖草”生命共同体的有机联系，不利于科学布局生产、生活的生态空间。水利管理部门，主动联系自然资源、城建、农业等部门，重新梳理河道的管理和保护范围。

2. 实事求是，有序清理

在河北的大部分河道中，由于河道滩地宽阔、平坦，土壤肥沃，易于耕种，是丰产的粮田，许多滩地有近 20 年没有上水，河道的滩地大部分区域是适于耕种的。所以，为了最大程度地发挥土地的效益，河滩地是适于耕种的。但为了保持河道行洪的基本功能，同时在行洪时又不产生严重的农业面源污染，可以对河滩地的作物品种、施肥方式、农药使用等作出诸多规定与引导。

3. 理清管理范围划界和确权登记的关系

水利部门作为河道管理的行政部门，可以依据《河道管理条例》对河道进行管理，包括滩地的可耕地。河道的具体管理范围，由县级以上地方人民政府负责划定。由于历史原因，对河道的已确权作他用的区域，重新依据《河道管理条例》进行甄别，对村庄、阻水建筑等需要拆迁的坚决实施。对于耕地等影响不大的确权区域，可以找一种恰当的方式进行处置。不要被划界和确权捆住手脚。

（二）河湖生态综合治理有待加强

污染在水里，问题在岸上，加快水岸共治及山水林田湖草系统治理，发展“生态农业”“循环经济”是防治水污染的治本之策。推广发展循环农业，有效减少面源污染，充分发挥河长制生态保护与经济发展协同推进、相互促进作用，引进社会资本建国家湿地公园、休闲度假区等生态主题景点，切实推进水旅融合，河库生态效益、周边土地价值同步提升，河库产业发展、群众致富脱贫同步推进。建议发展“生态农业”“循环经济”。

（三）河（湖）长制度建设与落实问题

在全面推行河（湖）长制工作中，首要问题是解决从“有名”向“有实”转变，需要水利部、生态环境部就河湖管护资金的落实、强化河湖管理基础工作、推动部门协作共治等进一步加强顶层设计，加强对地方的工作指导。

河长办规格设置与高位推动河湖长制的工作形势要求不相适应。两年多来，各级河长办在对上服务省级河（湖）长、对下指导监督各市、横向协调各部门的工作程序和工作机制上遇到不少瓶颈和困难，存在河长办领导设置与工作需要不相适应的问题。从全国来看，目前已有14个省份由副省级领导担任省河长办主任。建议提升河长办主任设置，配齐配强河长办工作人员力量，更好地推动工作开展。

河长制的宣传方面力度不够大，开展群众满意度调查的过程中，90%以上的市民虽然感受到水环境的日益改善，但对河长制的理念、施行并不了解，建议加大宣传力度，扩大公众参与。

（四）水环境问题

目前，河北省河流水质总体提升，但水系不畅，导致局部水质问题依然严重。水质总体上有了一定程度的改善，管理能力和管理水平有了一定的提升，但是，部分河流，尤其城市河流由于坡降比较小，为了蓄水往往有人工拦水设施存在，导致河流不畅，加上历史遗留下的污染底泥，产生了上下游污染加剧等问题。

截至目前，河湖岸线得到有效治理，但局部污染源依然可见。河湖岸线垃圾明显减少，但是农业种植依然随处可见，而且河岸线种植的蔬菜等采用大量的农家肥，在雨季存在非点源污染风险。企业排污得到有效遏制，但是小企业，如洗车业，废水直排到河道依然可见。

河道水资源量分布不均，水资源管理亟待加强，大量干涸的河道在雨季产生的瞬时污染不容忽视。河北春季为旱季，农业、工业和生活用水采用粗放式的水资源开发利用方式，导致河道水资源量逐年减少，大量的河道存在干涸的情况，而且污水直排到河道，短时间内水分蒸发，污染物留在河道内。同时，部分有水的河道由于水流不畅导致污染严重，部分区域形成“无水留污、有水变黑臭”的情况，到雨季，尤其降水暴涨的季节，河道留下的干污染物与洪水混合，可能瞬间产生大量的污染水体。

河长制工作落到实处面临的主要困难是从“无水”到“有水”，和南方河网水系错综复杂带来的“水多”问题不同，河北省河长制工作的主要难点是解决没有水的问题，省内80%以上河湖在旱季甚至常年干涸断流，势必加剧了临河居民在河道内的乱占、乱堆、乱采、乱建等一系列问题。解决没有水的问题，非一日之功，需要投入大量的财力、人力，同时应该强化对四乱现象的监督治理。

第四节 山西省典型经验、问题及建议

山西省：山西省河湖长制管理中心张俊主任、山西省水利厅河湖长制工作处张洪涛副处长、朔州市河长制办公室任子纲主任。

河海大学：王山东、张松贺、任凯源、刘蓓、郭亚军、孙博、王秀、吴杰

一、典型做法与经验

山西省以习近平新时代中国特色社会主义思想为指导，深入贯彻落实党的十九大精神、习近平总书记视察山西重要讲话精神、习近平总书记在黄河流域生态保护和高质量发展座谈会上的讲话精神，自觉践行"两山"理论，牢牢把握生态优先、绿色发展战略定位，以河(湖)长制为抓手，初步构建了责任明确、协调有序、监管严格、保护有力的河湖管理保护机制，河湖长制在"碧水保卫战"中的制度保障作用正在彰显。

(一) 高位推动，合力攻坚推动河(湖)长制建立

山西之长在于煤，之短在于水。山西省的水环境在全国一直排在全国的后列，为提升水环境质量，山西省成立了省委省政府主要负责人担任组长的山西省全面推行河长制工作领导小组。省委省政府主要领导调整后，及时调整省总河长及省内主要河流河长，建立党委、政府双总河长体系，楼阳生同志、林武同志担任省总河长，省、市、县全部落实双总河长制。省河长制办公室主任由分管水利工作的副省长担任，副主任由省水利厅厅长、省环保厅厅长担任。为保护山西的母亲河汾河，发布山西省人民政府令(第 262 号)《山西省人民政府关于坚决打赢汾河流域治理攻坚战的决定》《山西省黄河(汾河)流域水污染治理攻坚战方案》，坚决贯彻落实习近平总书记对汾河生态环境保护作出"水量丰起来、水质好起来、风光美起来"的重要指示，打赢汾河治理攻坚战。在本次评估考核过程中，参与者亲身感受到了山西全省对生态环境保护的重视，对深化河湖长制改革的充分重视。

(二) 夯实组织体系，全面深化河湖长制改革

践行"绿水青山就是金山银山"理念，出台了《关于进一步深化河湖长制改革的工作方案》，提出 4 方面 12 项改革举措，为打赢"碧水保卫战"奠定了坚实基础。构建"河湖长＋河湖长助理＋巡河湖员"工作模式。河(湖)长助理协助河(湖)长开展工作，主动协调督办具体问题落实和"一事一办"工作清单落地。充分调动基层河湖巡查力量，做好巡查人员日常管理，推动各级河(湖)长履职尽责。全省共落实河

(湖)长2.1万余人,河湖长助理1 042人,巡河湖员1万余人,形成了河(湖)长、河(湖)长助理、巡河(湖)员"三位一体"河湖管护模式。省总河长、楼阳生书记多次亲临汾河现场督导,以"四不两直"方式暗访汾河重要支流磁窑河,向11个市总河长下达任务书。省总河长、林武省长主持制定涑水河水污染治理问题、任务、责任"三个清单",推动涑水河入黄口水质明显改善。在现有十项工作制度基础上,进一步完善河(湖)长制组织体系,建立总河长专报制度、挂牌督办制度、涉河湖违法行为有奖举报制度,构建了"大数据+河湖长制"管理模式。

(三)以考促改,提档升级河(湖)长制考核

2020年,省委省政府将河(湖)长制考核纳入政府目标责任考核体系,对11个地级市人民政府全面实施河(湖)长制工作情况进行考核,考核结果作为对市县党委、政府主要领导班子综合考核评价的重要依据。考核内容围绕河(湖)长制工作的"六大"主要任务,对照《2020年河湖长制重点工作任务》,结合各市、各行业部门的不同特点,以改善河湖生态环境,让河湖造福人民为目标,制定设置各市差异化考核评价指标,分配各行业部门不同考核权重。考核采取日常考核和年终成效考核相结合,通过综合评价确定考核等次,避免"一考定终身",引导各市县把主要精力放到平时工作中,防止突击迎评迎检。对照年度考核结果,市级确定"水污染治理力度大、水生态环境改善力度大、幸福河湖建设力度大、河长制工作建设力度大"4项类,县级确定"河湖管理保护力度大、河长制工作落实较好"2项类,予以适当资金奖励。

(四)"七河"治理,政府与市场"两手发力"

印发了《以汾河为重点的"七河"流域生态保护与修复总体方案》《汾河流域生态景观规划编制导则》,坚持政府与市场"两手发力",通过市场化运作,引进中交疏浚(集团)股份有限公司作为战略投资方,组建了中交汾河投资控股有限公司,作为汾河流域生态保护与修复的投融资、建设、管理、运营主体,以投资主体一体化带动流域治理一体化,重点启动实施了汾河百公里中游示范区先行示范段项目工程和汾河下游湿地生态修复工程,打造生态治理"样板工程",为"七河"流域生态保护与修复探索可复制、可推广的建设管理和投融资模式,对全省河湖生态保护与修复将起到引领示范作用。朔州市紧紧把握永定河流域综合治理与生态修复契机,与永定河流域投资有限公司签订了《合作框架协议》,不断创新投融资机制,在推动永定河(桑干河)综合治理与生态修复项目的同时,以永定河(桑干河)综合治理为纽带,促进京津冀上下游合作交流,在北京召开桑干河(朔州段)生态文化旅游推介和项目招商恳谈会,在新能源、现代煤化工、文化旅游、商贸物流等领域达成合作意向项目10个,涉及总投资228.4亿元。

为改善桑干河生态环境,朔州市2018年启动了桑干河清河行动,成立了以市委书记、市长双总河长为总指挥,市委常委、政法委书记、朔城区委书记和分管相关

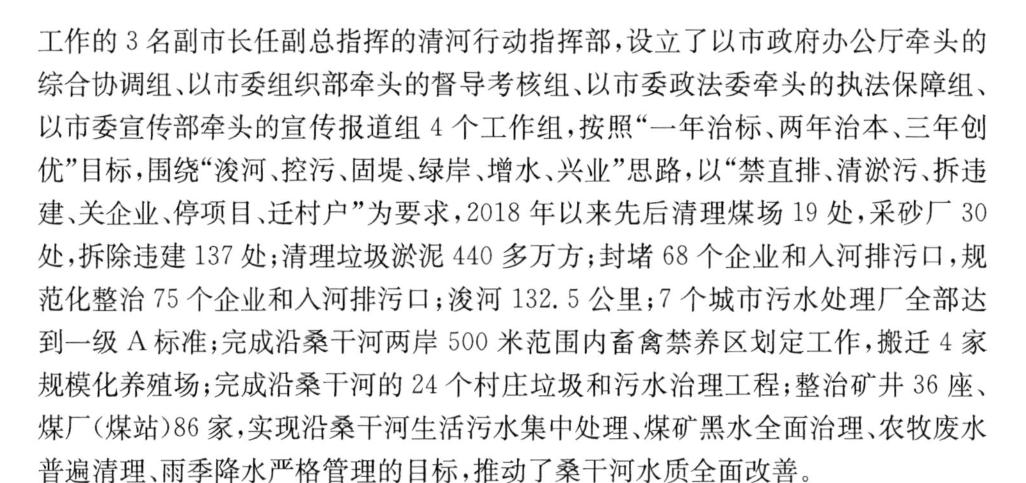

工作的 3 名副市长任副总指挥的清河行动指挥部，设立了以市政府办公厅牵头的综合协调组、以市委组织部牵头的督导考核组、以市委政法委牵头的执法保障组、以市委宣传部牵头的宣传报道组 4 个工作组，按照“一年治标、两年治本、三年创优”目标，围绕“浚河、控污、固堤、绿岸、增水、兴业”思路，以“禁直排、清淤污、拆违建、关企业、停项目、迁村户”为要求，2018 年以来先后清理煤场 19 处，采砂厂 30 处，拆除违建 137 处；清理垃圾淤泥 440 多万方；封堵 68 个企业和入河排污口，规范化整治 75 个企业和入河排污口；浚河 132.5 公里；7 个城市污水处理厂全部达到一级 A 标准；完成沿桑干河两岸 500 米范围内畜禽禁养区划定工作，搬迁 4 家规模化养殖场；完成沿桑干河的 24 个村庄垃圾和污水治理工程；整治矿井 36 座、煤厂（煤站）86 家，实现沿桑干河生活污水集中处理、煤矿黑水全面治理、农牧废水普遍清理、雨季降水严格管理的目标，推动了桑干河水质全面改善。

（五）创新河长制制度，丰富河湖治理方式

为加强执法监管，2018 年在河（湖）长制基础上实行河（湖）警长制，全省公安机关明确了河（湖）警长 3 450 名。公安机关配合水利、生态环境等部门开展了“清四乱”“清水蓝天”“利剑斩污”等一系列专项行动，侦破水污染违法犯罪案件 30 起，其中，破获刑事案件 9 起，抓获犯罪嫌疑人 44 人，批准逮捕 7 人，刑事拘留 1 人，查处行政案件 19 起，行政拘留 30 人。

古县企业家以“历史欠账我们还，我们不欠历史帐”的责任意识和公德意识参与到古县的河道治理过程中。同时古县河长办及时出台了企业河长工作职责，引导各类企业主动担起企业厂区周边河道的环境整治工作，把周边河道环境整治工作同厂区内环境整治工作同部署、同落实。20 余家企业投资 500 万元，清理河道长度 25 公里，清理各类弃渣 30 万立方米，彻底改变了古县河道脏乱的局面。

吕梁市探索建立了无人机巡河制度。在巡河人员每月进行全流域固定巡查，重点地段随机巡查的基础上，派遣无人机配合巡查，为巡河人员装上“天眼”，一旦发现异常情况，立即以航拍视频、现场图片形式，将异常问题的经纬度做出详细标注后，呈报市总河长和各河长，数据回传后，由河长办通报各县进行核查，做到问题的及时发现和及时处理。

（六）多部门协同配合，推动河长制工作落实

为加强部门联动，省、市两级河长办均实行了合署办公轮岗制度。水利、生态环境、住建、自然资源、农业农村等主要成员单位各选派 1—2 人到河长制办公室合署办公，共同推动河湖长制各项工作，进一步加强了部门联动，形成了工作合力。省河长办与省检察院开展了“携手清四乱，保护河湖生态”专项行动，构建了行政执法与刑事司法桥梁纽带。吕梁市为每位市级河长配备一个联络单位协助开展工作，市人大将河长工作纳入人大全年重要议事议程，市政协将河长制作为年度协商

计划。吕梁市在全省首家建立检察院驻河长制办公室检察联络室。岚县建立实施了公益诉讼制度，由县环保局、水利局对一些排污不达标企业实施公益诉讼，对不服从行政处罚决定的排污企业提起行政诉讼，必要时依法申请人民法院强制执行。

（七）河（湖）长制与脱贫攻坚结合

代县在河长制工作中创新脱贫攻坚的新模式，将河道整治同生态建设、脱贫攻坚有机结合。以河流生态综合治理为主体，利用滩地实施河道疏浚与光伏发电、种植中药材、植树绿化等产业相结合，吸纳周边贫困户就业，带动贫困户增收。大同市阳高县率先从建档立卡贫困户中聘请河道专职巡河员，既实现了河道巡河的常规化，又帮助贫困户增加了收入，使河长制工作与脱贫攻坚工作相结合。

（八）坚持问题导向，集中开展专项治理

为确保汛期行洪安全，集中开展“清河专项”行动，累计清理阻水林木及高杆作物 2 688 亩，清理违章建筑 10 万平方米，清理非法采砂 102 处，清淤 191 万立方米，清理垃圾等违章堆积物 269.2 万立方米。执法司法有效衔接，推动“四乱”问题全面整治。贯彻落实中央纪委国家监委整治漠视侵害群众利益专项行动，开展河道“四乱”问题整治，累计排查发现“四乱”问题 2 323 处，整治完成 2 310 处，整治率 99%。通过“全国城市黑臭水体整治监管平台”强化监管，出台全省黑臭水体治理行动方案。与住建部对接沟通，指导晋城市成功申报国家城市黑臭水体治理示范城市，共获得国家两年内 4 亿元资金支持。

二、主要问题

（一）思想认识和责任落实上还存在差距

一是思想认识不到位。有的市县特别是基层的河（湖）长，绿色发展理念还没有树牢，政绩观有偏差，往往把河（湖）长职责当成软任务，在实际工作中不同程度存在消极应付现象，尤其是当治污清河与经济发展相冲突的时候表现得更为突出。二是政策理解不到位。有的同志对河（湖）长的职责认识不清楚，认为河（湖）长主要是做好防汛工作，河道的生态环境保护和污染防治是环保和水利部门的事，甚至一些村级河湖长不知道自己的主要职责，认为上级让干啥就干啥，完全不了解河（湖）长职责。有的简单以水利业务工作取代河（湖）长工作。三是主体责任不到位。部分地方河（湖）长责任落实严重缺位，或浮在表面，或工作走过场，导致目前多地仍一定程度存在侵占河道、损毁堤坝、倾倒垃圾、煤污流入等现象。

（二）水环境治理任务依然严重

这次评估，2018 年度山西河湖水质及城市集中式饮用水水源水质不达标。2019 年 1—3 月国家地表水考核断面水环境质量排名后 30 城市及所在水体，山西

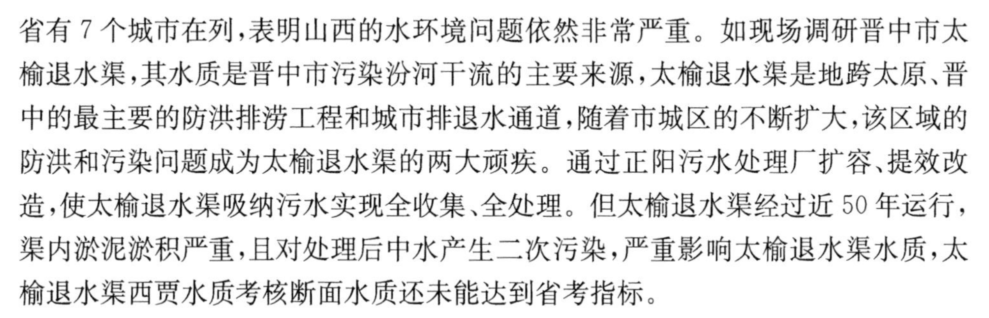

省有7个城市在列，表明山西的水环境问题依然非常严重。如现场调研晋中市太榆退水渠，其水质是晋中市污染汾河干流的主要来源，太榆退水渠是地跨太原、晋中的最主要的防洪排涝工程和城市排退水通道，随着市城区的不断扩大，该区域的防洪和污染问题成为太榆退水渠的两大顽疾。通过正阳污水处理厂扩容、提效改造，使太榆退水渠吸纳污水实现全收集、全处理。但太榆退水渠经过近50年运行，渠内淤泥淤积严重，且对处理后中水产生二次污染，严重影响太榆退水渠水质，太榆退水渠西贾水质考核断面水质还未能达到省考指标。

（三）河湖水域岸线保护

大力推进河湖“清四乱”及划界工作。河道“四乱”问题整治推进有力，但工作压力传导、宣传引导力度不够，部分区县乡镇流域面积较小河流河道内仍存在乱占、乱采、乱堆、乱建等“四乱”现象，部分乡镇河流存在农田非法侵占河道等现象，河湖“清四乱”及划界工作有待加强。河湖管护水平还需提高，一些河湖长对突出问题还缺乏明确的解决思路和工作举措，非法排污、非法采砂、违法养殖、侵占河道、破坏岸线、垃圾乱倒等现象时有发生。

（四）河长办地位不明

从制度设计上讲，河长办与成员单位的关系可概括为“协调常态化，职责不转移”。河长办是负责河（湖）长制日常具体工作的部门，主要协调成员单位依法履行职责范围内的职能。从制度落实来看，河长办应该具有超然于其他部门的地位，这样才能保障其中立性、公正性和权威性。然而，目前省、市、县三基河长办都是设立在水利部门，河长办工作人员大部分都是属于水利部门的人员。因此，人们又将河长办看做是水利部门的一个职能部门。制度设计的目的和实践运行的差异造成了河长办的权责不够，地位较低，无法有效协调相关部门开展工作。

（五）河长制的宣传和公众参与有待提高

从省市到县乡，各级党委政府均高度重视河长制工作，纷纷出重拳、下大力推进河长制落实，构建河长体系，营造了浓厚的护河、管河氛围。在现场问卷时，居民对河长制的知晓度较低。少数地方在各级干部治河行动“轰轰烈烈”的同时，部分与河道关系更为紧密的群众依然是“旁观者”，利害关系认识不足，参与热情不高，存在干部“一头热”现象，从而导致基层的河道保护力度不足。调研时发现村庄附近有人把垃圾倒入河道，生活污水排入河道，从而给河长制的落地生效带来困难。

三、工作建议

（一）加强省际间河长制工作的统筹协调

山西地处黄河流域和海河流域，与河北、内蒙、河南等多个省份交界，省内跨行政区域的河流众多，河流水系边界交叉复杂，在妥善处理流域与区域、干支流、上下游、左右岸的管理关系方面，建议水利部和流域管理机构加强省际间河长制工作的统筹协调，配合省级河长开展相关工作，确保跨省级河流全面推行河长制并取得实实在在的成效。

（二）加强河长制的编制和经费

事多人少钱少是目前河长办的基本现状。河湖长制的实施需要一套长效机制予以支持，因此，河长办尤其是基层河长办，应切实解决编制人员的问题。无论是新增编制还是由各单位派人组建，基本原则是专职而非兼职。因为河长办工作人员兼职势必会影响河（湖）长制工作的效率。要优化河长办的职能、推进河（湖）长制信息化建设、完善购买公共服务、提升河（湖）长制工作，基础依然是需要财政支持。尤其是基层工作，巡查员、保洁员工资过少，难以聘请到优秀的工作人员。因此，有必要将河（湖）长制工作经费列入地方财政预算，加大推进基层河（湖）长制实施的保障力度。

（三）强化监督考核机制

一是实行定期通报制度。对辖区内河湖问题整治工作按时间段进行通报；对进度慢的地方进行通报批评；对措施有力、工作扎实且成效明显的地方给予通报表彰鼓励等，并作为资金安排的重要依据。二是要完善监督机制。巡河记录要一插到底，直接建立到村一级。完善全省河（湖）长制综合信息平台的功能，强化电子监控、过程留痕、风险预警、线上管控等。同时，要强化社会监督，发挥舆情力量，探索试行举报奖励与罚没金挂钩办法，调动群众监督的积极性。三是纳入年度考核项目清单。通过随机抽查、典型调查、现场核查以及群众满意度电话测评等形式，将全面推进河（湖）长制、水环境质量达标率以及河（湖）长制度提档升级纳入对各市县的年度考核项目清单。四是要完善考核机制。提高区分效果，准确把握导向，从注重改革进度向更加注重工作质量转变，从注重完成方案既定任务向更加注重提升群众生态获得感转变，从注重奖优单向激励向更加注重奖惩并举双向激励转变，改变目前存在的不严格按考核制度执行、评优秀一刀切等做法。

（四）提升河长办地位，优化机构设置

建议明确河长办独立于各个责任部门之外，具有独立地位（虽然办公地点依然设在水利部门）。同时，要强化实化河长办对成员单位、下级河（湖）长和相关部门的协调、分办、督办手段，必要时可约谈、警告相关责任人。从而，使河长办成为同级河（湖）长的好帮手和好助手，而不能沦为具体工作的办事机构。

（五）推动河（湖）长制专项立法

河（湖）长制体系已全面建立，把河（湖）长制的体制机制通过法律形式加以固

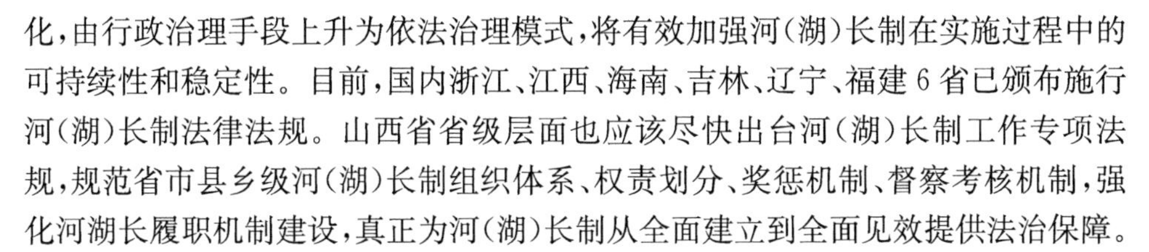
化，由行政治理手段上升为依法治理模式，将有效加强河(湖)长制在实施过程中的可持续性和稳定性。目前，国内浙江、江西、海南、吉林、辽宁、福建6省已颁布施行河(湖)长制法律法规。山西省省级层面也应该尽快出台河(湖)长制工作专项法规，规范省市县乡级河(湖)长制组织体系、权责划分、奖惩机制、督察考核机制，强化河湖长履职机制建设，真正为河(湖)长制从全面建立到全面见效提供法治保障。

(六) 进一步聚焦解决重点难点问题

一是要着力解决污水入口问题。开展城镇污水处理厂扩容提质改造，加快排水管网雨污分流改造和老旧水网改造升级，尽快实现污水管网全覆盖、全收集、全处理。二是开展城市黑臭水体歼灭战，大力减少污染严重水体和不达标水体。完善预警机制，强化动态监测。三是要着力解决工业排污问题。深入实施焦化、化工、制药、造纸等重点行业清洁化改造和工业废水深度治理，确保流域内工业企业外排废水达到行业特别排放限值。开展专项行动，保持打击工业污染行为力度不减退、标准不降低，用法治的高压线捍卫生态保护的红线和底线。四是要着力治理乡村排水问题。结合农村人居环境整治三年行动实施方案，出台乡村污水设施建设行动规划，坚持分散治理与集中治理相结合，研究推广农村污水收集处理回用适用技术，选择部分中心村开展试点，明确时间节点和阶段性目标，加快补齐农村污水收集和处理设施短板。五是要帮助解决历史遗留问题。要发挥上级河长办统筹指导作用，推动划界确权工作开展，尽快落实市管、县管河道划界确权专项经费，既要加快步伐、到点交账，又要稳妥推进，做好后续工作。

第五节　内蒙古自治区典型经验、问题与建议

河海大学：陈元芳、郝树荣、唐彦、樊宝康、潘永春、王子欣、颜冲

一、典型经验

(一) 高位推动，上下联动，推动“一湖两海”综合治理

按照自治区党委办公厅、政府办公厅印发的《内蒙古自治区实施湖长制工作方案》，自治区党委书记李纪恒担任第一总河湖长，政府主席布小林担任总河湖长，“一湖两海”(呼伦湖、乌梁素海、岱海)湖长由3位自治区级领导担任，6名副湖长分别是所在盟市党委书记、市长，盟市级湖长由盟市分管领导担任，旗县、乡镇级湖长分别由旗县、乡镇党政主要领导担任。自治区政府先后批复实施了《呼伦湖流域生态与环境综合治理一期实施方案》《乌梁素海综合治理规划》《黄旗海水生态保护

规划》《岱海水生态保护规划》等。各级河长办根据实际情况修编了“一湖一策”，确定了治理目标，制定了切实可行的治理措施。自治区党委第153次常委会安排听取了湖长关于“一湖两海”治理情况汇报，李纪恒书记就落实河(湖)长责任进行了部署。

（二）开展部门协作，严厉打击涉河湖水事犯罪活动

内蒙古自治区河长办、检察院和公安厅3家联合印发《内蒙古自治区河湖水行政执法与刑事司法衔接工作办法》，建立健全了河湖水行政执法与刑事司法衔接工作机制，为依法惩治河湖水事犯罪行为，加强河湖管理保护提供了重要依据。为推动全区河湖生态环境领域公益诉讼工作深入开展，自治区河长办和检察院联合印发《关于加强河湖水生态环境和资源保护领域公益诉讼工作协作的意见》。自治区河长办联合自治区人民检察院结合我区河湖“清四乱”专项行动实际，对全区河湖“清四乱”专项行动实施“两单制”，即“四乱”问题销号清单制和整改认领清单制。

（三）因地制宜开展生态修复

鄂尔多斯市等地因地制宜开展了生态修复，杭锦旗政府在2016年投资近4 000万元，建成分凌引水渠38公里，在黄河凌汛高水位时将部分凌水引入库布其沙漠低洼地，形成蓄水面，改善库布其沙漠生态环境，从而达到减轻防凌压力和治沙的目的，变水害为水利。目前，累计分凌水8 200多万立方米，形成水面面积11.3平方公里、湿地面积36平方公里，20多种植物自然恢复生长，沙水相连生态自然格局初具规模。

（四）因地制宜开展宣传培训工作

通过广播、电视、网络、微信等媒体广泛宣传河长制工作，开展河长进校园、进社区、进企业等，让社会各界广泛知晓，营造共同关注河湖、爱护河湖的良好舆论氛围。例如，锡林郭勒盟等地在电视台今日视点栏目播出河(湖)长制专题报道，在当地日报以蒙汉双语进行专题宣传，制作了蒙汉双语宣传册，将河长制宣传到偏远牧区。赤峰市、呼伦贝尔市等市联合市委党校，将河长制培训纳入市委组织部年度干部教育培训工作计划，对苏木乡镇党政正职及市直部门科级领导干部开展了专题党课培训。2018年，赤峰市作家李学江凭借其作品《河神与河长》，获得由中国水利报社、中国作家协会、中国水利作家协会主办的首届“河长湖长故事”(河长科技杯)全国有奖征文大赛一等奖。

（五）加强河湖管理保护法制建设、创新工作机制

自治区人大和地方人大先后颁布实施了《内蒙古自治区呼伦湖国家级自然保护区条例》《巴彦淖尔市河套灌区水利工程保护条例》《巴彦淖尔市乌梁素海自治区级湿地水禽自然保护区条例》和《乌兰察布市岱海黄旗海保护条例》等多部涉及水

生态保护方面的地方性法规。

（六）乌海采用PPP模式，重点打造滨水风景带

乌海市围绕加快构建以百里黄河为轴心健康美观的水生态体系、以绿色防护为重点的生态安全保障体系、以循环高效为准则的节水防污社会经济体系、以严格管理为核心的水管理水文化制度体系四大体系，结合人文历史和河湖特点，以乌海湖、甘德尔河、凤凰河、龙游湾湿地公园为重点，加强水体周边绿化及滨水区建设，构建水面、沙漠、林草地的立体景观，着力打造滨水风景带。截至目前，累计投资2.88亿元，项目投资、建设与运维采用PPP模式，政府与民企之间，以特许权协议为基础，彼此之间形成一种伙伴式的合作关系，并通过签署合同来明确双方的权利和义务，以确保合作顺利完成，实施了海勃湾区凤凰河综合治理(城市水系项目)、乌达区巴音赛沟综合整治、黄河乌达段防洪护岸等工程，硬化、美化河道13.4公里，新增绿地面积212亩、水域面积110亩；建成了乌海湖水利风景区、龙游湾湿地公园、海勃湾北部生态涵养区绿色屏障和农业节水灌溉工程等四大示范项目，已治理河段重要节点基本实现“河畅、水清、岸绿、景美”的河湖管理保护目标，成为市民休闲、娱乐、旅游、度假的好去处，市民的获得感和幸福感持续提升。2017年11月23日，乌海市顺利通过水利部专家技术评估和自治区政府验收，成为首批全国水生态文明城市。

（七）鄂尔多斯遗鸥自然保护区综合治理工程成效显著

引黄补水工程。建设中天合创引黄工程海子湾驳接口至保护区湿地双排输水管线24.15公里，设计输水规模为4万吨/日，补水期约400天，补水量约1 600万吨，直至水域面积达到8—10平方公里。该工程于2018年5月20日完工并向湿地补水，截至目前，已累计向湿地补水约370万吨。

淤地坝疏通工程。保护区上游河道共有各类淤地坝13座，为保证河道疏水畅通和河流上下游水系联系，使汛期地表径流和其他季节沿河侧渗的潜水有效补给保护区湿地，已将13座淤地坝全部进行疏通。

（八）大黑河城区段综合整治工程成效显著

大黑河是黄河在内蒙古自治区境内最大的一级支流，干流由东北向西南流经乌兰察布市卓资县、呼和浩特市赛罕区、玉泉区、土默特左旗、托克托县五个旗县区，于托克托县双河镇汇入黄河。全长225.5公里，其中呼和浩特市境内河长139.5公里，处于流域的中下游。

大黑河城区段综合整治工程是市委、市政府确定的“十三五”时期重大水利防洪基础工程，是我市近年来着力打造的五道生态景观带工程之一。

二、推行河长制存在的问题及建议

（一）河湖水质及城市集中式饮用水水源水质达标问题

我区监测的52个地表水国控断面中，水质优良断面28个，占比53.8%，比考核目标低3.9%；丧失使用功能（劣于Ⅴ类）水体断面2个，占比3.8%，达到《水污染防治行动计划实施情况考核规定》国控断面地表水水质劣Ⅴ类水体控制比例7.7%的考核指标要求。原因是我区范围内草原面积占比较大，雨季，地表径流把大量的枯枝落叶、牛羊粪便，包括地表腐殖质冲入河流和湖泊内，造成水质污染，而国家“水十条”考核中未考虑本底值污染这一因素。全区42个地级及以上城市集中式饮用水水源地中，水质达到或优于Ⅲ类的水源地有35个，水源地水质达标率为83.3%，高于81%的目标要求。

（二）关于河长制办公室建设

自治区层面设办公室主任1名，副主任2名，工作人员8名，且全部为专职人员。自治区河长办工作经费纳入水利厅年度预算，由自治区财政统一足额拨款。自治区河长办设在水利厅河湖处，办公地点为水利厅办公楼24层，明确河长办标牌，符合中央关于河长制办公室设置要求。个别盟市像呼和浩特市、乌兰察布市存在人员偏少仅有2至3人、资金到位差的情况，但均有固定办公场所；部分旗县像清水河县、凉城存在人员偏少，有的仅2人、办公经不及时、不足额费情况，但也有固定办公场所。

（三）河湖水域岸线保护

大力推进河湖“清四乱”及划界工作。自治区部署开展河湖“清四乱”专项行动，建立自治区级“清四乱”台账。但由于河湖数量众多、范围较大，加之盟市、旗县财力有限，划界压力较大。河湖管理保护和河长制工作需法制化、系统化，需要加快出台《内蒙古自治区河湖管理条例》进度，以规范河（湖）长制工作、水域岸线管理工作和采砂等工作。

（四）河湖生态综合治理

组织开展“一湖两海”生态综合治理修复工作并取得成效，呼伦湖、乌梁素海综合治理工程有序推进，并继续实施补水等措施，湖海水位均维持在合理区间；采取“两节两补两恢复”措施，岱海水位持续下降的趋势有所缓解。部署开展农村污水治理并取得明显成效。部署开展农村畜禽养殖污染治理并取得明显成效，2018年畜禽粪污综合利用率为79.87%，规模养殖场粪污处理设施装备配套率86.30%，达到2018年国家和自治区目标要求，治理成果明显。存在的问题是“一湖两海”水质目标偏高。以居延海为例，黑河水质基本为Ⅱ—Ⅲ类，但东居延海的水质基本为

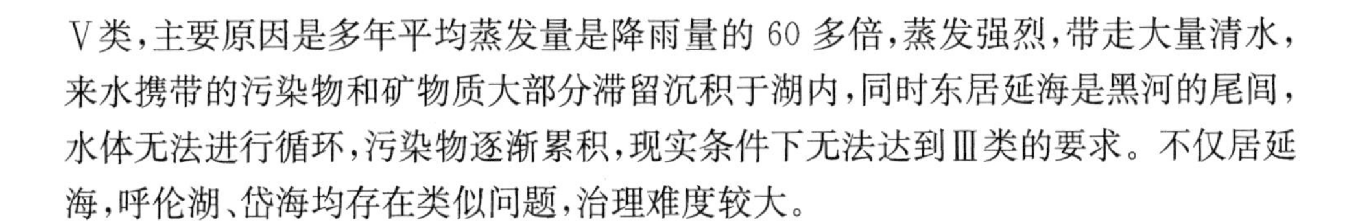

Ⅴ类，主要原因是多年平均蒸发量是降雨量的60多倍，蒸发强烈，带走大量清水，来水携带的污染物和矿物质大部分滞留沉积于湖内，同时东居延海是黑河的尾闾，水体无法进行循环，污染物逐渐累积，现实条件下无法达到Ⅲ类的要求。不仅居延海，呼伦湖、岱海均存在类似问题，治理难度较大。

第六节　辽宁省典型经验、问题及建议

辽宁省河库管理服务中心：吴林风、王博、李慧、吴迪

河海大学：唐德善、毛春梅、王萍、蔡阿婷、李惠雅、林杰、满健铭、霍晨玮、李舸航

一、典型经验

总结核查过程中发现辽宁省在河长制实施、组织建设或相关立法上有值得在全国范围推广的做法、示范或政策。主要典型做法和经验如下：

（一）实现江河湖库全覆盖

将全省3 565条流域面积10平方公里以上主要河流和村屯房前屋后有治理保护任务的7 295条微小河沟，常年水面面积1平方公里以上的4个湖泊和村屯房前屋后有治理保护任务的393个微小湖塘、791座水库、189座水电站全部纳入了河（湖）长制范畴，实现了江河湖库、大小河湖河（湖）长制全覆盖。

（二）设立流域片区河长

为了统筹开展干支流、上下游、左右岸河湖管理保护工作，辽宁省按照流域与区域相结合的原则设立省级河长，将全省国土面积划分为8个流域片区，由8位副省长担任流域片区河长，并兼任本流域片区内跨省、跨市河流和市际以上界河的省级河长。省委、省政府出台文件，要求各市、县、乡比照省模式设立本级河长体系，并把河长组织体系延伸到村级，全面建立省市县乡村五级河长体系。

（三）印发河长制实施方案

为统筹安排河（湖）长制实施工作，实现河（湖）长制从“有名”到“有实”转变和“见河长、见行动、见成效”总体目标，在2017年省及全省所有市、县、乡全部出台实施河长制工作方案的基础上，2018年省市县三级又分别出台了河长制实施方案，明确2018至2020年河湖管理保护的工作目标、主要任务和具体措施，为有力、有序、有效开展工作提供了依据和遵循。

(四) 全域实行河湖警长制

省公安厅印发了《辽宁省公安机关实行河道警长制工作方案》和《辽宁省公安厅关于设立四级河道警长和设置三级河道警长制办公室有关事项的通知》，并于2018年6月底按照“与河长对位”的原则全面建立了省、市、县和派出所四级河湖警长制，设立了省、市、县三级河湖警长制办公室。

(五) 实施主要江河生态封育

认真贯彻落实习近平总书记“绿水青山就是金山银山”的科学发展理念，针对北方地区河滩地宽阔、水土流失和农药化肥等面源污染比较严重的实际，实施辽河、大凌河、小凌河、浑河、太子河等干流和主要支流河滩地退耕封育，全省共自然封育河滩地面积88万亩。

(六) 推进河(湖)长制立法

为落实河(湖)长制，加强河湖管理、保护和治理，辽宁省着力推进河(湖)长制立法工作。目前，《辽宁省河长湖长制条例》已经辽宁省人大常委会审议通过，于2019年10月1日正式实施，从法制层面将辽宁省河(湖)长制工作成果进行固化，为各级河长湖长持续推进河(湖)长制提供了法律依据，实现河(湖)长制工作从“有章可循”到“有法可依”。积极探索水政与公安部门联合执法工作机制，统筹设立水政监察与江河公安机构，开展水资源、河湖和东水济辽工程专项执法行动。

(七) 集中开展辽河流域综合治理

2019年5月，辽宁省委、省政府召开辽河流域综合治理动员大会，部署辽河流域综合治理工作，全面打响了辽河流域综合治理攻坚战。成立了辽河流域综合治理工作领导小组，印发了《辽河流域综合治理总体工作方案》《辽河流域综合治理与生态修复总体方案》。目前，正在组织编制辽河干流防洪提升工程、水污染治理攻坚战、生态修复、监督执法、绿色发展等5个专项实施方案。目前，积极推进重点工作开展：一是辽河干流防洪提升工程。辽河干流防洪提升工程正在开展项目可研报告的报批等前期工作，已通过水利部可研报告复审会议。二是辽河干流全面退耕封育工作。《辽宁省人民政府办公厅关于进一步加强辽河流域生态修复工作的通知》已印发，计划在已实施生态封育工作基础上，对其余河滩地进行全面封育。

二、主要问题

虽然辽宁省全面建立了河(湖)长制，并探索实现了部分创新性做法，但也不同程度存在着一些不容忽视的问题。

(一) 河湖水域岸线保护仍需加强

大力推进河湖“清四乱”及划界工作。河湖“四乱”问题整治推进有力，但工作

压力传导、宣传引导力度不够，部分区县（区）乡（镇）流域面积较小河流河道内仍存在乱占、乱采、乱堆、乱建等“四乱”现象，部分河流存在农田非法侵占河道等现象。河湖划界工作有待加强。据统计，全省流域面积50平方公里以上河流应划界长度约为23 000公里，计划在2020年年底前完成流域面积50平方公里以上河流划界任务，工作压力较大。

（二）河湖水质仍需提升

全省各流域水质总体优良，但河湖水质及城市集中式饮用水水源水质有不达标情况，农村地区黑臭水体整治还需加大力度。

（三）河湖生态综合治理有待加强

污染在水里，问题在岸上，加快水岸共治及山水林田湖草系统治理，发展“生态农业”“循环经济”是防治水污染的治本之策。推广发展循环农业，有效减少面源污染，充分发挥河长制生态保护与经济发展协同推进、相互促进作用，引进社会资本建设国家湿地公园、休闲度假区等生态主题景点，切实推进水旅融合，河库生态效益、周边土地价值同步提升，河库产业发展、群众致富脱贫同步推进。

（四）河长办工作力量急需加强

据统计，全省14个市、116个县级单位从事河长制工作的人员共有765人，其中专职人员仅有240人，平均每个单位1.8人，无法满足实际工作需要，基层问题较为突出。

三、工作建议

（一）推进河湖管理保护法制化建设

深入贯彻落实习近平总书记“节水优先、空间均衡、系统治理、两手发力”的治水方针及水利部“水利工程补短板，水利行业强监管”的工作总基调，梳理完善河道管理保护法律法规体系，加快推进河道采砂管理条例等法规规章颁布实施和河道管理条例修订等工作，实现依法治河、依法管河、依法护河新局面。

（二）加强国际和省际界河管理保护

从目前情况看，国际、省际界河管理保护工作是河长制工作的一个难点，建议从国家层面统筹制定国际、省际界河管理保护规划，明晰水利部、流域机构和地方水行政主管部门工作职责，建立上下游、左右岸联管联保、联防联控工作机制，探索建立界河管理保护新机制，实现新突破。

第七节　吉林省典型经验、问题及建议

吉林省水利厅：孙永堂副厅长、吉林省河务局胡伟局长、宋修状副局长

河海大学：沈振中、唐德善、林杰、满健铭、霍晨玮、李舸航、王萍、蔡阿婷、李惠雅

吉林省全面推行河(湖)长制工作组织机构健全、管理体系完善、各项法规制度完备、责任分工明确，巡河湖履职到位、成员单位合力治河湖，各项治理保护工作稳步推进，全面完成了阶段性的工作任务，取得了较好的工作成效，河湖面貌确有改观，河湖治理保护的社会效益、生态效益逐步显现。

一、经验做法

通过现场暗访有代表性的河流，发现河湖治理保护工作积极推进，"清四乱"整治任务效果显著，岸边设有生态护坡和绿化带，巡查员、保洁员认真履职，未发现河道内有垃圾等现象，水质较以往有明显改善，水污染得到了一定治理，水生态得到了进一步的修复，部分中小河流已初步实现河畅、水清、岸绿、景美目标。在具体核查过程中发现吉林省河湖长制工作亮点较多，具体有以下几点：

(一) 建立了强有力的河(湖)长制组织体系

吉林省在2017年底全面建立了河长制，与中央要求相比提前了一年，2018年又完善了湖长制，在全省设立了省、市、县、乡、村五级河湖长18 118名。全省各级党委、政府主要领导担任"双总河长"，党委、政府分管领导担任"双副总河长"，在全省11个主要河湖设11名省级河湖长，其中7人为省委常委，省委组织部、宣传部、政法委，省发改委、教育厅等20个省委、省政府部门为省级河长制成员单位，全省河长办主任由原水利厅(局)长担任提升为政府分管领导担任，水利厅(局)长任常务副主任，主要成员单位分管领导担任河长办副主任，省河长办工作机构由厅机关处(室)和厅直参公单位共同承担，增加正处级职数1名、副处级职数2名、参公编制9名，为河长办较好履行职责奠定了坚实基础。为做好辽河流域水污染防治工作，省政府成立由分管生态环境工作副省长、东辽河省级河长任组长的辽河污染专项整治工作推进组，协调解决流域治理工作中的困难和问题。有的市县还将检查院、法院等纳入河长制成员单位，不断加强河湖治理保护的执法保障，持续推进河(湖)长制既"有名"又"有实"，不断在强化河湖监管上再发力，在水岸同治上再作为，河湖面貌和水环境质量明显好转，河(湖)长制作用更加凸显，河湖面貌明确改

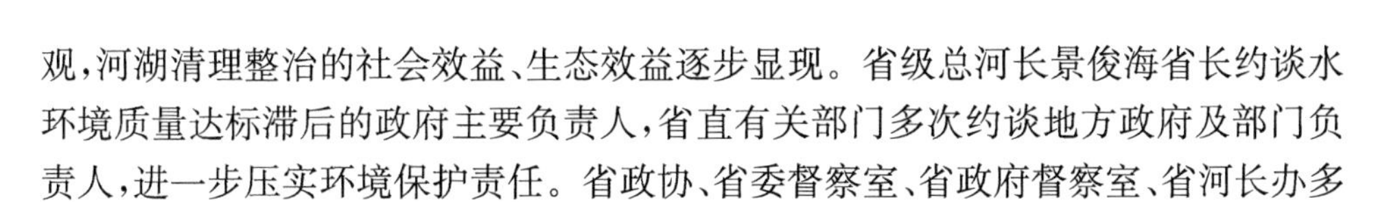

观，河湖清理整治的社会效益、生态效益逐步显现。省级总河长景俊海省长约谈水环境质量达标滞后的政府主要负责人，省直有关部门多次约谈地方政府及部门负责人，进一步压实环境保护责任。省政协、省委督察室、省政府督察室、省河长办多次开展河（湖）长制专项督察，督促相关河湖长和成员单位切实履行好职责。

（二）健全联防联控机制

吉林省委办公厅省政府办公厅联合印发《吉林省河长制工作考核问责办法》，科学评价河长工作实绩，精准核定河长制实施效果，推动各级河长履行职责，省人大出台了《吉林省河湖长制条例》，强化了河（湖）长制的法制保障，还出台了《吉林省辽河流域水环境保护条例》等法规，修订《吉林省河道管理条例》等。全省构建三级河湖警长体系，严厉打击涉河涉湖违法行为。围绕河湖水污染、水环境质量恶化等突出问题，各省级河长制成员单位按照职责分工确定年度工作要点和考核细则，并积极推进河湖治理保护工作，如推动节水型社会建设，组织实施生态基流，划定河道管理范围，开展今冬明春水环境整治专项行动，全面开展污水处理厂提标改造，建设重点镇污水处理设施，黑臭水体整治，全省规模化养殖场（小区）搬迁和关停，配套污水处理和粪污资源化利用设施，清“四乱”，乡村生活垃圾非正规点整治，农药化肥减量增效和测土配方施肥等。建立双月调度机制，每双月调度全省河（湖）长制推进情况和设省级河湖长河湖治理保护情况，并通过专报形式报送省级河湖长。对重点难点工作任务，省级总河长以“河长令”形式进行部署，并定期调度工作进展情况。建立省市县三级河长联席会议机制，辉发河等河流河长定期召开联席会议，共同研究解决问题，协调一致推进河湖管护。建立省际合作协调机制，分别与辽宁省、黑龙江省签订水利战略合作协议，协调解决跨省界河流管理保护问题、共享河（湖）长制工作培训资源等，形成上下游、左右岸协调推进的局面。吉林市、四平市建立媒体曝光台，长春市、桦甸市等地聘请政协委员、人大代表、退休老党员为河（湖）长制义务监督员，白山市等地发挥“公益自愿者协会”等民间河长作用，凝聚起全社会共同珍爱河湖、保护河湖的强大力量。

（三）加强培训力度

吉林省成立北方地区首家河湖长学院，分别与浙江河湖长学院、河海大学等签订合作协议，并联合举办多期副总河长、河长办常务副主任等培训班，省河湖长学院在省内外选取教学点开展现场教学，不断提升教学水平。333 名基层河湖长及河（湖）长制工作人员被录取到吉林河湖长学院，接受全日制免费学历教育，还开发网上培训系统，实现各级河湖长网上培训。同时，在全省各级党校专题讲解河（湖）长制，不断提高河湖长、河长办和河长制成员单位的履职能力。

（四）积极营造全员参与氛围

吉林省每年在中小学校开展“八个一”活动，举办了“碧水清波・美丽吉林”河湖主题摄影大赛、"河长在行动"演讲大赛、"向新中国成立七十周年献礼"等活动，宣传生态文明、"绿色青山就是金山银山"理念，推进河（湖）长制进社区、进乡村，将保护河湖纳入村规民约，在企事业电子屏幕、吉林卫视、各地电视台、网络、社会屏幕等播放河（湖）长制宣传片，引导全社会关心、关注、支持河湖治理保护工作，展现吉林省全面推行河（湖）长制以来取得的成效，展现吉林人治水、管水、护水、爱水风貌，展现美丽吉林河畅、水清、岸绿、景美风光。辽源市东丰县电视台开辟了《河长在行动》专栏，发放了11.7万份《致农民朋友一封信》。舒兰市、延吉市、集安市、长春市九台区等在交通指挥信号灯、轨道交通、出租车等电子屏播放宣传标语，榆树市、磐石市、桦甸市、镇赉县、白山市等制作了宣传栏、悬挂宣传横幅，东丰县助力贫困学生，为孩子们送去河长制宣传单、书包、笔袋、学习用本，公主岭市、农安县等印发宣传品给广大人民群众，梅河口市、柳河县、珲春市、龙井市等开展了爱河护河志愿者活动，大安市结合宣传月活动开展增殖放流等活动。

（五）打造"以河养河，循环发展"新模式

长春市结合城区总体规划，提出长春版的"五水共治"，即治污水、防洪水、抓节水、保供水、留雨水，确定了"四无四有"阶段性目标，在长春市母亲河——伊通河建设了南溪湿地公园、南湖汇水区动植物园等，重识长春城市生态位、盘点长春城市生态家底、描绘长春城市生态蓝图、推进长春城市生态实践，建设高品质生态环境空间，倒逼经济转型、引导人们生活理念生态化，为当代人和未来发展留下海晏河清的绿色空间。辽源市东丰县等积极打造新范例，通过对小河、沟渠河滩地清收后，高密度栽植苗木，待幼苗长成后选取部分出售，回收成本，实现盈利，并用于后续治河护河，为资金短缺寻找到新的突破口，建立了新的模式，最终"以河养河，循环发展"。

（六）打造"后花园"综合治理新典范

查干湖渔园湿地、水稻退耕还湿等环湖植被修复工程全面启动，荷叶做茶，莲子入药，莲藕可食，从赏荷花、收莲子，到荷叶、莲芯深加工，形成了一条清晰的食品全产业链，800公顷红莲绽放，一池荷花、万种风情，也成为查干湖又一"生态净水器"。辽河流域全面开展退耕还河还水，在划定流域内28条河流河道管理范围后，对辽河源头6.4万亩耕地进行集中连片流转，建设东辽河干流河堤外50米土地退耕生态保护带，完成204个规模养殖场未建设粪污处理设施问题整改，流域内粪污处理设施装备配套率、综合利用率分别达83%、80%，比全省平均水平约高8个百分点和3个百分点。通化市辉南县为了杜绝河岸边垃圾乱堆乱扔，从打造河畅、水清、岸绿、景美的美丽辉南县，联合多部门在河岸边种植景观花草，打造生态花海，在杜绝乱扔的同时，也为市民创造了休闲美景。辽源市东丰县在河岸两侧的15公顷河滩地上，两岸栽植4.0米高大柳树5行，种植黑心菊1万平方米。并依堤建设

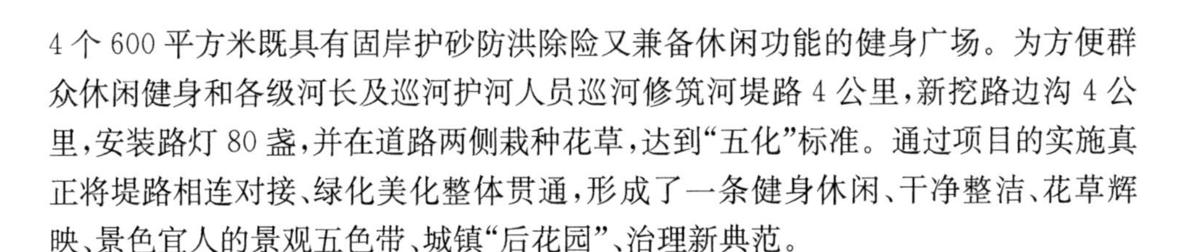

4个600平方米既具有固岸护砂防洪除险又兼备休闲功能的健身广场。为方便群众休闲健身和各级河长及巡河护河人员巡河修筑河堤路4公里，新挖路边沟4公里，安装路灯80盏，并在道路两侧栽种花草，达到“五化”标准。通过项目的实施真正将堤路相连对接、绿化美化整体贯通，形成了一条健身休闲、干净整洁、花草辉映、景色宜人的景观五色带、城镇“后花园”、治理新典范。

（七）强化“天眼工程”等科技管水新模式

吉林省建立全省河（湖）长制管理信息系统，融合河湖水系、水质监测断面、河湖监控点位、河湖长名录、河湖治理保护问题点等制作河湖长制“一张图”，为全省五级河湖长“看图作战”、河长制成员单位和河长办协调联动和信息共享提供信息技术支撑。梅河口市、辉南县、磐石市、桦甸市、榆树市和抚松县等县市利用“天眼工程”及高清摄像头，建立河道动态监控系统，并广泛使用无人机巡河、检查，制定问题清单，实施量化管理，并跟踪督办。

通化市辉南县在辉发河设立16个监控点实施辉发河辉南段监控，实现全线24小时无死角高清监控和储存。该智能监控平台主要优势：(1) 远程巡河。河长通过手机及平台随时巡查，了解责任河流现状，发现并及时处理问题。(2) 远程护河。河长办工作人员不用到达现场，利用监测平台巡查，能够及时发现乱倒垃圾、非法采砂、违法捕鱼及破坏设施等问题，通知当地河长、河道警长进行问题整治及责任追究。

（八）创新“全流域航拍”新模式

吉林省河长办对设省级河湖长的河湖进行全河段现状航空拍摄，沿河顺岸找问题，各级河湖长能够直观掌握河湖总体情况，并为下步领导下级河湖长治理保护河湖奠定坚实基础。辽源市东丰县针对河流分布特点，采取无人机航拍的方式，对全县31条县级以上河流进行了全域航拍：(1) 对主河道进行原始状态航拍。从源头至出境口，进行视频航拍和图片航拍并将原始视频和图片分河存档，一河一档，方便查阅。(2) 每年进行再次航拍。视频和图片也是一河一个文件包，方便查阅，与原始河流一一比较。(3) 对实施河长制的河流流经的乡镇进行全景式航拍。包括乡镇村屯自然环境、生活环境、重点污染源，公路、村路沿线进行了拍摄、资料存档，积累原始资料，便于协同发展，开展全景规划。(4) 历时70天，拍摄制作反映我县实行河长制前后发展变化的电视专题片与画册各1部。(5) 重点河流分别制作电视航拍视频短片，便于查阅，将全县14个乡镇全景河流航拍图放大成200 cm×60 cm的大型全景照片，并将河流相关参数等做标注，做到一目了然。

（九）结合当地文化生动实现“人水和谐”

全省累计创建水利风景区73处，其中，国家级水利风景区30处，对水生态修复、水文化创建、水意识提升起到积极推动作用。辽源市东丰县结合当地有名的农民画文化，并将其融于河水中，推出了一套以“河流记乡愁”为主题的邮票，并充分发挥当地诗词底蕴，征集了数篇河流的诗词并汇编为一本“绿水青山就是金山银山”的诗歌作品选集，真正实现了“人水和谐”。实施了西部供水工程，合理调配和利用洪水等资源，向吉林西部缺水的8个县(市、区)境内的203个湖泡及其周边湿地多年总引水5.45亿立方米，改善西部地区水环境。白山地区、通化地区等开展水产种质资源保护区执法，保护水生态。

（十）河道保洁改善水环境

吉林省结合美丽乡村建设全面开展村收集、乡转运、县处理的乡村垃圾处理机制。各市县采取公益性岗位、政府购买服务等方式，设专职河道保洁员，同时还邀请政府机关、市民、志愿者等参与保洁工作。长春市、梅河口市、柳河县、伊通县等还开展春季清河专项行动，磐石市、集安市为偏远乡村安装磁脉冲矿化生活垃圾处理装置等实现就地无害化处理。通过开展河道保洁工作，河道管理工作得到有效加强，河道面貌得到极大改善，结合生态治理，河道内裸漏的沙土地逐渐被绿洲取代，河水清了，鱼类多了，人们去河边散步成为“时尚”。

二、问题及建议

虽然吉林省河长制工作取得明显成效，但也存在一些问题，需要认真研究落实。

（一）污染源头治理未完全到位，导致河流污染问题短时间难解决

乡镇污水处理厂处理能力不足，部分污水未经处理直排河道；农业面源污染、畜禽养殖污染及乡村生活垃圾等治理工作仍需长期推进。

（二）河流治理保护资金需求大，筹措困难

“河流问题在水里，根子在岸上”，河湖污染问题涉及方方面面，治理保护需要较多资金支持。吉林省为农业大省，地方财政更是压力较大，目前，国家尚未建立稳健的河湖治理保护资金投入渠道，同时受国家金融风险调控、项目收益性差等原因影响，地方政府难以筹措足够的资金开展工作。

（三）全面推行河长制，保障能力需要进一步加强

河长办工作机构应有足够的行政或事业编制人员，才能为河长提供信息服务和技术支撑。但机构改革后，部分市、县河长办工作机构人员少、专业技术匮乏，很多同志身兼数职，甚至多为借调，部分市、县河长办工作经费不足，不利于较好地研究谋划、协调推进河长制工作。

三、工作建议

河湖长制工作是习总书记亲自部署的一项重要工作，需要长期稳定推进。针

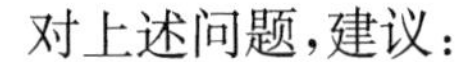

对上述问题,建议:

（一）研究明确河长办工作机构编制,督促各地足额落实工作经费

建议从国家层面统筹研究,要求各地党委政府通盘考虑编办设置稳定的河长制办公室工作机构,明确编制以及专业人员占比,每年财政应将河长制办公室工作经费纳入财政预算。

（二）国家加大河湖治理保护方面投资

建议国家加大河湖管理范围内保护水资源、修复水生态、改善水环境等方面投资,进一步加大河湖管护经费投入,引导和带领地方开展好河湖治理保护工作。

（三）加强培训和参观见学,不断提高河湖长和河长制成员单位业务能力

河湖治理保护是一项专业性较强的系统工程,依靠老思想、旧意识解决不了河湖问题,特别是对财政比较困难的地区,应研究投入少、见效快的措施。建议国家部委多推广先进的技术,多组织参观见学,才能更好地推进河湖治理保护工作。

第八节　黑龙江省典型经验、问题及建议

黑龙江省河湖管理保障中心:孙和强副主任、孙东伟科长、郭微微副所长
河海大学:唐德善、郑东健、戴张磊、褚洪国、王权、郭泽权、杨丹、余晓彬

一、典型经验

黑龙江省坚持以习近平新时代中国特色社会主义思想和习近平生态文明思想为指导,树立“绿水青山就是金山银山”的发展理念,深入贯彻落实党中央、国务院关于全面推行河(湖)长制的重大决策部署,结合地理位置、生态环境、经济状况等因素,因地制宜推动河(湖)长制工作高质量发展,为区域内河湖生态环境改善提供了新契机。

（一）省委、省政府始终与党中央保持高度一致

省委、省政府两套班子成员全部担任省级河湖长,集体推动,统一各级党委政府思想和行动,坚定信心和决心,全面建立河(湖)长制。张庆伟书记主持召开省委常委会议、省委深改委会议、省总河湖长会议,全面贯彻落实党的十九大、全国生态环境保护大会等会议精神,切实把习近平总书记在深入推进东北振兴座谈会上的重要讲话精神和考察黑龙江的重要指示精神落到实处。王文涛省长主持召开省政

府常务会议，专题研究河(湖)长制工作，要求注重整合资源，加强河(湖)长制与重点工作结合，强化措施和责任，并将全面落实河(湖)长制写入省政府工作报告。

（二）省市县三级河(湖)长制办公室全部升格扩充

通过一年的努力，省市县三级164名河(湖)长制办公室主任全部升格调整为同级党政副职领导担任，河(湖)长制办公室主任层级升格调整后，更加有利于凝聚工作合力，河(湖)长制办公室的组织协调、调度督导、检查考核等各项工作推动力度明显提升，尤其是在调动职能部门工作上取得很好效果。同时，河(湖)长制办公室规模进一步扩大，省检察院、公安厅、财政厅和海事局增列为省河(湖)长制办公室成员单位，成员单位由原9个扩大为13个，省检察院、司法厅、测绘局增列为责任单位，责任单位由原25个扩大为26个(减2增3)，市县同级部门积极对应入列，把主体责任明确分解落实到部门，河(湖)长制办公室进一步做实做强。市县还落实了总河湖长"包河"责任，26名市级和183名县级总河湖长均"包抓一条河"，既牵头抓总，又担任一条规模大、问题多、治理难的河流的河长，既当指挥官，又当战斗员，压实党政"一把手"责任，形成"头雁效应"。加密市县乡村四级河湖长巡河频次，由原来每半年、季度、月、半月至少巡1次，加密为每月至少巡1、2、4、6次。佳木斯市副市长担任河(湖)长制办公室主任后，加大对松花江清理整治力度，组织市纪委监委对松花江城区段治理工作进行督察督办，约谈进度缓慢县(市、区)有关领导，并组织国土、规划、房产、市场监管等部门联合对河湖违建性质进行共同认定，合理制定拆除和搬迁方案。七台河市委副书记担任河(湖)长制办公室主任后，组织成立倭肯河生态环保防洪工程领导小组办公室，从相关责任单位抽调业务骨干，专职负责倭肯河综合整治工作，并协调城管局、公安局、桃山区和茄子河区开展桃山水库水源地综合治理，投入资金6 000余万元对万宝河城区段进行黑臭水体综合治理。

（三）印发省总河湖长令

为贯彻落实国家对推动河(湖)长制从"有名"到"有实"转变要求，切实解决河湖存在的突出问题，省委书记张庆伟、省长王文涛共同签署省总河湖长1号令《黑龙江省集中整治河湖突出问题行动方案》，号召各级河湖长"挂帅出征"，向河湖"四乱"和水污染两大突出问题宣战，以工作成效作为检验各级河湖长是否称职的底线要求，促进河湖面貌持续改善。在开展国家要求流域面积1 000平方公里以上河流、水面面积1平方公里以上湖泊的"清四乱"基础上，行动再升级，范围再扩大，对全省所有河湖及水库开展全覆盖"清四乱"专项行动，针对河湖水域岸线乱占、乱采、乱堆、乱建等突出问题，开展集中清理整治，建立台账，实行销号式管理，发现一处、清理一处、销号一处，还河湖一个整洁干净的空间。针对河湖水质问题，开展水污染防治专项行动，从合理确定生态用水需求、保障饮用水源安全、工业污染防治、

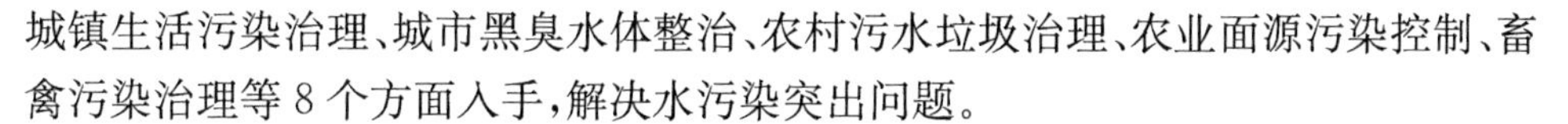

城镇生活污染治理、城市黑臭水体整治、农村污水垃圾治理、农业面源污染控制、畜禽污染治理等8个方面入手，解决水污染突出问题。

（四）市县自查与省级专项督察相结合

按照省委张庆伟书记关于“建立台账，对问题拉条挂账，强化整改”的批示要求，全省上下齐动、部门联动，采取“市县自查＋省级专项督察”相结合的方式，对全省河湖健康状况进行“把脉会诊”。各市县借鉴脱贫攻坚“精准识别”做法，以河湖为单元，对全省所有河湖开展“拉网式”“无死角”问题排查，经整合归类共涉及26 501个问题，并逐级细化，建立了省市县三级问题台账，逐河逐段分级建立整改台账，有效推进河湖问题整改落实。能够立行立改的问题全部进行整改，不能立即整改的问题全部纳入“一河（湖）一策”方案并明确了整改时限、目标和责任。同时，由省委办公厅和省政府办公厅牵头，省河（湖）长制办公室成员单位成立9个专项督察组，对全省各地自查情况的“全面性、真实性、准确性”进行专项督察，并以“一市一单”的形式向各地反馈意见。省河（湖）长制办公室对核实确认的问题实行挂牌督办，有效推进了河湖问题加快整改落实。我省高规格、大规模专项督察得到了水利部的充分认可，在全国会议上做了典型经验介绍。

（五）构建“河湖长＋河湖警长”协同护河体系

全省建立了“五级河湖长＋四级河湖警长”组织体系，公安机关将“扫黑除恶”行动与河（湖）长制密切结合，充分发挥省市县乡四级“河湖警长”作用，织密河湖管理保护网，严厉打击破坏河湖生态环境违法犯罪行为，河湖警长在河湖长的统一领导指挥下协同治水，维护江河流域治安秩序，严厉打击破坏生态环境等违法犯罪行为，重点打击非法采砂、非法侵占水域岸线等涉黑涉恶违法行为，有效降低了涉河湖违法犯罪案件的数量，涉水违法犯罪行为得到有效遏制。2018年，全省共破获非法采砂犯罪案件40起，抓获犯罪嫌疑人55人；破获非法捕捞水产品犯罪案件80起，抓获犯罪嫌疑人96人；破获污染水体犯罪案件3起，抓获犯罪嫌疑人6人。

（六）建立跨区域跨部门联合协作机制

省生态环境厅、省发改委印发《黑龙江省生态红线划定工作方案》，深入开展生态红线划定工作，突破传统管护格局，形成治河清河护河行动合力。省生态环境厅开展中俄联合水质监测，按照《2018年中俄跨界水体水质联合监测工作方案》，对中俄跨界水体黑龙江、乌苏里江、绥芬河和兴凯湖进行4次水质监测。黑龙江海事局、省生态环境厅、省住房和城乡建设厅、省交通运输厅印发《船舶污染物联合监管制度》，实现闭环管理。鹤岗市制定了《域内河流上下游左右岸联动制度》《河长制横向部门联动工作制度》《河湖管护纵向联动制度》，建立了“上下贯通、左右配合、横纵向联动”的治水管河新机制。齐齐哈尔市印发《乌裕尔河、双阳河流域跨行政区界水环境生态补偿办法（试行）》，按月监测各县域河流出境断面水质，核算生态补偿金额，收缴生态补偿资金，根据全年考核结果确定下一年度生态补偿资金预算安排，已经对流域内5个县核算补偿资金3 880万元。齐齐哈尔市公安局、农业农村局和扎龙国家级自然保护区管理局联合开展打击整治使用“绝户网”捕鱼违法犯罪专项行动，共侦办刑事案件10件，查处行政案件2件，收缴禁用网具200片(件)。

（七）多渠道筹措河湖治理资金

引导社会资本参与，推动河湖治理产业化发展。大庆市采用BOT模式投资4.6亿元建设东城区第二污水处理厂，将于2019年6月投入使用。鹤岗市以市场化、专业化、社会化为方向，采用PPP模式，与中国水务集团开展涉水产业战略合作，启动建成区“两河十四沟”清水秀岸综合治理工程，2018年投入治理资金1.59亿元。黑河市爱辉区设立河道保洁专项经费432.75万元，配备河道保洁员175名，实施河道保洁工作考核，落实奖惩措施。铁力市采取政府向社会购买服务的方式，签约河道专业保洁服务企业，对河道实施专业化清理，连续两年投入资金123万元，清除河道垃圾3 200车。东宁市成立农药经营者协会，设立农药包装废弃物回收处置基金，各乡镇村设立固定废弃包装物堆放场所，对农药包装废弃物实行有偿回收，每袋奖励10元，2018年，东宁市农药包装废弃物回收率达到100%。

（八）为河湖精细化巡查管理提供技术保障

依托卫星遥感技术，利用无人机和大数据等科技手段，为河湖精细化巡查管理提供技术保障。全省各级河湖长手机巡河APP全面启用，实现在线巡河。省测绘地理信息局研发了河湖长制移动巡查PAD系统，全程参与河(湖)长制专项督察和湖泊复核调查，对河湖位置、现状和存在问题等进行精准定位和卫星影像比对。齐齐哈尔市对嫩江和乌裕尔河利用卫星影像技术制作了专题地图，在图上标记“问题图斑”，配合实地踏查，极大地提高了河湖问题排查精准度。大兴安岭地区十八站林业局自行采购无人机设备，实现立体化巡查管控。依兰县委托专业无人机航飞机构，采用大型无人机对境内主要河流全流域航拍，精确查找河道垃圾、采砂、违建等问题，输出的航拍影像图可呈现问题所在位置坐标，对问题登记造册后，逐一整改解决。科技手段的广泛运用，充分弥补了人为排查河湖问题耗时长、工作量大、定位不精准等不足，大大提高了河湖巡查精细化管理水平。

随机抽取的三个地级市(绥化、伊春、佳木斯)，对于河(湖)长制的推进工作同样完成的比较出色，不仅对于自身的发展提出高要求，还邀请其他省内兄弟城市前来学习先进经验，为黑龙江省乃至全国的河(湖)长制推进工作做出贡献。

（九）推行“开门治水”政策

各地坚持“开门治水”，汇集社会力量广泛参与，营造齐心协力治河管河护河的浓厚氛围，积极引导和鼓励社会公众主动参与河湖治理和管理保护。全方位多举

措开展宣传工作，大力宣传普及河(湖)长制相关政策和知识，创新打造龙江特色河湖文化软实力建设，利用微信公众平台推送河湖文化，讲述河湖长故事，弘扬治水文明。黑龙江报业集团开展大型融媒体系列报道"松花江·我是河长"活动，跟踪采访百名河长，树立河长履职典型，并刊登河(湖)长制公益广告。向社会公布五个渠道接受群众监督举报河湖问题，全省受理举报案件548件，对群众反映强烈的河湖突出问题及时通过主流媒体进行曝光。积极推进河(湖)长制进机关、进企业、进校园、进街道、进乡镇、进农村、进码头、进水上风景区等活动。绥化市集中组织市、县、乡、村四级河湖长开展了"用脚步丈量河流"主题巡河活动。各地涌现出了一大批"党员河湖长""企业河湖长"等民间河湖长和志愿者服务队，形成了社会各界广泛参与共同治水管水新格局。

（十）循环农业，有效减少面源污染(绥化市北林区)

按照绥化市委提出的"发展田园养生第一朝阳经济，打造千亿级潜力空间"要求，深入挖掘青山绿水、田园风光、农事体验和冰天雪地资源优势，大力发展新经济、新业态，向农业多功能开发要效益，打造特色突出、产业多元、带动强劲的现代农业发展新模式。2018年开始，按照"产村一体、农旅双链、休闲康养、生态宜居"方向，我区重点打造兴和保田合作社、西南村正大稻田公园、金龟山庄、太平川西太平村、永安大成福合作社5个田园综合体建设，打造区域性生态公园和产业联合体，大力发展循环农业、创意农业、旅游＋农业，在加快实现农村美、农业强、农民富上趟出新路子。

1. 鸭稻田技术介绍

鸭稻田循环技术是黑龙江省洪南水稻开发研究所洪祥杓所长于2003年开始由韩国引进，并在实践基础上探索出的一套实用技术。其目的是提高水稻有机化程度，减少化肥、农药的公害，实现水稻纯绿色生产，循环利用。在稻田里发挥鸭子的"解毒禽""杀虫禽""除草禽"的作用，实现了稻鸭双丰收。其主要技术要点是：在稻田里不用化肥、农药，用有机肥(猪、鸭、牛粪等)，利用鸭子旺盛的杂食性和不间断的活动，吃掉稻田内的杂草、害虫、按摩、疏松土壤，刺激水稻植株分蘖，产生浑水肥田的效果，生产出无公害的水稻。

稻田米关键在于培育壮苗，选择分蘖力强，抗低温冷害能力强的优质米品种。注意插秧期和放进鸭子的时期，终霜后，5月20日结束插秧。稻田里放进鸭子的时期是插秧后10天比较适宜，一般在6月中旬左右，秧苗缓苗后即可放鸭，宜选择在晴天上午10时进行。因为这时稻苗返青后生长旺盛，稻苗不会受鸭子的侵害。田间水深应保持在10 cm以上，堵住水口，以便提高杀草效果和泥水的营养效果。搞好田间整地作业非常重要，田间整地质量如何直接影响除草效果，露出水面的地块，草长得快，没有水，鸭子不进去除不了杂草。如果这类地块，多灌一些水，把碎米等饲料撒在长草多的地块，鸭子便会把饲料和杂草一块吃掉。鸭子虽然吃杂草，但是不吃稻叶，真可称之为神奇自然农法。在稻田昼夜放养鸭子效果更为理想。鸭子的夜间能见度很强，喜欢在夜间集体活动吃草。夜间人们一靠近它们，它们就飞快地从池埂跑到田内不易被盗。但是考虑到鼠害，每天从早晨 4 点开始到晚上 5 点放养在稻田，其余时间在圈舍饲养。

2. 实施情况

北林区兴和保田合作社打造稻米香康养中心，发展农业循环经济。建成 300 亩水田文化观光区，建设物联网农业生产基地 1 万亩，发展"一亩田"订单农业 6 000亩。正大西南稻田公园依托 1 000 亩水稻种植基地，大力发展旅游观光、农事体验、蔬菜采摘，先后举办农事体验节插秧季和放鸭季活动，年接待游客可达 9 万余人次。金龟山庄冬季发展冰雪旅游，夏季发展观光旅游、果蔬采摘，建设 5 500 平方米的日光温室 1 栋，养植兰花 15 万株，辟建果蔬采摘大棚 40 栋，年接待游客可达 3 万余人次。大成福农民专业合作社下设水稻、蔬菜、农机、烟叶、米业加工厂"四社一厂"，投资建设了 4 栋可容纳 300 户居民的大成福社区和占地 4.2 万平方米的文化广场。

西南村正大稻田公园位于双河镇西南村幸福水库灌区，2015 年由黑龙江滨北正大集团投资 3 000 万元，与西南村合作共同开发建设。以 1 000 亩水稻生态公园和当地自然人文景观为依托，通过三年的开发建设，目前，公园已建成水上乐园、农事体验、儿童娱乐、采摘园、特色餐饮等 5 个板块。

近几年来，北林区顺应市场消费走势，以精品化、生态化、高端化为方向，在生态环境优良的河夹芯子合作经营 20 000 亩，主栽绥粳 18、龙稻 18 等食味值高的品种，严格按照绿色食品生产操作规程生产，大面积示范推广鸭稻、蟹稻、鱼稻等生态有机生产循环模式，推广物联网质量追溯技术。

3. 效益分析

(1) 生态效益

1) 减少或避免使用除草剂。鸭子的除草效果在插秧后十天放进效果十分明显，这是因为鸭子的大小与稻苗的大小成正比。因此，比施除草剂的地块既无杂草又相当干净，分蘖率高、植株也高。鸭子用其宽大的嘴吃掉杂草，直接把埋在地里的稗草等杂草的草种吃掉，用嘴或爪浑水把未发芽的杂草籽浮出水面，把小草踩进泥里埋掉，鸭子不间断的耙地效果降低了泥水的太阳光透明度，妨害了杂草的光合作用。

2) 减少或避免使用杀虫剂。没放进鸭子的稻田潜叶蝇、负泥虫危害较大，不得不喷施农药，但是放进鸭子的稻田无害虫危害，害虫反而成了鸭子的盘餐。其它害虫也被鸭子吃掉，因此不必担心。因为鸭子经常刺激植株，促进了株硬，减少了

无效分蘖，通风透光好无稻瘟病、纹枯病的发生。

3）泥汤耙地效果显著。鸭子用嘴或爪不断翻动上下泥土进行耙地。养鸭的地块田水连续两个月保持在泥沙状态，因而促进了水稻生长。泥汤效果大体可以理解为：一是鸭子搅动田水增加了水中的氧气，二是田间表面的氧化层因为不断得到搅动而逐渐加厚，三是不断搅动泥水促进了微生物的活动和有机物的分解，使稻田有效地吸收土中的养分，四是沼气的危害因泥水的搅动而逐渐消失，五是泥水促使夜间水温上升，并产生保温效果，六是水抑制了杂草的发芽，七是刺激了稻苗，促进了分蘖。

4）肥料养分供给效果显著。鸭子通过吃杂草和害虫所排出粪便是水稻生长所需要的难得的养分。因此，稻田养鸭的地块水稻长势旺盛，如果不这样害虫会横行，草籽会发芽，只会给水稻生产带来灾难。通过施肥时期与施肥量的控制，稻田养鸭地块在不施其它化肥、不施农药和杀虫剂的条件下在田间看不见稗草、杂草和虫子。鸭雏放进稻田后，把稻田当做饲养场四处活动吃掉了田间杂草、虫子，不但鸭子长得快，稻子分蘖旺盛，有效穗数也大大增加。

（2）经济效益

鸭稻米属绿色高端水稻产品，单价可以卖到 20 元以上，农业收入达 600 万元，拉动农户户均增收 1 300 元，实现了可观的经济效益。

（3）社会效益

北林区鸭稻米种植基地通过综合配套建设，年接待游客 3.5 万人次，旅游收入达 200 余万元，拉动当地餐饮、住宿、运输等产业实现总收入 2 000 万元以上，带动周边农民 230 多人实现就业创业，带动农民人均增收 4 500 元以上。

（十一）生态农业示范区，河湖长制结合中央一号文件，助力乡村振兴

按照兰西县生态农业总体规划的要求，兰西县水务局在积极推广水稻节水控制灌溉精准管理的基础上推广鸭稻和蟹稻种植技术及采取“三减”办法减少农药等大气污染排放量，实现绿色、环保、增收的生态农业发展目标。

1. 试验示范推广同步进行。兰西县今年以长岗灌区为中心，继续研究和实践水稻节水控制灌溉精准管理工作。促使工程节水，技术节水和管理节水有机结合，实现节水效益最大化。用节省下来的水资源置换地下水，充分发挥水资源的综合效益。在长岗灌区设定 9 个控制灌溉精准管理地块总计 18 亩，以示范带动推广；在临江泉河村倒养墒屯设定一个地块总计 120 亩，采取控制灌溉精准管理的模式进行水稻泡田、插秧、返青、分蘖、开化、成熟等各个时期用水量的控制，为推行地表水置换地下水提供可行性依据；同时将采取秸秆还田技术，利用收割机把秸秆直接粉碎秋翻深埋，即减少焚烧秸秆大气污染排放量，又实行测深施肥，在提产量、提质

量、提效益、提买点、降成本，优环境等方面进行尝试。

2. 推行立体种养技术。利用河蟹杂食习性，根据杂草在平耙地后7天萌发，12—15天生长旺盛的规律，在此期间投放蟹种，充分利用杂草这种天然饵料，探索蟹稻共作双收种植模式。今年在兰河乡鑫拓水稻种植合作社，种蟹稻300亩，6月10号到20号左右撒蟹子，稻田那个时候长草了，蟹子可以吃草，然后就不使用农药了，通过种养蟹稻可以提高稻米品质，申报绿色食品标识，而且蟹子可以直接出售，增加收益预计500元/亩。推行鸭稻耕作技术。利用鸭子为杂食性动物，以嫩草和虫害为食，不喜食用水稻的习性，将鸭粪有机肥与化肥配合施用，探索绿色种植方式。今年在临江镇银河水稻种植专业合作社设定300亩试验田，每亩放鸭子10只，在水稻分蘖期投放。

3. 推行“三减”技术。2019年，兰西县落实农业“三减”面积70万亩。其中：减化肥面积39.4万亩；减农药面积15万亩；减除草剂面积15.6万亩。减化肥采取的主要技术路径是减少化肥使用量，增加有机肥投入量，用有机肥替代化肥；通过测土配方，合理使用化肥、减农药、减除草剂的主要技术路径，应用农业防治、生物防治、物理防治等绿色防控技术，创建有利于作物生长、天敌保护而不利于病虫害发生的环境条件；通过更换喷头及喷头体，苗前改苗后除草等措施，减少农药、除草剂使用量。

（十二）探索“河湖长制＋精准扶贫”模式，助力精准脱贫攻坚战，构建互补互帮互助格局（佳木斯汤原县）

佳木斯市结合脱贫攻坚任务，积极探索、大胆尝试，将河（湖）长制与精准扶贫相结合，助力精准脱贫攻坚战。汤原县根据贫困户特点合理设置岗位，针对没有劳动能力但可以外出行走的贫困人员，聘为河道观察员，发现垃圾和废弃物及时通知汇报；针对有劳动能力的贫困人员，聘为清扫员，负责清扫河道沿线垃圾。贫困人员每月收入可增加200至600元。嫩江县鼓励各乡镇优先聘用建档立卡贫困户为河道保洁员，按月发放保洁工资。通过实行“河湖长制＋精准扶贫”模式，切实推动河湖日常保洁常态化，拓宽了贫困户就业增收渠道，实现了相互帮扶、共治共享。

二、主要问题

通过走访黑龙江省河湖长办及随机选区绥化市、伊春市、佳木斯市河湖长办，与相应工作人员对推进河湖长制工作进行了深刻的交流，总结得出目前推行河长制工作仍存在以下问题：

（一）河湖水域岸线保护有待加强

虽然大力推进河湖“清四乱”及划界工作，河道“四乱”问题得到有效整治，但工作压力传导不够，部分区县、乡镇流域面积较小河流河道内仍存在乱占、乱采、乱

堆、乱建等"四乱"现象，部分乡镇河流存在农田非法侵占河道等现象，河湖"清四乱"需要建立常态化机制。

（二）河湖水质需进一步提升

虽然全省各流域水质总体优良，但个别河湖水质及城市集中式饮用水水源水质有不达标情况，农村地区水体整治还需加大力度。

（三）河湖生态综合治理有待加强

河湖污染在水里，问题在岸上，加快水岸共治，山水林田湖草系统治理，发展"生态农业""循环经济"是防治水污染的治本之策。其他市县也应借鉴绥化市兰西县、佳木斯市汤原县、绥化市北林区的好经验好做法，发展循环农业，有效减少面源污染，充分发挥河（湖）长制生态保护与经济发展协同推进、相互促进作用，引进社会资本建国家湿地公园、休闲度假区等生态主题景点，切实推进水旅融合，河库生态效益、周边土地价值同步提升，河库产业发展、群众致富脱贫同步推进，加强河湖生态综合治理。

（四）河湖长责任有待再压实

部分基层河湖长对生态文明思想认识不够深刻，对全面推行河湖长制重大改革举措理解不够透彻，对河湖问题存在的复杂性、艰巨性、长期性、持久性特点把握不够精准，履职不到位。

（五）工作合力有待再凝聚

河（湖）长制制度体系虽然已经建立，但是机制作用发挥尚不充分，工作合力凝聚不足，缺乏凝聚跨区域跨部门工作合力的有效手段，部门联动工作机制有待进一步完善。

（六）河湖治理资金有待落实

目前，黑龙江省河（湖）长制没有专门的资金投入渠道，地方党委、政府受国家财政政策影响和自身财力限制，资金紧缺，支撑河（湖）长制"六大任务"有效落实需要再投入一定治理资金。

三、工作建议

（一）国家层面加强河（湖）长制立法建设

目前，除浙江、海南、江西等少部分省份外，大部分省份尚未将河（湖）长制纳入地方性法规，特别是河（湖）长制工作刚刚起步的省份，需要在实践过程中逐步纳入立法计划。建议国家层面加强河（湖）长制立法建设，出台相关法规制度，便于各地遵循，借助法治力量推动河（湖）长制落地见效。

（二）设立国家级河湖长

我省五级河湖长履职成效显著，建议国家层面设立国家级河湖长，负责统领全国七大流域河（湖）长制工作，承担总督导、总调度职责。国家级河湖长负责指导、协调其流域范围内河湖管理和保护工作，督导其流域内省级河湖长和国家有关责任部门履行职责。

（三）国家强化部门联动顶层设计

河（湖）长制尚处于刚建立阶段，水利部门“单打独斗”传统习惯仍然存在，需要拆除部门之间“隔离墙”。建议国家层面建立完善的部门联动工作机制，加强水利、生态环境、住建、交通、农业农村、自然资源、公安、财政、发改等相关部委联动机制建设，有利于省级对应建立部门联动工作机制，发挥部门协同推进河（湖）长制工作合力。

（四）国家加强河湖保护工作经费投入

河湖常态化管护与监管需要稳定可持续的工作经费投入，建议国家将河湖资金投入重点从开发建设转向保护监管，设立常态化投入科目，增加河湖保护和监管工作经费投入比例，出台相关资金投入政策，把保障河湖生态环境与监管工作作为今后一段时期的河湖重点工作。

（五）对实行河（湖）长制工作真抓实干成效明显的地方分区激励支持

国家在2017年、2018年对实行河（湖）长制工作真抓实干成效明显的地方激励支持，资金奖励倾斜在南方经济发达、河（湖）长制工作起步较早的省份，对于工作推进力度大、但本身河湖多年积攒问题多、资金缺口重大的省份却没有资格入围奖励支持，建议国家按照东北、西北、东南等地区实施奖励，支持分区树立典型，提高经济落后省份工作推进的积极性，鼓励经济落后省份提升河（湖）长制工作质量。

（六）将河湖健康评估作为河（湖）长制考核的先决约束条件

开展河湖健康评估工作，系统了解河湖生态情况及河流健康变化趋势，对河（湖）长制考核工作具有重要意义。建议国家将河湖健康评估工作作为河（湖）长制考核的先决约束条件，出台国家健康评估技术标准，指导全国开展河湖健康评估工作。

（七）多维管护模式，多元融资途径

提升河道管护效率，创新管护机制，鼓励河道管护外包，鼓励河道维护与地区特色相结合，可以形成新形势的旅游景点，也可以增加额外收入（比如河道保洁船可以做得有民族特色，并增加一些服务项目，具体形式有待开发）。加大资金支持，多元融资途径，比如与社会资本方合作，鼓励群众自筹等方式。

第九节　上海市典型经验、问题及建议

河海大学：顾向一、陈涛、赖慧苏、叶镕蓉、郭雪萍、陈翔飞

一、典型经验

3年来，在上海市市委、市政府的高位推动下，各级河（湖）长积极履职，责任单位联动配合，实现了从“有名”到“有实”，河湖管护成效显著；在工作实践中形成了以下几点经验做法：

（一）河长办牵头推进部门联合执法，加强河湖“清四乱”力度

乱占、乱采、乱堆、乱建是河湖管理保护的突出问题，是打好碧水保卫战必须攻克的一个难关。上海以全面推行河长制为契机，聚焦河湖水域岸线整治，全面部署开展河湖“清四乱”专项行动。上海“清四乱”行动重点锁定长江、黄浦江以及淀山湖、北湖、滴水湖、元荡、葑漾荡和明珠湖。

（二）探索河（湖）长制信息化建设技术，推进河湖网格化管理

为加大河道治理强度、加强长效管理力度，上海市积极探索河（湖）长制信息化建设，建立河（湖）长制信息平台以便实时监测河道情况、建立微信公众号举报平台以便居民举报涉河问题、建立河（湖）长APP平台以便河长实时上报巡河发现的问题。

（三）深化管养改革以保水岸同治，助力河湖常态长效管理

水环境问题表现在水里，根子在岸上。为保证河湖治理效果的长效维护，上海市积极推进河湖“管理精细化、监管信息化、考核定量化”以加大水岸同治力度。主要包括以下四方面措施：一是整合岸上养护和水域保洁力量，采取市场化管理和本地化用工相结合模式，打造水陆一体化管养队伍和专业化巡查队伍。二是招标过程注重人员、船只、设备的数量和质量，引导养护单位加大一线养护人员和自动化作业船只投入。三是建立由甲方、监理、第三方、河长和社会评价等五个主体相结合的考核体系，养护成效与经费扣罚挂钩，实行一票否决制和末位淘汰制。四是借助卫星遥感、无人机、北斗导航、信息系统等技术手段，实现河道内水生植物、坝基问题快速锁定；市区管理的河道内违法排污、码头违章问题精确监控；保洁船只和巡查、监理人员集工作考勤、电子围栏、轨迹跟踪、尾迹查询、实时监控于一体信息化监管；涉河类问题“发现-上报-移送-处置-确认”闭环流转和全过程信息化。

(四) 借力党政同责及公众参与，打造生态农业、乡村振兴示范项目

上海市闵行区是全国首批河湖管理体制机制创新试点单位，由此上海市在河(湖)长制体制机制方面进行了积极探索。目前，主要有的成果和特色：一是落实党政同责，推进水环境综合治理。在责任的横向分配方面，2018 年正式发文要求在全市实施双总河长制，由党委书记担任第一总河长，政府负责人担任总河长，街镇书记、镇长(主任)共同担任街镇总河长。同时，在责任的纵向分解方面，进一步明确河长职责，区级河长高密度巡河，解决河道整治中的全局性、政策性问题；镇级河长加强巡查，牵头协调解决整治建设、长效管理工作中的急难愁问题；村居河长承担起政府与群众之间的桥梁，协助现场管理。二是推进河长办实体运行。

(五) 试点生态检察官制度，建立健全河湖管护两法衔接体制机制

面对长江生态环境保护、水源地安全保障、水污染防治等日益严峻的挑战，上海市以国家司法改革、世界级生态岛建设、全面推行河长制为契机，在崇明区试点生态检察官制度。派生态检察官驻区河长办，发挥生态检察官"捕、诉、民、防"一体化办案职能，紧抓"两法衔接"、公益诉讼两大手段，建立每周坐班、信息共享、线索移交、定期研判等机制，推动全区治水管水工作提质增效。

二、存在问题

(一) 河湖水域岸线保护有待加强

大力推进河湖"清四乱"及划界工作。评估组在暗访过程中发现，上海市在河湖整治方面存在着两极分化现象。各级河长对重要河湖整治力度大、治理效果佳，河湖水质保持着良好状态，河岸环境优美整洁，但对小微水体的重视程度稍显不足。公众在回答调查问卷时反映，流经"美丽乡村"建设区域的河湖水质有了明显改善，但附近一些未纳入乡村规划范围的河湖却仍存在黑臭现象，希望有关部门能够"一视同仁"，对此类河道加强整治。同时，评估组也发现，部分小微水体旁仍存在"乱堆"现象，整治进度缓于重点河湖。另外，解放日报曾报道《青浦香花桥街道新姚村祝先生向 12345 热线反映：八仙泾河 5 月起又发黑，如此反复四五年了》，该报道证明上海市在部分河湖的治理中存在应急式特点，需重视河湖管护。

(二) 河湖生态综合治理有待加强

污染在水里，问题在岸上，加快水岸共治，山水林田湖草系统治理，发展"生态农业""循环经济"是防治水污染的治本之策。推广发展循环农业，有效减少面源污染，充分发挥河长制生态保护与经济发展协同推进、相互促进作用，引进社会资本建田园综合体、湿地公园、休闲度假区等生态主题景点，切实推进水旅融合，河湖生态效益、周边土地价值同步提升，河库产业发展、群众致富脱贫同步推进。

（三）河（湖）长制考核问责机制有待完善

目前，上海市各区主要通过“具体问题具体解决”的方式督察河湖治理效果，多数区级河长办认为，河长定期巡河，发现具体问题，督促相关人员及时解决问题，即可称为完成一次“专项督察”。这样的督察方式缺少主题性、规划性和规模性。此外，上海市河（湖）长问责方式以行政约谈和媒体曝光为主，缺乏其他的问责方式。评估组在本次考核过程中发现，奉贤区无挂牌督办情况；奉贤区和青浦区无“针对河（湖）长不作为、慢作为或对重大问题整改不到位开展问责”的情况。这一现象或许展现出了上海市河（湖）长们的尽职尽责，同时也难免让评估组产生这样的质疑：上海市问责方式是否过于单一？问责力度是否有待提高？当然，此观点还有待进一步考察验证，需要上海市根据实际情况酌情改善。

（四）党委对河长制的支持力度有待进一步加强

但根据评估组关于“党委组织部门组织开展河（湖）长制培训情况”的核查结果显示，党委对于河（湖）长治河湖的支持尚停留于决策支持层面，如何系统发挥党委治河的领导作用还需进一步加强。

（五）公众参与力度有待进一步加强

上海多地采用“民间河长”的组织模式，鼓励更多的民众参与到河长制运行当中，很多被冠以“民间河长”称谓的民众对河长制参与的热情高涨，但是民众参与范围太有限，很多当地居民表示未曾听过河长制，这就造成民众参与两极分化的尴尬局面。地方政府需要有效组织更多的河长制普及宣传活动，让更多民众参与到河湖治理当中。

（六）河（湖）长制公示牌内容需要完善

评估组尝试拨打了河（湖）长公示牌提供的监督电话，多数电话是河长办办公室的电话，工作人员熟悉相关河湖长名单及其联系方式，在接到举报信息后能及时反馈给相应河长，但也有部分街镇提供了街道党委办公室办公电话，有关人员在接到电话后语气推脱，存在踢皮球和敷衍了事的现象。另外，上海市部分农村将河湖管护工作委托给社区服务社等机构，并在河（湖）长公示牌附近设立了河湖自治管理公示牌，但在管护单位更换后，自治管理公示牌有关监督电话未及时更新。

三、建议

（一）河湖整治力度有待加强

加强小微水体的污染防治力度。评估组在暗访过程中发现，上海市对小微水体的重视程度不够。部分小微水体旁仍存在“乱堆”现象，整治进度缓于重点河湖。建议上海市加大小微水体整治力度，加强河湖岸线整治能力，进一步加强河湖治理效果的长效维护力度。

（二）河（湖）长制考核问责机制有待完善

一方面，建议上海市增加专项督察活动开展次数。目前，上海市各区主要通过“具体问题具体解决”的方式督察河湖治理效果，在检查过程中，多数区级河长办认为，河长定期巡河，发现具体问题，督促相关人员及时解决问题，即可称为完成一次“专项督察”。评估组认为，这样的督察方式缺少主题性、规划性和规模性，建议上海市各区参照环保督察方式，按照“查全、查严、查实、查清、查深”的标准，定期有目的、有安排地组织开展专项督察，全面检查水环境治理情况。另一方面，建议上海市丰富问责形式。

（三）河（湖）长制公示牌内容需要完善

一方面，建议各级河长办核实下一级河长办提供的河长监督举报电话是否有效。评估组尝试拨打了河（湖）长公示牌提供的监督电话，多数电话是河长办办公室的电话，工作人员熟悉相关河湖河长名单及其联系方式，在接到举报信息后能及时反馈给相应河长，但也有部分街镇提供了街道党委办公室办公电话，有关人员在接到电话后语气推脱，存在踢皮球和敷衍了事的现象。另一方面，建议各级河长办做好村级河长、民间河长的管理监督工作。上海市部分农村将河湖管护工作委托给社区服务社等机构，并在河（湖）长公示牌附近设立了河湖自治管理公示牌，但在管护单位更换后，自治管理公示牌有关监督电话未及时更新。由此，建议上海市河长办做好公示信息的核查监督工作。

（四）乡镇河长办编制问题尽快解决

目前，上海市乡镇河长办难以配备专门编制，河长办工作人员多从各部门抽调。上海市对于“是否应当给予乡镇河长办办公人员专门编制”“给予多少编制”存在疑惑。

（五）“一河一策”尽快落实

上海市河长办工作人员曾对“一河一策”落实难问题作出这样的比喻：污染河湖相当于病人，制定“一河一策”相当于给河湖进行体检和专家会诊。专家对河道存在何种问题（包括大病小病）、如何有效治理提出解决方案，由各地区根据方案用药治理。然而，专家提出的方案往往前瞻性太强、见效慢。目前，中央督察的节奏和各地“比学赶超”的氛围导致实践中各级河长更偏向于使用快效药，着眼于解决“一河一策”清单中能快速解决的小病。但中央在检查时往往以“一河一策”清单为标准，核查相应河道大病、小病的治理情况。这样的检查节奏和检查方式导致一河一策中的“策”难以被真正运用于实践，各地难以真正达到“一河一策”的要求，河（湖）长治水压力较大。

评估组认为，以上困难或许是各地的共性问题，故借此机会如实反映给水利部，希望引起水利部的关注。

第十节　江苏省典型经验、问题及建议

省河道管理局：顾永主任科员，季俊杰主任科员，省水利厅河长制处刘洋主任科员

河海大学：方国华、张亚群、闻昕、黄其欢、廖涛、陈学义、唐雅君、涂玉虹、杨子桐、曹希睿

一、典型经验

（一）五级河（湖）长组织体系健全

健全的组织体系是推行河（湖）长制工作的基础。自党中央、国务院做出全面推行河（湖）长制决策部署以来，江苏省委、省政府高度重视，全面贯彻习近平总书记“十六字”治水方针，紧密结合江苏实际和“强富美高”新江苏建设要求，相继出台《关于在全省全面推行河长制工作的实施意见》《关于加强全省湖长制工作的实施意见》，系统部署河（湖）长制工作。构建了覆盖全省河湖的省、市、县、乡、村五级河长体系，省级设立双总河长，省委书记、省长担任总河长；10多位省委、省政府领导分别担任20条流域性重要河道、14个重点湖泊的河（湖）长；全省共落实省、市、县、乡、村五级河（湖）长5.7万余人。各地还设立了“民间河长”“企业河长”“巾帼河长”“党员河长”等河湖保护者。盐城市建立了“警长＋河长”管理模式，实现全省水体全覆盖；淮安市将流域性骨干河湖综合治理和乡村河道管护“五位一体”深度融合，全面建立“双总河长”与“领导小组＋河长办”的组织领导架构，率先推行河长、湖长、断面长“三长一体”同步实施机制，首创“一河长两助理”协调推进机制，市、县、乡三级配套制度全面出台，初步形成河（湖）长制“淮安模式”。江苏省在洪泽湖网格化管理取得成功经验的基础上，推进太湖、里下河湖区网格化管理，建立健全网格化管理组织体系，充分发挥网格化管理信息平台的作用。

（二）河（湖）长制制度及机制健全

2017年、2018年，江苏省先后出台了8项制度规定，保障了河（湖）长制工作有序运行；2019年底，省委省政府主要领导、分管领导签发了《全省河湖长制工作高质量发展指导意见》，推动了江苏河长制工作由“高强度发展”向“高质量发展”。

1. 督察与考核机制

根据省河长制工作领导小组印发的《江苏省河长制工作省级督察制度》《江苏省河长制工作考核办法》，按照省河长制工作办公室印发的《江苏省河（湖）长制工作2018年度省级考核细则》要求，2018年6月至7月，省河长制工作办公室组成11个督察考核组，对全省13个设区市河（湖）长制工作进行督察和考核。各地对河（湖）长制工作进展情况、河长湖长履职情况、“三乱”整治进展情况、样本创建情况等进行督察督办，对查找的问题进行整改落实。各地根据工作需要制定建立健全相关制度，江苏省连云港市及盐城市阜宁县分别建立了督察与考核机制。江苏省连云港市建立了河库巡查督察机制，巡查单位每周巡查一次，督察单位半月督察一次，市河长办每月对河长制工作进行通报，市级河长每季度对交办事项进行会办，每年市河长办组织一次县区及市级河库河长制考核，建立了全市河长制“周巡查、旬督察、月通报、季会办、年考核”的督察模式，市级河库巡查单位深入参与河长制工作，增强了市河长办工作力量，加大了市对县河长制工作督察协调力度；盐城市阜宁县将河长制工作纳入年度目标任务绩效考核，作为领导干部考核评价的依据，并出台河长制工作考核细则，由县环保局、住建局、农业农村局、水务局、交运局组成考核小组，按照“河长抓、抓河长”的考核导向，定期对工作成效、河长履职情况进行督察考核，考核结果按得分高低对各市县和河长进行排名、通报。

2. 部门联合执法和分工协作机制

盐城市建立“警长＋河长”管理模式，在治水执法保障方面取得明显成效。淮安市洪泽区创新将河（湖）长制工作与“五位一体”村庄环境长效管护工作相融合，建立“日巡查、周交办、月考核、季通报、年评比”的长效机制，初步打造出具有洪泽特色的河湖管护新模式，取得了管护人员减少、经费减少、管护环节减少，工程完好率提升、水资源利用率提升、群众满意度提升的“三减少三提升”效果，解决了河湖巡查人手不够、工作经费不足和管理效果不佳等问题。

3. 区域共治机制

在太湖建立全国首个省级湖长协调共治机制；南京溧水、高淳与安徽省马鞍山市博望区、当涂县政府签订《石臼湖共治联管协议》；徐州沛县与山东济宁微山县建立苏鲁边界“五联机制”，解决了京杭运河等40余处“插花地段”管理矛盾的问题；连云港东海县与山东省临沭县共商部署石梁河水库保护工作；苏州吴江区与浙江嘉兴秀洲区签订清溪河联合治理合作协议。

无锡市、苏州市建立了望虞河联合河长制，推进望虞河共管共治，盐城市建立飞地区域水环境共治机制，盐城市与上海市光明集团、上海农场共同签订了上海飞地区域水环境共治共管框架协议，明确了上海市相关单位在建立河长制工作机构、优化种养殖业结构、控减生活污染、加大“三乱”整治力度、加强水利工程管理、实施

生态河道治理工程六个方面的工作内容，以及盐城市在实施水利重点工程建设、优化闸站工程调度、强化工程管理、加强水质监测、制定水质提升方案、实施生态河道治理工程六个方面的工作内容。相关各方将通过践行绿色发展理念，整合各方资源，共同推进区域经济社会环境协调健康发展，共建互惠共赢典范。

4. 公众参与机制

江苏省按照“系统治水、统筹治水”的理念，着力打破“单一治水、局部治水”的局限，持续不断地探索社会力量参与治水的方法，为河（湖）长制工作注入了“源头活水”。

江苏省河长制工作办公室联合省委宣传部、省水利厅、团省委等部门，组织开展了“保护母亲河、争当‘河小青’”志愿服务活动。省河长办开展了“最美基层河长、最美民间河长”推选活动。淮安市抓住全面推行河（湖）长制这一巨大契机，积极探索用新理念、新方法推动治水兴水新实践，推进“河长制＋生态脱贫”的探索实践，将河长制工作与扶贫脱贫相结合，通过聘用“建档立卡”贫困户担任河道保洁员、设立公益性岗位等措施，既保护了河湖生态环境，又助推精准扶贫精准脱贫工作更好地开展，让众多贫困户在家门口收获了“生态红利”；淮安市河长办、市水利局联合团市委，组织学生开展淮安“河小青”护河行动；淮安市河长办、市水利局、市妇联启动“巾帼河（湖）长”护河行动，市县区妇联组织及各类杰出女性代表获颁河（湖）长聘书；聘请民间河长，引导群众参与管护。盐城市设立企业河长，开展“河小青”志愿活动；开通手机 APP 和微信公众号，畅通公众参与渠道；盐都区出台“民间河长”管理办法；大丰区、东台市开展“随手拍”活动；开展老支书河长活动等。连云港市赣榆区发动社会力量参与河（湖）长制工作，召开河长制培训班，主要从乡村振兴与河长制等环境保护工作协同发展、河长制与中国特色生态环保专题、河长制暨绿色发展之路、河长制暨生态环境保护工作等方面进行了培训，邀请农村乡贤、老干部等参与培训，推动社会人士主动承担责任，发展民间河长队伍，实现“民间河长”和责任河长的有效衔接，努力弥补河长巡河“最后一公里”短板。同时，组织河长制社会监督队伍，成立河长制社会监督机构，聘请群众为河湖管理保护监督员，对赣榆区河道管护进行社会监督。

5. 宣传与培训机制

江苏省各地通过各类媒体宣传报道河（湖）长制并开展了各类河（湖）长制培训活动。

2017 年开始，江苏省深入推进河（湖）长制系列宣传，从央媒到省媒，涵盖报纸、电视、网络、APP、微信公众号等各类媒体，江苏河（湖）长制工作发声多、传播广，引起了社会较好反响。围绕重要时间节点，及时召开新闻发布会，有节奏地向社会公众展示江苏省河（湖）长制工作的新成效。中宣部组织“新时代新气象新作为"中央媒体采访团，对无锡河长制工作进行集中采访，央广、央视等10多家央媒参加采访报道。在《新华日报》开辟"总河长话治水""河长在行动"专栏，《扬子晚报》设立"三乱"问题曝光台。综合利用多种媒体平台，聚焦党政一把手，打造了"河长在行动"宣传品牌，2018年，围绕河(湖)长制工作"见行动见成效"，推出了"河长制实现河长治"系列报道，倡导全社会共同参与河湖保护，倡议全社会积极践行河湖保护责任，勇当河湖保护先锋。2019年，《新华日报》开展了"两战在行动"系列宣传报道；在高校开展河湖故事讲述活动，让水文化、大运河文化走进校园，迸发活力；建评4所国家水情教育基地，数量位居全国前列。《"东方水城"的嬗变之路——江苏苏州市以河(湖)长制为抓手推动生态美丽河湖建设的实践》入选中组部《贯彻落实习近平新时代中国特色社会主义思想、在改革发展稳定中攻坚克难案例》，是全国唯一的河长制工作案例。

2018年，省水利厅与省委组织部联合举办"全省领导干部河长制专题研究班"，省河长办在常州举办全省河长办工作人员培训班，累计培训工作人员千余人；2019年，省河长办先后举办了全省基层河长培训班和全省市县河长办工作人员培训班；全省各设区市也开展了相关河长制工作培训，徐州市河长办举办"一河一策"编制工作培训班，扬州市河长办组织了河(湖)长制工作培训班。

（三）专项整治强势推进

江苏省总河长发布了总河长令，部署打赢打好碧水保卫战、河湖保护战；江苏省委、省政府部署了河湖"两违三乱"专项整治活动，河湖管护不断加强，河湖面貌有效改善，群众对生态河湖建设满意度不断提升。

各市县积极开展专项整治工作。连云港市深入开展"两违三乱"专项整治。2018年，连云港市集中力量攻克一批长期影响河湖生态健康的重大顽疾，全面完成水面违章占用清理工作，两河水岸环境均有较大提升；赣榆区、海州区结合扫黑除恶专项行动，开展多部门联合执法，有效改善了城区河流环境；新沭河按照打造国家级典型示范河湖要求，自2018年，在深入开展"四乱"清理工作，2019年出台"河湖违法圈圩违法建设专项整治实施方案"(并由市委办、市政府印发)；赣榆区开展农业面源污染管控行动，全面禁止高毒、高残留农药的使用，扩大沿河流域的测土配方施肥的应用范围，利用高效节水灌溉设施，大力推进水肥一体化建设，已建成黑林镇蓝莓基地、猕猴桃基地及金公果业等绿色栽培、绿色防控示范区；赣榆区开展地下水清理整顿整治行动，加强对重点地下水取水设施拉网式排查工作，登记造册，开展畜禽养殖专项整治行动，依托中央畜禽粪污资源化利用项目，推进畜禽粪污资源化利用，加大河道两侧分散畜禽养殖污染治理工作，引导小散养殖户有序退出，督促大中型养殖场更新治污措施；开展绿化美岸专项行动，对沿河两岸绿化进行升级改造，划定河道生态保护红线并严格管控，加强水土流失预防监督和综合

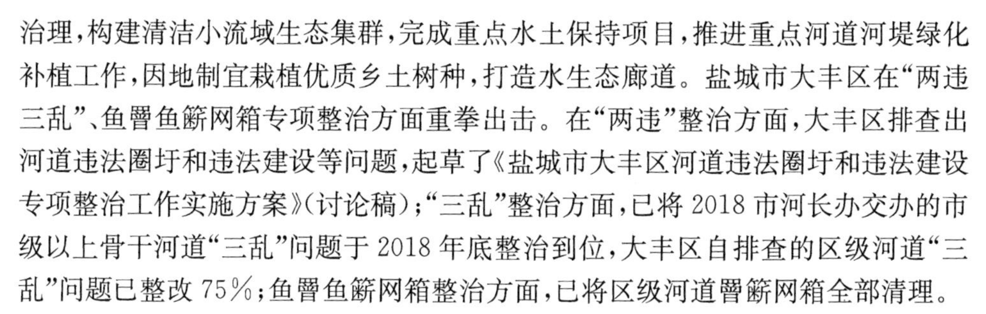

治理，构建清洁小流域生态集群，完成重点水土保持项目，推进重点河道河堤绿化补植工作，因地制宜栽植优质乡土树种，打造水生态廊道。盐城市大丰区在“两违三乱”、鱼罾鱼簖网箱专项整治方面重拳出击。在“两违”整治方面，大丰区排查出河道违法圈圩和违法建设等问题，起草了《盐城市大丰区河道违法圈圩和违法建设专项整治工作实施方案》(讨论稿)；“三乱”整治方面，已将 2018 市河长办交办的市级以上骨干河道“三乱”问题于 2018 年底整治到位，大丰区自排查的区级河道“三乱”问题已整改 75%；鱼罾鱼簖网箱整治方面，已将区级河道罾簖网箱全部清理。

（四）信息系统日趋完善

江苏省积极开展河长制信息化建设，淮安将河长制信息化纳入“智慧水利”建设内容，借助“互联网＋”信息技术，整合卫星遥感监测、水质断面监测、防汛防旱、水资源管理等多方信息，丰富管理手段，优化管理流程，为河长精准治河提供有力的科技支撑。

连云港市提高空间管控信息水平，推进河(湖)长制工作，紧紧围绕河湖和水利工程管理范围划定目标任务，坚持动态管理和“两线管理”的原则，依托已有河库管理范围划定、省级国土水利卫星遥感监测及商业卫星影像成果，立足矢量范围线和现状影像位图精确套叠、时间空间双重精准要求，组织河长制巡查单位利用导航定位、地理信息系统等技术，对河库沿线问题点、污染源进行现场排查复核，实施拍照、定位、上图及分类管理工作，构建问题点实体、地图两种模型，做到问题点处理过程全程管理，新增点及时甄别上传和“一张图”呈现。构建“智慧河长”信息化管理体系，以“互联网＋河长制”实现水质数据采集、信息公开、投诉建议、巡河办公、督办管理等功能，深度实现数据、问题、任务在巡河平台、网上监管后台、地图测绘软件间批量传输交换，提高了问题、任务编号销号制管理信息化水平，构建开放性、共享化、全民式的“掌上治河”“网上治河”河库管护新模式，为河长履职、精准监督、精准考核奠定基础。

（五）河湖治理保护成效显著

2017 年 10 月，江苏省政府发布《江苏省生态河湖行动计划(2017—2020 年)》，在全国率先启动生态河湖建设，坚持生态优先、河长主导、因河施策、改革创新，系统推进河湖治理保护。

1. 突出重点，保护一江一河两湖

按照国家和省委省政府战略部署要求，江苏省重点突出保护长江、京杭大运河、太湖和洪泽湖。一是突出长江保护，把修复长江生态摆在压倒性位置，坚持“共抓大保护、不搞大开发”，强化河势控制，确保防洪安全；加强水源地保护，强化水功能区监管，确保供水安全；实施支流治理，推进岸线整治，保障生态安全。二是突出大运河保护，围绕大运河文化带建设，加强沿线水管理监控，建设高颜值的生态长廊；强化沿线水文化建设，打造高品位的文化长廊；确保南水北调水质，支撑高效益的经济长廊。三是突出太湖保护，实现“两个确保”，通过水系连通、调水引流，促进水体流动；通过“靶向”清淤、生态修复，削减内源污染；通过湖泛巡查、蓝藻打捞，保障供水安全，连续11年实现“两个确保”。四是突出洪泽湖保护，紧扣防洪和供水安全，加快“三滩”治理，提高防洪标准；扩大水域面积，推动退圩（渔）还湖；整治非法采砂，实现全面禁采；加强水源保护，水功能区达标率100%。

2. 示范引领，打造生态河湖样板

省级启动首批生态河湖建设样板评选活动，经地方推荐、第三方评估、部门和专家评议、群众投票等方法综合评定，全省公布首批5条生态样板河流和5个生态样板湖泊（水库）。

各地积极开展生态河湖样板建设，连云港大力推进市、县、乡“6+1”行动，统筹开展样板河道和河长制样板地区打造；淮安计划2年打造100条环境、生态、旅游、文化等功能兼具的景观河道样板，已完成62条；盐城计划3年建成生态示范河道300条，已基本打造完成26条河长制样板河道和100条农村生态示范河道。

二、需重点推进的问题

（一）黑臭河道治理刻不容缓

关于黑臭水体整治工作存在整治不到位、水质情况不稳定现象的整治。2018年度，盐城市大丰区2个国考、1个省考断面水质未能达标，水质的达标仍不稳定；第三方检测中，通榆河、斗龙港支河口取样53个，劣Ⅴ类水体有10个；川东港支河口取样67个，劣Ⅴ类水体有5个。黑臭水体主要集中在城区，治理工作有难度。淮安市目前已排查出的49条黑臭水体中22条已经基本整治完成，但列入2019年治理任务的29条水体尚有7条未开工。

（二）整治“两违三乱”，加强河湖水域岸线保护

自“两违三乱”专项整治开展以来，各市县“两违三乱”专项整治效果明显，但基层单位承担的工作压力、资金压力依然很大，特别是“两违三乱”治理过程中涉及投资者、农民补偿等问题；“两违三乱”存量多，整治难度大，河道问题历史成因复杂。长江干流沿岸江苏省境内尚存未完成的岸线清理整治工作项目；连云港市灌云县及赣榆区、盐城市阜宁县及大丰区依然存在污水直排、垃圾倾倒入河、破坏河道护岸等问题；“三乱”治理在砂石码头建设、采砂管理、住家船整治等方面缺少与社会发展、经济建设相统一的规划，淮安市目前对砂石码头的集中治理，导致砂石价格上涨，从而增加了城市基本建设的成本。

（三）农村河道治理保护问题

有的农村河道生活垃圾、生活污水倾倒现象严重；有的农村河湖河道水面有漂

浮物泛滥，水质情况较差，有行水障碍物和阻水高杆植物；部分水域围网肥水养殖、畜禽养殖情况仍然存在；农业面源污染较为严重；有的农村河道岸坡存在乱种乱垦的现象。淮安市涟水县、盐城市阜宁县依然存在占用河湖进行畜禽养殖等问题；连云港市赣榆区农业面源污染治理手段较为落后；盐城市大丰区存在垃圾侵占岸坡、破坏绿化等行为。

（四）保障措施落实问题

1. 资金保障问题

河长制工作涉及面广量大，存在历史欠账，工程项目投入巨大，但上级资金支持较少；镇、村级河长因人员总体偏少，经费不足等因素，影响了管河、护河工作的深入开展。资金不足的问题成为河湖治理、保护的重要瓶颈。

2. 人员保障问题

河长制已全面施行，但有的地方河长办力量配备还不到位，河(湖)长效管护人员还缺乏，影响了实施效果。有的市、县河长制办公室人员对河长制专业化、系统化的认识水平不足，履职能力还不够强。

3. 基础保障问题

有的地方河湖治理保护基础设施还不够完善。盐城市阜宁县部分镇村污水主管网和污水处理厂建设工作正在全面推开，然而后续支管建设和污水处理厂运行管理仍需一定周期，目前还存在污水处理厂处理能力不足的问题。

4. 宣传力度引导问题

河长制宣传力度还需加大，开展群众满意度调查时发现，大部分市民感受到河湖水环境的显著改善，但对河长制的理念及其全面推行还不够了解。

三、工作建议

（一）加强水污染防治力度

进一步加大水污染防治工作力度，全力推进河湖“两违三乱”整治，保护河道空间的完整，维护河道的健康生命；加强农业面源污染治理手段和技术的研究；对黑臭水体、水污染源治理以及历史原因形成的河道管理范围内非法建设项目整治等方面，加大财政配套支持；加强长江干流岸线清理整治工作；进一步加大督察指导力度，杜绝“两违三乱”反弹，确保整治彻底到位；对河道污水直排、垃圾倾倒入河、破坏河道护岸等问题展开联合执法整治，对违规违法的企业及个人加大教育处罚；定期开展河长、河长办人员专题培训。

（二）提升农村河道管护能力

全面推广农村河道“五位一体”综合管护模式，进一步落实农村河道管护范围、管护标准和管护人员；切实抓好河道绿化缺失补植工作，治理林下种植行为，坚决杜绝农作物秸秆垃圾、农村生活垃圾、畜禽养殖、农药等私抛入河现象发生。全面禁止高毒、高残留农药的使用，扩大沿河流域的测土配方施肥的应用范围，利用高效节水灌溉设施，大力推进水肥一体化建设，建立绿色栽培、绿色防控示范区。

（三）大力推进黑臭河道治理工作

全面完成城市建成区黑臭水体治理，有序推进农村黑臭水体整治，实现长治久清；强化源头治理，加大入河排污口整治；加强骨干河道重要支河的水质监测，加大巡查频次，强化沟通协调，确保按期完成黑臭水体整治任务；突出抓好城区黑臭河道治理后的长效管护，防止返黑返臭。

（四）落实各项保障措施

1. 机制保障

明确河长第一责任人责任，水利、环保、农业农村、住建、交通等部门协同配合、各司其职，形成治水合力。强化激励奖励，加强河长制工作考核和对河长的考核，对履职不力、水质恶化的相关河长及时警示约谈，压紧压实河长责任。积极推进"联合河长制""共治共防"等机制，统筹上下游、左右岸、干支流，高效治理跨行政区、跨流域河道。充分发挥河道警长的治河优势，加大联合执法力度，遏制破坏河道秩序的违法行为。

2. 人员保障

加强河长制办公室的人员配置，建立以专职人员为主、兼职人员为辅的合理分工机制，防止河长办人员频繁流动；加大各级河长及河长制办公室人员的培训力度，进一步提升履责能力。加强河道长效管护队伍建设，组织专门培训，进一步提升河湖管护水平。

3. 资金保障

加大中央财政对河湖管护的投入，发挥好财政资金的激励导向作用，创新投融资体制机制，充分激发市场活力，建立健全长效、稳定的河湖治理管护投入机制，保证河湖管护需要；考虑设立省级"两违三乱"专项整治资金，对整治较好的地区给予一定的资金补偿；加大省级资金投入力度，确保全面推行河长制目标实现。

4. 基础保障

进一步摸清全省河湖底数，逐步建立"一河（湖）一档"；完善细化"一河（湖）一策"，切实提高指导性和可操作性；协调推进跨省河湖"一河（湖）一策"方案编制。完善河湖长制管理信息系统等平台，实现河湖基础数据、巡查监管情况、突发事件处理、督察考核评估、河湖"两违三乱"整治监督等信息的互联互通和共享共用，提高河湖管理信息化水平。

5. 宣传保障

系统谋划河长制宣传工作，充分利用网站、微信、微博、手机 APP 等载体，加强与公众互动，形成广覆盖、多角度、全方位、立体化的宣传格局。坚持正向引导，广泛宣传河（湖）长制工作中的新思路、新举措、新进展、新成效，不断提高公众对河（湖）长制工作的满意度。

第十一节　浙江省典型经验、问题及建议

浙江省治水办（河长办）：王巨峰、梁彬、孙文杰
河海大学：高玉琴、陶艳芝、葛莹、郭子琛、周桐、刘云苹

一、典型经验

浙江省近年来以习近平新时代中国特色社会主义思想为指导，积极践行绿水青山就是金山银山的工作理念，围绕“美丽浙江”建设，高标准推进“五水共治”，高水平落实“河长制”工作要求，以“污水零直排区”和“美丽河湖”创建为载体，全面推动治水工作向纵深挺进、向更高水平提升。本次调研走访中发现浙江省河湖长治理过程中有以下几点值得推广与学习：

（一）河长制体系覆盖省、市、县、乡、村

浙江省 11 个设区市、89 个县（市、区）及各开发区、所有乡镇（街道）的总河长及分级分段河长均已设立，在健全省、市、县、乡、村五级河长体系基础上，进一步延伸到沟、渠、塘等小微水体。省、市、县（市、区）均设立相应的“河长制”办公室，乡镇（街道）根据工作需要设立“河长制”办公室，部分村内自发设置“河长站”或“河长社”，全省实现河长制办公室集中办公，定期召开成员单位联席会议，研究解决重大问题。

（二）全民参与，全民护水

为充分发挥公安职能优势，强化对水环境污染犯罪的打击与监管，各地根据需要设置河道警长，协助各级河长开展工作。为充分发挥人民在治水护水中的监督作用，各地依托工青妇和民间组织，大力推行“企业河长”“骑行河长”“河小二”等管理方式，吸引全省公众关注治水护水，用实际行动参与治水护水。创新“家庭河长”概念，放置“小小河长”公示牌，提高全民对河长制的参与度，从每个家庭开始提升群众保护河湖的重视程度。

（三）“五水共治”，治污、防洪、排涝、保供、节水齐发展

浙江省推出“五水共治”的河湖治理策略，把“五个水”的治理比喻为五个手指，五指张开则各有分工，既重统筹又抓重点，五指紧握就是一个拳头，以治水为突破

口，打好转型升级组合拳。治污水，老百姓感官最直接，是首当其冲的“大拇指”，以提升水质为核心，最能带动全局，最能见效。

（四）大禹鼎，点燃河湖治理激情

“大禹鼎”作为浙江省全省“五水共治”的最高荣誉，是检验治水成效的重要标准，同时也点燃了各市县河湖治理的激情。“大禹鼎”的评选有一套科学完整的考核标准，考核分值由年底考核分、平时考核分和领导小组评价得分等构成，按照一定比例权重计算得出，综合年终和平时，贯穿全年累计得出最终结果。

（五）“智慧河长”，实现大数据治水

浙江省台州市借力水质监测新技术，开创水质监测社会化服务新模式，由社会资本提供投资、设计、建设、运行及维护的一站式有偿服务，构建水质监测天网工程，为政府精准治污提供环境大数据。通过信息化操作，创建公开“云平台”，逐步完善监测数据应用平台，优化人机交互模式，深入开发手机 APP、微信公众号和电脑应用软件。互联互通水质信息平台与河长平台，打通水质数据 APP 和“河长制”APP 壁垒，形成门户网站、手机 APP、微信、电脑软件等多种数据收集“云平台”，并逐步开放水质管理查询平台，群众可随时了解当前水质，可通过相关平台举报和投诉违规排污的企业。

（六）“双长制”联动，推进河海联防联治

浙江省台州市椒江区以“河长制”为抓手，在狠抓内河治理的基础上，进一步深化落实“河长制”，延伸“河长”工作触角，建立近海“滩长制”，推动河海共治、联防联治，实现内河治理与近海治理同步推进、同步发展。

（七）“生态洗衣房”，引发农村洗衣革命

浙江省金华市积极探索推广农村亭廊式“生态洗衣房”，倡导绿色生活方式，从源头消减洗衣水污染，引发了一场农村洗衣革命。“生态洗衣房”是农村基层为方便村民洗涤而设置的集中洗衣场所，沿溪沿塘沿井建设，充分考虑引水入房、污水处理及方便实用等因素，内设洗衣槽、水龙头、搓衣板、分类垃圾桶等设施，实现洗涤废水统一处理，采用亭廊式设计，与周边人文自然景观协调，具备遮阳避雨功能。

（八）“治水法官”助力依法治水

浙江省丽水市莲都区践行依法治水之路，选派十余名法官担任治水法律指导员，下沉一线，协同乡镇开展“五水共治”“河长制”工作，利用治水的机会将法制理念深植人心，并推进依法治水进程，有效减少涉水违法案件发生。

（九）建设中水回用工程

采用双膜处理工艺对污水处理厂中水进行提标改造，用于河道补给水、工业冷却水和景观用水以及各类特种用水，实现水资源循环利用。园区外侧设有生态净

化系统，进一步保障出水安全。

（十）人工湿地强化生态保护修复

江边设有人工湿地进行生态保护与修复。使用风车风力每小时提取 60 吨江水至内河中，采取模拟湿地生态环境进行河水过滤净化，再回流至江中，起到进一步净化水体的作用。河岸两侧均设有垃圾拦截网，预防垃圾进入河道造成污染。

（十一）建设工业园生态湿地

除工业园区内的污水处理以外，作为上游段，建设生态湿地，以“构建非饱和滤床”为基础，面层种植低密度水生植物和沙生植物，实现植物“自我繁衍”，不仅拯救枯水期绿化裸露的河滩地，也对污水处理厂尾水水质再提升，保障排出水体对河道和下游河流安全。

（十二）维护河道自然状态，人与自然和谐共存

河道水质良好，定时进行人工清理河道，采用原生态治理方式保持河道自然状态，沿河结合地形，因地制宜进行进行岸线细节优化，护岸与现状滩地、岸坡自然衔接，形成了自然生物、多物种和谐共存的治理方案。

（十三）垃圾分类，践行现代化文明理念

自 2013 年启动农村生活垃圾分类处理试点，目前已在全省乡村地区推行垃圾分类处理，形成分类收集、定点投放、分拣清运处理、回收利用的工作流程，在乡间践行现代文明理念和绿色生活方式，实现垃圾分类责任到人。

（十四）农村生活污水处理，实现“零直排”

浙江省建立农村生活污水处理工程，通过污水—预处理池—初淀池—厌氧池—缺氧池—二淀池—人工湿地—出水的工艺流程，对农村生物污水进行统一处理和排放，实现生活污水“零直排”。

二、主要问题

浙江省河长制建设工作整体较为完善，且取得了巨大的成效，但仍存在一些不足之处：

（一）加强河湖水域岸线保护

大力推进河湖“清四乱”及划界工作。河道“四乱”问题整治推进有力，但部分区县乡镇流域面积较小的河道内仍存在乱占、乱采、乱堆、乱建“四乱”现象，部分乡镇河流存在农田非法侵占河道等现象，河湖“清四乱”及划界工作有待加强，河湖管护水平有待提高，个别河（湖）长对突出问题还缺乏明确的解决思路和工作举措，违法养殖、侵占河道、破坏岸线、垃圾乱倒等现象时有发生。加强对生态环境良好湖泊、重要天然湿地和水库的保护；全面加强河湖水域岸线管护，大力实施河湖管理

范围划定工作;深入开展河湖"清四乱"及划界专项行动,加强农村河湖的管理保护和治理。

(二) 治水宣传有待进一步加强

个别群众,特别是农村群众爱水、护水、参与治水意识有待进一步提高,虽然村居已经实现截污纳管和垃圾集中处理,但个别农村群众受惯性思维影响,仍然存在在河道洗衣洗菜等现象,极个别群众仍存在向河道丢弃生活垃圾的行为,需要通过进一步加强治水宣传,逐步扭转农村群众的粗放型生活方式。

(三) 治水专业力量有待进一步加强

"污水零直排区"建设完成后,需要大量专业性技术人才予以管理维护,虽然各地已经开展相关人才的引进和培养教育,但投入有待进一步加大,以进一步提升人才集聚效应,匹配"污水零直排区"建设的快速推进。

(四) 河(湖)长制培训工作的针对性仍需进一步加强

河(湖)长制工作政策性、系统性强,相关业务知识需要及时更新,各层级河长制工作重点不同,需加强针对性的培训。

三、主要建议

(一) 进一步完善河(湖)长考核机制

建议从省级层面完善对河湖长本人考核的指导意见,便于基层进一步完善河湖河(湖)长考核机制。

(二) 加大河湖保护资金保障

建议加大河(湖)长制专项资金补助力度,有效减轻地方财政压力。

第十二节　安徽省经验、问题及建议

安徽省河长办:胡剑波、方兵、王晓敏
河海大学:包腾飞、芦园园、杨英宝、胡雨菡、朱征、楼涛、张静缨、杨晨蕾

一、典型做法与经验

2017 年以来,安徽省始终将推进河(湖)长制作为打造生态文明建设安徽样板的重要抓手,将河(湖)长制纳入五大发展行动统筹推进,全面建立省市县乡村五级河长体系,创新实施新安江流域跨省生态补偿机制,坚持问题导向,系统治理,推进

河湖治理管护，融入信息技术，开启智慧河长模式。评估组从安徽省的工作实践中发现了一些"亮点"：

（一）高站位推动河湖治理保护

安徽省委、省政府高度重视河（湖）长制工作，省委书记、省长在担任省级总河长的同时，分别担任长江、淮河干流安徽段省级河长，跨省跨市主要河湖均由省级领导担任河湖长，长江、淮河干流河段市级河长全部由市委或市政府主要负责同志担任。省委、省政府多次召开高规格的省级总河长会议，安排部署河湖生态治理保护工作，持续推进水利部部署的河湖"清四乱"歼灭战、长江淮河岸线保卫战、巢湖综合治理攻坚战、河湖采砂管理持久战。省委书记、省长多次赴长江、淮河、新安江、巢湖、沱湖开展全河段、全方位暗访督察，部署调度河湖系统治理及水生态环境保护工作，督促全面落实河湖"四乱"问题"点对点、长对长"整改责任网，调研乡村水系河长制落实情况，研究流域多市多要素横向生态补偿机制。

（二）高起点创新生态补偿机制

2012 年以来，皖浙两省探索实施新安江流域生态补偿机制试点，安徽省重点实施了农村面源污染整治、城镇污水和垃圾处理、工业点源污染整治、生态修复工程、环保能力建设 5 大类共 225 个项目。新安江流域生态补偿机制试点工作取得了丰硕的成果，入选了全国十大改革案例。新安江水质常年优于地表水Ⅱ类、接近Ⅰ类，新安江成为全国水质最好的河流之一。实现了以生态保护补偿为纽带，促进流域上下游统筹保护和协同发展的目的，探索出一条生态保护、互利共赢之路。2018 年，安徽省委、省政府出台《关于全面推广新安江流域生态补偿机制试点经验的意见》，提出到 2020 年基本实现重要区域生态补偿全覆盖的总体目标要求。

2018 年 1 月，安徽省全面实施《安徽省地表水断面生态补偿暂行办法》，全面实施流域生态补偿，呵护绿水青山，构建"以市级横向补偿为主、省级纵向补偿为辅"的地表水断面生态补偿机制，超标断面责任市支付污染赔付金，水质改善断面责任市获得生态补偿金。全省共有 121 个断面纳入补偿范围，涵盖境内的淮河、长江、新安江干流及重要支流、重要湖泊。截至 2019 年底，全省累计产生污染赔付金 2.47 亿元，生态补偿金 5.33 亿元。

（三）高质量推进长江生态保护与治理

为贯彻落实习近平生态文明思想和党中央关于推动长江经济带发展的重大战略部署，2018 年 3 月，安徽省委、省政府出台《关于全面打造水清岸绿产业优美丽长江（安徽）经济带的实施意见》，将其作为安徽生态文明建设一号工程来抓。皖江城市带在沿江 1 公里、5 公里、15 公里岸线实施分级管控措施，开展"禁新建、减存量、关污源、进园区、建新绿、纳统管、强机制"七大行动，守护"八百里皖江"碧水东流。

2019年3月底，安徽省委、省政府启动长江安徽段生态环境“大保护、大治理、大修复，强化生态优先绿色发展理念、落实”(简称“三大一强”)专项攻坚行动启动，成立省“三大一强”专项攻坚行动指挥部，主要负责同志任指挥长，多次采取“四不两直”方式，深入一线督导整改。聚焦长江经济带警示片问题、中央及省级环保督察反馈问题，举一反三大排查，形成“23＋N”生态环境突出问题清单，建立“点对点”“长对长”整改责任网，一体化推进长江流域大保护、大治理、大修复，还一江碧水、保两岸青山。坚持“面对面”，全面开展河湖生态环境问题大排查、大起底，彻底排查突出问题；坚持“硬碰硬”，聚力破解多年难以解决的生态环境历史遗留和复杂棘手问题，彻底整治难点问题。2019年11月，国家在安徽省召开长江经济带生态环境突出问题整改现场会，安徽省突出生态环境问题整改工作得到了充分肯定。马鞍山薛家洼区域环境整治被央视等多家媒体广泛报道，成为落实长江大保护的一张重要“名片”。

(四) 严格湖泊管理保护

2018年1月，安徽省正式施行《安徽省湖泊管理保护条例》，将常年水面面积在0.5平方公里以上的湖泊、城市规划区内湖泊和作为饮用水水源的湖泊都纳入保护名录，纳入河长制管理，为湖泊撑起法律保护伞。安徽省已分两批公布湖泊保护名录498个，其中，天然湖泊193个、水库形成的人工湖泊305个。对列入保护名录的湖泊建立湖泊档案，结合湖长制工作要求，推进湖泊管理保护和水生态环境整体改善。

狠抓巢湖流域综合治理，全面实施《巢湖综合治理攻坚战实施方案》，修订《巢湖流域水污染防治条例》，加强巢湖流域五市统筹调度，强化沿湖岸线和支流管控整治，推进33个入湖河口湿地建设，加强湖区蓝藻治理和入湖河流清水廊道联防联控。巢湖水质稳定趋好，主要污染指标浓度总体呈下降趋势，2019年氨氮、总磷、总氮浓度分别较2016年下降37.0%、14.3%和28.5%。此外，为了更好地保护渔业资源和水域生态环境，从2020年1月1日起，巢湖湖区实施10年全面禁捕。

(五) 完善工作机制，实现巡河暗访可视可查

一是完善工作制度。为深入推进河湖长制落地见效，经省级总河长同意，安徽省全面推行河长制办公室出台了《全面推行河(湖)长制省级暗访工作制度(试行)》《关于进一步加强河(湖)长巡河工作的指导意见》，制订了《安徽省河湖长制知识百科》《安徽省河湖长制暗访工作手册》，推进巡河暗访规范化、制度化、常态化。二是建成“河湖督察暗访”平台，实现暗访全流程监督管理。暗访人员在手机端“督察暗访APP”实时上传问题坐标、图片，通过平台向各地下发问题，形成问题发现、整改、销号、存档的闭环管理。2019年以来，已开展暗访4个批次，整治问题500多

个。三是启用巡河管理平台,实时掌握河长湖长的巡河时间、轨迹、河湖事件等信息,远程实时查看河湖问题。2019 年,省级河长湖长共巡查和暗访 24 次,全省 5.5 万多名河(湖)长巡河暗访 113.8 万次,清理整治河湖问题 12 592 处。四是完成水利部涉河湖问题整改,完成规模以上河湖 1 044 处"四乱"问题整改销号,完成 2019 年水利部暗访交办 359 个问题整改销号。2019 年,清理非法占用水域岸线 564.9 公里,清除垃圾 52.8 万吨,清除非法网箱养殖 1.73 万亩,拆除违建 20 万平方米。

(六)推行"互联网+"河长制,实现河湖智慧精准监管

在水利部的大力支持下,安徽省建成投运省级河(湖)长制决策支持系统,实现全省河湖监管调度可视化和数据分析。一是决策支持智能化。依托大数据、云计算等技术手段,建设业务管理、地理信息系统、省级调度监控、信息发布和示范河湖监控等"五大平台",实现"一级部署、三级贯通、五级应用",全面整合河湖涉水数据,结合信息管理、巡河暗访、监督监控以及调度决策等重点业务,实现涉水信息静态展示、动态管理、常态跟踪。二是河湖监管信息化。通过对比不同时期的遥感影像,智能识别预警水域岸线变化、四乱以及面源污染等问题;通过获取河湖水面信息,实时掌握水域岸线、水华变化趋势等水质与水资源情况。通过无人机远程巡河,实时调度河湖现场情况;通过视频监控,自动识别预警水面污染及侵占水域情况。在长江、淮河、新安江和巢湖设置电子公示牌,动态展播河湖信息,同时,利用远程视频巡河功能,提高巡河效率。

(七)创新基层河湖日常管护举措

全面推行河湖长制以来,黄山市因地制宜,在打通河湖日常管护"最后一公里"上下功夫。将"生态美"超市开进沿河村落,垃圾可以兑换积分,换取油、盐、酱、醋、牙膏、洗衣粉等物品;建立生活垃圾分类"绿色账户"等激励制度,打造"正气银行",养成乡村环境美化和良好风尚。完善乡(镇)、村(社区)农资集中配送网点建设,落实农药集中配送措施,加强农业投入品源头监管,通过有偿回购,同步回收农药废弃物,严格控制农药面源污染。新安江干流成立 16 支保洁打捞队,并向主要支流延伸,实现河流保洁网络化管理。

按照每条河流要有巡河员、保洁员的要求,安徽各地依托现有河湖管理单位,采取设立扶贫公益岗位、购买社会服务等多种形式,落实河湖管理责任主体,全省设立基层巡河护河员 3 万多名。池州、安庆部分县区将河湖保洁纳入城乡垃圾收集处理一体化体系,组建基层巡河护河队伍,承担河道巡查与日常卫生保洁工作。

(八)凝聚社会管水护水合力

1. 做大河长"朋友圈"

2018 年,安徽省全面推广滁州市、池州市设立"民间河长"的成功经验,实施"河长+"模式。淮南市凤台县实行"五老河长",聘用老党员、老干部、老模范、老教

师、老退伍军人参与河湖管护。铜陵市推行“河长＋重点企业”机制，设立企业河长。寿县等地实行“河长制＋脱贫攻坚”模式，聘请贫困户担任管护员。淮北市采取“河长制＋人大政协代表”方式，聘任16位代表担任河湖社会监督员；采取“河长制＋学生”模式，组织大中专学生开展“守护河道一公里”活动。全省聘请社会监督员3 300名、“民间河长”5 790人，2019年各类志愿者及群团组织参与河湖管护4万人次。

2. 全面设立“河湖卫士”

2019年，安徽省将河湖警长、生态检察官建立情况纳入年度考核，各地全面设立“河湖卫士”，保障河湖管理法律、法规的全面贯彻实施。全省已有6个市、38个县(市、区)设立河湖生态检察官50人，有4个市、39年县(市、区)设立河湖警长1 110人。

3. 畅通社会参与渠道

全省已设置河(湖)长制公示牌5万余块，均公布24小时举报电话，发动社会各界广泛参与河湖保护。宣城、合肥、阜阳等地开展电视问政、媒体曝光制度。

4. 加大培训力度

省委组织部将河(湖)长制、湖泊管理保护内容纳入“安徽干部教育在线”学习课程。各级积极开展多种形式的基层河湖长培训，2019年，省市县共举办培训班296场次，4.4万余人次参加培训，全面提升了河长湖长的履职能力。

此外，为提升河湖长们的履职能力，安徽省将落实河(湖)长制作为纳入各级政府目标考核重要内容，建立完善问题销号和挂牌督办制度，推动各级河湖长履职尽责。

(九) 推广水产养殖污染治理绿色养殖模式

池州市开展健康养殖示范创建，推荐部级水产健康养殖标准化示范场6个，发展稻渔综合种养8.15万亩，新增低碳高效池塘循环流水养殖点1个。淮北市扎实推进水产养殖污染治理，一是推进生态健康养殖，创建农业部水产健康养殖示范场2个，建设池塘循环流水养殖示范点4个；二是落实养殖水域生态环境保护，推进养殖水域滩涂规划编制发布工作；三是积极调减养殖密度，推进湖泊、河沟、水库等大水面网围、网箱养殖清理整治工作。

(十) 推进面源污染监测预警工作

一是开展农业部畜禽产业排污系数监测，为畜禽养殖业污染物排放量测算提供科学依据。二是开展农业部蔬菜地膜残留污染定位监测，密切跟踪地膜污染对耕地治理和农作物造成的影响。三是开展农业污染源普查，宣城市建立1 765家规模化畜禽养殖场清查信息数据库。

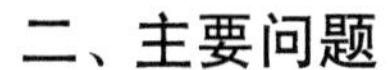

二、主要问题

（一）河湖历史遗留问题解决难度较大

长期以来，安徽省沿江圩区堤防防洪标准较低，群众为自保，多在圩堤上建房以避洪灾。据安庆市统计，望江县外护圩堤顶建房涉及 2.5 万户、10 万人口。二十世纪六七十年代，部分地方对湖泊进行围垦，建立堤坝，历史上的围湖造田与现在的退田还湖，都是特定历史条件下的客观需要，地方政府受政策、资金等因素影响，短期内难以全部解决。

（二）驱动生产生活和发展的良性机制有待加强

少数地区受经济社会发展阶段等因素的限制，未能全面建立河长主治、水域整治、源头重治、生态防治、环境共治的良性发展机制。

（三）基层工作人员能力有待提高

受编制、经费等因素制约，基层河湖特别是农村河湖的管护力量比较薄弱，涉及河湖的社会公共服务未能全面覆盖。

（四）考核指挥棒作用有待加强

涉及河（湖）长制的生态环境综合考核办法尚未出台，河长制“六大任务”有关考核指标未能有效纳入经济社会发展综合考核指标体系，未能充分发挥考核的激励约束作用。

三、工作建议

（一）加强组织领导，落实责任主体

全面推行河长制作为推动生态文明建设的重要举措和有力抓手，切实加强组织领导，压紧压实河长责任和部门职责，充分发挥河长办对外组织协调、分办督办的作用，形成部门协调配合，各司其职，各尽其责，形成治水合力的工作格局。

（二）强化制度建设，完善运行机制

坚持把制度建设作为河（湖）长制建设的重中之重，在建立河长会议、信息共享、信息报送、工作监督、考核问责和激励、验收、河长巡查江河、湖库保洁等制度基础上，结合各地区实际情况进行系统规划，制定完善相关配套制度。

（三）完善信息平台，提升工作能力

加快推进省级河长制信息决策支持系统建设，加强信息共享，系统开展水文、水资源、水环境、水生态、水域空间的监测，提升河湖监管的现代化和信息化水平。

（四）加大宣传力度，营造良好氛围

充分运用电视、报纸等传统媒体和微信、微博等新媒体，推广河湖管理创新经

验和好做法，弘扬河湖管理保护先进事迹。采取多种措施鼓励群众参与，积极营造全社会关爱河湖、保护河湖的浓厚氛围。

（五）引入第三方开展河长制考核暗访

在开展政府考核的基础上，引入独立“第三方”开展河长制考核暗访等工作，提高考核和暗访等工作的客观性和真实性。

第十三节　福建省经验、问题及建议

福建省河长制办公室：吴伟浩、陈吉明、丘轲昌、洪恒昌
河海大学：陈建明、张金娟、马城楠、李美枫、程细英、余晓彬、梅洁

一、典型经验

福建省是全国率先推行河长制的8个省份之一，2014年起就按照生态省建设战略，围绕国家生态文明试验区建设，以闽江、九龙江、敖江三条跨设区市主要流域为重点实施河长制。近年来，省委、省政府认真贯彻落实中央决策部署，各级各有关部门共同努力，从2017年全面推行河长制到2018年深化落实河长制、全面推行湖长制，各项工作有序推进，污染得到有效防治，水质得到持续提升，生态不断改善，人水和谐共生，河湖长制从“有名”走向“有实”，得到了中央的肯定。2017年，水利部下发4 000万元中央奖励资金用于激励河（湖）长制工作突出省份，2018年，再次因河（湖）长制工作推进力度大、河湖管理保护成效明显获国务院5 000万元资金奖励。中办、中改办刊发福建省“六大组合拳”推进河长制成效明显、福州市强推城区水系综合治理取得明显成效、泉州市建立“六项机制”扎实推进河长制工作等信息并向全国推广，中央主要媒体聚焦莆田木兰溪治理，“变害为利，造福人民”为建立美丽中国提供了生动样本。

（一）健全管理体系

一是组织架构全面建立。省级设总河长、副总河长，省委书记、省长共同担任总河长。设副总河长3名，由副省长担任；在干流跨设区市的3条主要河流闽江、九龙江、敖江流域各设河长1名，由副总河长兼任。市、县、乡三级分别设立河长，由党委或政府主要领导担任；各流域所在市、县、乡均分级分段设立河长，每个湖泊设立湖长，由党委或政府相关领导担任。以乡（镇、街道）为主体，组建河道专管员队伍，负责管理村（居）辖区内的河道。目前，全省共有5 829名河长、448名湖长，配备12 197名河道专管员，省市县乡逐级建立1 182个河长制办公室，实行集中办

公、实体运作。形成了省市县乡村五个层级管理、流域区域结合、河流湖泊山塘水库全覆盖的组织架构。二是明晰管理权责。明确河湖空间,以河流为单元制定了“一河一档一策”,编制了河湖名录,划定了河道岸线蓝线。加强河湖监测,整合优化水质监测网络,探索按流域设置环境监管机构,全省市县乡水质交界断面实现监测全覆盖;建成了河(湖)长制信息系统,建立河长“一张图”,实现河湖状况可查询可跟踪可掌控。福州市还出台了《城市内河管理办法》,明确每条城区内河都设立河长,进一步压实了河长责任。三是强化督察考核机制。推行清单管理,按区域、流域分解下达任务清单和问题清单,明确时间节点和责任部门。定期跟踪调度,实行“一月一抽查、一季一督导、一事一通报、一年一考核”,并纳入省市专项督察和绩效管理内容。强化激励和问责,将河(湖)长制工作成效与以奖代补、以奖促治、生态补偿等专项资金挂钩。2017 年以来,全省共效能问责 18 名县级河湖长,通报批评 40 名县级河湖长、142 名乡级河湖长、235 名河道专管员。

(二)理念领先、政策保障,首创三位一体治河理念

福建省积极践行习近平总书记“绿水青山就是金山银山”的理念,坚持系统治理,首创“防洪保安、生态治理、文化景观”三位一体治河理念,统筹推进堤防建设、污水治理、岸坡绿化、生物净化、引清活水等措施,着力打造山水林田湖草生命共同体;坚持严格保护,建章立制,全面推行河长制,确保治水工作常态长效。一是以“系统治理”方针为引领,在建阳、沙县、荔城等 8 个试点县(区)开展综合治水实验,统筹推进水资源、水生态、水环境、水安全系统治理,突出“全县域、全流域、全方位”,进一步探索创新推行河(湖)长制的有效机制。二是创新开展安全生态水系建设。用生态的理念、系统的方法,改善河水、改良河床、恢复河滩、重塑河岸,全省安全生态水系投资总额达 60 多亿元,已启动治理的河长 4 350 公里,已完成治理河长 2 400 多公里,形成了一批社会认可度高、百姓获得感强的河流治理样板。

坚持三位一体的治河理念,使得河湖污染得到有效控制。2018 年,在全省江河径流量比常年减少 39%的情况下,12 条主要流域水质仍然保持优良,Ⅰ—Ⅲ类水比例 95.8%,比全国平均水平高 24.8 个百分点;小流域Ⅰ—Ⅲ类水比例 84.7%,同比提高 4.3 个百分点,144 条小流域实现水质跨类别提升;市县两级集中式饮用水水源地水质达标率 100%;近岸海域Ⅰ—Ⅱ类水占比 88.9%,水环境水生态持续向好。

(三)加强行政执法和刑事司法衔接

2017 年,省河长办联合省检察院出台了《加强生态环境资源保护行政执法与刑事司法工作无缝衔接意见》,在全国率先实现检察院驻河长办联络室省市县三级全覆盖,累计开展联合执法 345 次,移送案件线索 85 件,发出检察建议 258 份。各地市还在此基础上创新工作机制,漳州公检法率先全面入驻河长办;泉州、莆田、漳

州等地还设立河长制法院工作室、生态环境审判巡回法庭；龙岩、南平、漳州等地设立市、县、乡三级“河道警长”，围绕河流水资源保护、水岸线管理、水污染防治、水环境治理、水生态修复等任务，依法处理涉水生态环境资源各类案件，加强对涉水资源案件的预防、修复、打击，有效减少水生态环境受到的损害和破坏，多渠道、全方位为河(湖)长制保驾护航。

(四) 木兰溪治理打造了生态文明建设的成功范例

木兰溪是福建省“五江一溪”重要河流之一，被称为莆田的“母亲河”。习近平总书记在福建工作期间，高度重视木兰溪的防洪问题，多次到木兰溪调研指导工作。20 年来，莆田市牢记习近平同志“变害为利、造福人民”的殷殷嘱托，大力推动木兰溪全流域系统治理，取得了显著成效，打造了生态文明建设的成功范例。

1. 系统治理，从单一防洪走向全方位生态建设保护

莆田市因地制宜，坚持安全生态相结合、控源活水相结合、景观文化相结合，开启了木兰溪全流域系统治理新征程，木兰溪成为全国首条全流域治理的水系。

(1) 治理理念从注重防洪到“三位一体”综合治理。早在 2012 年，莆田就已按照“防洪保安、生态治理、文化景观”三位一体的理念推进木兰溪全流域系统治理。

(2) 治理方式从注重治水到山水林田湖草全面施治。在木兰溪治理过程中，莆田统筹山水林田湖草，在全流域构筑四道生态防线，全方位、全地域、全过程推进生态文明建设。

(3) 治理范围从注重下游到上下游干支流全域统筹。治水需要岸上水下协同、上下游左右岸统筹。木兰溪治理从下游延伸至上游、从一溪两岸拓展到全流域。

2. 和谐共生，生态保护与经济发展相得益彰

莆田市结合自身整体性、系统性和内在规律，整体施策、多措并举，推进木兰溪流域生态保护与修复，做到产业生态化、生态产业化，实现人水和谐共生、产城融合高质量发展。

(1) 坚持空间管控，构建生态走廊。一是划定水生态空间，编制了《莆田市城乡水系及蓝线规划》，实施木兰溪及干流两岸建筑退距工程。二是强化水生态保护，上游封山育林，设立源头自然保护区，2018 年获评国家森林城市；中游退耕还林、退田还草，保证清水下山、净水入库；下游保护荔枝林和生态绿心，系统修复河口和湿地。

(2) 坚持以水定城，优化产业布局。一是强化节水型社会建设。开展水资源消耗总量和强度双控行动，优化配置水资源，统筹考虑流域生态用水，注重工业节水减耗。2013 年，莆田市获评全国节水型社会示范城市。二是限制高耗水项目、企业落地进驻。主动淘汰一批投资大、税收高但高耗水的项目。三是推动经济结

构向绿色低碳转型。出台《莆田市产业投入和产出控制指标的指导意见》，创新性加入了环保、能耗等产业准入条件，推动产业布局和经济结构加速向绿色低碳转型。

（3）坚持借水兴业，打造经济高地。一是拓展城市空间。依托木兰溪系统治理，连片推进莆阳新城、木兰陂片区等重点区域开发，开启了城市沿溪跨溪、东拓南进的新时代。二是保障经济发展。沿岸水患“洼地”如今成为经济发展“高地”。2018年，莆田地区生产总值达2 242亿元，比1999年增长7倍多，人均国民生产总值增加近3万元。三是助推乡村振兴。依托木兰溪系统治理产生的文化、景观效益，建成13个省级以上水利风景区，挖掘河道周边乡村旅游资源，推动生态效益变成广大群众看得见、摸得着的福利。

3. 传承创新，推动形成生态文明建设长效管理体系

20年来，木兰溪从“水忧患”走向“水安全”，继而迈向“水生态”，推动“水经济”协调发展，归根结底在于莆田坚持久久为功的思想，在继承中创新，在创新中接力，积小胜为大胜，建立了生态文明建设的长效机制、体制。

（1）深化河长制。首创流域双河长，增设县乡党政主官为木兰溪第一河长，亲自督导问题河道；首创河长日，规范河长常态化履职；建立“智慧河流”平台，推进河务监管网格化、信息化；设立有奖举报百万奖金池，市委开展木兰溪系统治理专项巡察，监委对有关问题发出监察建议书，纪检组同步监管，组织部常驻一线考核，压紧压实河长责任部门职责。

（2）探索生态补偿机制。2017年出台了《莆田市木兰溪流域生态补偿办法》，探索从社会、市场筹集资金，建立生态基金，形成多元化的生态补偿模式。生态补偿资金按照上年度市财政总收入3‰，采取市级财政和下游区财政共同筹措，主要按照水质进行分配，鼓励上游地区保护生态和治理环境，为下游地区提供优质的水资源。

（3）实行生态文明考核机制。出台《莆田市生态文明目标评价考核办法》，建立相关评价考核体系，每年一评价、五年一考核；推行党政领导干部自然资源资产离任审计制度，探索出行之有效的自然资源资产审计办法，已审计仙游县和荔城区，责成整改问题65个，有效推动矿山开采等自然资源扰动地生态恢复。

（4）创新投融资机制。莆田市整合了水利、生态环境、住建等部门的经营性资产，组建了水务集团，覆盖源水、水源保护、调水等全产业链，提升水资源利用效率；运用“PPP模式”，吸引社会资本参与木兰溪流域综合治理，建立按效付费的考核机制。同时，出台了资金保障政策，允许“将木兰溪治理后纵深2公里土地出让收益提取10%继续专用于木兰溪全流域综合治理”，要求“玉湖片区内市财政土地收入的80%必须用于玉湖新城改造建设，且专项使用、封闭运行”。

（五）推动公众参与，成立河长协会，积极发动全民爱河护河

为鼓励全民爱河护河，福建各地联动发力助推“河小禹”专项行动，成立党员护河队、青年志愿护河队、巾帼护河队、百姓护河队等，部分地区注册登记河长协会，确保公众参与落地生效。

倡导沿线乡村学校组建党员护河队、青年志愿护河队、巾帼护河队、红领巾护河队，自觉加入母亲河保护行列。仅莆田涵江区江口镇近年就募集公益资金5 500多万元，用于河流清淤清障、农村生活污水改造及管网建设。积极引导莆田各大宫庙董事会、妈祖义工队、老人协会等关心参与河湖管理保护，如江口镇专门成立民间河长制工作领导小组，设立民间河长办及民间河长基金会，明确民间河长工作职责、工作流程等，落实民间河长包段包片责任制，有效引领和激发了全民参与爱河护河热情。莆田率先设立了企业河长、设立民间河长、设立校园河长、设立“乡愁河长”。

三明大田县成立了全国首个由民政部门注册登记的河长协会，协会上联河长、河长办，下通百姓、各类民间组织，成为各级河长出点子、搭台子、铺路子、聚民心的重要媒介。推动由“政府治水”向“全民治水”转变。大田县河长协会作为基层代表受邀参加十二届省政协常委会第三次“深化国家生态文明试验区建设”专题协商会，其经验做法得到了省政协主要领导认可，同时，还积极探索开展河长制标准化工作。

（六）创新综合执法，规范河长履职

福建省各地积极探索建立生态环境行政执法与刑事司法衔接的工作机制，成立各级检察院驻河长办检察联络室和法院驻河长办法官工作室。强化联动执法，组织综合执法大队、检察联络室、法官工作室联合开展巡河、执法。通过开展联合巡河、宣传、执法，发检察建议书、生态巡回审判等方式，一些历史遗留和频发的难题得到有效解决，一些破坏生态违法行为得到有效惩治。

例如，三明市大田县于2013年成立了全省首家生态综合执法局，实现了“一局多能、一员多能”。在2016年12月，建立生态综合执法制度的做法被授予第四届“中国法治政府奖”提名奖。

2018年1月，沙县在总结大田县综合执法机构建设经验的基础上，以森林公安队伍作为生态综合执法的主体力量组建生态综合执法局，实现了水环境违法案件的快查、快办、快审、快结，执法效果更佳、侦查手段更多，取得了较好成效，成为生态综合执法升级版。同时，沙县创新实行《县级流域河长履职工作制度》，推动河长制真正实现从“有名”到“有实”的转变。明确县、乡级河湖长权责清单、职能要求及追责问责情形，让河长们有法可依、有权协调，能够形成“河长吹哨、部门报到”的各部门共同治河格局，得到了上级肯定并在全省推广。该做法被中国水利网评为

2018基层治水十大经验之一。

（七）六大治水管理创新机制为治河“保驾护航”

泉州市先行先试，开拓创新，在河长制工作方面作了六个方面的有益探索和实践，积累了些经验做法。

（1）创立“红黄蓝”分区管控，落实最严格水资源保护制度。根据12个县（市、区）用水总量、用水效率、限制纳污情况，设定红区、黄区、蓝区，分别采取“最严厉、严厉和常规”的管理手段。

（2）实行“上下游补偿”机制，开展跨境流域污染治理、小流域“赛水质”等活动，构建跨区域水资源保护联动机制，促进了上游地区近千个水资源保护项目建设。

（3）在山美水库实施水污染治理和水生态修复等工程，水库水质提升到Ⅱ类。

（4）实施“七库连通”工程，通过建设山美、惠女等7座大中型水库连通工程，实现闽江、晋江、洛阳江、菱溪、坝头溪5个流域的互连互通、相互调剂，有效保障惠安、泉港用水需求。

（5）开展流域综合治理，统筹解决流域治污、防洪、生态、景观等问题，打造了生命线、生态线和风景线。

（6）建立水资源动态管理系统，对水资源优化调度和对重点排污企业、重点取用水户、重要河道、饮用水源地等进行实时监测、实时预警。

（八）智慧巡河、生态巡查，促进巡河信息化和系统化

全省充分利用信息平台、微信群等平台，对河长履职、专管员巡河实行动态监管，及时分析掌握各级河长制工作情况。每天公布各级河道专管员巡河签到率和问题处置率，作为年终考核及资金补助的依据。

顺昌县按照实施乡村振兴战略、打好污染防治攻坚战和落实总体要求，探索引进社会力量开展生态巡查工作，形成生态共治、部门联治、全民群治的常态化巡查、保护、监管新格局。

（1）引进“一个执行主体”，健全巡查全面覆盖、问题及时处理的工作机制。以政府购买服务的方式，通过公开招投标，将日常巡查工作承包给中标公司。打破过去部门各自为阵，容易出现执法盲区、多头执法、交叉执法和“单打独斗”等问题，健全了县域生态环境监管的工作机制。

（2）实现“两个预期目标”，建立力量有机整合、运转精简高效的工作体系。坚持执法主体不变、执法权限不变、执法体系不变，以及省市县规定的河长制、路长制等职责不变，将环保、水利、交通、林业、自然资源、共建办6个部门担负的生态巡查监管职责有机整合，组建生态巡查管理中心，实行人员集中办公，接受群众举报，及时汇总巡查发现问题，及时分解下达处理任务，适时开展联合执法，确保巡查发现

问题及时有效处置。实行政府购买服务后，全县人员放置由原来的332人压减到目前的41人，全县生态巡查监管资金投入大幅减少。

(3) 明确“三项巡查职责”，制定任务清晰明确、执行有力有效的工作规范。一是明确巡查范围。二是明确巡查内容。三是明确巡查要求。即中标公司按照“1辆车、2个人、3类档案(一天、一镇、一部门)、4必查(规定范围必查、规定内容必查、市县巡查发现的问题必查、未整改到位的必查)、5样工具(手机、望远镜、GPS轨迹定位仪、巡查记录仪、清扫工具)、6张表格(水利、交通、林业、环保、自然资源、共建办)”的要求，对各乡镇(街道)的巡查区域开展交叉巡查。

(4) 强化“四方共治责任”，形成沟通联动协作、治理齐抓共管的工作合力。

中标公司强化生态巡查责任，研发智慧生态巡查系统及手机APP，强化对巡查专管员的日常管理，督促专管员根据巡查范围、巡查内容和巡查要求，做好巡查、记录、反馈等工作，第一时间提交巡查信息、反馈问题整改情况。

生态巡查管理中心强化业务主管责任，绘制全县生态巡查“一张图”，导入环保、河流、公路、森林、人居环境、“两建”建设等管理数据，标明重点巡查的具体位置，实施挂图作战；通过智慧生态巡查系统实施远程监控，及时对巡查发现的问题进行分析研判，加强对疑难问题的技术指导，并督促乡镇(街道)和职能部门落实问题整改；建立“生态110”运行机制，设立生态举报电话；制定考评办法，强化对中标公司的考核评价；建立乡镇(街道)整改情况“一月一考评”约谈制度。

职能部门强化行业监管责任，县环保、水利、交通、林业、自然资源、共建办等单位按照各自行业监管职责，落实整改措施、完成时限和责任人，对重大问题采取重点督办、综合执法、专项行动等方式，确保问题得到及时有效处理。

乡镇(街道)强化属地整改责任，生态巡查工作在2019年省委、省政府工作拉练检查过程中受到省政府主要领导的充分肯定；在5月6日数字中国峰会生态分论坛上，顺昌县生态巡查被福建省生态环境厅厅长作为工作成果详细展示，报送省河湖长制工作典型创新例子；南平市2018年度绩效考评“机制创新”项目评审获得全市第一。

(九) 率先运行三级河长制指挥管理系统，实现动态管理

福建三级河长制指挥管理系统已在全国率先投入运行，取得了成功的经验。

如三明市河长制智慧管理平台已于2018年3月26日完成平台建设，覆盖全市10个县(市、区)，100多个乡(镇、街道)，建立了以市党政领导为核心的河长制组织体系。通过市、县、乡、村四级河长(河段长)、三级河长办、河道专管员联合参与进行日常工作，层层落实责任，实行动态式管理。实现了三明境内的金溪、沙溪、尤溪三条水系全域一张图；三级河长和联席部门纵横一张网；打通行政区界和水域交叉、全时空互联，形成河湖科学的监管和指挥决策。为“河长制”管理模式在我市

的推行提速增效。在 2019 年 5 月,“三明市河长制指挥管理系统”入选第二届数字中国建设峰会“数字福建”电子政务十佳案例。

沙县河长制综合信息管理平台是基于《福建省全面推行河长制实施方案》要求,在福建省水利厅与福建联通公司战略合作开发的“智慧河长”平台的基础上升级开发的一套面向沙县各级河长、河长办、河道专管员以及热心公众等用户群体的河长制信息管理系统。该平台架构包含:一个中央管理平台+巡河 APP+公众监督平台。

(1) 中央管理信息平台(PC 端):包含首页综合信息、实时信息、涉河事务、组织信息、视频监控、资料文件和工作台七大功能模块,通过汇总展示各类水利信息,集中管理调度,通过工作流引擎,对发现问题、反馈、调度处置事件实现闭环管理。

(2) 巡河手持终端 APP:巡河人员通过登录巡河手持终端 APP,对所辖河段进行巡查,发现问题及时上报,遇重大事件可上报各级河长办,横向协同主管单位共同处理复杂事件。

(3) 公众监督平台(微信公众号系统目前正在对接开发):实现全民参与,人民群众通过微信公众号上报事件,反馈问题,通过公众晒图、河长办处理回复等流程,凝聚社会共识,推动河流管理保护成为社会公众的自觉行动。

(十) 联排联调,数字化管理,福州市立体治理城区水系

河长主抓,强化顶层设计,在福州率先成立城区水系联排联调中心,整合不同部门的管水权限,统筹调度。全城上千个库、湖、池、河、网、站,实现市区“厂网河”一体化管理。利用闽江感潮河段潮位差的特点规律,每天两次引水 1 650 多万立方米入城,对城区内河实施生态补水。福州持续推进城区水系综合治理。实施河(湖)长制以来,坚持把城区水系综合治理作为一项重要民生工程全力推动,狠抓落实。上截、中疏、下排综合施策,城区排涝能力提高一倍;清淤、截污、补水多管齐下,内河水体水质明显提升,风廊水带绿道立体贯通。

(1) 创新四大理念。福州市党政“双河长”直接调查研究、直接部署推动、直接督导落实,在摸准实情、反复论证、广泛征求意见的基础上,形成一套完整的城区水系治理理念。

一是整体,整体考虑整个城区的水系布局、流向、流量、密度,做到整体治理、辩证治理。二是综合,内涝治理、黑臭整治、源头控污、水系周边环境整治四位一体、同步推进,治理措施叠加,形成综合的措施体系。三是系统,近期与中远期结合,治标与治本相结合,工程措施和非工程措施相结合,建立统一综合管理调度中心,实现湖、库、闸、站、河联排联调。四是生态,变“工程治水”为“生态治水”,串联建筑、道路、绿化、内河、湖体等环节,建设自然积存、自然渗透、自然净化的生态海绵城市。

(2) 突出三大重点。综合考虑山川水系、地理地形地势地貌、风情雨情水文水情等各种因素,突出治涝、除臭、美化三大重点。

治涝方面,采取"高水高排、扩河快排、分流畅排、泵站抽排、水系连通、蓄滞并举、水土保持、科学调度、建章立制"九大策略。治污方面,采取"控源、截污、清淤、清疏、把水引进来、让水多起来、让水动起来、让水清起来"八大举措。美化方面,开展"拆违、建路、种树、亮灯、建景"五大工程,因地制宜建设串珠公园168个,建成滨河绿道406公里。

(3) 落实六大目标。一是污源全治,采用正向逆向两手并重的办法,排查问题污染源并取缔小散乱污企业。二是污水全截,坚决把内河两侧6—12米范围内的建筑全面拆除。三是淤泥全清,采用干塘清淤法,清除内河淤泥,河道清淤干净见底。四是黑臭全扫,到2018年底建成区全面消除黑臭水体。五是管网全修,已修复雨污管网670公里,到2019年底全面修复改造完成。六是涝点全控,通过数字化管理实现智慧管控。

(十一) 启动《水美城市建设规划》编制,"水美城市"创新取得成效

2018年南平市委托水规总院编制《水美城市建设规划》,主要有五个方面的创新:

(1) 创新"山、水、城、人"一体的发展理念:把水系治理与城市产业发展相融合,把自然资源与历史人文相融合,把城市建设与群众需求相融合;

(2) 创新多规合一的规划编制机制;

(3) 创新"建、管、治、控"的推进机制:采取"PPP"或"PPP+EPC"融资模式,策划12个"水美城市"项目,实现"水美城市"建设全覆盖;

(4) 构筑"山、水、城、人"融合的水岸经济模式;

(5) 创新城市发展短板补齐机制。

2017年,南平全市共谋划水美城市项目12个,概算总投资300.5亿元。经过两年多的努力,累计完成投资133亿元,取得积极成效,实现了生态、社会、经济效益的有机统一。

①建成了一批基础工程,补齐民生短板。随着水美城市项目建设的深入,全市先后建设了防洪护岸工程179.15公里、排涝工程24处,新建或白改黑道路83.13公里,新建桥梁10座,新建污水收集管网88公里,水生态修复140公里、新建休闲绿道125公里,新建公园(含湿地公园)230公顷、景观绿化256公顷、夜景工程29处,还建成一批广场雕塑、花池、游乐设施、音乐喷泉以及市政道路管网等。

②强化了水环境治理,促进了生态文明建设。水美城市建设在推动水流域整治、水污染治理和建设绿色城镇中发挥了积极作用。全市城区新铺设污水管道487公里,去年全市境内三条主要水系Ⅰ—Ⅲ类水质达到100%类,全境水系Ⅰ—

Ⅱ类水质达到77.8%。全市扎实推进小流域及农村水环境整治，全面开展畜禽养殖污染专项整治行动，开展打击河道非法采砂专项整治行动。全面推进河道清淤，全市123个小流域断面有109个达Ⅲ类及以上水质。

③拓展城市发展空间，促进经济发展。"水美城市"建设，优化了环境、改善了民生、完善了城市公共基础配套设施等，有力增强了城市吸引力，拓展了城市空间，促进了经济发展。

④有效引进工业、产业。各地开发区范围内，因水美城市的建设，带动了开发区道路、景观、公园等配套设施的建设，引起企业、工业的青睐。重点打造农特优产品线下展销区，是市民、游客采购全国特色产品的首选场所，活跃了地方经济。光泽县通过水美城市的建设和规划，引进恒冰物流、文化体育休闲旅游基地项目、光泽梦想家文化创意产业基地、污水处理厂项目等，项目总投资达4.84亿元。

⑤提升了群众幸福感和归属感。"水美城市"加快推进城市美化、亮化、优化滨河人居环境，通过建设景观步道、休闲公园等设施，将黄金水道打造成"城市会客厅"，提升群众生活品质。

（十二）推行管养分离、大力发展生态经济

全省范围内建立管理养护导则标准，健全管理养护长效机制，探索管养分离模式，推动全省河湖管理养护，大力发展生态经济。

大田县积极推进水土流失治理"五园"模式，如武陵乡、吴山乡通过在村内河滨步道建设光伏发电，打造集光伏发电、休闲旅游、特色农业等功能为一体的光伏扶贫产业园，带动农民增收；华兴镇仙峰村依托和平溪仙峰段水域资源，以"乐活山水、逍遥仙峰"为主题，重点打造"仙峰漂流"乡村旅游项目，以承包经营方式增加村集体收入。有力地加快了"机制活、产业优、百姓富、生态美"的步伐。

泰宁县探索"河长制＋渔业合作社"模式，依托大金湖等水域资源，以"村集体＋村民"的形式入股，成立渔业合作社，在享有河道养殖经营权的同时，相应承担河道保洁管理的义务。目前，全县成立"河长制＋渔业合作社"4家，共吸纳村民2 000余户入股，涉及6个(乡)镇。渔业合作社每年根据河道环境容量，按照"人放天养"模式向河道投放鱼苗，养殖过程不投任何饵料。正因人人都是股东、人人爱护河流、人人互相监督，以往只捕不养、泽涸而渔，河道肮脏、水质下降的局面得以彻底改善。

最典型的是大金湖渔业协会，按照"资源整合、资产托管、股权到户、按股分红"的思路，组建了大金湖渔业协会并成立渔业公司，带动库区渔民和6个库区重点村集体入股，周边1 476户渔民成为股东(其中贫困户43户)。合作社组建了护湖队加强库区生态环境保护管理，彻底摒弃网箱养鱼、饵料喂养等有损生态环境的渔业养殖模式，每年根据大金湖环境容量科学投放鱼种及鱼苗数量，实行"人放天养、捕

大放小、分区轮捕”的生态养捕模式，大金湖“晏清”牌有机大头鲢鱼荣获福建十大渔业品牌称号，实现了大金湖渔业养殖与生态保护双赢。2018 年，协会每股分红 2 600元，极大地调动了广大村民爱河护河的积极性，实现了从“要我管”向“我要管”的转变。

（十三）因河施策，创新治理模式，推行新型管护

1. 按效付费，专业化养护

在“PPP”项目包中，分别设置 2—3 年的建设期和 12—13 年的养护期，既加快了设计、施工进度，也避免了建管脱节。同时，坚持效果导向，创新付费方式，严格按效考核，按效付费，并建立第三方评估考核机制。

2. 购买服务，第三方巡查

为解决“最后一公里”问题，福州市创新水系巡查模式，依托省防汛机动救援支队组建福州市城区水系巡查支队，全天候驻守城区河湖沿线，紧盯偷排、混排和晴天排污等，坚决避免“部署了之”“责任落空”的情况发生。

3. 落实“清单化”责任制

按照“市主导、区负责、部门统筹、国企挑重担”的工作模式，将水系治理任务以项目清单形式落实到每一个责任单位，明确责任人和完成时限，推进“责任清单”“问题清单”和“成绩单”三单合一，市委将水系治理列入专项考察，组织部部长亲任考察组组长，市效能办和市委、市政府督察室等部门对水系治理进行跟踪督察督办。

4. 推行“PPP”项目包

创新集设计、施工、运营管理于一体的建设模式，强化政府与社会资本合作，按流域整合形成 7 个水系综合治理“PPP”项目包，总投资约 100 亿元；通过公开招标选择国内顶尖的水环境治理和管理团队参与黑臭水体治理，所有项目包从谋划到开工平均只用 4 个月，为全国同类招投标中速度最快，且实现全程零投诉。

二、主要问题

（一）河长制从“有名”“有实”到“有效”还有努力的空间

各地在认识层面、工作措施、工作力度、工作效果上存在不同差距。基层河长、河道专管员业务能力参差不齐。高科技和新技术在治河、监管工作的应用还不够广泛。

（二）结合生态文明建设区，污染源管控是重点

农业面源污染防治尚需进一步深化，防止部分地区畜禽养殖污染反弹，生活污水垃圾治理基础设施建设还有提升的空间，长效机制有待健全。

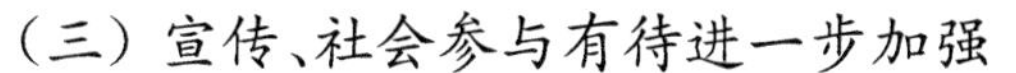

（三）宣传、社会参与有待进一步加强

社会生产生活方式尚需进一步转型。生态文明宣传教育、群众爱河护河的主体意识、公众的参与度需要引导，全民共治的氛围应该更加浓厚。

（四）河长办工作人员应该更加稳定，工作任务重，但经费比较紧张

对基层河长办机构和人员编制不够明确，尽管福建省采取集中办公、实体运作，但河长办工作人员从各部门抽调，人员两年一轮换，地方在执行上压力较大。

三、主要建议

（一）以战略思维谋全局，提高思想认识

深刻认识河长制的重大意义，切实提高政治站位，压实各级河长责任，传导压力。同时，应该树立全局意识，进一步完善河长制工作目标任务，在融入和服务发展大局中审视、定位、谋划和推动河长制工作，并根据新形势新要求，科学制定新的任务目标和流域治理规划，将各级各部门任务分解做细做实。继续做好全国河长制工作的表率。

（二）以系统思维强协作，实现联防联治

加强横向部门联动机制建设，增强河长和河长办（特别是基层）统筹协调的能力，如统筹整合队伍（如整合基层网格员、河道专管员、保洁员等队伍）、资金（各部门专项资金等）、平台（信息平台、举报平台）等。

加强纵向上下级政府部门间的协调协同，特别是机构改革后理顺各级各部门职责，加强对基层的业务指导和培训，提升基层河长、河道专管员的履职能力。加强跨区域协同治理（结合闽东北、闽西南两大协同区建设，协同推进水污染防治）。

（三）以辩证思维抓治理，解决突出问题

正确处理经济发展与环境保护、短期利益与长期利益、主要矛盾与次要矛盾等关系，具体问题具体分析，运用唯物辩证法破解突出的环境问题，加强正向激励机制，设立省级河（湖）长制工作奖励基金并加强绿色金融支持。

加强农业面源污染、畜禽养殖、水产养殖污染治理。特别要重视防微杜渐，防止养殖污染反弹。同时，要加强对规模养殖场的监管，严禁其超标排放。化肥农药要在零增长的基础上逐步减少，推广使用有机肥、生物农药等。

加强生活污水垃圾综合治理。因地制宜加强污水垃圾处理基础设施建设；加强长效机制建设，特别要重视抓好城市黑臭水体治理、垃圾分类等工作。

（四）以共享思维聚合力，推进全民共治

推进生产、生活方式转型，促进企业绿色转型，促进群众生活方式转变。推广装配式建筑，减少建筑垃圾，建设地下综合管廊、海绵城市；因地制宜建设河道周边

基础设施，农村多种大树和经济林，留住历史和乡愁，不搞面子工程；持续优化林业结构，让森林充分发挥涵养水源、保持水土的作用。

深化宣传教育，开展丰富多彩的主题实践活动，发动群众、环保组织、媒体广泛参与社会监督；强化绿色信用体系建设，将企业、个人的环境行为与其信用挂钩，营造保护环境者受益，破坏环境者受限的良好社会氛围。优化河长制协会功能。

（五）充分做好"生态经济"的文章

在建立河道管理养护导则标准基础上，健全管理养护长效机制，探索管养分离模式，推动全省河湖管理养护，大力发展生态经济。

进一步积极探索水土流失治理"五园"模式，打造集光伏发电、休闲旅游、特色农业等功能为一体的光伏扶贫产业园，带动农民增收；依托优质水域资源，以"乐活山水、逍遥仙峰"为主题，重点打造"仙峰漂流"乡村旅游项目，以承包经营方式增加村集体收入。

在加快"机制活、产业优、百姓富、生态美"的步伐上，还有很大的发展空间。

第十四节　江西省经验、问题及建议

江西省省河长办公室专职副主任姚毅臣、江西省水利厅省河（湖）长制工作处处长邹崴、江西省水利厅省河（湖）长制工作处一级主任科员黄琍

河海大学：许卓明、张雪洁、唐彦、俞耀维、李健、赵博、符莎

一、典型做法与经验

在全面推行河（湖）长制工作实践中，江西省形成了一些富有特色、值得在全国范围推广的做法与经验。

（一）坚持依法治河，综合整治创新化

江西省将河（湖）长制纳入法治轨道，从法制层面进一步明确组织体系架构、各级河长、湖长职责等，实现了"有章可循"向"有法可依"的转变。2018 年，先后颁布施行了《江西省水资源条例》《江西省湖泊保护条例》《江西实施河（湖）长制条例》。江西省各地积极探索河湖管理保护综合执法模式，健全河湖管理法规制度，完善行政执法与刑事司法衔接机制，依法强化河湖管理保护监管，提高执法效率。例如，鹰潭市、九江市以水利、公安部门为主组建河湖综合执法支队，安远、寻乌、会昌、宜黄等县组建生态环境综合执法局，开展河湖和生态环境综合执法。积极探索"河长制＋精准扶贫"，全省 1.7 万多名建档立卡贫困户被聘为河道保洁员，占全省河道

保洁员总数的35%，助推脱贫攻坚。九江市、南昌县、玉山县设立企业河长、民间河长、河长理事会；靖安县实行河(库)长认领制。德兴、峡江等30个县设立了342家“垃圾兑换银行”，倡导生活方式转变。

（二）坚持以上率下，体系建设全面化

为实现每条河流都“有人管、管得住、管得好”的目标，江西省省委书记、省长分别担任总河(湖)长、副总河(湖)长，省委副书记、省人大常委会副主任、副省长、省政协副主席等省级领导分包主要河湖河长湖长。市、县、乡各级党委政府的主要领导分别担任各级总河(湖)长、副总河(湖)长，党政一把手率先垂范，树立标尺。确定了省级责任单位，在全国率先建立了党政同责、区域和流域相结合的“4+5+4+3+3”全覆盖规范化组织体系，成为全国河长制组织体系规格最高的省份之一。“4”是按区域，在省、市、县(市、区)、乡(镇、街道)行政区域内设立总河(湖)长、副总河(湖)长，由行政区域党委、政府主要领导分别担任；“5”是按流域，设立省、市、县、乡(镇、街道)、村(居)5级河(湖)长；“4”是由共青团江西省委、江西省水利厅、江西省河长办公室共同设立了省、市、县、乡4级“河小青”志愿者组织体系；“3”是省、市、县3级河长办专职副主任基本配备到位；“3”是各级检察机关分别在省、市、县3级水行政主管部门设立了生态检察室。

（三）坚持建章立制，规范管理先行化

江西省政府办公厅先后出台并修订完善河(湖)长制会议制度、信息工作制度、工作督办制度、工作考核办法、工作督察制度、验收评估办法、表彰奖励办法等7项制度，形成了一套比较完备的工作制度体系。2017年，河(湖)长制省级表彰项目获国家批准设立，成为全国首个，也是目前唯一一个建立表彰制度的省份。2019年，在全国率先组织开展了2016—2018年度河(湖)长制工作省级表彰评选活动，省政府对60名优秀河长和15个先进单位进行了表彰。江西省在进行各项制度设计时，注重制度之间的关联性，使之环环相扣。如：河长制表彰结合河长制工作年度考核进行，河长制工作督察结果纳入全省河长制工作年度考核，作为河长制工作年度考核和奖励的依据；河长制工作督察过程中发现的新经验、好做法，通过《河长制工作简报》《河长制工作通报》《河长制工作专报》等平台总结推广。

（四）坚持多管齐下，河湖管护长效化

江西省加强巡河督导检查，开展人大政协监督，强化考核约谈。江西省政府对河(湖)长制工作、消灭劣Ⅴ类水等工作开展专项督察。政协江西省委员会连续多年开展“河长监督行”活动，对省政府考核河长制工作靠后的3个市、10个县开展监督。省政府将河(湖)长制工作纳入到对市县高质量发展考核评价体系、生态补偿机制及省直单位绩效考核体系，由省河长办组织10多家省级责任单位，对全省11个设区市及100个建制县(市、区)进行河(湖)长制工作年度考核，考核结果以

江西省政府办公厅名义通报；同时，各级河长湖长履职情况也作为领导干部年度考核述职的重要内容。

（五）坚持问题导向，标本兼治聚焦点

在省级总河（湖）长统筹推动下，江西省省河长办坚持问题导向和水陆共治，持续开展以“清洁河湖水质、清除河湖违建、清理违法行为”为重点的清河行动。在河湖“清四乱”工作中，江西省坚持标本兼治，聚焦治理四乱抓整治。全省各级河长湖长组织领导专项行动，各级河长办协调有关部门分工协作、共同推进，各地在做实调查摸底工作的基础上，进一步加大问题排查力度，依法依规开展集中整治，依法严格处置。建立起规划引领、分级负责、河长湖长督促协调、部门协同的河湖管护长效机制。一是以空间规划为引领；二是建立清晰明确的责任体系；三是建立务实高效的河湖监管体系。

二、十大亮点

2016 年和 2019 年，习近平总书记在江西视察时指出：绿色生态是江西最大财富、最大优势、最大品牌，一定要保护好。做好治山理水、显山露水的文章，打造美丽中国“江西样板”。江西始终以习近平总书记的重要指示精神为统领，秉承山水林田湖草生命共同体理念，坚持以流域为单元综合治理，在全国率先实施流域生态综合治理，统筹推进流域水资源保护、水污染防治、水环境改善、水生态修复，协同推进流域新型工业化、城镇化、农业现代化和绿色化，积极打通“绿水青山就是金山银山”双向转换通道，流域生态综合治理成效显著。评估组在江西省的工作实践中发现了一些“亮点”，简介如下：

（一）流域生态综合治理，产业转型升级不断提速

2017 年，全省共启动 130 条河流流域生态综合治理，规划流域生态综合治理项目 373 个，总投资约 388 亿元。例如：抚河流域通过启动流域生态综合治理，产业布局正向大数据、新能源汽车、电子信息化、中医药、休闲旅游转型升级。

（二）水系生态综合治理工程促进一、二、三产融合联动

高安巴夫洛生态谷是一个典型，它位于江西省高安市祥符镇湘赣东路，项目园区占地 22 800 亩，是我国首批国家级田园综合体试点项目，国家 AAAA 级旅游景区，江西省省级特色小镇，江西省现代农业示范园区、江西省生态文明示范基地、江西省新农村建设示范区等。主要由“一镇、一基地、四区”组成，一镇为巴夫洛风情小镇，是一处具备田园特征、村落文化的便利生活社区；一基地为特色农产品加工基地，以中央厨房为核心，配套仓储、物流、质检、交易、商贸、会展、创业孵化等辅助功能，一站式的农产品流通销售平台；四个区域分别为智慧循环农业示范区、田园风光观光区、生态动感乐活区、乡情文化体验区。高安巴夫洛生态谷以江西特色农

产品加工与配送为支撑的产业体系和以原有12个赣派老村庄及耕读文化为依托的生态休闲文旅体系，真正实现一、二、三产融合联动。高安巴夫洛生态谷景区积极响应市政府县级生态文明建设规划，着力打造河长制升级版，开展水系生态综合治理，重点打造月鹭湖和五爪湖水系工程，开展河湖水生态综合治理。

（三）河长制促进绿色生态农业不断发展

结合乡村振兴发展战略，将流域内山、水、林、田、湖、路、村等要素作为载体，整合流域内水利、环保、农业、林业、交通、旅游、文化等项目，打捆形成流域生态保护与综合治理工程，促进绿色生态农业不断发展。如：抚州市东乡区的润邦农业改变粗放耕作农业方式，初步建成以生态、绿色、循环农业为核心，集水稻种植、白花蛇舌草种植、水产与畜牧养殖、花草苗木栽培、新能源综合开发利用、休闲生态旅游业为一体的绿色生态农业综合体。农田耕地地力平均提高0.7个等级，粮食生产能力亩均提高约70公斤，灌溉水有效利用系数提高约10%，每年可节约灌溉用水10万立方以上；肥料利用率提高10%，每年可节肥6吨以上。绿色生态农业不断发展——抚州市绿色生态润邦农业治理效果显著。

（四）河长制促进乡村生态文明建设

这方面的例子不少。贵溪市塘湾镇唐甸夏家村属于塘湾水流域，塘湾水过村2公里左右。自2017年开始，塘湾镇以推进流域生态综合治理为抓手，将塘湾水列入流域生态综合治理示范河流，投资达2 000多万元，着力打造“河畅、水清、岸绿、景美”的河长制升级版，成为全市最具特色的新农村精品点。流域生态综合治理突出水文化主题，全面提高村庄内涵，延伸产业布局，全面振兴村庄经济。

（五）群众环境获得感和经济获得感不断增强

流域综合治理后的百里昌江、南昌赣江风光带和乌沙河治理、萍水河、孔目江等一批显山露水、治水理山的示范流域或河段，为市民旅游休闲提供了良好的生态产品，群众环境满意度不断提升。例如，通过生态治水为百姓创造生态红利，赣县区长村河流域建设五云千亩蔬菜采摘园、樟树坪星星现代农业示范基地和夏潭村甜叶菊育苗基地，发展休闲、观光和体验农业，带动了400多户贫困户产业脱贫致富。南昌市国家级南矶湿地保护区地理位置独特，生态环境美丽，每年大量候鸟来此，岛上的渔民在家门口经营渔家乐，吃上了“绿色饭”“生态饭”，从守住鄱阳湖一湖清水，护住湖滩湿地、保护候鸟生灵中收获生态红利。2018年，江西全面启动生态鄱阳湖流域建设行动，围绕空间规划引领、绿色产业发展、国家节水行动、入河排污防控、最美岸线建设、河湖水域保护、流域生态修复、水工程生态建设、流域管理创新、生态文化建设等十大方面，打造鄱阳湖流域山水林田湖草生命共同体，促进流域内的生态效益、经济效益、社会效益全面提升，实现河湖健康、人水和谐、环境保护与经济发展共赢，为打造美丽中国“江西样板”增添助力。

乌沙河整治成效显著，群众环境获得感和经济获得感不断增强。

（六）持续三年开展“清河行动”，河湖水质不断提升

江西自推行河（湖）长制以来，始终坚持问题导向和目标导向，突出水陆共治和系统治理，持续开展以“清洁河湖水质、清除河道违建、清理违法行为”为重点的“清河行动”。2016年，将水质不达标河湖治理、侵占河湖水域岸线、非法采砂、非法设置入河湖排污口、畜禽养殖污染、农业化肥农药减量化、渔业资源保护、农村生活垃圾和生活污水、工矿企业及工业聚集区水污染、船舶港口污染十个方面列为“清河行动”的重点内容。2017年，又增加水库水环境综合治理、饮用水源保护、城市黑臭水体治理、非法侵占林地破坏湿地和野生动物资源四项。2018年，又再增加消灭劣Ⅴ类水、鄱阳湖生态环境专项整治二项。3年累计解决影响河湖健康的突出问题4 653个。通过系统综合治理，真正实现了河（湖）长制从“有名”到“有实”的转变，河湖水质持续提升，2016年、2017年、2018年水质优良率分别为81.4%、88.5%和90.7%，远高于全国平均水平和国家下达的考核指标。

（七）全力推进法制建设，河（湖）长制走上法制化轨道

江西在全面推行河（湖）长制过程中，始终重视制度建设和法制建设。在建立健全河（湖）长制相关制度体系的基础上，大力推进法制建设。2016年6月1日正式修订实施的《江西省水资源条例》第五条明确规定：“全省应当建立河湖管理体系，实行河湖水资源、水环境和水生态保护河湖长负责制。”这是全国第一部写入“河湖长负责制”的地方性法规。2018年6月1日正式实施的《江西省湖泊保护条例》第七条明确规定：“湖泊实行湖长制。湖长负责对湖泊保护工作进行督导和协调，督促或者建议政府及有关部门履行法定职责，协调解决湖泊水资源保护、水域岸线管理、水污染防治、水环境改善、水生态修复等工作中的重大问题。”这也是全国第一部明确湖长制的地方性法规。2018年11月29日，江西省第十三届人大常委会第九次会议审议通过了《江西省实施河（湖）长制条例》，并于2019年1月1日起正式施行，标志着江西全面推行河长制，深入实施湖长制正式步入法制化轨道，真正实现从“有章可循”到“有法可依”。

（八）率先建立最高规格的河长制组织体系，不断提升协调督促能力

2015年，江西制定出台《江西省全面实施河长制工作方案》，在全国率先实施河长制。明确建立了由省委书记任总河长，省长任副总河长，7位省级领导担任省级河长湖长，在全国率先构建了“党政同责、部门协同、上下联动”的河（湖）长制组织体系。市、县、乡、村四级均按此规格配备河长湖长，形成了全省流域加区域、所有水域全覆盖的组织体系（见图6.1）。2017年，为使河长制工作有专人分管负责，

省级在全国第一个经省编办批准，设立了省河长办专职副主任。随后，市县两级也均设立河长办专职副主任。2018 年，省级调整由分管副省长担任省河长办主任，省政府分管副秘书长和省水利厅厅长分别担任省河长办常务副主任，有效提升了省河长办的组织协调能力。在省河长办带动下，市、县、乡三级河长办全部升格，河长办主任均由政府分管领导担任。

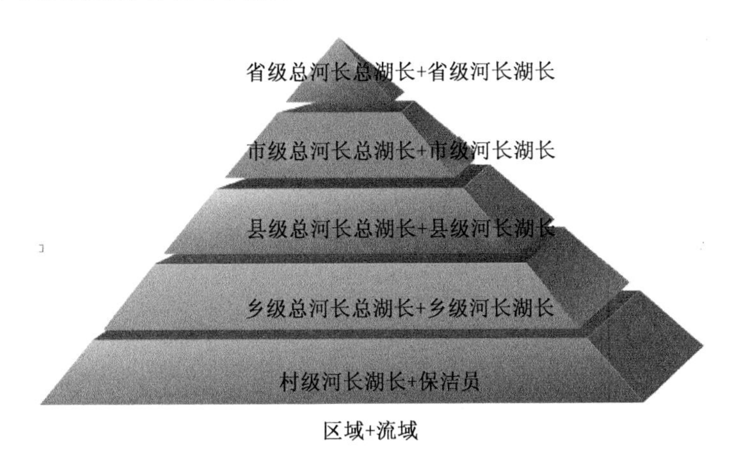

图 6.1 江西省五级河(湖)长制组织体系

(九) 河(湖)长制宣传深入人心，全民呵护河湖生态的氛围初步形成

江西河(湖)长制工作持续受到国内外主流媒体的关注并被多次采访报道。2017—2019 年，中央电视台焦点访谈连续 3 年对我省河长制工作进行正面报道。2018 年，联合共青团江西省委，启动了全省性“我是河小青，生态江西行”护河、爱河志愿者行动，组建“河小青”队伍人数上万人，江西“河小青”志愿者活动获全国志愿者行动金奖。率先以通过地方性法规方式设立“河湖保护活动周”，广泛宣传河(湖)长制。

(十) 编写全国首本中小学生河湖保护教育读本，普及河湖保护知识

江西省河长办精心组织编写了全国首本中小学生河湖保护教育读本《我家门前流淌的河》，并向全省中小学校免费发放 40 万册。该读本分为水 · 生命之源家乡的河湖、受伤的家园、关爱河湖　人人有责、珍爱生命　预防溺水共五个章节以及附录《河(湖)长制相关知识》，旨在普及河湖保护知识，教育学生从小珍惜水、节约水、保护江河湖泊，自觉从我做起，从小事做起，争做河湖的保护者、文明生态的宣传者和美好家园的建设者。江西省还率先推进河(湖)长制进党校，将河(湖)长制纳入党校培训课程，倡导各级河长湖长在党校带头宣讲河长制工作。

三、推行河长制过程中存在的问题

（一）加强河湖水域岸线保护

大力推进河湖“清四乱”及划界工作。河道“四乱”问题整治推进有力，但工作压力传导、宣传引导力度不够，部分区县乡镇流域面积较小河流河道内仍存在乱占、乱采、乱堆、乱建的“四乱”现象，地级以上河湖划定管理范围的比例不高；市、县河湖管理保护方面有短板；部分乡镇河流存在农田非法侵占河道等现象，河湖“清四乱”及划界工作有待加强，目前，完成划界程度不高。目前，河湖“清四乱”方面部分地区还存在排查不到位和清理整治进度慢等情况。特别是在河道管理范围内基本农田和在册耕地上修建了一些套堤和大棚，情况复杂且涉及群众切身利益，清除难度较大。

（二）河湖生态综合治理有待加强

污染在水里，问题在岸上，加快水岸共治，山水林田湖草系统治理，发展“生态农业”“循环经济”是防治水污染的治本之策。推广发展循环农业，有效减少面源污染，充分发挥河长制生态保护与经济发展协同推进、相互促进的作用，引进社会资本，建国家湿地公园、休闲度假区等生态主题景点，切实推进水旅融合，河库生态效益、周边土地价值同步提升，河库产业发展、群众致富脱贫同步推进。

（三）部门配合协作的工作机制有待加强

尤其是部分设区市、县（市、区）还存在部门之间不协调、配合不紧密，部门职责仍有交叉、模糊或空缺，在解决某些具体问题时相关部门职责边际不清，没有形成更强的治水合力。市、县在督察与考核结果运用方面还不够有效。乡、村两级在河（湖）长制责任落实上尚存薄弱环节，管理上还有推诿、扯皮现象，小河道、小水库、小山塘、小水面等水域保洁有“死角”。

（四）基层河长办能力建设有待提升

基层河长办人员编制紧张，教育培训力度有待加强，基础支撑能力还需强化。工作开展不平衡，基层责任落实有待加强。

（五）水污染防治、水环境提升、水生态修复任重道远

这些都需要系统治理、水陆共治，所需要资金量大，整治工作任重道远。

四、工作建议

（一）坚持综合治理和系统治理

全面推行河长制工作已经进入新阶段，下一步重点不能就水治水，而要盯住“盆”和“水”，从清“四乱”扩大到水陆共治、系统治理，着力解决好水资源短缺、水生

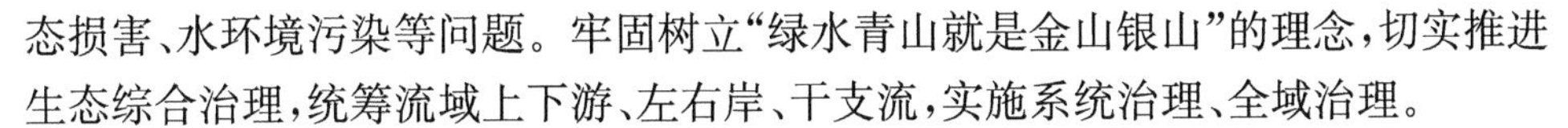

态损害、水环境污染等问题。牢固树立“绿水青山就是金山银山”的理念，切实推进生态综合治理，统筹流域上下游、左右岸、干支流，实施系统治理、全域治理。

（二）坚持问题导向和效果导向

坚持水岸同治，梳理细化问题清单，持续推进 15 项清河行动，协调推进鄱阳湖流域生态环境专项整治，以问题整改倒逼绿色发展和生产方式、生活方式的转变，最大限度地维护河湖健康，最大限度地提升河湖水环境质量，逐步实现河畅、水清、岸绿、景美，还给老百姓“清水绿岸、鱼翔浅底”的景象。

（三）发挥平台作用，提升工作能力

进一步落实各级河（湖）长及责任单位的工作责任，推进河（湖）长制法制化、标准化、信息化建设，特别是加强河湖突出问题的督察督办，抓好“收集—归类—分办—督办—调度—跟踪—核实—销号”各个环节，实行“闭环销号”。充分用好“督办函”特别是“河长令”抓好问题督办。对整改工作不力的地方和部门，实行通报和提请河长开展约谈，推动问题有效解决。

（四）健全机制制度，确保长效管护

推进立法进程，督促各级河（湖）长履职和各级责任单位履行法定职责，形成河湖保护管理工作合力。组建省、市、县、乡四级“河长＋警长”体系，加强河湖保护联合执法和生态环境综合执法，进一步加大对乱占乱建、乱围乱堵、乱采乱挖、乱倒乱排、乱捕滥捞行为的查处打击力度。进一步落实河湖管护主体、责任和经费，发挥社会参与、民间监督的作用。

第十五节 山东省经验、问题及建议

山东省水利厅：河湖管理处万少军、王佳甜、王喜臣

河海大学：郑源、屈波、赵忠伟、姚皓铮、封康辉、李顺顺、俞昊捷、余亚丽

山东省已于 2017 年底全面实行河长制、2018 年 9 月底全面实行湖长制，全省河（湖）长制组织体系、制度体系、方案体系和监测体系全部建立到位，基本构建起责任明确、协调有序、监管严格、保护有力的河湖管理保护体制和良性运行机制。2019 年，全省河（湖）长制工作推进力度大、河湖管理保护成效明显，在全国各省份中排名位列前 5 名，被国务院作为真抓实干成效明显省份进行激励支持。水利部鄂竟平部长对我省河湖清违清障工作给予高度评价，认为“强监管在山东实施的很坚决，很有成绩，清违清障取得了显著的成效，不是一般的成效”。经过现场调研、对各地河（湖）长制成效综合分析，并征求相关地方、责任单位意见，山东省推行河

湖长制经验、问题与建议总结如下。

一、典型做法

（一）坚持高位推动，构建齐抓共管强大格局

省委、省政府对河（湖）长制工作高度重视，每年都召开省总河长会议进行部署，省总河长刘家义书记、时任龚正省长先后联合签发了5个总河长令，多次作出批示指示；各位省级河（湖）长率先垂范、靠前指挥、亲力亲为，多次开展河湖巡查暗访，带动各级干部冲在前线、干在一线。22个省河长办成员单位认真履行统筹协调、督促检查、推动落实职责，10个省级河（湖）长联系单位积极发挥联系协调作用，为河（湖）长决策当参谋、做助手。目前，组织体系、制度体系、方案体系和监测体系全部建立到位，落实省市县乡村五级河湖长7万余人，建立各项制度1.3万余项，设置各类公示牌4.6万块。同时，河（湖）长制工作纳入各市经济社会发展综合考核，明确由省水利厅负责考评，考核结果作为省委、省政府对各市党委、政府工作评价依据的重要组成部分，强力推动河（湖）长制工作高效开展。

（二）坚持动真碰硬，果断处置河湖违法问题

2017年以来，先后实施“清河行动”“清河行动回头看”、河湖“清四乱”、河湖采砂和水库垃圾围坝整治等行动，全省共排查整治涉河湖违法建筑和违法活动6.3万余处。2019年上半年，按照第3号省总河长令和《山东省推动河（湖）长制从“有名”到“有实”工作方案》要求，围绕推动河（湖）长制取得实效，坚持问题导向和目标导向，聚焦管好“盆”和护好“水”，集中开展了“深化清违整治、构建无违河湖”专项行动。各级各部门认识到位、态度坚决、行动迅速，以决战决胜的姿态全面出击、铁腕治乱、猛药去疴，打响河湖管理保护攻坚战。省、市、县三级联动全面摸清河湖问题，印发“核查方案”“暗访方案”“验收方案”三个工作方案，建立“合法清单”“问题清单”两本台账，出台河湖问题认定及整治标准，提出“核实、暗访、通报”“约谈、挂牌、扣分”等措施，对工作进度滞后的部分市县河长办主要负责同志进行约谈，对部分重点问题进行挂牌督办，历时5个月清理整治河湖违法问题1.6万余处，顺利实现了严重影响防洪和水生态安全的河湖违法问题汛前清零，全省河湖面貌得到了明显改善。2019年下半年又排查整改问题2 400余处，明显河湖违法问题全面清零。工作过程中，采取“天地一体、人机结合”的监督方式，有效解决漏报、瞒报和慢整改、假整改等情况。“天地一体”是利用卫星遥感影像和无人机航拍对河湖进行全面监控，并实行地面人工全面核查，综合监控和核查结果，掌握全面、真实、可靠的河湖情况，形成完整的河湖违法问题清单和合法清单。“人机结合”是以河（湖）长制信息管理系统为平台，将河湖违法问题清单和合法清单及时录入，实现河湖问题整改和销号全过程自动化调度。另外，坚持暗访常态化。委托第三方开展覆盖

全省范围的暗访，将暗访发现的新增、漏报、虚假整改、整改不到位等问题，通过巡河 APP 与信息管理系统实施人机交互，动态监督工作情况。

（三）坚持"三化"引领，夯实河（湖）长制工作基础

一是创新标准化带动。2018 年 1 月，以地方标准形式实施《山东省生态河道评价标准》，配套出台《山东省生态河道评价认定暂行办法》，引领地方创建生态河道。2018 年 12 月，出台《山东省河湖违法问题认定及清理整治标准》，对"河湖四乱"问题的认定和清理整治标准作了细化，增加了"乱排"问题整治要求，明确了问题销号和考核标准。二是注重规范化引领。全省 16 条省级重要河流、12 个省级重要湖泊（水库）、南水北调和胶东调水输水干线"一河（湖）一策"全部编制完成，为河流、湖泊、水库找准病根，开出管护药方。14 个省级河（湖）段的岸线利用管理规划经省人民政府批复实施，与土地利用管理、城乡规划蓝线、生态保护红线充分结合，通过联合监管提升管护水平。三是坚持制度化推动。省水利厅联合原国土资源厅等 10 部门部署开展河湖管理范围和保护范围划定工作，并印发《山东省河湖管理范围和水利工程管理与保护范围划界确权工作技术指南》《山东省河湖管理范围划定工作方案》，县级以上河湖管理范围全面划定，空间管控成为河湖管护的"红绿灯""高压线"。

（四）坚持协调联动，营造良好河湖管护氛围

建设河（湖）长制信息管理系统，构建广泛参与的河湖管护体系。一是实现"网联社会"。连着老百姓：河长公示牌公告了微信公众号和 24 小时监督电话，群众的投诉举报自动进入系统、自动派发督办，已接访处理各类举报事件 2 583 条。连着各级河长：对各级 7 万多名河（湖）长动态管理，谁在巡河，何时巡河，巡河路径等，都在系统中一目了然。连着各级河长办：各级河长办的工作全部通过系统进行，实现工作过程自动化处理。比如，河管员发现问题通过手机上传，系统自动形成问题清单，问题概况、责任河长、整改状态实时显示，可跟踪管理实行电子化挂图作战。二是实现"智慧管控"。河湖划界成果全部纳入省自然资源厅"一张图"，利用卫星遥感影像监测河湖管理范围内违法问题。河湖问题通过系统派发到各市，市河长办核实后自动进入问题清单，系统持续跟踪整改。同时，采用无人机航拍、暗访、日常巡查等方式弥补卫星遥感在小尺寸问题分析上的不足，发现问题及时上传处理。三是实现"联合作战"。水质方面，与环保水质监测进行联网；视频监控方面，将省市县三级水利部门视频监控整合到系统，正在接入住建、林业等部门视频监控；空间管控方面，把岸线利用分区和河湖管理范围数字化成果与自然资源部门共享，实现多部门"一张图"管理。

（五）坚持因地制宜，地方多措并举工作成效明显

通过评估来看，山东各地立足当地工作实际，河湖管理保护工作措施有特色、

有实效，值得学习推广。比如：菏泽市，①菏泽市定期通报县区河流出境断面和水功能区水质达标情况。通过河长制工作简报、河长制工作信息平台及媒体等形式，每月将各县区出境河流断面监测点水质监测情况和各县区水功能区达标率向社会公布，对群众反映强烈的问题在主要媒体上进行曝光，接受社会监督。②菏泽市曹县聘用专职河管员。为确保及时发现并解决河湖问题，为各级河长提供河湖信息，在县级以上河湖聘用专职河管员，由各乡镇（办事处）签订聘用协议，县财政统一拨付聘用经费。使曹县主要河湖管护责任明确，河湖违法违规行为及时发现、处理，水环境明显改善。济宁市，①济宁市十六届人大常委会第四十五次会议审议通过《济宁市泗河保护管理条例》。这是济宁市拥有地方立法权后，制定的第一部地方性水利法规，《条例》的出台，对于协调各方利益、理顺体制机制、明确责任义务、界定法律责任，保障泗河综合开发顺利实施，从而大力提升泗河防洪减灾能力、水资源综合利用能力、水生态环境质量和对经济社会发展的保障能力具有十分重要的意义。②济宁市任城区水务局“爱水、护水、节水”水法宣传进万家。一是宣传进社区。在辖区内主要小区、人民公园、文化广场设置水法咨询点、悬挂横幅、发放宣传册及节水标志牌，向来往群众讲解各种涉水、节水举措，倡导增强节水意识。二是宣传进学校。在济宁师范附属小学，区水务局水法宣传人员和小学生们开展了“植绿护水·共筑碧水蓝天”主题教育演讲活动，通过PPT向孩子们讲授了世界水资源及中国水资源现状，讲授了日常节水小窍门，带领他们在学校粘贴节水宣传画册和节水标识牌，让孩子们从小养成节约用水、爱水护水的良好生活习惯。聊城市，①聊城市市河长办联合市公安局出台《关于在全市河道实施河道警长的实施意见》，每条河流均设置了河道警长，为河道管理保护保驾护航。②高唐县河长制办公室根据实际工作情况印发《高唐县河管员管理办法》，在全市范围内率先配备68名河道管理员，实现河湖全覆盖。③高新区结合实际，在全市率先提出企业河长新概念，目前初步设立一名企业河长，由鲁西化工环保部主要负责同志担任，打破了河长制政府“一手抓”的旧格局，开创了“政府主管、社会参与”的新局面。

二、问题

总体看，山东省河（湖）长制工作进展顺利、成效显著，特别是通过“清河行动”“清河行动回头看”、河湖“清四乱”、河湖清违清障等专项行动的实施，河湖管理范围内违法问题得到有效遏制，河湖面貌明显改观。但是，山东省河湖管理保护也存在一些问题。

（一）部分河湖历史遗留问题整治难度大

河湖管理范围内土地被划作基本农田等情况制约河湖管理保护。

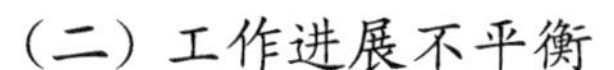
（二）工作进展不平衡

部分市、县社会经济发展水平不同，地区之间工作成效存在差异。基层河长办能力建设有待提升，基层河长办人员编制紧张，教育培训力度有待加强，基础支撑能力还需强化。

（三）河湖治理和管护所需要资金量大，河湖管理保护工作任重道远。

三、建议

为进一步做好河（湖）长制特别是河湖管理保护工作，提出如下建议：

（一）加大和优化水利投资支出结构，支持地方河（湖）长制工作

为恢复和保障水生态，实现“水清”目标，下一步亟需开展河湖清淤疏浚、生态调水等工程建设。建议水利部结合河（湖）长制工作的目标和任务，加大和优化水利投资支出结构，把事关水生态修复、水环境改善的工程项目优先实施，积极支持地方河（湖）长制工作开展。

（二）多渠道筹集资金保障农村河湖治理需要

加大对农村河湖治理和日常保洁资金支持力度，鼓励有条件的地方吸引社会资本参与，多渠道筹资缓解农村河湖治理保护资金压力。探索推广向社会购买公共服务等多种方式，建立健全农村河湖管护队伍，承担河湖日常保洁等任务。

（三）建议充分发挥全面推行河（湖）长制工作部际联席会议作用

强化水利、生态环境、自然资源、公安等部门协调联动，健全完善多部门共同参与的联合执法机制。同时，建立健全群众举报监督奖励机制并推动落地落实，调动社会公众参与河湖保护的积极性。

（四）加强河湖综合治理

发展循环农业，有效减少面源污染，充分发挥河长制生态保护与经济发展协同推进、相互促进作用，引进社会资本建设田园综合体、国家湿地公园、休闲度假区等，切实推进水旅融合，使河库生态效益、河库产业发展、群众致富脱贫同步推进。

第十六节　河南省经验、问题及建议

河海大学：谢悦波、陈新芳、徐慧、刘高飞、张乐、李玥、黄丹姿

一、经验

（一）党政领导同责，持续高位推动

一是党政齐抓共管。河南省委、省政府对河长制工作高度重视，2019年将原有的7名省级河长调整增加为19名，现任的省委、省政府领导均担任一条河流的省级河长，进一步加强了对河长制工作的组织领导。南阳市、洛阳市等地结合实际，还将河长扩大到人大、政协领导，真正实现了河长党政领导全覆盖。二是带着清单巡河。结合“一河一策”方案和河湖存在的突出问题，由河长办每年拉出“问题清单”“任务清单”“责任清单”三个清单，上级河长在巡河期间交办下级河长进行整治。在整治期间，上级河长督导检查，协调解决重大问题，年底考核评价。

（二）强化行业监管，推行网格管理

河南省建立“河长＋网格长”模式，建立水利系统网格化监管体系，协助各级河长抓好河湖管护工作。一是建立监管体系。按照“工程补短板、行业强监管”总基调，印发《河南省水利系统河湖管理保护网格化监管实施意见》。

（三）聚焦突出问题，加强系统治理

全面推行河长制以来，河南省通过开展一系列专项整治行动，铁腕治理河湖之病。突出治“砂”，重拳整治滥采河砂顽疾；突出治“乱”，全面整治河湖“四乱”问题；突出治“污”，全力消除污水直排、黑臭水体；突出治“岸”，解决乱搭乱建难题，以实际行动加快推进河长制从“有名”向“有实”转变。在专项整治过程中，探索建立了一套较为完善的河湖管护长效新机制。

（四）部门协作联动，凝聚推进合力

一是完善协作机制。建立河(湖)长制成员单位定期协商、信息共享、对口协助3项工作机制，采取联合办公、联合督导、联合执法等3种协作形式，形成了“3＋3”协作模式。二是实施联合作战。抽调环保、交通、农业、林业、黄河河务局5个主要河(湖)长制成员单位工作人员在省河长办联合办公，提高工作效率。成立6个联合督导组对省辖市定期督导、暗查暗访、挂牌督办。整合执法力量对重要水源地、重点河流、重点河段实施联合执法，解决涉河涉湖重大问题176起，确保了水事安全。三是加强协作配合。成员单位围绕河(湖)长制工作，密切协作、各司其职，形成了工作合力。

（五）结合地方实际，创新引领发展

将创新贯穿于全面推行河(湖)长制工作全过程，加强探索研究，鼓励先行先试。探索“两法”衔接，省河长办、信阳市、焦作市等地设立检察院驻河长办联络室，强化河湖行政执法与刑事司法无缝衔接，在黄河流域市县率先开展行政公益诉讼

试点；郑州市、南阳市等地在每条河流配备河道警长、警员，有效震慑和遏制河湖违法案件的发生。

（六）畅通监督渠道，广泛宣传推动

公开聘任社会监督员，充分发挥社会监督作用，收集意见和建议，及时反映河道管护的薄弱环节，极大提升了河长制工作的社会监督管理成效。通过印发宣传彩页、宣传版面等形式，多次在"世界水日""中国水周"及黄帝陵祭祖大典、苹果花节等大型活动中对河长制工作进行宣传，努力提高河长制工作的认知度，争取全民参与，共同推进河长制工作。

（七）水景观水文化，特色建设鲜明

三门峡市涧河城区段水景观文化建设具有鲜明的地方特色，岸边路灯及地砖的图案结合当地仰韶文化，灵宝市亲水公园地砖与城市地名结合。

（八）真务实谋创新，敢担当为人先

当全国有很多住建局按照国家标准大谈污水处理厂按照一级 A 标准排放时，灵宝市已经对现有的两个污水处理厂进行提标改造，使之按照地表水Ⅳ类水质标准排水。

卢氏县河长上墙的时间是全省第一。卢氏县河长制公示牌背面的秘密：卢氏县的全部河长公示牌背面除了位置图以外，其中的口号可是不简单，因为全县 256 张河长制公示牌背后的标语都不重复，反映的是卢氏县人细心、用心、踏实做事的精神。

（九）工作勤勤恳恳，在岗兢兢业业

灵宝市河长办是"周六正常不休息，周日休息不正常"；卢氏县河长办是"周日保证不休息，周六休息不保证"。不只是灵宝市和卢氏县，整个河南都是如此，这都是核查过程中向河长办的工作人员了解到的经典事迹，工作人员为了河道治理工作牺牲了休息时间，在自己的工作岗位上兢兢业业。正是这些坚持，才给我们的人民带来今日生态环境的美好。

二、问题及建议

虽然河南省全力推行河（湖）长制工作取得了一定成效，但与国家要求比还有一定差距，通过核查、巡河、访民发现存在以下问题。

（一）加强河湖水域岸线保护

大力推进河湖"清四乱"及划界工作。河道"四乱"问题整治推进有力，但工作压力传导、宣传引导力度不够，部分市县乡镇流域面积较小河流河道内仍存在乱占、乱采、乱堆、乱建的"四乱"现象，部分乡镇河流存在农田非法侵占河道等现象，河湖“清四乱”及划界工作有待加强。

（二）河湖水质需进一步提升

全省各流域水质总体优良，但河湖水质及城市集中式饮用水水源水质有不达标情况，农村地区黑臭水体整治还需加大力度。

（三）河湖生态综合治理有待加强

污染在水里，问题在岸上，加快水岸共治，山水林田湖草系统治理，发展“生态农业”“循环经济”是防治水污染的治本之策。推广应用河湖生态综合治理好的典型，发展循环农业，有效减少面源污染，充分发挥河长制生态保护与经济发展协同推进、相互促进作用，引进社会资本建田园综合体、国家湿地公园、休闲度假区等生态主题景点，切实推进水旅融合，使河库生态效益、周边土地价值同步提升，河库产业发展、群众致富脱贫同步推进。

（四）部分河道环境整治工作有待加强

三门峡市青龙涧下游末端部分由于受到甘棠路大桥项目以及商务中心区甘棠路跨青龙涧河、穿越陕州大道立交工程施工项目影响，水质较差；但是到 2019 年 6 月底施工期结束，这个施工影响因素消除后水质会恢复至与其他河段一样。平顶山市存在垃圾乱丢现象，乡村的垃圾不能及时收集，还存在村民随手扔垃圾现象。

建议：落实水域岸线保洁属地管理职责，加强水域岸线保洁监督管理，建立和完善在线监控与群众投诉相结合的监管考评体系，严格考核审查，兑现奖惩。加强河库周围垃圾清理，全面清除河道沿线生活垃圾、建筑垃圾、堆积物，取缔沿线布置的无证堆场、收旧收废点，开展定期清理行动；加强河道及水库水面垃圾清理，加强保洁设施、设备检查和打捞人员监管，定时清理打捞水面垃圾。

（五）河长制工作经费投入不足

诸如清理垃圾需要人员、运输等必需的经费，但是目前缺乏工作经费，无法可持续的有效开展工作。如灵宝市每年河长制工作经费 110 万元，“一河一策”编制经费花去了 30 多万，而河湖划界仅仅工作底图 CAD 版每张都要 5 000 元，全县算下来就要 200 多万元，没有底图没法开展工作，所以工作要开展，但是却没有资金支付。焦作市内部分内涝河段，因常年无水，堤防破坏严重，需要进行综合治理；已治理的河道由于没有后期维护资金，部分堤防出现损毁，部分河道出现淤积现象。河流清洁行动实施主体在各乡镇办事处和村，但乡村经费有限，前期河流清洁行动已投入许多，要持续开展清洁行动，后续经费投入有限。

建议：加大对河长制工作的资金投入，切实解决一线巡河员待遇问题。加强乡镇执法人员的培养和配备工作，同时要注重整合乡镇执法力量，强化乡镇执法监管力度。

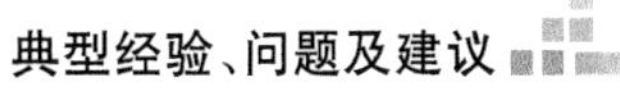

（六）河湖保护工作开展不到位

专项行动与专题会议开展偏少，全省河湖划界进展缓慢，三门峡市、平顶山市、焦作市河湖管理范围均未划定，尚处在规划及外业测量的阶段。

建议：积极推进河湖工作的开展，加大资金投入，加快河湖管理范围确权划界工作。

（七）群众爱河护河意识有待提高

部分群众对河长制了解的不够全面，尚未完全参与进来，没有形成推进工作的强大合力和浓厚的爱河护河氛围，仍存在河道保护管理范围内丢弃垃圾的现象。

建议：加大宣传力度，提高群众爱河护河的思想意识；加强生态文明教育，组织中小学生开展河库及水利工程保护管理教育，增强中小学生的河库及水利工程保护意识。

（八）市、县、乡三级河长办工作人员薄弱

目前，市、县、乡三级河长办工作人员力量较为薄弱，人员、编制等保障需要进一步完善，否则难以持续发展。

第十七节　湖北省经验、问题及建议

湖北省河湖长制办公室潘颖、贺俊、李亮
河海大学：黄显峰、徐佳、邓劲柏、周祎、石志康、朱秋丽、刘杨

一、经验

湖北省地处长江中游，河流纵横，湖泊棋布，素称“千湖之省”“洪水走廊”，三峡水利枢纽、南水北调中线水源地丹江口水库均在境内，是长江干流岸线唯一超过千公里的省份，肩负着“一江清水东流、一库净水北送”的特殊政治任务，在全国水资源保护、水生态修复、水环境治理战略格局中地位十分重要。近年来，湖北省委、省政府深入贯彻落实习近平生态文明思想和在推动长江经济带发展座谈会上的讲话精神，高位推进河（湖）长制工作，致力于制定严密的制度设计，采取有力的督导手段，促动各级河（湖）长积极履职尽责、责任单位密切配合、社会全体积极参与，致力于建立实体机构、夯实工作基础、压实各方责任，以长江大保护、碧水保卫战为主题，以长江大保护“十大标志性战役”、跨界河湖水质水量达标、河湖“清四乱”、划界确权为重点，全力推进河（湖）长制提档升级，加快实现河（湖）长制从“有名”向“有实”转变。湖北河湖管护成效显著，南水北调中线水源丹江口水库水质持续稳定在

Ⅰ-Ⅱ类，长江及其他河湖岸线整治一新，国考断面水质优良比例提升到86%，高于全国平均15个百分点，通顺河、东湖等一大批重要河湖水质达近40年来最好水平，河湖长制工作多次受邀在全国作典型发言，2017年工作满意度居全省近200项改革项目前五名，2018年入选“湖北改革开放40周年优秀改革案例”，2019年河（湖）长制改革与黄柏河流域综合治理体系改革均荣获省委、省政府第二届“改革奖项目奖”（全省共10个），两次获得国务院和水利部激励，形成了一批可复制、可推广的经验做法。

（一）提升思想认识，政治站位高

把全面推行河（湖）长制作为贯彻落实习近平生态文明思想的重要内容，作为全面落实习近平总书记考察长江、视察湖北重要讲话精神的关键举措之一，提升政治站位，增强“四个意识”，将“深入实施河（湖）长制”写入《中共湖北省委关于学习贯彻习近平总书记视察湖北重要讲话精神　奋力谱写新时代湖北高质量发展新篇章的决定》、党代会工作报告、省委常委会工作要点、省政府工作报告等重要文件，列为党政“一把手”工程，2018年、2019年连续两年纳入省委对市州党委和政府年度目标责任考核体系。

（二）发挥制度优势，创新促有实

在全国率先全面推行“河湖警长制”、河（湖）长巡查河湖情况纪实通报、河（湖）长责任河湖水质水量月报、河（湖）长制宣传“六进”（进党校、进机关、进企业、进社区、进农村、进校园）、全省小微水体河（湖）长制等机制，被全国政协调研组在报中办、国办的调研报告中点赞推介。科学设置省、市、县、乡、村五级河（湖）长，延伸设置相应联系部门、联席单位、河湖警长、河湖长助理、企业河湖长、民间河湖长等，构建完备的河湖长履职担当服务支撑体系；大力推进河湖长巡查履职定期通报、提醒、约谈等机制创新，以河湖长制为平台，统合各层级、各部门、各方面力量的新型水治理体系基本形成，加快实现水治理由部门主导向党政主导转变、由区域治理向流域治理转变、单一水域治理向水域陆上系统治理转变、由行政责任向社会共同责任的转变。武汉市建成“三长三员”组织体系，武汉市长江段生态补偿和宜昌市黄柏河流域综合治理经验全省推广；黄冈市“6＋10”工作机制运行顺利，以各级河湖长为统领的河湖管护主体带头履职领责，挺身在河湖生态保护第一线，一大批涉河涉湖突出问题得以解决，很多河湖实现了从“没人管”到“有人管”、从“管不住”到“管得好”的转变。

（三）健全框架体系，激发“新动能”

一是完善河（湖）长制法律规范体系。《湖北省河湖长制工作条例》立法步伐加快，汉江、黄柏河、长湖等重要河湖完成立法，编制完成《湖北省全面推行河湖长制实施方案（2018—2020年）》，省政府先后印发《湖北省河湖和水利工程划界确权实施方案》《湖北省在小微水体实施河湖长制的指导意见》等指导性文件。二是完善河（湖）长制组织领导体系。抢抓机构改革契机，在市、县水利部门统一加挂“河湖长制办公室”牌子，配备专职队伍、人员，河湖长办类同原防汛抗旱指挥部办公室机构，作为常设议事协调机构实体运行，全省市县两级工作机构全部设立，配备专兼职人员 925 人。完善“总河湖长办＋分河湖长办”的平台架构，实现市县两级专门机构全设立、河湖和小微水体河湖长全设立，全省搭建河（湖）长制工作平台 3 000 余个，明确小微水体河湖长 20 余万名。三是完善河（湖）长制考核评价体系。河（湖）长制项目连续两年被纳入省委、省政府对市州党委、政府的年度目标考核清单。四是完善河（湖）长制技术支撑体系。18 个省级重点河湖“一河（湖）一策”实施方案全部编制完成，健康河湖体系研究取得重大进展。

（四）强化责任传导，织密“责任链”

一是落实党政全员全责。紧扣“党政责任制”，省委、省政府领导班子全员上阵，领责河（湖）长制工作。省委书记任省第一总河湖长，既总体谋划布局，又一线指挥，巡查河湖、现场办公。省长任省总河湖长，率先垂范担任长江省级河长。其他 16 名省委常委、副省长各领衔一至两条省级河湖，统筹治理管护事宜和责任。二是做实河湖长领责尽责。印发了《湖北省河湖长巡查河湖管理暂行办法》，分级确定巡查频次、巡查内容、问题交办、督办整改、定期通报，在全国率先对全线巡查提出了明确要求，从制度层面杜绝了巡查履职的“以偏概全”“走马观花”；建立了河湖长巡查履职情况季通报制度、河湖水质水量月报制度、水质异常提醒制度，省委书记、省第一总河湖长 2019 年签批 10 次，点对点对责任段的河湖长提出整改要求，力促河湖长守土有责、守土尽责。每年全省省市县乡村五级河湖长巡河履职 100 余万次，解决河湖突出问题近 3 万个。三是压实部门履职担责。省公安厅组建了生态环保执法支队，省自然资源厅、省交通厅、省农业农村厅、省住建厅等部门分别成立了对应省级河湖长办公室，主动靠前服务省级河湖长，承担落实河（湖）长制任务。

（五）深化主题行动，办民众所盼

一是碧水保卫战常态化制度化推进。已连续四年，按照一年 1 个主题行动的安排，先后部署开展全省碧水保卫战“迎春行动”“清流行动”“示范建设行动”“攻坚行动”，基本形成以碧水保卫战为主题的系列整治体系。仅以“清流行动”为例，共清理整治长江岸线 1 555 公里，后靠腾退化工企业 255 家，岸线复绿 10.4 万亩，取缔、整治非法码头 1 245 个，收缴非法采运砂船 1 589 艘，清理水葫芦、水花生 64.6 万余亩，取缔、整治排污口 1 834 个，整治城市黑臭水体 348 处，整改集中饮用水源地问题 423 个，全省新增生态流量 2 095 立方米每秒。一批过去想解决而未解决的、人民群众反映强烈的河湖水生态、水污染、水环境突出问题得到有效解决。二是“清四乱”专项整治行动深入开展。共投入整治经费 21.73 亿元、人力 52.87 万人次，督察河湖 8 000 余个(段)、行政(刑事)立案 321 起；清理非法占用河道岸线 9 531.88公里，占全国统计总量的 38%；清除围堤 1 796.37 公里，占全国统计总量的 18.3%。清除非法网箱养殖 2.46 万亩，占全国统计总量的 19%；退垸(渔、田)还湖恢复水面面积 15.3 万亩，清理建筑和生活垃圾 1 156 万吨，拆除违规建筑物、构筑物 161 万平方米，赢得社会广泛赞誉。三是河湖和水利工程划界确权一体化推进。全省各地投入资金 6 亿多元，全面完成规模以上河湖划界任务，同时一体化完成规模以下河湖划界进度 70%，全省水利工程划界进度 52.65%。积极争取省财政落实 2020 年度 1 亿元工作奖补资金，为啃下这块阻碍河湖和水利工程管理三十多年的“硬骨头”奠定了坚实基础，做法被水利部运管司向全国推介。

(六) 坚持全民参与，公众互动好

省市县级河湖长制办公室会同同级宣传部门在全国率先联合发文开展河(湖)长制宣传“六进”活动，强力推动河(湖)长制宣传进党校、进机关、进企业、进农村、进社区、进学校“六进”常态化，营造保护河湖的强大声势。人民日报、新华社、中央电视台等中央媒体多次聚焦湖北河(湖)长制工作。全力办好河(湖)长制融媒体平台——“湖北河湖长”微信公众号。公众号长期稳定在 10 万人以上关注量，吸引了外省河(湖)长制同仁超过 4 万人关注，成为全国河(湖)长制专业媒体中的“头部”平台。积极培育民间河湖长，引导社会公益组织、河湖管护志愿者以及各类爱水人士发挥作用，畅通公众参与和监督渠道，明确各类民间河湖长 247 548 人，明确河湖志愿者队伍 1 300 余支；选聘企业河湖长 800 多名，示范和监督了数百个重点工业园区、数千家重点排污企业。全省“党政主导、河湖长领责、部门联动、公众参与、社会共治”的河(湖)长制社会治理结构基本建立。

二、主要问题

(一) 思想认识有待进一步提升

2018 年 4 月，习近平总书记在深入推动长江经济带发展座谈会上指出，一些同志在抓生态环境保护上主动性不足、创造性不够，思想上的结还没有真正解开。这反映出思想认识既是长江大保护着重强调的首要问题，也是影响河(湖)长制深入推进的第一动因。极少数河长湖长没有准确把握河(湖)长制政策，导致行动自觉不够，没有真巡查、真履职；少数地方仍然受先污染后治理、先破坏后修复的旧观念影响，没有正确把握绿水青山和金山银山的关系，导致政绩观出现偏差，重GDP、轻环保，重经济增长、轻污染防治，重城市形象工程、轻环境基础设施建设，影响河湖生态健康。

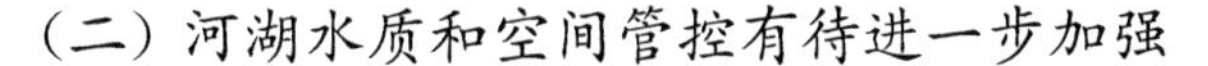

（二）河湖水质和空间管控有待进一步加强

通过开展“碧水保卫战”主题行动和“清四乱”专项行动，湖北省河湖环境显著改善，但目前部分河湖监测断面水质仍然不达标，特别是河湖沿线还有一部分乡镇污水处理厂没有按期运行，部分入河湖排污口整治进展不快，影响水质达标。此外，群众习惯一时难以改变，尚未形成绿色的生产生活方式，爱水护水责任意识不足，造成非法电鱼、采砂、乱倒垃圾、倾倒渣土等现象时有发生，威胁河湖生态健康，损害河湖生态环境。

（三）河（湖）长制制度支撑有待进一步加强

一是河湖健康评价标准尚未出台，对河湖生态系统的现状及存在的问题缺乏系统的诊断，不利于行之有效的考核目标的建立；二是高效率、高质量、高水平的水环境监测信息服务体系尚未建成，不利于为各级政府与部门提供及时有效的信息服务与决策支持；三是河湖规划统筹不够、约束不足，尚未实现“多规合一”和刚性约束。

三、建议

（一）进一步强化组织领导和顶层设计

建议成立国家层面河（湖）长制工作领导小组或委员会，并成立其办公室，推动法律法规、体制机制、资源共享、保障措施、考核奖惩等顶层设计，加强国家部委之间和省际之间的协调联动，为基层河（湖）长制工作开展做好顶层设计和矛盾协调。具体：推动国家层面的河（湖）长制法律法规立法；对于一些河湖保护综合性工作采取部门联合发文部署；统筹跨省河湖治理保护；落实中央河（湖）长制资金项目；落实“清四乱”、河湖划界工作资金；协调多部门之间实现河湖数据共享、工作联合督导、重难点工作联合发文推动；对河（湖）长制工作开展国家层面的目标考核和表彰奖励。

（二）进一步强化资金项目支持

建议在长江经济带发展资金项目库中，落实河（湖）长制工作专项经费和专门项目，着力解决长江流域河湖最突出的问题；落实河（湖）长制奖补政策及资金，充分考虑地方财力、河湖数量、工作表现落实奖补措施，撬动地方分级落实投入，吸引民间资本投入，强化河（湖）长制工作资金保障。

（三）进一步强化基础工作及能力建设

建议在中央层面建立“智慧河湖”信息化平台，实现涉河湖多部门间的数据共享融合，减少基层部门间数据共享中花费巨大的沟通协调成本；建议以中科院牵头，调动国家最强大的涉水生态环境科研力量，深入落实习近平总书记反复强调的“山水林田湖草系统治理”理念的实现路径，从顶层上加强以“山水林田湖草系统治理”为核心的健康河湖治理管护研究，推动河湖治理管护标准化建设；加大对河(湖)长制的宣传培训力度，采取多种形式，尤其是利用网络信息平台等途径，最大范围、更高效率地轮训各级河湖长及工作人员，提高其履职能力和工作水平。

第十八节　湖南省经验、问题及建议

湖南省水利厅杨光鑫、周新章、薛勇

河海大学：衣鹏、杨传国、李敏娟、黄若飞、陈鹏、熊岭、满健铭、李舸航、霍晨玮

湖南省坚持以习近平新时代中国特色社会主义思想为指导，坚定不移贯彻落实习近平总书记“共抓大保护、不搞大开发”“守护好一江碧水”重要指示，深入推动河(湖)长制从有名到有实、从全面建立到全面见效转变，河湖保护与治理取得明显成效，河湖生态环境持续改善。经过现场调研、对各地河(湖)长制成效综合分析，并征求相关地方、责任单位意见，湖南省推行河(湖)长制经验、问题与建议总结如下。

一、经验

(一) 书记挂帅现场履职

湖南省省委书记杜家毫作为湖南省第一总河长，亲自担任湘江治理与保护委员会主任，每年主持召开湘江保护与治理工作专题会议，久久为功推进湘江保护与治理3个“三年行动计划”，示范带动各级河湖长担责履职。2018年6月，杜家毫到蓝山县湖南湘江源国家森林公园境内的野狗岭，实地考察湘江源头，走近山涧小溪，俯下身子，双手捧起清冽甘甜的源头活水，仔细察看水质色泽，一连喝下三大口。杜家毫叮嘱当地负责同志，保护湘江首先要保护好源头。

(二) 全国首创总河长令解决老大难问题

湖南省在全国范围首创总河长令，聚焦河湖长履职、河湖采砂和航运安全、重点流域水污染治理、饮用水水源保护、河湖“四乱”清理整治等多年想解决而不能解决的问题或某地、某区域、某部门无力单独解决的问题，通过省第一总河长、总河长签发命令，强化工作督导调度，压实各级河长的主体责任，有效解决了老大难问题，起到了攻坚克难的关键作用。该工作模式得到水利部的高度肯定和大力推广，为其他省份所效仿。

(三) 全面实行河(湖)长制重大问题“一单四制”管理

湖南省印发《关于加强流域河(湖)长制工作联动及“一单四制”管理的通知》，

在全省河湖全面实行重大问题“一单四制”管理(即任务清单、交办制、台账制、销号制、通报制),实现问题整治全流程闭环管理,推动各流域河(湖)长制工作落到实处。

(四) 互联网+畅通举报渠道

湖南省开通省级统一监督电话“96322”,畅通政府网站、“双微”(微信、微博)、新湖南手机 APP“随手拍”、红网@河长等群众举报投诉渠道,让每个人都可以化身“河长”,形成无处不在的监督网。同时,出台《湖南省河(湖)长制工作社会监督举报管理制度》,进一步规范投诉举报问题受理、办理、反馈等流程,确保整改实效。

(五) 推进流域联防联治

湖南省制定《湖南省流域生态保护补偿机制实施方案(试行)》,印发《湖南省全面推行河(湖)长制联合执法制度》,建立全省流域联防联控、联合执法、联席会议等制度,促进各级各部门协调联动、共治共防。与江西省联合签署《湘赣边区域河长制合作协议》《渌水流域横向生态保护补偿协议》,跨省建立 6 项机制和 2 项制度,共同推进渌水(萍水)流域治理保护。与湖北省签订黄盖湖共防共治协议,建立两地联防联动、相互交叉巡查的工作机制,制定了《临赤黄盖湖联合执法工作规则》,投入资金 200 余万元,设立了临湘市赤壁市黄盖湖联合执法工作站,加强跨界河湖保护执法。

(六) 建立全流域生态补偿机制

在出台《湘江流域生态补偿(水质水量奖罚)暂行办法》的基础上,印发《湖南省流域生态保护补偿机制实施方案》,对全省流域跨市、县断面进行水质、水量目标考核奖罚。与重庆市签署《酉水流域横向生态保护补偿协议》,以分界处的国家考核断面水质为依据,实施酉水流域横向生态保护补偿。同时,与江西就《渌水流域横向生态补偿协议》达成一致意见,签订协议。

(七) 全面实行“双河长制”

在全省建立政府河长与民间河长并行的“双河长制”,招募 1.5 万余名民间河长。永州市、湘潭市等高规格举办了“民间河长”新闻发布会,发布了“民间河长”招募令,组建了市级、县级民间河长行动机构,吸纳“民间河长”。永州“民间河长”被国家水利部提名为“十大基层治水经验”。

(八) 创新实施“一河一警长”机制

在全省范围内实施“一河一警长”,建立了与河长制匹配的“一河一警长”网格化治水体系,提升了综合执法、部门联动和上下协调管理能力,逐步形成了“水上执法一盘棋,联合执法一体化”的联合巡防和执法管理机制,加大了水事违法打击力度。

(九) 促进河长制宣传与地方传统文化融合

湖南省把河长制与当地传统文化结合开展宣传工作，常德市临澧县用沅澧鼓书这种传统的说唱艺术形式新创曲目《河长》，怀化市溆浦河长采取快板书的形式完成了《河长巡河民谣》。这种当地群众喜闻乐见的宣传形式让广大群众自觉参与到爱河、管河、护河的行动中来，让河长制深入人心。

(十) 强力推动株洲清水塘老工业区搬迁改造

株洲清水塘老工业区是湘江流域五大环境综合治理重点区域之一，株洲市以壮士断腕的决心推进搬迁改造工作，安排 3 位市级领导和 200 多名工作人员常驻清水塘，全力攻克“企业往哪搬、钱从哪里来、人往哪里去、污染怎么治、新城怎么建”等众多难题。2013 年以来累计投入 530 多亿元，实施项目 1 583 个，湘江株洲段水质由Ⅲ类提升到Ⅱ类。

(十一) 永州市率先实施“记者河长”履职

永州拓宽监督渠道，从省驻永州和市直主流新闻媒体选聘 10 名记者，创新实施“记者河长”工作模式，凝聚治水护水的合力，营造“守土有责、水安民安、水清河畅、人人有责”的良好舆论氛围。在任期内，“记者河长”们将成为守护湘江源头的“宣传大使”，开展“河长访谈”“民间河长采访”“记者走进层采访”等系列宣传工作，履行监督守护职责。

(十二) 沅江市实施五湖连通项目改善水环境

地处洞庭湖腹地的益阳沅江市，有后江湖、蓼叶湖、下琼湖等五个湖泊，由于过度养殖，变成了臭水湖。近年来，洞庭湖加大综合环境整治力度，沅江把五湖连通，退养还湖，年新增引水量 1.2 亿 m^3，生态水量 0.85 亿 m^3，新增湿地面积 2.5 km^2，改善防洪除涝面积 5.5 万亩，种植湖岸观光植物 1.3 万 m^2，水活了，生活环境也变美了。

(十三) 长沙市实施小微水体治理

长沙市聚焦“让水留下来、活起来、净起来、美起来”，打通管水治水“神经末梢”，为 16.03 万处小微水体配备“贴身管家”。全市共设立村管小微水体片区河长 5 462名，成立 976 支小微水体管护队伍，完成 2.3 万公里小微水体管护，初步实现“大河小水”无垃圾、无违建、无淤泥、无损毁、无污染目标。市财政拿出专项资金进行补助，带动县乡两级资金配套和社会资本参与，通过治理沟塘渠坝等小微水体，为江河湖库赢得“源头活水来”。

(十四) 株洲建立检察院驻河长办检察联络室

株洲市 9 个县市区(云龙区无检察院)河长办均成立了检察联络室，实现人民检察院驻县市区河长办检察联络室全覆盖，配备专门对接人员和办公场地、设备，

派驻检察官在检察联络室每周至少工作1天以上，办理涉水、涉河案件，进一步拓宽了涉河、涉水法律服务领域，推进了生态资源环境行政执法与刑事司法的有效衔接，创新了涉河涉湖涉水犯罪案件办理和法律监督新模式。

二、主要问题

（一）河湖水域岸线管护历史欠账较多

湖南省河湖水网纵横，河湖保护范围划定工作较为滞后，河湖“四乱”问题历史成因复杂，责任主体难确定，短时间实现全面管控存在较大困难。

（二）河湖生态治理保障较为缺乏

各级政府特别是贫困地区县、乡级财力严重不足，治理资金比较匮乏；一些跨区域河湖保护与治理工作条块分割管理机制仍未完全破除；跨省河湖共治共防还没有全面形成。

（三）个别河湖断面水质短期难以达标

洞庭湖、大通湖等水体受农业农村面源污染影响，总氮总磷超标，短期难以有效改善；益阳桃谷山国家考核断面水质目标设置不合理，考核要求为Ⅰ类水，上下游分别为Ⅱ类、Ⅲ类水；郴州山河水库、娄底石埠坝和益阳龙山港3个城市集中式饮用水水源地水质受周边水环境影响超标，需要综合施策才能有效改善。

（四）管护基础需进一步加强

部分县乡河（湖）长对工作认识不足，工作流于形式，巡河巡湖被动应付现象仍然存在，基层缺人员、缺经费、缺措施等问题比较突出，河长制工作“最后一公里”问题仍是短板和弱项。

三、主要建议

（1）中央层面出台河（湖）长制规章条例以及河湖长履职、问责指导性文件，为河（湖）长制落实落地提供法律与制度保障。

（2）按照水利“工程补短板、行业强监管”要求加大河湖管护资金投入，推动河湖强监管。

（3）加大国家部委协同工作力度，高位推动河（湖）长制工作部门协同联动。

（4）结合实际调整益阳桃谷山、大通湖国家考核断面水质目标设置。

（5）鉴于全国各地河湖自然条件不一、经济发展水平不同、各区域面临的困难和问题差异较大，建议建立差异化考核指标体系，开展分类考核。

第十九节　广东省经验、问题及建议

广东省水利厅河长办：凌刚、段彦、孙小磊
河海大学：蒋裕丰、左翔、徐力群、付晓晴、梁思婕、王惠祥、李林杰

自中央推行河（湖）长制工作以来，在水利部的关心支持下，广东省各级各有关部门切实提高政治站位，攻坚克难、苦干实干，实现河、湖、水库、湿地一体化管理，构建起责任明确、协调有序、监管严格、保护有力的河湖管理保护体制和良性运行机制。经过现场调研、对各地河（湖）长制成效综合分析，并征求相关地方、责任单位意见，广东省推行河（湖）长制经验、问题与建议总结如下。

一、经验

3 年来，在省委、省政府的高位推动下，各级河湖长积极履职，责任单位联动配合，全省上下以清河行动和流域生态综合治理为抓手，奋力打造河长制升级版，实现了从“有名”到“有实”，河湖管护成效显著；在工作实践中形成了一些经验做法。

（一）坚持党政主导，高位推动河长制各项工作

省委、省政府高度重视河（湖）长制工作，将其作为贯彻落实习近平生态文明思想和总书记对广东重要讲话及重要指示批示精神的有力举措，持续高位推动。李希书记和马兴瑞省长分别担任省第一总河长、省河长制工作领导小组组长和省总河长、领导小组常务副组长，先后主持召开省委常委会会议、专题电视电话会议和省河长制工作领导小组会议，全面部署推动全省河（湖）长制工作。李希书记、马兴瑞省长共同签发省第 1 号总河长令和省第 1 号污染防治攻坚战指挥部令，在全省江河湖库全面开展“五清”专项行动和全面攻坚劣Ⅴ类国考断面行动，并分别牵头督办茅洲河、练江这两条全省污染最严重河流的治理工作；7 名省级河长巡河督导 27 次，推动所辖流域河（湖）长制工作有效落实。2019 年，省领导对河（湖）长制工作先后作出批示 136 次（每周平均 2.6 次），参加河长制重要会议和活动 40 场次（平均每月 3.3 次）。在省领导的示范带动下，各地各有关部门把落实河（湖）长制要求放在更加突出的位置，镇级及以上全面实行双总河长制，由党政主要负责同志共同担任。全省五级 80 430 名河长、476 名湖长积极履职尽责，2019 年巡河 484 万人次，通过巡河发现并落实整改问题近 17 万个，有效解决了大批影响河湖健康的重点难点问题，人民群众真切感受到全面推行河（湖）长制带来的明显改变。

在省领导的“头雁”效应下，全省各地级以上市均成立由党政一把手任组长的

全面推行河长制工作领导小组，省、市、县、镇四级均实行双总河长制，由党政主要领导共同担任总河长，构建起高位推动的河长制责任体系。各级党委政府负责同志尤其是主要负责同志，主动履行河长职责，通过主持会议、开展巡河、带队调研、现场督导、书面督办、签订责任书、约谈等方式，带头领职履职，高位推动下级河长履职尽责和河（湖）长制工作落实。广州市第一总河长张硕辅书记向 11 个区总河长下达河湖治理管理保护工作清单；深圳市、清远市总河长与各县（区）总河长和有关部门主要负责人签订了工作责任书；茂名高州市总河长与 28 个镇街总河长签订了责任书；云浮市新兴县在新兴江流域内各镇交界点共设置了 23 个水质监测点，每月定期对相关断面水质进行监测，对连续多次监测结果不达标的所在镇（街）河长进行约谈或诫勉谈话。

（二）加强部门联动，协同推进河长制任务落实

在推行河（湖）长制过程中，广东充分发挥河长制统筹协调作用，不断建立和完善部门联动机制，形成推动工作的强大合力。省制定了河长制领导小组工作规则和河长制任务分工方案，明确了各部门职责、任务分工和议事决策规则。在省河长制工作领导小组和省级河长领导下，省河长制办公室加强统筹协调，各成员单位按照职责分工，协同推进河长制各项任务落实。省自然资源厅督促和指导各地城乡规划主管部门在城市总体规划编制中，科学划定城市蓝线，将水库、河道、河涌、湿地等城市河流水系（城市地表水体）划入保护与控制范围；省生态环境厅以 9 个劣Ⅴ类国考断面为重点，牵头开展全面攻坚劣Ⅴ类国考断面专项行动；省住房城乡建设厅狠抓污水管网建设，开展城市黑臭水体治理攻坚战，全年新建城市（县城）污水管网近 8 000 公里，累计建成运行城镇污水处理设施 784 座，各地上报的 243 个城市黑臭水体累计完成整治 184 个；省水利厅牵头组织河湖“清四乱”专项行动，与各地市上下联动，积极运用遥感技术摸清全省重要河湖的“四乱”问题，建立工作台账，落实销号制度；省农业农村厅推进畜禽养殖废弃物资源化利用和主要农作物化肥、农药使用量负增长等行动，全省畜禽粪污综合利用率达 70%（较上年提高 5 个百分点），全年减少不合理施肥 5.2 万吨，农药使用量（全年约 5.6 万吨）较去年减少 3.4%；省财政厅于 2018 年、2019 年每年专门安排 1 亿元河长制专项资金，保障河长制工作落实；省交通运输厅联合工业和信息化厅、广东海事局等单位，组织开展船舶和港口污染防治工作；省公安厅结合打击突出刑事犯罪“飓风 2018”专项行动，严厉打击水污染犯罪等涉环境领域违法犯罪，截至 2018 年 11 月底，环境污染案件共立案 1 507 宗，已结案 1 200 宗，刑事拘留 3 852 人，逮捕 2 160 人；省司法厅积极推动《广东省河道管理条例》列入 2019 年地方性法规立法计划，将实施河长制纳入修订内容。

（三）坚持流域统筹，有效破解跨界治理难题

一是配管家。落实省级河长助理及联络员制度，明确省流域管理机构承担流域河长制具体事务性工作，由流域管理机构及河长助理单位共同协助省级河长做好相关组织协调、监督指导等工作。二是架桥梁。建立流域信息报送制度，每季度向省级河长报送所辖流域内水质水量等涉水数据、河长履职情况、任务推进情况、存在问题和工作建议。三是建档案。省、市、县针对主要河湖量身定制“一河一策”实施方案，系统梳理提出河湖问题清单、目标清单、任务清单和治理措施及责任清单，并建立“一河一档”。经省级河长同意，省五大河流（流域）“一河一策”实施方案已于2018年9月印发。四是搭平台。由省级河长助理单位和省流域管理局牵头，通过组织流域内各市建立定期联席会议、信息通报和共享、监督检查和联合执法等制度，在水质监测、水量调度、水环境综合整治专项行动等方面开展常态化合作，协同落实各项任务。目前，各流域机构和流域内地市分别签订了流域共建共治共享协议，搭建起了流域统筹、区域协作的平台。五大流域定期召开联席会议商讨河湖协作治理问题，有效推动解决了一批跨界河湖管护难题。如新丰江的韶关新丰县和河源连平县签署交界河段水面漂浮物合作治理协议，委托第三方实施统一清理和日常保洁工作，按水域面积比例分摊相关费用，建立了河湖保洁的长效机制。中山珠海交界的前山河、东莞惠州交界的潼湖、汕头揭阳交界的练江都协同推进跨界“清漂”行动，效果良好。深圳市与香港特别行政区探索建立了跨界河流——深圳河保洁管养协作机制，为打造粤港澳大湾区优质生态圈积累了经验。

（四）立足本地实际，全面提升河湖水安全保障能力

广东省在不折不扣落实中央部署的基础上，非常重视打造具有广东特色的河（湖）长制。在推行河长制之初，即结合台风和洪涝灾害频发的实际状况，在中央明确的保护水资源、管理保护水域岸线、防治水污染、改善水环境、修复水生态、强化执法监管六项任务的基础上，增加了“水安全保障”任务。一年多来，广东围绕完善主要江河防洪体系和加强“山边、水边、海边”防洪薄弱环节建设两个重点，扎实推进城乡防灾减灾基础设施建设，切实提高水安全综合保障能力。省西江干流治理工程、湛江蓄滞洪区建设与管理工程前期工作稳步推进，珠江三角洲水资源配置工程获国家发展改革委批复。全省中小河流治理进展提速，累计治理河道长11 222公里，治理后的河道行洪能力明显提升。2018年，全省成功防御了7个台风和18场强降雨影响，因灾死亡失踪人数较近五年同期下降了38%。特别是面对超强台风“山竹”的正面袭击，紧急转移311万多名群众，组织近5万条渔船全部回港避风，实现无重大伤亡、无重大险情的防控目标，把人民群众生命财产损失降到最低，取得防御超强台风的重大胜利。

（五）坚持示范引领，持续深入推进生态河湖建设

针对珠三角和粤东、粤西、粤北地区的不同特点，广东分类实施“构建绿色生态水网”和“打造平安生态水系”两种推进模式，并实行差异化考核。同时，在珠三角地区、粤东粤西两翼和粤北山区这三类地区分类遴选13个地市开展“一县、一镇、一村”省级示范点建设。各示范点大胆创新工作方法，总结实践出一批可复制、可推广的基层经验。比如，深圳市宝安区突破传统治水思维，按照“全流域系统治理，大兵团联合作战”的思路，创新采取全流域治理总承包模式，巧借大型央企的人才、技术、经验等优势，强力推进辖区内4大水系综合治理。河源市源城区实行“无人机＋管护员”的“双管”模式，有效消除管理盲区。茂名高州市组建村级护水队488支共1.2万多人，并建立护水队工作制度，实行制度上墙，将河道管护“最后一公里”落到实处。梅州市平远县石正镇将中小河流治理与景观建设、经济发展相融合，利用石正河改善的水质，探索“鱼稻共生”生态种养植模式，既改善了村居环境，又带活了地方经济。江门鹤山市沙坪街道创新设立街道河长、河道警长、村级河长、民间河长“四长”和直联队伍、保洁员队伍“两队”的“4＋2”河长组织体系，实施河湖多层次监管。广州市花都区杨三村针对境内的2条主要河流，分别成立网格巡河小组协助河长巡河，提高巡河效率。汕头市澄海区溪西村将河长制意义及护河教育纳入国学义教班，调动乡贤群体作用，培养村民爱河护河的好习惯。

（六）坚持共建共治，河湖管护成效全民共享

广东在深入推进河（湖）长制各项工作中，特别注重宣传发动，让社会公众充分参与治水，让工作成效全民共享。一是坚持“耳朵贴近群众”，以“一台二单三函”为抓手，着力构建覆盖收集、处理、回应全流程的舆情管理机制。“一台”即联合腾讯公司打造智慧政务平台，上线运行集微信公众号和移动管理平台于一身的“广东智慧河长”，实现公众在手机端“一键式举报”，政府部门在平台上“一站式处理”。截至2018年底，各级河长利用平台巡河发现问题13 826个，已处理11 462个，处理率达83%；平台收到公众投诉1 205个，已处理1 138个，处理率达94%，满意度为62%。二是坚持“知河”与“治河”同时发力，多渠道加强宣传，在主流媒体开设专栏，组织省、市、县三级河长办集体入驻新媒体平台，推出“广东河长·广东江河水深调研”大型系列报道，开展党员认领河湖、河湖问题“随手拍”及骑兵巡河等多种形式的爱河护河主题活动。2018年广东在人民网、新华网、光明网等三大中央媒体平台的重点报道就有19次；广东卫视《广东新闻联播》专题报道10次；《南方日报》以头版或封面导读刊发的稿件近20篇，并开设了《广东河长》专栏；在“南方＋”新媒体开设“广东河长”南方号矩阵，现已入驻各级河长南方号近80个，发布文章近500篇，总订阅数超60万，总阅读数超1 600万。编发简报等30余期，被水利部河（湖）长制工作简报采用9篇。官方微信公众号“广东智慧河长”推送信息超过

350 条。三是广泛发动公众加入护河队伍，推动河（湖）长制进企业、进校园、进社区，涌现出一批党员河长、企业河长、巾帼河长、“河小青”等民间河长，开展“护河志愿者”招募工作。省河长办、团省委等 7 个部门共同发起“争当护河志愿者，助力广东河更美”护河志愿行动，推动河（湖）长制进企业、进校园、进社区、进农村。全省共组建护河志愿者队伍 1 387 个，全年开展志愿行动 2 119 场，发动数十万名志愿者参与，逐步形成“开门治水”“人人参与”的社会共治格局。

二、主要问题

一是全省水污染防治任务依然艰巨，国考断面水质优良比例和劣Ⅴ类断面比例距离年度目标仍有差距，城市建成区黑臭水体新增数量多，整治任务仍然繁重。二是区域、城乡河湖管理保护工作不平衡，粤东粤西粤北地区河湖管理保护工作相对薄弱，农村河湖监管力度有待加强。三是河长制统筹协同的机制优势有待进一步发挥，一些部门和干部主动参与河长制工作的意识还不够强。四是宣传推广有待进一步加强。

三、主要建议

（一）以专项治理行动为抓手，助力实现广东河更美

从广东省 2019 年工作计划可以看出，省河长办正以专项治理行动为抓手，助力实现“广东河更美”。持续深入开展“让广东河更美”大行动，尤其是“五清”“清四乱”等专项行动，确保 2019 年完成“五清”专项行动任务，7 月底全面完成“清四乱”专项行动任务。在此基础上，再用大约半年时间开展“回头看”，力争 2019 年底前还河湖一个干净、整洁的空间。同时，全面攻坚劣Ⅴ类国考断面，力争 2019 年地表水达到或好于Ⅲ类的水体比例达到 81.7%，劣Ⅴ类水体比例降低到 8.5%。全面弥补总结评估扣分项。

（二）从国家层面建立跨省级行政区域河湖管理协作长效机制

充分发挥水利部流域管理机构的作用，建立流域区域协作长效机制，推动跨省级行政区域河湖管理保护和河（湖）长制工作重点、难点问题的解决。建立健全省界河湖监测监管信息系统，加强跨省级行政区域河湖断面的水质水量监测和目标考核管理。

（三）建议水利部进一步加强顶层设计

从国家层面和流域角度，建立和完善河（湖）长制、河湖管理保护政策法规和长效机制，加大中央财政对地方河（湖）长制工作及河湖管理保护工作的支持力度。

第二十节　广西壮族自治区经验、问题及建议

广西壮族自治区河长制办公室：专职副主任、陈润东高工；广西水利厅丁锦佳一级主任科员、高工；广西水利厅夏自能一级主任科员

河海大学：简迎辉、牛文娟、王荣华、李远、刘敏、王振兴、崔志鹏、梁馨漪

一、经验

广西壮族自治区层面、各市在推进落实河湖长制过程中均有不同程度的创新和突破。首先，广西壮族自治区对河(湖)长制工作高度重视，自治区为了推进河(湖)长制工作的发展，出台政策着力解决人员编制问题；其次，区内地级市依据自身地理位置、经济状况等因素，因地制宜抓好措施落实河(湖)长制工作，推动河(湖)长制工作高质量发展，为区内河(湖)长制发展提供了新契机。

（一）着力解决人员编制，推动河(湖)长制提质增效

自中央作出全面推行河长制湖长制重大决策部署以来，广西壮族自治区党委、政府高度重视，坚持高位推动，抓好工作落实，对照中央全面建立河(湖)长制“四个到位”总体要求，不断加强河长组织体系建设，着力解决人员编制，高规格配备河长办人员，由政府分管领导担任河长办主任，水利、生态环境主要领导担任副主任，并增设专职副主任，推动河(湖)长制提质增效。目前，自治区、14 个设区市、111 个县级河长办均获编办批复，设立河长办，落实人员编制，县级以上河长制办公室全部设立运转；另有 1 124 个乡镇结合实际设立了河长制办公室，形成了较为完善又行之有效的河(湖)长制组织体系。

（二）创新畜禽养殖污染治理模式，获国务院肯定(玉林市)

在《国务院办公厅关于对国务院第五次大督察发现的典型经验做法给予表扬的通报》中，国务院对玉林市创新畜禽养殖污染治理的新模式表示了肯定。玉林市通过河(湖)长制治水管水，利用新技术应对畜禽养殖污染难题，将九洲江、南流江干流和重要支流沿岸 200 米以内划定为禁养区，清理拆除生猪养殖场。在限养区打造“微生物＋”的养猪新模式，推广“高架床＋微生物益生菌”种养结合循环养殖方式，特别是在中小规模的养殖场，推广应用“猪—沼—果(蔬)”“猪—沼—林”等种养模式，实现粪污资源化利用，变废为宝，整治成效显现。

（三）睦邻友好，建立国境界河共商共治共管协商机制（防城港市、崇左市）

防城港市、崇左市等沿边地区河湖长因地制宜，建立国境界河共商共治共管协商机制，积极主动与越南相邻省份展开磋商，开展“美丽界河”“平安界河”等活动。如防城港市防城区峒中镇和越南广宁省平辽县横模社签订协议，沿边地区干部群众及部队官兵与越方每月定期开展一次“美丽界河”界河整治活动，维系了国境界河健康，促进中越睦邻友好；崇左市龙州县、大新县与越方建立国境界河执法协作机制，组织开展联合执法、协同打击跨界违法行为等活动，创建“平安界河”，有力打击了国境界河的各类非法活动。

（四）歌因水而美，山歌传唱寓教于乐（河池市宜州区）

河池市宜州区是壮族歌仙刘三姐的故乡，刘三姐镇下枧河入选“全国 10 条最美丽家乡河”，在宜州当地，传唱着许多与爱水、护水有关的山歌，人们通过唱山歌的形式对河湖保护工作进行有效宣传。宜州区群众传唱的护水山歌朗朗上口，平易直白，令人印象深刻，如“江河湖库要保护，不乱采养搞建筑，河道污染排查好，水生态好住舒服”“水是万物生命源，上至天空下至地，万物生长难离水，保护水源我做先”“污水乱排受污染，垃圾莫倒江河边，国家水源要保护，人人要懂意识先”等等。山歌传唱没有“高大上”的宣讲，没有生搬硬套的说教，乡亲们听得乐呵、笑得开心，一声声听在耳里，一句句记在心上，形成“家乡人关爱家乡河、保护家乡河”的良好社会氛围。

（五）先行先试，用河（湖）长制探寻基层治理的密码（桂林市永福县）

2014 年，桂林市永福县成为广西唯一的全国第一批河湖管护体制机制创新试点县，该县先行先试，创新以“河（湖）长制”为主导的河湖管护机制，加强“河（湖）长制”组织领导，并取得丰硕成果。“村民自治”是永福县实施河（湖）长制工作创新机制之一，使群众角色由“要我担责”向“我要担责”转变。永福县龙江乡自 2010 年以来，成立护渔协会，分段包干进行河流管护，自筹资金开展公益活动，同时通过《关于全乡范围内禁止电鱼、毒鱼、炸鱼，保护河流生态平衡的决定》，并将该决定写进村规民约。永福县广福乡在河长设立上，采取无记名投票、公开唱票的方式，推选出一批有能力、有担当、村民公认的村级河长，推动河（湖）长制在基层落地生根出实效。除了实施沿河村屯“村民自治”的办法，永福县在推进“河（湖）长制”工作中，还积极引入市场机制，通过合同、委托等方式购买服务，分担管护的任务，与保险公司签订保单，对境内已建的河道治理工程进行商业投保，有效分担管护风险，构建“日常维护＋商业保险”管护新模式。

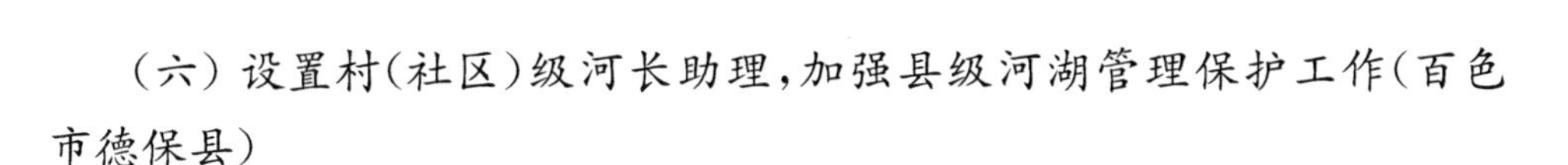

（六）设置村（社区）级河长助理，加强县级河湖管理保护工作（百色市德保县）

为贯彻落实河（湖）长制工作要求，百色市德保县结合实际情况，于2018年设置村（社区）级河长助理共305名，积极协助村（社区）级河长开展河道管理工作，为县级河湖管理保护工作注入新活力。河长助理每天对所管辖区范围河道开展清河工作，对涉及河湖库环境卫生的周边环境进行清查；每周定期巡查河道，及时清理河道污染物。针对巡查发现的河道整治工作问题，河长助理可通过视频汇报、现场汇报、文字说明、图片汇存等多种形式及时向乡镇河长或者县河长办报告，协助督促相关责任单位抓好工作整改落实，切实履行职责，为推进水环境综合治理及河道综合治理工作做出了积极贡献。

（七）河道保洁实现社会化、精细化运营（百色市德保县）

百色市德保县在加强城区河道保洁长效管理，创新河道保洁管护工作中，实现社会化、精细化运营。为确保河道清洁畅通，改善城区河道水生态环境，德保县每年投入209万元，通过招标形式，以社会化运营的方式委托具备河湖管理保护资质的保洁公司对县城区范围内5条河流开展河道巡查保洁工作。自工作开展至今，德保县城区河道环境已得到大大改善。同时，德保县还对河道保洁服务要求及标准进行精细划分，将服务要求分为日常性保洁要求，特殊性保洁要求与保洁其他要求，着力提高河道保洁效率与服务质量。

（八）成立研究课题，集思广益干大事（柳州市）

柳州市委托第三方机构开展编制《柳江流域水质保护和提升规划》，成立研究课题组，集思广益为柳江治理献言献策。《柳江流域水质保护和提升规划》以预防为主、生态优先的基本原则，通过柳江河水环境质量现状全面调查和污染特征分析，在摸清各类污染源的数量、类型及分布和排污去向的基础上，开展污染物负荷计算和空间分配分析，综合诊断各个支流的水环境问题，制定流域污染治理工程优化方案。该规划提出，到2030年柳江国控、区控断面稳定达到Ⅱ类水质。

二、主要问题

通过走访广西壮族自治区河长办及随机选取柳州市、桂林市、百色市河长办，与其相关工作人员对推进河（湖）长制工作进行了深入的交流，总结得出目前河长制工作仍存在以下问题：

（一）河湖水域岸线保护待加强

大力推进河湖“清四乱”及划界工作。河道“四乱”问题整治推进有力，但工作压力传导、宣传引导力度不够，部分区县乡镇流域面积较小的河流河道内仍存在乱占、乱采、乱堆、乱建等“四乱”现象，河湖“清四乱”及划界工作有待加强。河湖管护水平还需提高，一些河湖长对突出问题还缺乏明确的解决思路和工作举措，非法排污、非法采砂、违法养殖、侵占河道、破坏岸线、垃圾乱倒等现象时有发生。需进一步加强对生态环境良好湖泊、重要天然湿地和水库的保护；全面加强河湖水域岸线管护，大力实施河湖管理范围划定工作；深入开展河湖“清四乱”及划界专项行动，加强农村河湖的管理保护和治理。

（二）河湖水质需进一步提升

全区各流域水质总体优良，但河湖水质及县城集中式饮用水水源水质有个别不达标情况，农村地区黑臭水体整治还需加大力度。治污能力仍显不足，城乡污水、垃圾处理设施及管网建设滞后，农村生活污水未经处理直接排放情况仍然存在。进一步强化措施落实，持续提升河湖水环境质量。

（三）河湖生态综合治理有待加强

污染在水里，问题在岸上，加快水岸共治，山水林田湖草系统治理，发展“生态农业”“循环经济”是防治水污染的治本之策。发展循环农业，有效减少面源污染，充分发挥河（湖）长制生态保护与经济发展协同推进、相互促进作用，引进社会资本建设田园综合体、湿地公园、休闲度假区等生态主题景点，切实推进水旅融合，河库生态效益、周边土地价值同步提升，河库产业发展、群众致富脱贫同步推进。进一步强化协同统筹，深入推进水生态文明建设协调发展。强化综合施策、源头治理，进一步加强重点流域综合整治、工业企业废水治理、饮用水保障工程建设，加快推进水土流失综合治理，加大黑臭水体治理力度，提高全省污水处理和城乡垃圾治理能力，确保水环境质量持续改善，坚决打赢“碧水保卫战”。结合实施乡村振兴战略和幸福美丽乡村建设，开展幸福河湖建设，发挥典型示范和引领带动作用，推动全省河（湖）长制工作取得新成效。

（四）管理力度弱、河湖惩治难

河湖保护开发管理力度还应继续加强。随着区域经济的快速发展，各类涉河建设项目日益增多，水行政管理部门执法权限、经济控制手段不足，导致水资源粗放利用现象仍然存在，加之河湖岸线范围不明，功能界定不清，管理缺乏依据，水体污染防治体系不完善。工作动能存在逐级递减现象，工作措施和力度有所弱化；河湖保洁管护经费不足，设备不满足需求，保洁难度较大，保洁人员工作存在人身安全隐患；河道采砂、侵占河道、网箱养鱼等历史遗留问题较多，处置较为困难；水域岸线管控需要进一步加强。

（五）基础欠缺、全面兼顾难

由于广西地处中国南部，雨水充足、河流众多，江河湖库管理保护工作量大，河湖水生态治理修复工程量大，加上边远山区交通不便，地方财力有限，经费及时落实较为困难，资金缺口大成为了全面落实河湖长制工作的重要问题。

（六）宣传力度低、民众普及难

尽管广西对于河（湖）长制宣传工作初见成效，但是仍需进一步加强，部分地区采用的宣传形式多样，多数地区只是简单的流程化、单一化，宣传方式、宣传层次不够丰富，宣传效果不显著。

三、主要建议

（一）加强组织领导，落实责任主体

全面推行河长制作为推动生态文明建设的重要举措和有力抓手，切实加强组织领导，全面落实河湖长责任主体，建立由自治区级统一领导，由各市、县、乡级分级负责的管理机制，统筹、协调、推进各地的重大事项。进一步完善河（湖）长制工作机构，落实主体责任，可以参考永福县河长制建设情况，不仅建立河长、湖长，还针对水库进一步细化设立库长，保证了所有江河湖库职责明晰、精细管理。

（二）强化制度建设，完善运行机制

坚持把制度建设作为河（湖）长制工作的重中之重，制定配套制度，履行保护、管理、治理“三位一体”职责，在建立河长会议、信息共享、信息报送、工作监督、考核问责和激励、验收、河长巡查江河湖库保洁等制度基础上，并结合各地区实际情况进行系统规划。建议从国家层面制定河（湖）长制专项法律法规。

（三）积极探索创新，抓好先行试点

一是在河湖长设立上有所创新，采取匿名投票、公开唱票方式，推选出一批有能力、有担当的村民公认的村级河长，推动河（湖）长制在基层落地生根；二是创新管护模式，以村级为单位，制定村规民约，落实河湖管护责任人，激发民众参与热度；三是推行试点先行工作，起到示范作用，积累值得推广的经验。

（四）加大宣传力度，营造良好氛围

多方式多渠道多层次宣传关于河湖长制工作相关内容，调动全民积极性，广域宣传与重点教育相结合，发放宣传资料和宣传文件，定期举办公益活动，引发民众参与。

（五）强化督察考核，增加问责力度

建立健全的河（湖）长制考核评价体系，量化指标考核。不定期对各地区进行河（湖）长制落实情况进行督察，督察结果直接作为绩效考核的重要依据，对重视不够、举措不力、推进缓慢的责任单位和责任人进行约谈；对因失职、渎职导致江河湖库资源环境遭受损害的，严格按照相关规定追究责任，确保河（湖）长制工作落到实处。

（六）多维管护模式，多元融资途径

提升河道管护效率，创新管护机制，鼓励河道管护外包，鼓励河道维护与地区特色相结合，形成适应新时期新形势的旅游景点，也可以增加额外收入（比如河道保洁船可以做得有民族特色，并增加一些服务项目，具体形式有待开发）。加大资金支持，多元化融资途径，比如与社会资本方合作、鼓励民众自筹等方式。

第二十一节　海南省经验、存在问题及建议

海南省水务厅河湖管理处秦艾斌处长、杨向权一级主任科员、郝斐四级主任科员

河海大学：包耘、陶园、崔敬浩、高艺

一、典型做法与经验

（一）全国率先出台河（湖）长制地方性法规，翻开了法治治水的新篇章

2018 年 9 月 30 日，海南省第六届人民代表大会常务委员会第六次会议通过《海南省河（湖）长制规定》（以下简称《规定》），自 2018 年 11 月 1 日起施行。《规定》在遵循现有法律法规构建的治水责任体系的前提下，针对河（湖）长制实践中亟须法律保障的薄弱环节，对河（湖）长制体制机制予以明确，创设了具有海南特色、符合海南实际的河（湖）长制规范。《规定》明确了各级河长湖长在职责划分上的差异性。省级总河湖长是本省河湖管理的第一责任人，全面负责河湖管理保护的组织领导工作，协调解决河湖管理的重大问题。副总河湖长协助总河湖长工作。省级总河湖长每年巡河湖不少于 1 次，省级副总河湖长每半年巡河湖不少于 1 次；市县级总河湖长每半年巡河湖不少于 1 次，市县级副总河湖长每季度巡河湖不少于 1 次。乡、镇、街道级河长、湖长每月巡河湖不少于 1 次。针对基层河长普遍反映与部门沟通渠道不畅的问题，《规定》拓宽了问题反映渠道，乡级河长湖长发现问题后，可向相关主管部门、市县级河长或者河长制工作机构报告，具有很强的实际操作性。中央电视台、新浪、搜狐、腾讯、中国日报网等数十家媒体争相报道。

（二）智慧治水专攻快速高效，重视河长制信息化建设

三亚市河长办工作人员利用现有的手机地理信息系统，将辖区内的所有河流

走向标注在地理信息系统中，并根据经纬度标注河长公示牌方位，方便河长巡河查看。2018 年 7 月，海口市河（湖）长制信息化管理平台正式试运行，平台以“3＋1”模式将全市 373 个水体实现动态化管理，其中“3”指的是海南河湖长管理信息系统 APP、12345＋河（湖）长制、海口市三防水库管理平台三大板块，平台实时显示着全市 373 个水体状况、问题及相对应水体河湖长工作情况；“1”是指水体微信工作群，各水体对应河长办、各级河湖长、相关职能部门负责人、水体治理公司等人员，集中在工作群中及时处理水体问题。同时，平台已经建立高规格的联动机制，把各区政府、组织部、宣传部、水务、环保、农业、自然资源、环卫、公安、住建等 32 个部门列为河（湖）长制工作领导小组成员单位，明确任务分工，各司其职、各负其责。海南省河长办开发的海南河长 APP，特色鲜明，能够在主页动态展示各级河长的巡河情况，全省所有河长均已下载应用。

（三）全方位动员民众参与河流治理、监督河长制工作

东方市市委、市政府领导高度重视河（湖）长制工作，2018 年印发了《关于印发东方市河长制工作进社区、进企业、进学校、进农村、进机关、进部队实施方案的通知》（东河长组〔2018〕1 号），将河长制工作“六进”做为落实河长制工作的重要举措来抓。市河长制办公室向城镇发放了《致社区“绿水青山，美丽东方”倡议信》，向企业发放了《致企业“杜绝胡乱排污，从我做起”倡议信》，向乡镇发放了《致乡村“保护家乡环境，回到童年清澈小溪流”倡议信》，向有关单位发放了《致机关单位“节水治水从我做起，勇担爱护河湖新标杆”倡议信》，向部队发放了《致“广大官兵贯彻十九大精神，全面推行河长制，落实绿色发展理念，加强生态文明建设”倡议信》。并向“居民河长”“企业河段长”“村民河长”颁发聘书和河长制工作、生态文明建设等宣传资料。通过实施“六进”，提高了乡镇、企业、学校、机关、部队对河长制与改善保护水资源、防治水污染重大意义的认识，积极参与河长制各项工作。

该项工作已在全省推广。

（四）河长向民众延伸，河道专管员每日巡河

海南省除了全面推行四级河长制外，还聘请了大量社会各界人士担任民间河长，共谋治河良策。如三亚市建立了村级河段长、河道专管员及护河员三级基层巡河制度，河道专管员、河段长每日对河道进行巡查，发现问题直接通过手机 APP 报单给联合指挥中心，由指挥中心直接派单给职能局处理，基本实现了分工到位，有效地处理内河（湖）问题。有的市县将河道专管员、护河员的聘任与扶贫结合，既有效缓解了贫困户贫困问题，又给河长制增添了巡河主力军。

（五）河流管护实行外包，专业化服务打造碧水美岸

海南省通过各级政府购买服务的方式和数十家保洁公司签订河道垃圾清理及各类保洁服务，让专业公司提供高质量有保障长效的专业服务，减轻了政府部门的

负担。

（六）红树林修复工程，恢复海湾河口生态平衡

近年来，海南省大力种植红树林，海口、三亚均已成片恢复红树林生态圈。各级政府将红树林湿地修复建设作为社会与经济发展的重要组成部分，统筹规划，同步实施。如三亚市 2018 年安排 1 500 万元作为红树林修复项目资金，其中在三亚河复种红树林 105 亩，有效修复了三亚河红树林断带部分，对其河岸沿线残次、断带和宜林滩涂地进行整地、清理、栽植和补植各类红树林苗木 7 万余株。

（七）铁腕治理，高压打击一切破坏河流环境的违法行为

2018 年 3 月，海口市秀英区检察院与秀英区水务局召开工作机制文件会签会议，标志着海口市“监察＋水务”工作机制初步建立，将为海口积极探索进一步管河治河新模式，助力推行河（湖）长制提供强有力的保障。如南渡江东山段非法采砂问题是水利部督察的项目，检察院专门与海口市、秀英区两级水务部门召开座谈会议，通报了在南渡江东山段利用无人机开展生态巡查以及在“海口市 12345＋河长共治监控平台”上收集的非法采砂信息，并从法律监督层面提出打击非法采砂的建议。目前，南渡江非法采砂已基本遏制。三亚市集中打击河道非法采砂行为 8 宗、水库及水源保护区违法行为 6 宗、河道其他违法违规行为 16 宗。市环保部门查处不规范排放水污染物的环境违法案件共 33 宗，罚款约 578.426 万元。市公安部门查处涉河涉水案件 3 宗，行政拘留 4 人；打击非法采砂刑事案件 4 起，行政案件 1 起，抓获涉案人员共 49 人，其中，刑事拘留 48 人，已被逮捕 6 人，7 人取保候审。这些都有力地支持了河长制顺利有效地开展工作。

（八）鱼排清理，实施补偿

海南岛四周环海，入海河流密布，沿河沿海，尤其是河口围网养殖是本地渔民的重要生计。河（湖）长制实施后，沿海多个市县提高站位，高度重视围网养殖的污染问题，陆续出台了养殖鱼排和海鲜鱼排拆除清理补偿实施方案。在拆除鱼排、还碧水美岸的同时，积极补偿和引导渔民，让其开展不影响河流生态的养殖产业。

（九）采用 EPCO 模式，进行农村污水集中处理

三亚市在农村生活污水治理工程中，在全省率先采用 EPCO 模式（即“工程总承包”＋“委托运营”）实施全市 241 个自然村生活污水治理工作，通过对农村生活污水进行治理，改善农村生态环境和三亚市旅游面貌，提高农村居民生活质量，带动农村经济发展，促进三亚市农村人居环境整治及美丽乡村建设。目前已对 105 个自然村开工建设，完成 68 个。

二、主要问题及建议

海南省河长制建设工作整体较为完善，且取得了巨大的成效。但仍存在一些

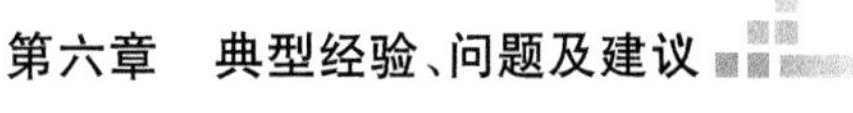

问题，甚至有些问题是地方不能解决的，需要从国家层面进一步做好顶层设计。

（一）河湖水域岸线保护问题

大力推进河湖“清四乱”及河湖管理范围划界工作。2018年，按照水利部要求，省委省政府部署开展河湖“清四乱”专项行动，建立“清四乱”台账，但“四乱”问题突出，完成率不高，河湖管理范围划界工作开展缓慢。同时，财政经费保障不足，市县划界工作压力较大。

工作建议：加大推进河湖“清四乱”及划界工作力度。河湖管理范围是推进河（湖）长制工作的重要基础，也是开展好河湖“清四乱”专项行动的前提条件。因此，要加快推进河湖管理范围划定工作，同时，要稳步做好“清四乱“专项行动，切实还河湖生态面貌。另外，河湖管理保护和河长制工作需法制化、系统化，建议加快出台《海南省河湖管理条例》，以更好规范河（湖）长制工作、水域岸线管理工作和采砂等工作。

（二）河湖生态综合治理有待加强

河湖“四乱”问题依旧存在；非法采砂问题时有发生；沿河生产生活污水直排现象屡见不鲜；水体富营养化、部分河段水质恶化时常发生；农业面源污染问题仍很突出。这些都是严重危害河湖生态健康的罪魁祸首。

工作建议：大力发展“生态农业”“循环经济”。污染在水里，问题在岸上，加快水岸共治，山水林田湖草系统治理，发展“生态农业”“循环经济”是防治水污染的治本之策。推广发展循环农业，有效减少面源污染，充分发挥河长制生态保护与经济发展协同推进、相互促进作用，引进社会资本建国家湿地公园、休闲度假区等生态主题景点，切实推进水旅融合，河库生态效益、周边土地价值同步提升，河库产业发展、群众致富脱贫同步推进。

（三）河长制宣传有待加强，群众监督要落到实处

海南省水系发达，小河流众多，河流保护和治理没有广大民众的积极参与及监督，河湖长效治理是不能保证的。通过此次三亚市43份各界群众满意度调查结果分析，在“您知道河长湖长么?”一项中，“不知道”占比最高，为44.2%；在“您参与过河湖长制哪些工作?”一项中，“没参与”的高达69.8%。在一定程度上反映了河长制的宣传落实工作做得不够，或者说不够具体细致。

工作建议：好的经验要及时推广落实，如东方市的六进（进社区、进企业、进学校、进农村、进机关、进部队），在社会各界广泛宣传河长制的意义、作用、工作机制等。尤其是畅通监督举报渠道，鼓励民众发现问题及时向河长办或其他职能部门反映，使问题尽快落实解决。多种方式宣传关于河长制工作相关内容，调动全民积极性，广域宣传与重点教育相结合，发放宣传资料和宣传文件，定期举办活动，引发民众参与。引入第三方开展河长制考核。协调多个职能部门，制定考核方案，权责

清晰、考核具体、奖惩精确。河长办公室统筹工作，协调各部门制定考核办法；提高公众满意度。

（四）基层河长办人员少、技术弱、待遇低，工作不稳定、沟通不顺畅

在机构改革中，海南省18个市县中5个市县撤销了水务局，成立水务服务事业单位，行政职能移交农业农村局。而河长办此前一直挂靠在水务局，此次改革中没有明确由哪个部门承担，现状多为农业农村局承担，但具体工作仍为水务局改革后的事业单位承担，存在上下沟通不畅的现象。没有撤销水务局的市县，河长办人员大多从水务局内部抽调，同时兼顾其他多项水务工作，很难将精力全部投入河长制工作；有的市县河长办人员通过向社会购买服务的方式招聘临时合同人员，大多不是相关专业，待遇低、技术弱，流动性大，工作保障能力不足。

工作建议：水利部联合相关部委从国家层面对河长办机构设置进行明确，确保基层机构到位、人员到位、经费到位、办公场所和工作设施设备到位，工作运行正常。

（五）“一河一策”作用效果不明显，相关标准缺失，河湖专项治理经费不足

目前，海南省已编制完成了50条省级河流的“一河一策”，也经由县、市、省级河长层层审定。但由于方案侧重河流的管理保护等非工程措施，河流的问题经常变化，管护目标难以精准确定，而且没有充足的资金支撑，导致编制好的“一河一策”方案不能有效实施，作用发挥不明显。一些具体工作缺少相关标准，比如“一河一策”方案编制、河湖管护岸线划定等工作，从国家到省里，没有明确的编制费用测算依据，导致一些市县工作难以开展。目前，河长制工作体系已全面建立，并逐步开展专项整治行动。但从国家、省里都未落实河湖管护专项行动经费。比如，河湖“清四乱”，目前多以行政命令的方式要求市县开展此项工作，市县、乡镇也多从讲政治的角度来落实，但由于缺少专项经费，专项行动注定不能持久、形成长效。

工作建议：“一河一策”是治河之基，首先要保证“一河一策”是在深入调研的基础下科学的编制，其治河方略要有效可行，不能脱离实际。集中招投标是一个好的办法。建议国家及省级层面联合技术部门及高校，尽快开展与河长制相关的各项标准的研究和制定工作。河湖专项治理经费需纳入政府预算，每年初明确经费开支。建议水利部加强河湖管理保护及河长制工作培训，对河湖管理范围划定、岸线保护与开发规划编制等工作进行有效指导。

（六）河长办的功能不够明确，部门联动还有待加强

河长办是一个议事平台，而非具体业务部门。近期水利部先后印发通知，要求将黑臭水体、农村水环境整治等工作全部列入河长制管理范围，这样导致基层在开

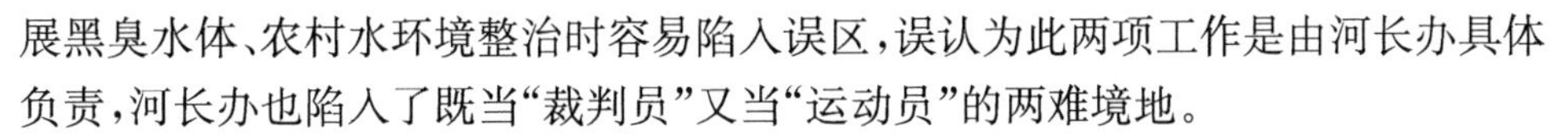

展黑臭水体、农村水环境整治时容易陷入误区，误认为此两项工作是由河长办具体负责，河长办也陷入了既当“裁判员”又当“运动员”的两难境地。

工作建议：在国家部委层面，应加强沟通、信息共享，比如在摸清黑臭水体基本情况时，水利部应与住建部充分沟通，了解相关信息，而不应由基层河长办层层上报，导致水务、住建部门数据不一致，同时也增加了基层河长办的工作负担。

第二十二节　重庆市经验、问题及建议

重庆市水利局：水生态建设与河长制工作处吴大伦处长、付琦皓高级工程师、任镜洁主任

河海大学：唐德善、孙佳浩、姜中清、黄静之、林杰、彭欣雨、王宇亭、陈翔、罗凯

一、典型经验

2017 年 7 月来，在重庆市市委、市政府的高位推动下，市级河长以上率下，各级河长履职尽责，责任单位协调联动，上中下游高效协同，全市上下以筑牢长江上游重要生态屏障、建设山清水秀美丽之地为总揽，按照“一河一长”“一河一策”“一河一档”总体部署和“聚焦‘水里’抓改革，近期治‘水脏’，聚焦‘山里’抓改革，远期治‘水浑’”总体要求，以清河行动和流域生态综合治理为抓手，奋力打造河长制升级版，实现了河长制工作从“有名”到“有实”，河湖管护成效显著，在工作实践中形成了一些经验做法。

（一）市级河长带头履职

市委书记、市总河长陈敏尔带头开展河长制暗访随访工作，各级河长采取暗访随访、现场约谈、督察督办等形式强化巡河履职，暗访随访已成为河长巡河履职重要方式。市委书记在市委常委会会议上亲自指示，要求全市各级领导干部将河长履职情况在民主生活会上深刻剖析、自我检视、不断改进，强化河长制党政领导负责制，做到党政同责、一岗双责。市长、市总河长唐良智定期巡查嘉陵江，并在市政府常务会议上对长江流域水质提升、河长巡河等工作提出明确要求，专题调度污水偷排偷放专项整治行动。市人大常委会主任、市政协主席分别靠前指挥、现场督办梁滩河、璧南河综合整治工作。2 年多来，20 名市级河长巡河 138 人次，带动全市各级河长落实常态化巡河制度、巡河 152 万余人次、处置解决问题 2.8 万余个。

（二）建立落实市级河流河长制工作机制

形成党政领导、部门联动、上下共治的流域管理与区域治理协同格局。市委、

市政府在全市设立“双总河长”制。市级由市委书记、市长共同担任，市人大常委会、市政协主要领导和全部市委常委、副市长均设为市级河长，分别担任长江、嘉陵江、乌江等 23 条市级河流河长。全市全面建立了市、区县、街镇三级“双总河长”架构和市、区县、街镇、村社四级河长体系，设置各级河长 1.75 万名，实现了全市 5 300 余条河流、3 000 余座水库“一河一长”“一库一长”全覆盖。针对市级河流流经区县较多、流域面积较大、管护任务较重等因素，对每条市级河流设置 1 个河流流域河长制牵头单位，市发展改革委、市住房城乡建委等部门立足行业抓整治、立足流域抓统筹，协调推进市级河流河长制工作，承担对应河流市级河长巡河、编制实施“一河一策”“一河一档”、组织召开流域治理保护会议和跟踪督办市级河长交办事项等具体工作任务。

（三）创新设立“一长两官两员”

念好河库管护“紧箍咒”，建立行政执法与刑事司法、外部监督与社会共治衔接机制。设立三级河（库）警长督“违法行为”：市公安局设立三级河（库）警长 1 000 余名，实现河（库）警长全覆盖，重拳打击水域乱采、乱捕、乱排、乱倒等破坏河流生态环境违法行为；设立长江生态检察官督“诉讼案件”：与市检察院签订《加强协作配合共同维护水生态安全合作协议》，探索建立“专业化法律监督＋恢复性司法实践＋社会化综合治理”生态检察模式，开展“保护长江母亲河”公益诉讼专项行动，震慑各类涉水犯罪行为；设立专责审计官督“工作落实”：在全国率先开展河长制执行情况审计，抽选河长制专责审计官近 200 名，对 1.7 万余名河长、38 个区县、22 个市级责任单位河长制执行情况进行全面审计，同时将河长制纳入重大政策跟踪审计。招募“河小青”开展护河行动，建立四级“青年志愿河长”体系，开展“河小青——守卫青山渝水・助力河长制”青年志愿服务系列行动。成立“巾帼河长”投身河库管护工作，组建各级“巾帼志愿河长”队伍，组织开展“巾帼护河・共建生态家园”主题活动，鼓励妇女群众争当巾帼志愿河长、巾帼河道专管员。

（四）以市级总河长令为抓手，着力解决当前河库突出问题

为筑牢长江上游重要生态屏障，着力解决当前河库突出问题，市委书记、市长共同签发市级总河长令，在全市部署开展污水偷排、直排、乱排专项整治行动，号召各级河长“挂帅出征”，向污水偷排直排乱排问题宣战。全市 1.75 万余名河长通过明查暗访、依法打击、远近结合方式，强监管、补短板双管齐下，着力排查整治一批、曝光打击一批，排查问题 4 000 多个，侦办涉及水污染环境刑事案件 50 余起，全市污水偷排、直排、乱排行为被有效遏制，推动长江流域重庆段水环境质量明显改善。2019 年，纳入国家考核的 42 个断面水质优良比例达到 97.6%，同比提高 7.1 个百分点，长江干流重庆段水质总体保持为优。

（五）探索运用“智慧河长＋”助力河长制工作，提升河库管理保护精细化、智能化水平

重庆市高度重视河长制信息化建设，早在2017年就启动建设，2018年正式投用。河长制管理信息系统集PC端、移动APP端、微信公众号三位于一体，覆盖市、区县、乡镇、村社四级河长体系，包含任务分派与处置、巡河管理、“一张图”、公众信息发布、考核管理五个基础功能模块，为各级河长开展河库管理保护提供技术支撑。投用后，一年用户数量达2.5万人，日活跃用户3 000人，最大单日用户量达8 000人，与国家系统实现无缝对接，在2018年度中国国际智博会上作为重庆市水利信息化的典型智慧水利创新方案及成果展示推广。近期，重庆市将在此系统基础上，充分运用卫星遥感、5G及高清VR等大数据智能化技术，建设“智慧河长”系统，实现“天上看、网上管、地上查”的动态监管目标，为河库精细化管理提供技术支撑。同时，将探索运用“智慧河长＋”，提升河库管理保护精细化、智能化水平。

（六）村规民约＋废物回收机制，让河长制植根农村

通过村规民约的制定，一方面告知了村民哪些做法是错误的，另一方面也规定村民违反和破坏规章制度的处罚条款，通过村规民约，解决了法治和德治不能解决和处理的事项。此外，南川区大观镇探索建立了农业废弃物回收利用机制，镇农业部门牵头制定废旧农膜2换1、废弃农药化肥包装物换洗涤用品、农作物秸杆还田、畜禽粪便治理奖补等制度。各村（居）在大面积基本农田边上规划建设农业废弃物堆放小屋，在方便群众的地点设立专门回收点，安排专人建好台账，分类堆放。对开展农作物秸秆还田、畜禽粪便治理的通过沼气池建设项目、农业综合直补予以支持。对废旧农膜回收、废弃农药化肥包装物回收通过统一销售到废旧塑料制品企业并由政府适当奖补的方式解决资金问题。

（七）创新公众参与机制，多种方式促进全民参与

市及各区县通过聘请民间河长、开展“河小青”护河行动等方式引导社会公众参与河长制工作，并开通全市河长制微信公众号，畅通群众投诉反映渠道。通过记者河长、民间河长、网络河长及学生河长等全方位、多层次地调动全社会的积极性，共同打赢河流治理的攻坚战，真正实现“河长制”到“河长治”的转变。记者河长努力讲好全民治水故事，让群众知晓、理解、参与河长制工作，营造良好社会舆论氛围；同时强化监督，以明查、暗访等形式，对在河长制推进过程中存在的各类不作为、乱作为、慢作为等行为进行公开曝光，督促责任单位落实整改。民间、网络及学生河长，以不同梯度、线上线下相结合，河道企业认领制、巾帼护水岗等极大丰富了公众参与机制。尤其将全面推行河长制与脱贫攻坚工作有效结合，以政府购买服

务形式，创建精准扶贫户“公益岗位+民间河长”模式，努力实现“就业一人，脱贫一户”目标。建立起“社会治水”新模式，既扫净了“水路”，又扫除了“贫路”。

（八）组织开展河库生态综合治理修复试点

龙溪河流域环境治理作为国务院第五次大督察典型经验受到通报表扬；永川区实行“治理一条河，提升一座城”推动临江河综合治理，编制的“一河一策”方案得到水利部和长江委充分肯定，《焦点访谈》予以宣传报道；璧山区以推动河长制工作为抓手，创建全国生态文明建设示范区、国家生态文明城市，璧南河获评全国最美家乡河流，成为水污染治理典范，得到水利部和生态环境部的高度肯定；万盛经开区充分发挥河长制生态保护与经济发展协同推进、相互促进作用，引进社会资本建成青山湖国家湿地公园、鱼子岗休闲度假区、关坝镇凉风微企梦乡村等6个生态主题景点，切实推进水旅融合，河库生态效益、周边土地价值同步提升，河库产业发展、群众致富脱贫同步推进，煤炭资源型城市加快转型。龙河丰都段被水利部列为全国首批共17条示范河湖之一，成立了以市级河长为组长的创建工作领导小组，正按照水利部要求扎实开展创建工作。

（九）部署河道整治或污水处理

将城市污水处理设施及管网建设纳入河长制年度重点内容，启动城市管网精细化排查，着力补齐污水基础设施短板，全市城市生活污水集中处理率达到94%，1 000人以上农村聚居点集中式污水处理设施基本实现全覆盖。杜绝采取一棍子打压政策，积极鼓励当地居民一同维护河流，原来河道渔民、采砂船在水利部工作人员引导下变为现在河道清漂人员、清漂船，由对河流有害的人群变为对河道有利的人群；着力拆除餐饮船，其相关事迹也曾被央视电视台报道播出；河道污水处理厂自身设有检测系统，每两小时监测一次，待水质达标后排入河流。

（十）扎实推进专项行动，有效遏制河库乱象

全市各级持续深入开展河道“清四乱”专项行动，严查河道乱占、乱采、乱堆、乱建这些河库管理保护“四乱”突出问题，清理整治流域面积1 000平方公里以上河道乱占、乱建、乱堆、乱倒“四乱”问题578个以及长江干流岸线违法违规利用项目429个。开展河道采砂“统一清江”行动，建立健全采砂管理制度，综合运用现代化技术手段打造河道采砂监管信息体系，强化全天候监控报警，长江干流重庆段非法采砂已基本绝迹。会同市级相关部门开展入河排污口专项核查、不达标河流整治、黑臭水体整治、餐饮船舶整治、非法采砂打击等专项行动30余项，形成河长制责任闭环和工作合力。关停、拆除长江干流及其重要支流非法码头共172个并推进实施生态复绿，岸线自然生态功能加快恢复。拆解、取缔餐饮船舶128艘，餐饮船舶违法经营、违法排污乱象明显改观。

（十一）市委、市政府坚持把制度建设作为河长制工作的重要环节

在全面推行河长制工作全过程，构建了“1＋8＋3＋2”河长制工作制度体系，印发《重庆市河长制工作规定》，出台联席会议、河长巡查、部门联动、工作督察、信息报送、信息公开与共享、考核问责等多项工作制度，建立审计、市级河流河长制工作机制、水质通报3项工作机制，分解河长制、“三水共治”2项主要任务，将保护水资源、管控水岸线、防治水污染、改善水环境、修复水生态、实现水安全六大任务细化分解为72项具体内容，落实具体措施、目标任务、牵头单位和责任单位，制度框架和政策基本形成。同时，即将开展河长制立法工作，制定《重庆市河长制条例》，河长制工作将迈入法治化、长效化轨道。

（十二）举办“发现重庆之美—百万网民点赞重庆最美河流”“河长面对面”等大型主题宣传活动

通过网络点赞、专家评审，评选出2018年度10条最美河流、10座最美水库；网络征集并确定“重庆河长制”及“重庆河长”图文logo，并制作河长包、河长办胸（袖）标、河长帽、河长工作手册等衍生产品；开展“全面推行河长制先进单位”“最美护河员”评选，激励各级单位挖掘护河先进典型。截至2018年底，累计在新华社、人民日报等媒体刊发稿件1 000余篇，编辑出刊《重庆河长制工作简报》89期，合川区“民间河长”何波获评2018年“感动重庆十大人物”，向水利部推送并采用河长制工作亮点稿件10余篇。开展“助推绿色发展，建设美丽长江”系列活动，评选出“最美河流”5条、“河长制工作标兵单位”10个、“最美护河员”120名，有效激励各级单位深入挖掘先进典型。开展“河小青”青年志愿护河活动，引导1.1万余名青年志愿者积极参与河库管护。重庆举办首场“河长面对面”活动，市政府副市长与来自基层的村级河长、河（库）警长、生态检察官、民间河长、河小青、巾帼护河员、企业河长等集体巡河，畅谈治水话题、解决现实问题，搭建起了行政河长与民间河长、市级河长与基层河长沟通交流的平台。

（十三）全力加强河长制工作队伍建设

采取专题辅导讲座、专题培训等方式，累计培训各级河长、各级河长办工作人员250余批次、2.8万余人次，其中，各级党委组织部门开展河长制培训139批次、1.4万余人次。2018年6月，市水利局局长、市河长办主任吴盛海在市委组织部举办的第5期重庆学习论坛上，面向全市3 300余名党校主体班学员作“落实绿色发展理念，全面推行河长制”专题培训讲座。

（十四）创新开展省市联防联控。

立足河流跨区域特征，采取走上游、访下游的方式，全面建立省市之间、区县之间、部门之间健全完善河流联防联控、联合执法、联合巡河的机制，实现了省市互

通、市区联通、部门融通，共同推进上下游共治、水上岸上同治。省市级层面，与四川省、贵州省签订河长制合作框架协议，推动建立跨省界流域横向生态补偿、区域河长定期联席会商等9项联合机制，搭建"信息互通、联合监测、数据共享、联防联治"工作平台，召开省际河长制工作联席会议并开展省市县三级河长联合巡河等工作。同时，为助力成渝地区双城经济圈建设，深化川渝跨界河流联防联控协议，与四川河长办设立联合河长和河长办，完善信息互通、联合巡查、联合治理、联防联控等机制，对81条流域面积50平方公里以上川渝跨界河流联合开展污水偷排、直排、乱排、河道"清四乱"等专项整治行动。启动示范河湖创建工作，联合创建全国示范河湖。市级部门层面，重庆市检察院联合川黔滇藏青五省检察机关共同开展长江上游生态环境保护检察协作，重庆市公安局协同周边省份让跨界违法行为得到有效打击。区县级层面，全市共有12个区县与市外区县就69条(段)河流签订合作协议39项，分级建立了联席会商、水质通报等工作机制。川渝跨界河流濑溪河联合投入10亿元，水质改善为Ⅲ类，重庆合川区、四川武胜县联合治理南溪河，相邻7个乡镇签定联合共治协议，人民日报等新闻媒体以《七枚公章治好跨界河》为题相继宣传报道。重庆市永川区与泸州市合江县整治大陆溪水产养殖场污水直排入河问题。重庆市荣昌区龙集镇与内江市隆昌县周兴镇联合开展渔箭河污染治理，共同推进治污网格化管理，实现河长联手、村民互动、川渝共治。

二、主要问题

（一）河湖水质需进一步提升

全市各流域水质总体优良，纳入国家考核的42个断面水质达到或优于Ⅲ类比例满足国家考核要求，总体呈现干流好、支流差等特点，Ⅳ类及以下水体主要集中在次支河流。城市建成区黑臭水体整治有力，消除黑臭比例达到100%，成功入选全国首批20个黑臭水体治理示范城市之一，但农村地区黑臭水体整治还需加大力度。

（二）河湖水域岸线保护的力度还需加强

针对流域面积1 000平方公里以上河流河道"四乱"问题整治推进有力，但工作压力传导、宣传引导力度不够，部分区县乡镇流域面积较小河流河道内仍存在乱占、乱采、乱堆、乱建等"四乱"现象，如荣昌区内部分乡镇河流存在农田非法侵占河道等现象。

（三）河湖生态综合治理有待加强

污染在水里，问题在岸上，加快水岸共治，山水林田湖草系统治理，发展"生态农业""循环经济"是防治水污染的治本之策。推广应用:龙溪河流域环境治理;永川区实行"治理一条河，提升一座城"推动临江河综合治理;璧山区以推动河长制工

作为抓手创建全国生态文明建设示范区、国家生态文明城市；璧南河获评全国最美家乡河流，成为水污染治理典范，切实推进水旅融合，河库生态效益、周边土地价值同步提升。

（四）河（湖）长制培训工作的针对性仍需进一步加强

重庆各级先后组织多形式、多专题的河长制工作培训，但由于河（湖）长制工作政策性、系统性强，相关业务知识需要及时更新，培训的力度不够、方式局限，需进一步加大政策解读力度，便于基层及时更新业务知识点，进一步加强培训的针对性。

（五）河（湖）长制资金保障压力大

目前，区县级债务压力普遍较大、财政紧张，针对河湖生态综合治理、流域横向生态保护补偿、“一河一策”重点项目实施等方面缺乏有力资金保障。

三、工作建议

（一）加强水岸同治、系统治理

建议重庆市加强河湖岸线整治，开展水岸同治，强化部门联合执法，对河道沿线清淤等问题进行集中处理，探索多元化治理方式；着力解决“重干流轻支流”问题，主动将治理重点延伸至支流，捋清“毛细血管”，有针对性加强治理，以支流水质改善促进干流水质提升。

（二）完善考核机制

建议重庆市从强化落实河长责任的角度，出台专门针对河（湖）长考核的有关指导意见，便于基层进一步完善河（湖）长考核机制，强化河长巡河履职，确保问题及时发现、针对处置、记录完善，切实提高公众对河长制实施带来的获得感、幸福感指数。

（三）保障河（湖）长制治理资金

建议水利部扩大河（湖）长制正向激励奖补资金的额度、范围，在分配年度中央财政水利发展资金时对重庆予以适当倾斜；考虑从三峡库区百万移民的角度，将河湖生态综合治理修复工程项目倾斜安排重庆试点，有效减轻地方财政压力；建议国家有关部委单列河库管理保护专项资金，保障“一河一策”方案的全面实施。

（四）深化河流联防联控机制

建议重庆市要紧扣成渝地区双城经济圈建设中关于生态共建环境共保和加快长江、嘉陵江、乌江、岷江、涪江、沱江等生态走廊建设的要求，全面深化川渝两省市跨界河流联防联控合作协议，加强上中下游协同，持续推进生态保护与修复，筑牢长江上游重要生态屏障。

第二十三节　四川省经验、问题及建议

四川省河长制办公室：刘锐副主任(副厅级)、宋超二级巡视员、李亚昕四级调研员、欧阳喜川

河海大学：邢鸿飞、唐德善、范仓海、吕汉东、尚世源、朱菲、叶林艳、余晓彬、张晗、芮韦青、王权、郭泽权

河长制工作启动以来，四川全省上下认真贯彻落实中央决策部署，党委政府认真履行河长制责任主体职责，广大人民群众积极参与，扎实推进河长制，全面建立湖长制，有力有序开展河湖管理保护治理各项工作，圆满完成各项目标任务，全省水环境持续向好，河湖治理保护初见成效。经过现场调研、对各地河(湖)长制成效综合分析，并征求相关地方、责任单位意见，四川省推行河湖长制经验、问题与建议总结如下。

一、典型做法和经验

总结核查过程中发现四川河(湖)长制工作亮点，具体有以下几点。

(一) 注重高位统筹

按照水利部和四川省省委省政府的统一部署，四川省河(湖)长办公室积极行动，扎实有序推进各项工作，实现了“7 个率先”，引领河(湖)长制在各级各地落地生根，河湖环境持续改善、河湖功能逐步提升，使全省上下的河长湖长主体责任更明确、职责范围更清楚、机制运转更顺畅、工作措施更有力。即：率先建立下游协调上游，左岸协调右岸工作机制；率先提出河长制三个不代替(不能代替部门行政执法、不能代替部门“三定”职能、不能代替河湖保护地方主体责任)、一清(情况要清)二明(任务明确、责任明确)三实(主体实、措施实、考核实)的工作机制；率先完成“一河一策”管理保护方案编制大纲，率先制定实施省 10 大主要河流“一河一策”管理保护方案；率先制定河长制“一张图”标准体系，河湖数据标识码编码指南、基础数据表结构与标识符、河湖管理范围划定数字线、划专用图生产指南以及河长制“一张图”符号设计等多项规范；率先制定岸线管理保护范围划定技术标准；率先与重庆市建立跨省联防联控联治合作机制。

(二) 实行全域共治

一是注重省际协同，与云南、甘肃、陕西、青海、贵州、西藏等相邻省份加强沟通协调，对接跨省河湖基础信息情况；与云南省共同研究制定《共同保护治理泸沽湖

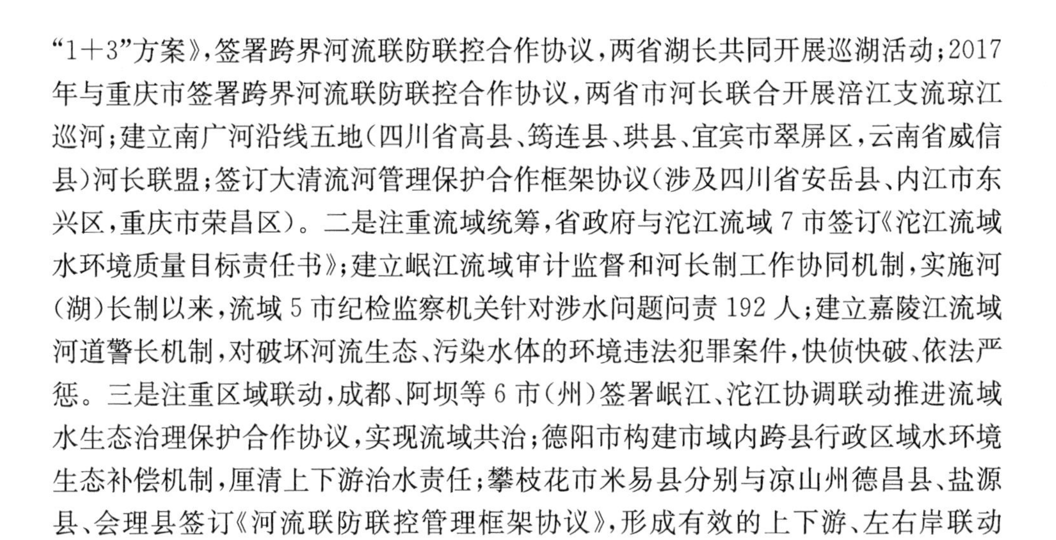

“1＋3”方案》，签署跨界河流联防联控合作协议，两省湖长共同开展巡湖活动；2017年与重庆市签署跨界河流联防联控合作协议，两省市河长联合开展涪江支流琼江巡河；建立南广河沿线五地（四川省高县、筠连县、珙县、宜宾市翠屏区，云南省威信县）河长联盟；签订大清流河管理保护合作框架协议（涉及四川省安岳县、内江市东兴区，重庆市荣昌区）。二是注重流域统筹，省政府与沱江流域7市签订《沱江流域水环境质量目标责任书》；建立岷江流域审计监督和河长制工作协同机制，实施河（湖）长制以来，流域5市纪检监察机关针对涉水问题问责192人；建立嘉陵江流域河道警长机制，对破坏河流生态、污染水体的环境违法犯罪案件，快侦快破、依法严惩。三是注重区域联动，成都、阿坝等6市（州）签署岷江、沱江协调联动推进流域水生态治理保护合作协议，实现流域共治；德阳市构建市域内跨县行政区域水环境生态补偿机制，厘清上下游治水责任；攀枝花市米易县分别与凉山州德昌县、盐源县、会理县签订《河流联防联控管理框架协议》，形成有效的上下游、左右岸联动机制。

（三）强化部门协同

省直相关部门联合开展7轮省级综合督导和暗访抽查，协同开展中央和省级环保督察涉水问题整改，共同实现省级环保督察“回头看”全覆盖；联合开展长江岸线保护和利用、长江经济带固体废物排查等专项行动，全面掌握相关工作情况，推动发现问题的整改落实；联合开展重点流域水污染治理，编制完成10条主要河流水污染防治规划，2018年环境资源公益诉讼立案1 800余件，完成243口矿井封闭和15个磷石膏堆场整治；联合开展黄河“携手清四乱、保护母亲河”行动，召开现场工作会议，强力督促黄河“四乱”问题的清理和整改；联合举办“河小青”活动，积极营造关心河湖、珍惜河湖、保护河湖、美化河湖的良好氛围。

（四）落实法治保障

一是强化河（湖）长制工作监督检查，制定《四川省河（湖）长制工作提示通报约谈制度》；向各市（州）发出提示单38份，启动约谈5次，约谈40余人次，有力推进了河（湖）长制工作落实和河湖突出问题整改。二是持续保持环境执法高压态势，严厉打击水环境违法行为，办理涉水环境行政处罚案件1026件，处罚金额1.37亿元；开展河道采砂领域乱采、乱挖、乱堆、乱弃问题排查整治，收集整理、分类处置涉黑涉恶相关线索127条。三是通过法治推动河湖治理，指导地方推进立法创新，明确村级河长的法律地位，健全基层农村自治管水制度；探索检察机关与地方河长办协同推进河湖管理保护模式，利用立案、检察建议等方式督促部门履职。

（五）突出信息支撑

1. 部门联通，上下共建“一张图”

河长制工作之初，四川省就把河长制“一张图”作为河长制工作的基础，也是基于智慧水利"一张图"的架构打造。然而四川省水利信息化基础薄弱，仅依靠水利部门力量难以完成"一张图"的打造，2017 年四川省将省测绘局列入总河长办公室成员单位，把省测绘二院作为四川省河长制技术支撑单位。依托测绘二院专业地理信息技术，结合水文、农水、水利院等水利专业部门共同打造"河长制"一张图。依托省测绘二院地理信息技术，通过数字线划图、数字正射影像、数字高程模型等技术手段，结合全国水利普查成果、全国地理国情普查成果形成河湖矢量数据，发动省、市、县、乡四级 6 000 余人对河湖数据进行复核、对比、修定，再接合测绘 GIS 技术，最终形成河长制"一张图"。

截止目前四川省河长制"一张图"已涵盖：流域面积 50 平方公里以上的河流 2 816条、水利普查水域面积 1 平方公里以上的天然湖泊 29 个、重要天然湿地（国际、国家和省级重要湿地）4 个、已建成库容 10 万立方米及以上具有供水任务的水库 7986 个、设计输水流量 1 立方米每秒及以上具有供水任务的渠道等 2 480 条，初步形成省河长制基础信息平台底图。并与实际工作业务和远期规划相结合，在底图上进一步录入了水电站 511 座、排污口 1 745 个、水闸 1 828 个、水文站 139 个、338 个全国一二级水功能区、204 个全省一二级水功能区、监测断面 123 个、里程桩119 394个等水利信息，对四川省河长制及水利行业的建设起到重要的支撑作用。

2. 标准先行

信息化建设相关的标准化工作是推动水利信息化建设的重要基础，四川省把标准化建设作为河长制"一张图"和水利"一张图"的基础和前提。四川省先后到水利部、长江委进行调研，在遵循水利部和长江委相关标准的基础上，充分考虑四川实际情况，主体对象和字段结构跟水利部标准保持一致，局部保留了地方特色。2018 年 10 月，四川省率先出台了《四川省河湖管理范围划定数字线划专用图生产指南》《四川省河（湖）长制基础数据表结构与标识符》《四川省河（湖）长制信息化平台河湖数据标识码编码指南》三个标准，正在建设中的标准有：《四川省河（湖）长制基础信息数据字典规范》《四川省河（湖）长制基础数据访问与共享服务技术规范》《四川省河（湖）长制基础信息共享平台用户权限管理办法》《四川省河（湖）长制基础信息共享平台使用手册》。

3. 部门协作，多级共建共享

按照统一的"一张图"、一个数据库的基础上分级建设，按照共建共享的模式，四川省出台了《基础信息平台共享交换服务接口标准》，通过接口四川省已经向各市、县开放"一张图"接口 45 个，各市县在"一张图"的基础上，已经搭建市县河长制信息平台 31 个，12 个正在建设之中。同时"一张图"对省、市、县、乡四级用户进行了开放，也对省河长制成员单位、联络员单位、水利厅各处局、水利厅各水管单位等

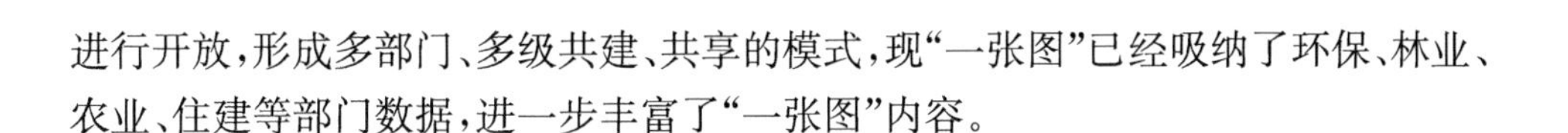

进行开放，形成多部门、多级共建、共享的模式，现“一张图”已经吸纳了环保、林业、农业、住建等部门数据，进一步丰富了“一张图”内容。

二、主要问题

（一）加强河湖水域岸线保护

大力推进河湖“清四乱”及划界工作。河道“四乱”问题整治推进有力，但工作压力传导、宣传引导力度不够，部分区县乡镇流域面积较小的河流河道内仍存在乱占、乱采、乱堆、乱建等“四乱”现象，部分乡镇河流存在农田非法侵占河道等现象，河湖“清四乱”及划界工作有待加强。河湖管护水平还需提高，一些河（湖）长对突出问题还缺乏明确的解决思路和工作举措，非法排污、非法采砂、违法养殖、侵占河道、破坏岸线、垃圾乱倒等现象时有发生。加强对生态环境良好湖泊、重要天然湿地和水库的保护，全面加强河湖水域岸线管护，大力实施河湖管理范围划定工作，深入开展河湖“清四乱”及划界专项行动，加强农村河湖的管理保护和治理。

（二）河湖水质需进一步提升

全省各流域水质总体优良，但河湖水质及城市集中式饮用水水源水质有不达标情况，农村地区黑臭水体整治还需加大力度。治污能力仍显不足，城乡污水、垃圾处理设施及管网建设滞后，农村生活污水未经处理直接排放情况仍然存在。进一步强化措施落实，持续提升河湖水环境质量。

（三）河湖生态综合治理有待加强

污染在水里，问题在岸上，加快水岸共治及山水林田湖草系统治理，发展“生态农业”“循环经济”是防治水污染的治本之策。发展循环农业，有效减少面源污染，充分发挥河长制生态保护与经济发展协同推进、相互促进作用，引进社会资本建田园综合体、国家湿地公园、休闲度假区等生态主题景点，切实推进水旅融合，河库生态效益、周边土地价值同步提升，河库产业发展、群众致富脱贫同步推进。进一步强化协同统筹，深入推进水生态文明建设协调发展。强化综合施策、源头治理，进一步加强重点流域综合整治、工业企业废水治理、饮用水保障工程建设，加快推进水土流失综合治理，加大黑臭水体治理力度，提高全省污水处理和城乡垃圾治理能力，确保水环境质量持续改善，坚决打赢“碧水保卫战”。结合实施乡村振兴战略和幸福美丽新村建设，开展河湖管护示范县建设，发挥典型示范和引领带动作用，推动全省河（湖）长制工作取得新成效。

（四）法治化建设有待加强

河湖管理保护规章制度体系有待进一步完善，河（湖）长制工作法治化建设有待加强。进一步强化工作创新，有力推动河湖管护再上新台阶。进一步强化主体责任，不断完善工作体制机制。深入落实各级党委、政府和各级河长、湖长的河湖管理保护主体责任，完善督察、交办、巡查、约谈、激励机制，积极引入第三方评估等方式，以强有力的考核倒逼责任落实。

三、工作建议

（一）国家层面加强河（湖）长制立法建设

目前，四川省已将河（湖）长制工作条例纳入省人大立法项目并已启动立法调研工作，立法工作是一项长期复杂的工作，四川省将积极采取有力措施，推动立法工作顺利进展。建议国家层面加强河（湖）长制立法建设，出台相关法规制度，便于各地遵循，借助法治力量推动河（湖）长制落地见效。

（二）国家强化部门联动顶层设计

河（湖）长制尚处于刚建立阶段，水利部门“单打独斗”传统习惯仍然存在，需要拆除部门之间“隔离墙”。为此，四川省加强统筹协调，河长制办公室拟与检察机关、公安机关联合制定《协同推进全省水环境治理　切实筑牢长江黄河上游生态屏障的实施意见》，携手推动四川省河湖面貌不断改善，人民生活环境质量持续提升。建议国家层面建立完善的部门联动工作机制，加强水利、生态环境、住建、交通、农业农村、自然资源、公安、财政、发改等相关部委联动机制建设，有利于省级对应建立部门联动工作机制，发挥部门协同推进河（湖）长制工作合力。

（三）国家出台相关资金投入政策

河湖常态化管护与河湖治理需要稳定可持续的资金投入，建议国家出台相关资金投入政策，加大对河湖生态环境治理资金投入，系统整治河湖存在的突出问题。

（四）多维管护模式，多元融资途径

目前，四川省已出台《加强农村水环境治理助力乡村振兴战略实施的工作方案》，进一步落实了农村河湖管护责任，加强了农村水环境治理中各行业项目整合力度，在管护模式和多元投资方面取得了一些进展。建议国家层面出台鼓励创新管护、河道管护外包、河道维护与地区特色相结合的政策扶持。加大资金支持，开拓多元融资途径，比如与社会资本方合作、鼓励民众自筹等方式等。

第二十四节　贵州省经验、问题及建议

贵州省水利厅河湖长制工作处：处长吕涛、三级调研员邓卿、蔡国宇、吴学超
河海大学：张松贺、谢熊祥、刘远思、周甜甜、司廷廷、孙博、王雪瑞

自中央推行河(湖)长制工作以来，在水利部的关心支持下，贵州省各级有关部门切实提高政治站位，攻坚克难、苦干实干，实现河、湖、水库一体化管理，构建起责任明确、协调有序、监管严格、保护有力的河湖管理保护体制和良性运行机制。经过现场调研及各地河(湖)长制成效综合分析，并征求相关地方、责任单位意见，贵州省推行河湖长制经验、问题与建议总结如下：

一、典型经验

(一) 在全国率先将全面推行河长制写入地方法规，确保工作开展有法可依

将全面推行河长制写入《贵州省水资源保护条例》(2017 年 1 月 1 日起施行)，为全国首家在地方法规中明确推行河长制的省份；2018 年 2 月 1 日起施行的《贵州省水污染防治条例》也作了相关规定；2019 年 5 月 1 日起施行的《贵州省河道条例》，设河(湖)长制专章，共四条内容，从法制层面为全面推行河长制提供有力支撑和保障。

(二) 首创省、市、县、乡四级双总河长，独创省级四大班子人人当河长，高规格构建河长制组织体系

按照中央要求设立省、市、县、乡四级河长制体系和党政同责的要求，结合实际，贵州省在全省范围内全面推行省、市、县、乡、村五级河长制。省、市、县、乡四级设立“双总河长”，由各级党委和政府主要领导担任；省委、省人大、省政府、省政协的省级领导各担任一条重点河流的省级河长，并明确一家省级责任单位协助开展工作，34 位省级领导及 32 家省级责任单位参与河长制工作，范围较广、程度较深、效果较好，在省级河长设置和履职方面作出了探索，全省各级参照省级做法，由各级党委、人大、政府、政协领导担任河(湖)长，全省 4 697 条河流(湖)、2 407 座小(2)型及以上水库、17 150 座山塘落实五级河(湖)长 22 755 名，实现河流、湖泊、水库等各类水域河(湖)长制全覆盖。

（三）万名河湖民间义务监督员和河湖巡查保洁员齐上阵，助力河湖水清岸绿

全省聘请了11 220名河湖民间义务监督员，负责对全省河湖保护进行义务监督。我省河长制工作积极聚焦脱贫攻坚，在全省范围内聘请的17 271名河湖巡查保洁员中包含10 362名建档立卡贫困人员，加强与志愿服务工作联动。省河长办与团省委、省文明办等单位联合开展"青清河"保护河湖志愿服务行动，组织志愿者巡河达60 000余人次。

（四）探索建立跨区域跨流域河流协作机制，共同保护跨界河流

对于跨区域跨流域的河流，我省还积极与周边省市签订了《重庆市河长制办公室贵州省河长制办公室渝黔跨省界河流联防联控合作协议》《四川省河长制办公室贵州省河长制办公室联动机制协议》《云南省河长制办公室贵州省河长制办公室跨界河流联防联控联治合作协议》《云贵川三省政协助推赤水河流域生态经济发展协作协议书》《云南省曲靖市　贵州省六盘水市　贵州省黔西南州关于黄泥河环境保护协同监督工作机制》《打击破坏黄泥河生态环境违法犯罪行为工作五项联动机制》《关于建立赤水河乌江流域跨区域生态环境保护检察协作机制的意见》《渝黔跨省界河流联防联控合作协议》等，特别是《关于建立赤水河乌江流域跨区域生态环境保护检察协作机制的意见》开启了沿江省市检察机关对"两河"流域齐抓共管的先河。

（五）开展大巡河活动，践行河长制，久久为功，推动生态环境持续改善

连续三年在"贵州生态日"成功举办了声势浩大的"保护母亲河　河长大巡河"活动，省委书记孙志刚、省长谌贻琴带头巡河，其他各级河长分别到责任河段开展巡河，切实做到"政治站位有高度、工作部署有力度、巡查整治有深度"，进一步推动"生态优先、绿色发展""关爱河湖健康生命"等理念深入人心，营造了全社会共同爱河护河的良好氛围。2019年，贵州省将"保护母亲河　河长大巡河"活动与中央环保督察反馈问题和长江经济带曝光贵州省突出问题有机结合，书记、省长率先垂范，各省领导牵头开展全面督察，全省五级河(湖)长以及相关干部群众累计7万余人参与巡河，在全省形成上下同心、履职尽责的良好氛围。各级河(湖)长现场巡查和解决水生态环境管理保护存在的突出问题，用实际行动充分彰显了贵州省坚决打赢生态环境保护战役的决心和信心。省委书记、省人大常委会主任、省总河长孙志刚对大巡河活动作出肯定性批示，要求深入学习贯彻习近平生态文明思想，久久为功推进河长制工作，集中精力管好水、护好水、治好水、用好水，推动生态环境持续改善，不断满足人民群众对美好生活的需要。按照渝川滇黔跨区域生态环境保

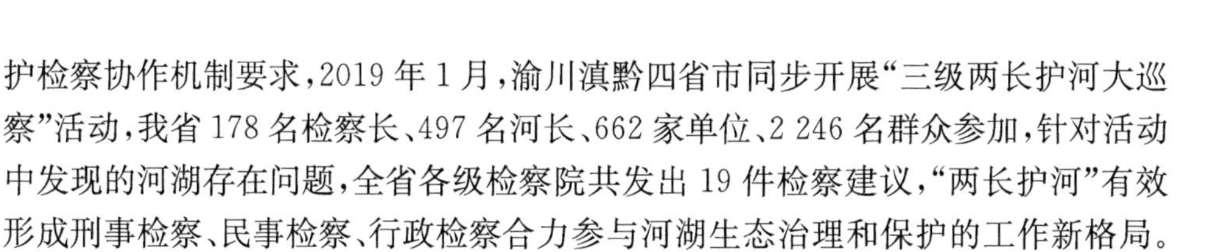

护检察协作机制要求，2019 年 1 月，渝川滇黔四省市同步开展“三级两长护河大巡察”活动，我省 178 名检察长、497 名河长、662 家单位、2 246 名群众参加，针对活动中发现的河湖存在问题，全省各级检察院共发出 19 件检察建议，“两长护河”有效形成刑事检察、民事检察、行政检察合力参与河湖生态治理和保护的工作新格局。活动结束后，省水利厅、省公安厅、省检察院印发了《贵州省水行政执法与刑事司法衔接工作机制》，严厉打击涉河（湖）违法犯罪行为，切实加强河湖管理执法监督，维护河湖生命健康。

（六）鼓励创新落实，全面推行河长制工作

积极鼓励各地在做好“规定动作”的基础上，结合工作实际，创新“自选动作”。贵阳市增设执行河长，明确各市级责任单位主要负责人担任市级执行河长，市级执行河长作为所辖河（湖、库）的第二责任人，直接对所辖河（湖、库）对应的市级河长负责；遵义市务川县丰乐镇新场村造纸塘组成立了民间河道管理护卫队，27 位老人自愿签名管护当地河流；六盘水开展水城河综合治理，既注重治水又改善景观，挖掘“三线”文化资源，着力提升老百姓生产生活水平；安顺市采取不打招呼、自定路线、直击现场、照相取证的形式，对辖区县、乡级河长制工作开展情况、河湖管理保护专项行动工作开展情况进行暗访，并以“一县一单”方式将暗访发现的问题发相关县进行整改；毕节市黔西县建立“一长四员”流域生态环境保护机制，加速实现水清、岸绿、河畅、景美；铜仁市推行民心党建＋河长制和河道管理村规民约，着力破解河长制工作“最后一公里”问题；黔东南州锦屏县敦寨镇、新化乡，黎平县高屯镇等亮江河流域 12 个村寨共同签订锦、黎两县“亮江河流域护河公约”；黔南州根据河长巡河和督导检查发现的 132 个问题实行“派工单”，累计派出“派工单”16 件 89 个问题，完成整改 37 个，正在整改 52 个；黔西南州建立了“河长＋警长”“河长＋校长”“河长＋林长”“河长＋护水员”联动机制，多方联动开展河湖保护工作；贵安新区加大对各区级责任单位和乡（镇）、村级河长培训，有效提高基层河长履职能力，加快对巡查管理中的问题解决，共同推进河湖管理保护工作。总结核查过程中发现，贵州省在六项制度的建立及实施上具有有效执行，逐渐成熟，并将河长制考核工作落实，将考核结果作为地方党政领导干部综合考核评价的重要依据情况。

（七）聚焦目标任务，确保工作落细落小落实

每年年底，省河长办督促河省级责任单位按照印发的设省级河（湖）长河流（湖泊）“一河一策”方案，牵头组织对次年年度任务目标进行细化分解，确保工作落到实处，并纳入河长制工作考核中。扎实开展河湖“清四乱”、河湖采砂专项整治、长江经济带固体废物整治等专项行动。以 1 号、2 号总河长令部署“清四乱”工作，自加压力把清理范围扩大至流域面积 500 平方公里以上（国家要求为 1 000 平方公里以上）的河流及草海，对范围以外的河流也要求市县建立台账开展清理。结合河

湖违法陈年积案“清零”行动及违建别墅问题清理整治专项行动，重点查处“四乱”违法行为，加大督导检查，实行联动查办。加强明察暗访，督导“四乱”问题整改，省级派出5个暗访组，采取“四不两直”方式，对市、县河湖“清四乱”工作开展情况进行暗访，问题台账以“一市一单”方式下发所涉市州，督促限期整改，实行办结销号制，对整改难度大的河湖问题，会同相关职能部门，协调解决。制定印发《贵州省实施乡村振兴战略加强农村河湖管理工作推进方案》，着力解决农村河湖“脏乱差”等突出问题。制定印发《贵州省河湖管理范围划定三年行动方案》《关于加快推进河湖管理范围划定及岸线保护与利用规划编制工作的通知》，按照水利部安排部署，深入推进我省河湖划界工作，连续两年将河湖划界工作纳入省政府与市(州)政府签订的目标责任书。

以壮士断腕的决心开展了有地方特色的两项行动，在2018年5月15日前，全部拆除境内3.38万亩网箱，实现了全域“零网箱”。为减少乌江、清水江等河流中总磷污染，采取“以渣定产”方式，按照“增量为零、存量减少”的要求，倒逼磷化工企业转型升级，磷石膏资源综合利用规模和水平大幅度提升，正是通过扎实推进这些行动，全省河湖水质进一步变好，全省出境断面水质100%达标。

(八) 精心开展培训宣传

一是全省各级充分采取以会代训、专题培训、河(湖)长制进党校等方式组织开展河(湖)长制培训。2018年，特邀副省长、省副总河长吴强在省委党校“生态文明建设和大生态战略行动专题研讨班”专门就深入实施河长制讲课；2019年，省河长制办公室联合省委组织部在河海大学举办了贵州省提升河(湖)长履职能力专题培训班，进一步统一思想、深化认识、拓宽思路、推动实践，提升个人政策素养与业务能力。二是连续三年将河(湖)长制作为“世界水日　中国水周”重要宣传内容，2018年举办的节水护水知识竞赛和2019年举办的“水美贵州杯　保护家乡河”演讲大赛，均吸引了来自各行各业的广大干部职工、学生、普通群众参加，有效带动更多的人参与到节约水资源、保护家乡河的实际行动中来。三是充分利用各种媒体，采取各种方式向社会宣传。人民网、新华网、央视、《中国水利报》《人民长江报》《贵州新闻联播》《贵州日报》等主流媒体刊发新闻报道300多篇(条)，发出了贵州全面推行河(湖)长制工作的好声音。2018年，组织了“五级河长谈治水”在线访谈、“贵州河长这一年”集中采访报道，特邀吴强副省长在北京参加了新华网、人民网总网的访谈，向广大网友宣传了我省的河长制工作，从中央媒体的角度审视我省河长制工作取得的成效。组织开展河(湖)长制进学校、进企业、进社区等活动，积极引导社会各方关心和参与河湖保护。

二、主要问题

受地方财力薄弱影响，市、县以下河（湖）管理范围划定、岸线利用规划编制、“一河一策”方案实施等缺乏必要资金；少数地方和单位对河（湖）长制的重要性、紧迫性和长期性的认识不够，一些河长推动问题解决的作用发挥不好；河湖治理保护涉及到跨区域、跨行业，协调难度大，治理时效长、见效慢。

三、主要建议

（1）建议从国家层面加大对河长制的重视，注重多部门协作，并将河长制工作纳入到国家生态文明建设有关的工作和考核中；

（2）积极组织河长学习培训，提高河长的执行水平，提高各成员单位间的协作效率；

（3）在河长制补助项目安排上给予倾斜，助推河长制工作再上一个新台阶。

第二十五节　云南省经验、问题及建议

云南省河长（湖长）制工作处：马平森、吴青见、杨霄

河海大学：王山东、魏海、芦园园、郭亚军、吴杰、杨丹、王欢

河长制工作启动以来，云南全省上下认真贯彻落实中央决策部署，党委政府认真履行河长制责任主体职责，广大人民群众积极参与，扎实推进河长制，全面建立湖长制，有力有序开展河湖管理保护治理各项工作，圆满完成各项目标任务，全省水环境持续向好，河湖治理保护初见成效。经过现场调研各地河（湖）长制成效、综合分析，并征求相关地方、责任单位意见，云南省推行河（湖）长制经验、问题与建议总结如下：

一、典型经验

总结核查过程中云南河（湖）长制工作经验，主要有以下9点：

（一）高位推动，主要领导带头引领

省委、省政府对标对表中央改革决策部署，先后及时印发《云南省全面推行河长制的实施意见》《云南省全面贯彻落实湖长制的实施方案》，及时召开全省动员视频会议和总河长暨河长制领导小组成员会议，创新调整九大高原湖泊保护管理体制，压实属地责任，强化上下联动机制。陈豪书记先后签发4次总河长令，明确任

务，压实责任，推进河(湖)长制工作落地见效。陈豪书记、阮成发省长除分别担任云南省总河长、副总河长外，还分别担任治理保护任务艰巨的抚仙湖和洱海两个湖泊的湖长，带头亲自巡河巡湖，并对河(湖)长制工作先后作出30多次批示、指示，采取实地调研、明察暗访、召开会议、派出督察组实地督察等多种形式，以上率下、以身作则、率先垂范，推动全省河(湖)长制全面落实。

(二) 增设村级河长，全省实行省、州、县、乡、村五级河长制

充分调动和发挥村级组织在管理河、湖、库工作中的积极作用，不仅将农村河道、各类分散饮用水源纳入管理，而且对农村水环境治理工作产生了积极影响，促进美丽乡村建设，构造舒适美丽的人居环境。

(三) 河湖库渠，全面覆盖到位

云南省明确提出河、湖、库、渠全面覆盖到位，保证每一条河都有河长，湖长、库长、渠长、塘长、坝长，统称河长，体现河长管护河、湖、库、渠水系流域的完整性、系统性和科学性。六大水系、牛栏江及九大高原湖泊设省级河长。《云南省水功能区划》确定的162条河流、22个湖泊和71座水库，《云南省水污染防治目标责任书》确定考核的18个不达标水体，大型水库(含水电站)设立州(市)级河长。其他河、湖、库、渠，纳入州(市)、县(市、区)、乡(镇)、村各级河长管理。全省共7 127条河流、41个湖泊、7 103座水库、7 992座塘坝、4 549条渠道纳入河长制保护治理范围，实现河、湖、库、渠全覆盖。在实施湖长制中，把大中型水库(含水电站)、地级及以上城市集中式饮用水水源地水库纳入湖长制管理，大型水电站水库(库容1亿立方米以上)及重要的中型水电站水库设置副湖长，副湖长由水电站水库管理单位主要负责人担任。

(四) 云南省建立了省、州(市)、县(市、区)三级督察体系

省委副书记任总督察，省人大、省政协主要领导任副总督察，各级相应建立督察体系，开展实地督察，形成整改报告，指出突出问题，列出整改清单，并印发到有关州(市)及有关单位，督办整改。为了明确各级河、湖长职责，细化工作措施，云南省建立了述职和问责制度，形成一级抓一级、层层抓落实的工作格局。

(五) 云南省河(湖)长办、省水利厅联合省检察院积极创新工作机制，推进“河长制＋检察”联合机制

各地积极响应省委、省政府的号召，不仅引入“企业河长”“民间河长”“学生河长”等方式鼓励民众积极主动参与管理河湖，推动落实河长制的全面建设，还积极探索出适合自身实际情况的创新管理措施，如在阳宗海示范实施“党建＋河长制”双推进机制；昭通市采取无人机监控河湖，一个“U”盘下达河长令；普洱市将河长制列入村规民约。

（六）治理高原湖泊，坚定目标不放松，成效明显

云南省常年水面面积 30 平方千米以上湖泊有 9 个，称为“九大高原湖泊”，其生态均很脆弱，其中滇池、洱海等曾经的污染引起中央和全国的关注。云南省委书记陈豪、省长阮成发分别担任治理保护任务艰巨的抚仙湖和洱海两个湖泊的湖长，带头亲自巡河巡湖，采取实地调研、明察暗访、召开座谈会、派出督察组实地督察等多种形式，以上率下、以身作则、率先垂范，推动全省河(湖)长制全面落实。九大高原湖泊均制定了管理保护条例，每个条例均以法律的形式确定了湖泊的一级保护区范围和二级保护区的范围。创新调整九大高原湖泊保护管理体制，压实属地责任，强化上下联动机制。

2018 年，云南省财政安排 36 亿元资金支持九大高原湖泊保护治理工作。各地攻坚克难，因湖施策，多措并举，全面落实湖长制六大任务，推进了一批关键性综合整治工程，成效显著。为稳定保持抚仙湖Ⅰ类水质的目标，着力实施关停拆退、环湖生态建设、镇村两污治理、面源污染防治、入湖河道综合整治、城镇规划建设、产业结构调整、新时代“仙湖卫士”八大行动，扎实开展突出问题整治的“百日雷霆行动”，以最严格的组织领导、最严格的保护措施、最严格的执法监督、最严格的责任追究，全力打好新时代抚仙湖保卫战，为抚仙湖稳定保持Ⅰ类水质起到了关键作用。大理州把“洱海清、大理兴”作为根本发展理念，集中人力、物力、财力开展洱海保护性抢救工作，全面实施洱海流域“两违”整治、村镇“两污”治理、面源污染减量、节水治水生态修复、截污治污工程提速、流域综合执法监管和全民保护洱海的“七大行动”，实现了入湖河流岸上、水面、流域网格化管理全覆盖。滇池流域通过牛栏江向滇池生态补水，与滇池环湖截污、入湖河道整治等治理措施联动，开展三年攻坚行动，实行流域生态补偿机制。异龙湖加快了生态湿地和补水工程建设，实施生态补水。2018 年上半年，滇池草海水质和外海水质由劣Ⅴ类转Ⅴ类，滇池外海水质部分月份已为Ⅳ类；洱海水质 1～5 月水质保持在Ⅱ类；抚仙湖水质稳定保持Ⅰ类；程海(氟化物、pH 除外)符合Ⅳ类标准；泸沽湖水质稳定保持Ⅰ类；杞麓湖水质恶化趋势得到遏制，已基本实现脱劣Ⅴ；星云湖水质营养状态指数有所降低；阳宗海湖体水质持续改善，已从劣Ⅴ类恢复到Ⅲ类；异龙湖水质恶化趋势得到遏制，主要污染指标呈下降趋势。

（七）结合民族地区特色，公众积极参与河长制

云南省是典型的多民族地区，结合民族特色，开展河长制的宣传，使河长制的实施深入民心，落地生根。本次核查时，在傣族村寨看到基层的村级河长公示牌旁清水淌过，农村环境整洁，水渠和河道干净、整洁，河水清澈，村民的环境保护意识很强，且对河长制的实施非常拥护。

普洱市、德宏州芒市将河长制列入村规民约，对河道的保护结合乡村民俗的特

点，宣传到村口、河边和田间地头；德宏州河长公示牌展示民族特色。昆明、丽江、保山、普洱等州市，引入“企业河长”“民间河长”“学生河长”等方式参与落实河长制。全省乡村开展“七改三清”行动，即：改路、改房、改水、改电、改圈、改厕、改灶和清洁水源、清洁田园、清洁家园。

（八）采砂管理重视过程监控

由于云南省高速公路和铁路正在大建设时期，砂石的需求量大。同时由于山区河道砂石资源丰富，易于开采，之前非法采砂、乱采乱挖严重。为此，云南各地采取疏、堵结合的方式，出台河道采砂联合执法实施方案，联合公安等部门查处和打击非法采砂活动，对乱采区域进行整治。

另外，制订砂石资源保护开发和整治规范管理方案，对砂石资源进行多种形式的拍卖，对采砂过程进行全时段的在线视频监控，并采用雷达测体积、电表用电检测等方式进行实时监控，有效减少河床下沉和水土流失，保障河岸安全和行洪畅通。部分区域还采用将采砂许可到村委会，充实村集体经济收入，通过“四议两公开”投入河长制工作。

（九）加强协调，跨国跨省联动

云南省有多条河流是国际河流，双方边民“鸡犬之声相闻”，经济、生活往来密切。之前由于双方政府缺乏沟通，未形成长期有效的环境问题合作管理机制，国境线中方一侧长期受到缅甸的“进口垃圾、污水、噪声、烟雾”困扰，居民长年投诉不断。为切实提升人居环境，全面落实河长制工作，经外事办的努力对接，根据《中华人民共和国政府和缅甸联邦政府关于中缅边境管理与合作协定》的规定，“双方应采取措施保持界河不受污染”，促成了双方政府领导的边境线环保及环境水污染专题会商机制。

如2018年3月6日，在瑞丽市与缅甸木姐市的友好协商下，为协助缅方解决好垃圾问题，中方愿意向缅方捐赠环卫运输设备、污水处理设施和垃圾热解炉等。通过深入地沟通交流，增加了互相之间了解，增进了双方友谊，对存在问题达成了共识，增强了双方整治边境线环境的信心和决心。多年来困扰姐告居民和影响国家形象的环境污染问题得到缅方表态支持配合解决。

2019年6月5日中缅联合开展世界环境日系列活动，我们核查组刚好路过，看到了边境口岸祥和、安宁的气氛。中缅联合开展世界环境日系列活动，共商双边绿色发展。希望在双方共同努力下，瑞丽与木姐建立起高效的生态环境保护交流合作机制，切实维护好中缅边境生态环境质量。木姐和瑞丽是缅中两国互信合作、友好发展的典范。缅方高度重视边境地区的环保教育和环境改善工作。此次中、缅学生代表团进行了以环保为主题的演讲交流和有奖问答活动，实地参观了姐告小河治理项目和瑞丽市第一污水处理厂，活动有助于提高边境人民共同保护环境的意识，有助于促进木姐、瑞丽两城之间的生态合作，从而缔造绿色美好的家园。瑞丽与木姐还将深化交流，共同构建中缅边境生态保护、协商合作的一个常态工作机制。

为把泸沽湖保护治理工作打造成为长江上游跨省共抓共管共治的绿色发展范本，全面加强协调协合作，从根本上解决川滇泸沽湖流域突出问题，确保全湖水质永久保持地表水Ⅰ类标准，云南省和四川省人民政府共同印发了川滇两省共同保护治理泸沽湖"1＋3"方案(《川滇两省共同保护治理泸沽湖工作方案》《川滇两省共同保护治理泸沽湖联席会议制度》《川滇两省共同保护治理泸沽湖联合巡查督察制度》《川滇两省共同保护治理泸沽湖实施方案》)。

二、主要问题

目前，云南省河流、湖泊水质总体提升明显，但由于省内水资源分布严重不均衡，局部区域(尤其是滇中区域，包括：昆明、曲靖、玉溪、楚雄等地方)缺水严重，水系循环不畅、湖泊水循环极其缓慢，导致局部水质问题依然严重，尤其是一些污染水体的治理任重道远。

在全面推行"河长制"以来，河湖保护治理能力有了一定提升，河流湖泊环境得到了明显改善，但仍然存在一些问题，具体表现如下：

(一) 保护治理工作还需持续加力

一是九大高原湖泊"十三五"规划项目推进滞后。二是水域岸线管控不到位。三是专项行动推进不到位。"云南清水行动"、河湖"清四乱"等专项行动未做到全覆盖、无死角。部分河流，尤其乡村、城乡结合部位仍存在"四乱"现象。

(二) 河湖保护治理压力大

云南省河湖众多，处于国家大江大河上游、西南重要生态屏障区域，这使得部分河湖划界不够明确，河湖保护治理工作任务艰巨，形势严峻。虽然云南省对9大高原湖进行了大力治理，但杞麓湖、异龙湖、星云湖、滇池等湖泊的水质仍未达标。抚仙湖、泸沽湖的水质为Ⅰ类，达到水环境功能类别要求(Ⅰ类)，但两湖为国家一类水源地，优质水资源是极其宝贵的，维持水质以及生态保护任务还极其艰巨。

(三) 河湖水域岸线保护问题

大力推进河湖"清四乱"及划界工作。开展河湖"清四乱"专项行动，建立"清四乱"台账。2018年"清四乱"完成率不高，河湖划界工作已开展，但由于财力有限，划界压力较大。河湖管理保护和河长制工作需法制化、系统化，需要加快出台《河湖管理条例》进度，以规范河湖长制工作、水域岸线管理工作和采砂等工作。

（四）河湖水质及城市集中式饮用水水源水质不达标问题

全省各流域水质总体优良，但河湖水质及城市集中式饮用水水源水质有不达标情况，农村地区黑臭水体整治还需加大力度。

（五）河湖生态综合治理有待进一步加强

污染在水里，问题在岸上，加快水岸共治，山水林田湖草系统治理，发展“生态农业”“循环经济”是防治水污染的治本之策。推广发展循环农业，有效减少面源污染，充分发挥河长制生态保护与经济发展协同推进、相互促进作用，引进社会资本建国家湿地公园、休闲度假区等生态主题景点，切实推进水旅融合，河库生态效益、周边土地价值同步提升，河库产业发展、群众致富脱贫同步推进。

（六）农村“两污”处理设施滞后

部分村、农场社队“两污”处理设施严重滞后，生活垃圾、农业精耕、建筑垃圾乱堆乱倒乱烧，生活污水未经处理无组织排放，直接成为了水体污染源。

（七）公众参与度不够

公众参与积极性不高，宣传发动面不广、力度不大，群众对河（湖）长制的知晓率低，参与清河行动和保护管理水环境、水生态的积极性还没有充分调动起来。

（八）贫困县多，经费困难

河长制工作的开展和河湖保护治理需要大量的资金投入。云南省各地通过积极筹措，加大投入，整合各部门河库渠治理保护项目资金，加大对水资源保护、水污染防治、水环境保护、水生态修复、水域岸线管理、河库渠管理保护监管等工作的支持力度，切实保障河库渠巡查、堤防维修、保洁管养等工作经费和建设项目资金。但云南省是全国贫困县最多的省份之一，各地市财政困难，为巩固完善贫困地区河（湖）长制，推进河湖长制六大任务落实需要大量的经费，需要加大资金的支持与投入力度。

（九）云南高原湖泊，生态脆弱

虽然有历史上几十年的污染，但云南省对 9 大高原湖泊保护治理取得了非常好的成效，但是现在仍有多个湖泊的生态功能区还没达标。杞麓湖、异龙湖、星云湖 3 个湖现在的水质是Ⅴ类标准或劣Ⅴ类标准，水质中度或重度污染，均未达到水环境功能类别要求（Ⅲ类）。

滇池水质为Ⅲ～劣Ⅴ类标准（滇池外海部分水域为Ⅲ类），水质中度污染，未达到水环境功能类别要求（滇池草海Ⅳ类、滇池外海Ⅲ类）。

程海水质（氟化物、pH 除外）符合Ⅳ类标准，水质轻度污染，未达到水环境功能类别要求（Ⅲ类）。洱海、阳宗海 2 个湖泊的水质符合Ⅲ类标准，水质良好，未达到水环境功能类别要求（Ⅱ类）。

抚仙湖、泸沽湖的水质符合Ⅰ类标准，水质为优，达到水环境功能类别要求（Ⅰ类）。抚仙湖湖面面积216.6平方千米，湖容积206.2亿立方米，平均水深95.2米，但集水面积只有675平方千米。泸沽湖集水面积247.6平方千米，湖容积22.52亿立方米。所以这两湖的优质水资源是极其宝贵的，但其生态自我修复能力极其脆弱。

三、建议

针对云南省在河湖治理和保护方面存在的问题以及现场调研发现的情况，我们提出以下建议：

（一）加强部门协同上下联动

各级各部门要严格按照省委、省政府明确的任务、分工，强化部门配合联动，推进各级河（湖）长制领导小组成员单位各司其职、各负其责、密切配合、通力协作。省级有关成员单位，要根据行业职能，制定年度工作计划，推进专项行动，开展对口督导指导，加强协调联动，实现信息共享，全面落实部门责任；推进上下游、左右岸的沟通和联系，落实水陆共治，统筹推进山水林田湖草的系统保护治理。推进省级部门对各地区各部门履职情况进行暗访、跟踪、督导，推进考核问责，经常性“拉警报”，加大问题曝光力度，扛实全省河湖保护治理的政治责任，促进河湖水环境改善。

（二）强化工作落实

全面开展水环境调查，列出调查问题清单和责任清单，制定整改措施，落实到各级河长和成员单位，切实解决好河长制工作中的突出问题；协调好五级河长的工作，明确各自职责，细化工作任务，主动履职尽责；畅通上级河长对下级河长的检查督导，下级向上级汇报工作、反馈意见和问题的工作机制；主动承担保护河湖、保护环境的责任，让每位村长、队长、家长都融入到河长制中来，让河长制落实到每一位市民和村民；对照“一河一策”列出的“问题清单、任务清单、责任清单”逐项抓好落实，对涉河违法违规行为做到早发现早制止早处理；加大对河流库渠乱占乱建、乱采乱挖、乱排乱倒、水土流失、黑臭水体等突出问题的整治，确保河长制工作取得长远成效。

（三）强化农村水环境综合治理

开展农村生活污水处理和农村清洁。充分发挥城镇污水处理厂的辐射效用，将区位条件允许的村庄污水接入污水处理厂，避免污水直排河道。鼓励人口集聚和有条件的区域建设有动力或微动力农村生活污水治理设施。加强规划引领、统筹推进，实现农村生活垃圾“户集、村收、镇运、县处理”体系全覆盖，特别注意垃圾填埋场科学选址，坚决避免二次污染。

（四）加大宣传培训和监督力度

加大对河长制工作的宣传力度，提高群众对河长制工作重要性认识；组织开展有针对性的宣传教育活动，把群众、媒体和社会各界动员起来，不断增强对水资源保护的责任意识和参与意识，形成全民爱水、护水、治水的浓厚氛围；加大各级河长的培训力度，进一步提高履职成效。加强河湖水体的监督，让全民参与环境保护，开发环境保护 APP，广大市民、村民可以通过手机 APP 监督环境，及时上报“四乱”现象。

（五）做好人力、财力保障，建立乡、村生态补偿机制

加大水环境整治、水污染治理、生态保护修复等方面的资金投入，拓宽投融资渠道，积极引导社会资金参与水环境治理和保护。加强乡、村生态补偿机制的建立。拓宽投融资渠道，形成公共财政投入、社会融资、贴息贷款等多元化投资格局，整合发改、农业农村、林业草原、水务、自然资源、住房和城乡建设、生态环境等部门相关的项目资金，加大沿河湖居民污水处理和生活垃圾处理设施建设，合力推进水环境治理和保护工作；多渠道解决县、乡（镇）两级河长办工作人员不足问题；将河流巡查管护和水环境整治等经费纳入预算，保障河长制日常工作正常运转。

（六）加大科研投入和产出

河湖的治理，尤其是污染水体的治理离不开科技，要依靠高科技、新工艺、新方法，从物理、化学、生物等角度提出污染水体、黑臭水体的治理方法，让广大高校、科研院所的专家、学生参与到河长制的工作中来，切实推进河长制。

（七）抓紧条例的落实

九大高原湖泊均已完成了管理保护条例修订，每个条例均以法律的形式确定了湖泊的一级保护区范围和二级保护区的范围。但是对条例的落实、执行不到位。所以建议首先要把条例落实到位，保证法律的严肃性。同时要根据习近平生态文明思想，对部分高原湖泊管理保护条例修订完善，使其更符合客观实际和新形势的需要。

（八）加快规划推进和科学保护，落实管护主体责任

对九大高原湖泊“十三五”规划项目要加快推进，要以科学的、可持续的方式，来实现高原湖泊的保护治理。九大高原湖泊均有管理机构，要对管理机构优化设置，切实增强能力建设，认真落实流域水环境保护责任，全面落实生态环境保护任务。要加快“三线”划定，要对水域岸线管控到位，并从流域角度进行保护治理。

第二十六节　西藏自治区经验、问题及建议

西藏自治区水利厅：卢育玲调研员、撒文奇副处长、达娃顿珠高级工程师、次旦央吉工程师

河海大学：周伟、黄莉、殷建军、付静吉、赵玉、王军明、聂慧、李文麒

一、典型经验

（一）创新“河（湖）长制”模式（昌都、那曲、林芝、阿里）

“6＋X”模式：国家实行4级河长，分别为省、市、县、乡，而西藏比国家多两级，实行6级河长。即“6”是指省、市、县、乡、村、村民小组。而“X”则是因地制宜，夯实基础。在重点水利水电区域，设立企业河湖长（昌都、那曲市等），弥补工作盲区；在技术缺乏区域，设立技术河长，当基础工作无法满足河湖管理时，及时提供技术支撑；在重点监控区域，设立警务河湖长（拉萨、昌都等），采取片区管理，河道警长积极配合各级河长开展水环境执法行为；在资金相对充足区域，设立学术河湖长（林芝等），筹建河（湖）长制专家库，为河湖管护技能培训、决策咨询、学术研究等工作提供智力支撑。

（二）将河（湖）长制工作与藏源水文化结合

西藏人民尊重自然、顺应自然、保护河湖的信念根深蒂固，自河长制开展以来，积极参与河湖保护工作，宣传河湖文化，自发参与大量河流湖泊监督以及保护行动。在河（湖）长制推进过程中，由于西藏人民深切的河湖情感以及主动参与，使得河湖文化宣传以及河湖清理等工作事半功倍。河（湖）长制工作开展得到西藏人民的大力支持，也使得在人们自发约束自己行为的同时主动监督，为河湖生态保护贡献力量。

（三）河长制工作与脱贫攻坚等工作有机结合

西藏自治区在全区各地（市）推行“河（湖）长制＋精准扶贫”工作模式，截至目前，全区将7.4万名建档立卡贫困人口聘为水生态保护和村级水管员，按照每人每年3 500元的标准，已投入2.73亿元；昌都市将“清四乱”专项行动与“七城同创”工作有效结合，切实做到同部署、同安排、同落实。

（四）创新考核、监督制度

西藏自治区是全国首先推行《关于在干部选拔任用中落实河（湖）长制工作相

关要求的实施办法(试行)》的省份,率先将履行河(湖)长制工作职责作为干部考核考察的重要内容。发布了《西藏自治区河(湖)长制工作督办约谈通报办法》,督促各地(市)、各相关部门、各级河湖长切实履行职责。林芝市结合工作实际,创新出台了社会监督员聘用制度、先进单位和先进个人评选办法等5项制度。阿里地区建立了以扶贫生态岗位人员及村民小组长等为主体的"基层河湖监督员"体系,共吸纳3 500多人。创新组建了"河(湖)长制工作监督检查委员会",履行监督检查、考核验收、追责问责等职责。

(五) 率先进行立法工作

西藏自治区已将《西藏自治区河(湖)长制条例》和《西藏自治区河道采砂管理条例》列入了"2018—2022年立法规划",并有意在将来制定《西藏自治区湖泊管理条例》,为河(湖)长制的进一步落实提供依据。

(六) 创新采用片区河湖长制,实现全区河湖全覆盖

西藏自治区地域辽阔,河湖众多,许多河湖分布在无人区中。针对这个特殊区情,自治区创新采用了片区河湖长制度,有效克服了人少地多、人少河湖多的困难,实现了西藏自治区河湖全覆盖。

(七) 驻村工作人员与村级河长联动(巴宜区、工布江达县)

自治区独特的驻村工作人员对河长制和湖长制的工作比较了解,并与当地村级河长联合起来带动当地村民参与到河(湖)长制的工作中,比如带领村民清扫河岸边的垃圾、对河长和湖长的工作进行监督、对村民进行河(湖)长制工作的宣传等,极大地推进了基层河(湖)长制工作,对河湖的管理保护也起到了积极的作用。

(八) 建设信息联动机制(昌都市、那曲市)

昌都市河长办采取定期向各级市级河湖长致信、建立微信工作群等多种方式增强信息共享和信息实时性。在那曲市比如县,河长办建立了河湖长工作微信群,微信群覆盖了全县各级所有的河湖长。在工作中,村级河湖长将巡查过程中发现的问题以视频、图片、音频的方式上传至微信群,以便于上级河湖长及河长办及时了解相关河段的情况。昌都市将河(湖)长制纳入"智慧昌都"工作平台,推动生态环境、水文、住建、农业农村等多部门信息共享,为全市的河湖管护工作、河长制制度落地提供基础。

(九) 创新工作思路:"保护优先,一票否决"(全区)

西藏自治区创新实施"保护优先,一票否决"的工作思路。实施最严格的项目审批制度,严把环保政策关口,对污染环境、破坏生态、过度消耗资源的项目,坚决实行"一票否决",绝不走先污染后治理的道路。

（十）河长制推动生态环境保护空间格局建设（那曲）

西藏自治区以河（湖）长制为龙头，进一步推动生态环境保护，强调尊重自然生态系统的整体性、系统性及其内在规律，将山、水、林、田、湖等各类自然生态资源统筹为一个整体，打破了过去以单一生态系统要素进行划分的条块分割的思维模式，提高河（湖）长制利用效率。那曲市以此实施了次曲河水系连通综合整治项目、色尼河水系连通综合整治项目。

二、主要问题

（一）河湖水域岸线保护管理任务艰巨

西藏是我国西南屏障的主要地区，是全国重要的江河源和生态源，是“亚洲水塔”，国内 1/3 湖泊、1/6 水以及 1/7 以上河流分布在西藏，河流条数多，湖泊分布广，加上地理条件特殊，地域差异性强，管护任务繁重。

（二）基层人员配置困难

推行河（湖）长制绝大多数工作任务由地（市）、县（区）乡（镇）承担，基层单位组织机构和人员力量薄弱，人员流动频繁，且担负驻村、维稳等繁琐的日常工作，落实河（湖）长制各项工作时基层人员力量极度缺乏。

（三）技术人员力量薄弱

自治区由于气候条件相对艰苦，区内科研机构、高校相对较少，缺少技术力量支撑，拥有专业知识的人员较少，不足以支撑自治区内大量的河流治理、生态修复、河道整治等工程。

（四）生态环境脆弱

作为重要的生态功能区，其特殊的地理位置使自治区成为国家生态安全屏障的重要组成部分，在全国生态文明建设中具有重要的地位。西藏整体生态环境敏感脆弱、地域差异性显著，受全球气候变化影响，河湖的管护任务繁重，加之青藏高原的暖湿化趋势的影响，增加了自治区河湖生态管理与保护的难度。

（五）河（湖）长制信息化水平低

西藏自治区目前尚未建立自己的信息系统，无法对区域内河流、湖泊进行动态化、实时监测。在河湖监测监控体系中，无人机、大数据等现代化手段相对缺乏，河流湖泊管控过程中缺少准确的信息支撑。

（六）河长办经费缺额较大

一方面自治区经济发展水平相对较低，无法同时覆盖维稳、高寒地区移民搬迁、脱贫攻坚等诸多方面，对河（湖）长制的经费保障较少；另一方面，自治区条件相对艰苦，人工和物质费用与内地相比相对均比较高，河长制的经费需求缺口较大。

(七) 河湖基础资料严重欠缺

西藏河湖众多,流域面积大,水文、水质监测点少,站网密度远远低于全国水平,基础资料短缺,现状调查难度大,编制“一河(湖)一策”、“一河(湖)一档”、河湖管理保护范围划定、水域岸线管理等工作中缺少基础数据支撑,开展难度大。

(八) 河湖长制宣传难度大

①流动人口多,难以全面进行宣传;②民族较多,居住分散,交流、宣传不便。

三、主要建议

(一) 加大经费投入,提高财政支持力度

自治区财政面临着收入少、支出多的局面,落实河湖长制工作的财政缺口较大。需要对各级河长办的经费需求进行估算,提升各级河长办的财政经费,保证河长办工作能够更好开展,将河(湖)长制制度落到实处。

(二) 加强人才培训,拓宽交流渠道

加大与内地高校的,尤其是水利高校、水利机构的交流合作,建立长效的人才交流机制,人才互访交流,提供科研平台。水利部加强援藏工作中专业人才的补充。

(三) 自治区河湖保护不只是自治区层面的事情,应提升到国家层面

西藏是亚洲水塔,是长江、澜沧江、金沙江、怒江等多条国内国际河流的发源地,自治区河湖保护关系着下游省份的水资源安全。因此,需把西藏河湖保护管理工作提升到国家层面,在自治区水利厅层面具体实施。

(四) 加强技术支撑

加大对河(湖)长制工作的力度和规模,通过干部交流、专家咨询、技术援助等多种形式,有效提升基层工作人员的技术能力。

(五) 总河长办及成员单位要加强单位之间的信息共享与信息报送

将本单位内涉及河(湖)长制落实的项目、制度及时报送总河长办,便于信息的及时整理与汇总,保证决策的科学性与准确性。

(六) 建立差异化考核指标体系

鉴于全国各地河湖自然条件不一、经济发展水平不同、各区域面临的困难和问题差异较大,建议建立差异化考核指标体系,分类开展考核。

第二十七节　陕西省经验、问题及建议

陕西省水利厅、副厅长魏小抗（正高级工程师）、陕西省河（湖）长制工作处处长张斌成、副处长王剑（高级工程师）

河海大学：束龙仓、邹志科、王明昭、王从荣、王小博、余亚飞

自中央推行河（湖）长制工作以来，在水利部的关心支持下，陕西省各级各有关部门切实提高政治站位，攻坚克难、苦干实干，实现河、湖、水库一体化管理，构建起责任明确、协调有序、监管严格、保护有力的河湖管理保护体制和良性运行机制。经过现场调研，对各地河（湖）长制成效综合分析，并征求相关地方、责任单位意见，陕西省推行河湖长制经验、问题与建议总结如下。

一、经验

（一）坚持高位推动，实现各级河长湖长巡河湖制度化常态化

陕西省委、省政府高度重视河（湖）长制工作，省委书记胡和平、省长刘国中多次听取汇报，研究部署，高位指导推进全省河（湖）长制工作。省级河长湖长率先垂范，市、县、乡级河长湖长积极履职，各级河长湖长办加强组织协调，狠抓工作落实，确保全省河（湖）长制工作全面深入开展。2017 年、2018 年、2019 年，省级河长湖长先后对渭河、汉江、丹江、泾河、延河、渭河西安段及昆明池、北洛河、黄河陕西段、红碱淖等河湖的治理与保护情况进行巡查调研 78 人次，安排部署河湖管理工作。市县乡级河长湖长扎实履行巡查河湖职责，市级河长湖长巡河湖 1 725 人次，县级河长湖长巡河湖 40 703 人次，乡级河长湖长巡河湖 403 975 人次，村级河长湖长巡河湖实现常态化。

（二）建立问题清单制度，推动河长制从“有名”到“有实”转变

陕西省切实把清理整治河湖“四乱”问题作为推动河长制湖长制从“有名”到“有实”的第一抓手，建立了问题清单制度，坚持一问题一清单、一市一督办函，及时解决涉水问题，大力推动河（湖）长制工作从“有名”的责任到“有实”的成效转变。2018 年，对媒体曝光、群众举报、水利部暗访、省暗访督察发现的 166 个问题，省河长办下发了 13 份督办函、101 份问题清单，督导各市区整改落实到位。2019 年，陕西省河长办先后 4 次召开河湖治理工作会、推进会、专题会、现场推进会，发出 65 份整改督办函，派出暗访督察组 3 次 24 个组、3 次 6 个专项督导组现场督办，明确具体措施和整改销号时限，督促列出清单、清理整改、公众认可、严格标准、销号清

零。各级累计派出督导人员 10 914 人次，开展联合执法 2.55 万人次，督察河湖 1 035条、湖泊 152 处，清理非法占用河道岸线 318.91 公里，清理非法采砂点 388 处，打击非法采砂船只 346 艘，清理非法砂石量 184.87 万方，清理建筑和生活垃圾 204.28 万吨，拆除违法建筑 35.24 万平方米。

（三）结合省情实际，将江河库渠湖和大中型灌区骨干渠道全面纳入河(湖)长制管理范围

根据中共中央办公厅、国务院办公厅《关于全面推行河长制的意见》《关于在湖泊实施湖长制的指导意见》，把流域和区域有机结合，陕西省结合省情实际，立即组织制定相应实施方案和意见，将全省江河、大型灌区骨干渠道纳入河长制管理，将 91 个天然人工湖、1 500 余处水库以及塘堰和涝池等小微水体纳入湖长制管理，逐级设立河长湖长，层层落实管理责任，确保推动河(湖)长制在陕西落地生根。

（四）建立“河长湖长＋警长＋督察长”模式，严厉打击涉河湖水事犯罪活动

陕西省在确立河长湖长的同时，设立河(湖)警 2 156 名，全国率先形成了“河长湖长＋警长＋督察长”模式。同时，配套建立了“河长湖长＋警长＋督察长”的管理工作制度，坚持问题导向、目标导向、结果导向，始终把解决河湖乱占、乱采、乱堆、乱建等突出问题作为全面推行河(湖)长制的重点工作。2017 年 9 月启动整治河湖“倒垃圾、排污水、采砂石”专项行动，2018 年，在大力开展全国河湖“清四乱”专项行动同时，结合实际，省水利厅、生态环境厅、自然资源厅、交通运输厅、住房和城乡建设厅联合印发了《陕西省深化河湖倒垃圾排污水采砂石设障碍专项整治行动实施方案》，深入推进“清四乱”专项行动。各地狠抓落实，严厉打击违法行为，有效地遏制了河湖违法行为。各市区按照省工作部署，紧盯河湖“四乱”问题，全力清查整改。汉中市以“砂战、水战、渔战”三大战役为手段，对突出问题顶格处罚，联合专项执法 180 次，关停违规采砂场点 119 处，复平河段 128 公里，清理垃圾 6 000 余方，查办案件 92 起，司法立案 7 起，刑拘 6 人，判刑 12 人，工作成效显著。商洛市抓住突出问题不松劲，持续开展倒垃圾排污水采砂石专项整治行动、“清四乱”等专项行动，共出动 1 800 余人次，下发整改通知 315 份，排查“四乱”问题 66 个，处理信访案件 23 个，立案 95 起，封堵非法排污口 38 处，关停河道管理范围内超标排放企业 5 个，累计拆除河道非法砂场 208 处，拆除河道采砂船 28 艘，取缔河道管理范围内违法排污口 2 处，移交公安机关处理案件 15 起，刑拘 15 人，形成了打击河道违法高压态势。2019 年，陕西省全力组织开展河湖“清四乱”“携手清四乱保护母亲河”专项行动，深化河湖“倒垃圾排污水采砂石设障碍”专项整治，扎实推进河湖违法陈年积案“清零”和黄河“清河”行动，分类施策，跟踪督办，全域查、全域清，

复核办理结果，评判办理效果，逐一动态销号清零。全年梳理排查并清理整治河湖"四乱"和暗访发现问题 3 536 个，其中，清理整治规模以上（流域面积 1 千平方公里以上河流和水面面积 1 平方公里以上湖泊）"四乱"问题 1 182 个，纳入"不忘初心、牢记使命"主题教育专项整治的 15 个问题按时间节点全部完成整改任务。通过清理整治，河湖面貌明显改善，行蓄洪能力得到提高，河湖水质逐步向好，损害河湖的行为得到有效遏制。

（五）因地制宜创新河（湖）长制工作机制，促进河（湖）长制工作扎实开展

在推行河（湖）长制规定动作的同时，各级针对河湖实际情况创新开展自选动作。西安市制定"一三五"治水目标（一年治污水，三年剿劣水，五年全治理），将河流问题变任务、治水任务变项目、工程项目变作战图，绘制市级河湖长制作战图表 180 余幅，挂图作战，按表督战。安康市清理库区网箱 3.38 万口（其中取缔瀛湖网箱 3.15 万口），开展湖库增殖放流 13 次，投放鱼苗 1 132 万尾，对重点断面 24 小时监测预警并及时排查整治，全市城市水环境长期排名全省第一。汉中市启动汉江生态环境保护"清澈"行动，对发现的水污染、水生态、水域岸线等方面 11 类 148 个存在问题，列出清单以书面形式交办各县区集中整改提升。延安市全面推进以水污染防治为重点的河长湖长制工作，按照"刚性治标、系统治本"的原则，启动"千人治污攻坚战"，成功消灭Ⅴ类水质。西安、宝鸡、咸阳、安康、商洛、汉中、延安等市将推行河（湖）长制工作与脱贫攻坚工作相结合，聘用 4 845 名贫困户担任巡河员、护河员、保洁员，取得了河（湖）长制和脱贫攻坚工作双赢。各地持续强化江河湖库属地党政领导责任，形成了水利牵头、部门联动、社会参与的运行机制，健全了联系督办、跟进服务、社会监督、立牌公示、考核问责制度。严厉打击河湖生态违法行为，推动黄河流域生态环境保护，积极保障汉、丹江流域水质安全，推进应用水水源地环境问题整治，加大黑臭水体和排污口整治力度。强化落实河道采砂管理"三个责任人"责任，加快河道采砂规划编制，加强重点河流生态敏感河段采砂监管，取缔秦岭六市沙场 48 个，清理整治黄河大北干流陕西段 8 县 86 个违法违规采砂问题。省水利、自然资源、财政、公安厅印发《工作方案》《划界技术指南》先行试行，推广渭河水流产权确权试点经验，坚持规划规范结合、干流支流同步、区域流域协同、政府市场发力、体制机制创新的陕西实践特色。尤其是水利部河湖司通报我省进度严重滞后，省河长办、省水利厅领导高度重视，亲自谋划推动，迅速采取调整工作思路，研究加快进度措施，专题会议推进，分组驻各地现场督办等方式，指导督促各地采取超常规措施全面加快工作进度，各地倒排工期，加班加点，全力赶超，截至今年 2 月底，规模以上 71 条河流完成划界 55 条，占 77%；划界河流长度 8 450.2 公里，占 87%；1 平方公里以上湖泊 5 处已全部完成划界工作。

（六）积极引导社会参与，深入开展宣传培训工作

陕西省采取切实有效、影响广泛的方式，积极引导公众投身河湖保护管理工作。省政府举办了河长制工作政策例行吹风会，全面解读《陕西省全面推行河长制实施方案》，省委宣传部、省委全面深化改革委员会办公室共同举办了河（湖）长制工作情况新闻发布会。40余家各级媒体记者对陕西省全面推行河长制工作进行全方位宣传报道，进一步动员社会各界参与支持河长制工作。组织参与了水利部“河长湖长故事”征文活动，安康市平利县推荐的《“太平河”的警察》获非虚构类作品优秀奖。陕西广播电视台组织开展“河长在行动”专题宣传，播放6集宣传报道。各市区扎实开展河（湖）长制进机关、进企业、进校园、进社区、进乡村、进景区、进市场、进家庭宣传活动，建立河长湖长制微信公众号，积极引导社会公众参与河湖管理保护工作。西安市联合《美文》杂志举办了全市中学生“我爱家乡河”征文大赛，全市540多所中学、24 309名学生撰写征文，引起社会强烈反响。省河长办积极协调联系主流媒体，加大河（湖）长制工作宣传力度，在各级主流媒体刊发宣传报道380余篇次（其中中央媒体报道34次），网络转载2 000多条次。组织40余家主流媒体开展了“河（湖）长制公益宣传”集中采访报道和“源头保护从我做起”水利宣传青年志愿服务行动，两个项目分别荣获第四届中国青年志愿服务项目大赛银奖和铜奖。改编自安康市旬阳县双河镇护河群众护河事迹的“护河女使者”和汉江河长制《水兴天汉》微视频获水利部“守护美丽河湖—推进河（湖）长制从‘有名’到‘有实’”微视频公益大赛优秀奖，极大增强了社会公众参与河长湖长制工作的积极性主动性。各市县充分利用报刊、网络等平台，结合区域特色，开展了灵活多样的宣传，进一步增强了群众护河护水意识，大力营造了全社会合力推进河长制、实施湖长制的氛围。

（七）强化社会监督，形成维护河湖健康生命强劲合力

陕西省将河（湖）长制工作纳入党委政府考核评价体系的同时，各级引入社会监督机制，利用主流媒体多次对河湖管理保护问题进行曝光和追踪报道，引起社会各界关注，倒逼问题整改落实，助推河（湖）长制工作。西安市利用《电视问政》《每日聚焦》《党风政风热线》电视专栏和《西安日报》等媒体，多次作了监督报道，督察督办群众反映、媒体曝光等问题200余件，市纪委先后对河湖长制工作推进不力的临潼区、鄠邑区两个区主管领导进行了专题约谈，强化了各级河长的责任担当意识。

二、主要问题

通过核查陕西省水利厅河长办及随机选取西安市、商洛市、安康市水利局河长办，与其相应工作人员对推进河长制工作进行了深刻的交流，总结得出目前河长制

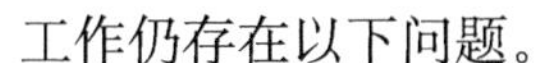

工作仍存在以下问题。

（一）各级河长办人员和经费不足，基层河湖管护技术力量薄弱

有的地方河（湖）长制成员单位之间部门协作联动不够，信息共享工作机制不够强，工作质量有待提高。河湖管理保护经费和防治资金不足，长效、稳定的河湖管理保护投入机制还未完全建立。

（二）河湖水域岸线保护问题

河湖划界工作资金投入大，但由于各级财力有限，资金压力较大。及时启动修订《陕西省河道管理条例》《陕西省河道采砂管理办法》，积极配合推动做好《陕西省渭河流域管理条例》的修订工作，保障依法依规管护河湖。

（三）河湖生态综合治理有待加强

污染在水里，问题在岸上，加快水岸共治，山水林田湖草系统治理，发展"生态农业""循环经济"是防治水污染的治本之策。推广发展循环农业，有效减少面源污染，充分发挥河长制生态保护与经济发展协同推进、相互促进作用，引进社会资本建国家湿地公园、休闲度假区等生态主题景点，切实推进水旅融合，河库生态效益、周边土地价值同步提升，河库产业发展、群众致富脱贫同步推进。

三、主要措施

（一）推动河长制从"有名"的责任到"有实"的成效转变

深刻学习贯彻习近平生态文明思想，扎实践行"节水优先、空间均衡、系统治理、两手发力"的治水思路，坚持把河（湖）长制的制度优势贯穿全省河湖运行管理工作的全过程，充分发挥河（湖）长制工作和组织体系，协调上下游、左右岸、表地下，充分发挥"河长湖长＋警长＋督察长"模式优势，坚持问题导向、目标导向、结果导向，始终把解决河湖乱占、乱采、乱堆、乱建等突出问题作为全面推行河（湖）长制的重点工作，聚力管好盛水的"盆"。按照上级工作部署，紧盯河湖"四乱"问题，大力推动河（湖）长制工作从有名的责任到有实的成效转变。

（二）抓实督察督办，确保河（湖）长制工作深入推进

扎实推进河湖"清四乱"常态化规范化制度化，建立健全河湖"清四乱"长效机制，加强日常暗访督察和专项督导，建立问题清单、工作清单、责任清单制度，重点解决江河库渠保护管理工作中出现的难点焦点问题，跨流域、跨地区、跨部门的重大协调问题，以及反映地方苗头性、问题性、建议性重要消息和新闻媒体、网络反映的涉及江河库渠保护管理和河长制工作的热点舆情等问题，严把问题全域排查、清理跟踪督办、结果回访检查、效能评议评判三个重点环节，坚决遏制增量、消除存量，推动河湖"清四乱"工作常态化规范化制度化，做到河湖"四乱"问题早发现、早

制止、早整改、早销号，推动河湖强监管取得更大成效。省河长办加强跟踪督办，对各市区问题整改情况进督导检查，有效地促进问题整改。

（三）强化部门协作联动

聚焦河湖精准发力，守线的责任在长，治乱的成效靠制，健全党政同责、水利牵头、部门联动、社会参与的工作机制，落实联席会议、信息共享、督察考核、信息报送、验收、问题清单6项工作制度，加强联系督办、跟进服务、社会监督、立牌公示，做到守河有责、守河担责、守河尽责。各级河长制办公室成员单位各负其责，各司其责，落实责任，细化任务，齐抓共管，加快河（湖）长制从“有名”的责任到“有实”的成效转变。

（四）加强立法工作

按照水利部新修订的《中华人民共和国河道管理条例》和新制定的《中华人民共和国河道采砂管理条例》，及时启动修订《陕西省河道管理条例》《陕西省河道采砂管理办法》，积极配合推动做好《陕西省渭河流域管理条例》的修订工作，保障依法依规管护河湖，通过立法或出台政府性规章保障河湖环境管理保护有法可依。推动河湖环境管理保护法制化，建立河湖保护管理长效机制，增加了河长制相关内容，并将河（湖）长制做为条例重要内容纳入社会各界意见征求工作。

（五）加快河湖和水利工程管理保护范围划定

明确目标任务，严把时间节点，加强联动，形成工作合力，细化实化工作方案，拓宽资金渠道，强化督导检查。明确责任主体，依法依规划定，严格标准措施，及时公示结果，全面完成全国第一次水利普查河湖名录流域面积50平方公里以上河湖管理范围，以及国有水利工程管理和保护范围划定任务。加快主要河湖水域岸线与利用规划编制，维护河流自然形态和两岸周边自然风貌。

（六）强化社会监督，形成维护河湖健康生命强劲合力

在将河（湖）长制工作纳入党委政府考核评价体系的同时，各级引入社会监督机制，利用主流媒体多次对河湖管理保护问题进行曝光和追踪报道，引起社会各界关注，倒逼问题整改落实，强化各级河长湖长的责任担当意识，助推河（湖）长制工作。

第二十八节　甘肃省经验、问题及建议

甘肃省河湖管理中心：张正安、谢兵兵、席德龙
河海大学：吕海深、崔晨韵、王筱译、荀琪琪、郑景耀、张豪强

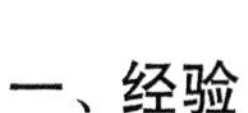

一、经验

省委省政府高度重视全面推行河湖长制工作，省直相关部门积极配合，各级党委政府全力组织落实。通过压实河长责任，组织开展河湖管理保护专项行动，强化督察督办，严格考核问责等措施，推进河（湖）长制从“有名”向“有实”转变取得阶段性成效，河湖面貌明确改观，河湖清理整治的社会效益、生态效益逐步显现；在工作实践中形成了一些经验做法如下。

（一）严格落实生态保护党政同责制度，全面建立党政同责的“双河长”工作机制

按照党中央、国务院部署要求，省委省政府将全面推行河湖长制作为强化河湖管理、维护河湖健康生命、助推国家生态安全屏障建设的务实举措，放在统筹推进“五位一体”总体布局和协调推进“四个全面”战略布局的高度，严格落实生态保护党政同责制度，全面建立党政同责的“双河长”工作机制。省委、省政府主要负责同志和分管负责同志先后多次作出批示指示。省委书记、省长联合签发总河长令，安排部署河湖“清四乱”专项行动，省级河长签发省级河流“一河一策”河长令，提高执行力度。省级河长会议研究制定《甘肃省河湖日常巡查监管制度》，明确各级河湖长巡河频次和内容，压实工作责任。

（二）坚持聚焦河湖突出问题，把督促河湖长履职尽责作为治理河湖顽疾的重点任务

省委书记、省总河长林铎专门做出批示：“要用制度和述职考核等方法，督促落实，不能形同虚设”“要严管、严督察，像环保督察一样有权威、有震慑，彻底纠正乱象，使河长制发挥应有作用。”省级河长亲自带队，采取“四不两直”的方式，暗访问题河湖，督办涉河违建拆除，检验河湖长制工作成效。兰州市将河湖长制工作纳入了领导班子和领导干部全面从严治党、目标管理工作“三合一”考核，签订责任书，实行目标管理。并建立了河长述职评议制度，将述职评议结果纳入年度考核，与工作经费挂钩，有力地推动了河湖长制工作落实。

（三）推出“河长制＋精准扶贫”模式

天水、甘南、定西等深度贫困地区推出“河长制＋精准扶贫”模式，聘用508名“建档立卡”贫困户作为护河员和保洁员参与河道管理工作，实现河湖保护和脱贫攻坚双赢。

（四）五级信息共享、信息在线处理、目标责任在线考核

建立省级河湖长制信息管理平台建设，实现了河湖长制省市县乡村五级信息共享、信息在线处理、目标责任在线考核。开发了河长通、巡河通、微信公众平台，

为各级河长、巡河员和公众提供了工作和监督的信息化平台。

（五）开展水利领域扫黑除恶专项斗争

深刻吸取历次发生的洪涝灾害教训，牢固树立以人民为中心的思想，将甘肃省“清四乱”问题认定和整治标准细化实化为46条。将“清四乱”专项行动纳入河湖长制任务，联合检察院，开展“携手清四乱保护母亲河”专项行动，根治河湖乱象。开展水利领域扫黑除恶专项斗争，摸排“清四乱”涉水问题黑恶线索，挖掘涉黑涉恶势力“保护伞”“关系网”，形成震慑，维护河湖生命健康。

二、存在问题

（一）河湖水域岸线保护需要加强

河湖水域岸线保护及确权划界工作开展较落后。省级党政领导担任河湖长的河湖部分完成划定管理范围，完成比例约为15%，市县河湖管理范围划定工作处于初步开展阶段，部分市县方案还在制定，尚未审批。

（二）河湖生态综合治理有待加强

污染在水里，问题在岸上，加快水岸共治，山水林田湖草系统治理，发展“生态农业”“循环经济”是防治水污染的治本之策。推广发展循环农业，有效减少面源污染，充分发挥河长制生态保护与经济发展协同推进、相互促进作用，引进社会资本建国家湿地公园、休闲度假区等生态主题景点，切实推进水旅融合，河库生态效益、周边土地价值同步提升，河库产业发展、群众致富脱贫同步推进。

建议：大力发展“生态农业”“循环经济”。

（三）基层河长办工作能力建设有待提升。

河(湖)长制工作要求高、政策性强，但受培训经费筹措困难等问题的制约，开展专题培训的次数和时间都不够充分，基层工作人员对于中央、省、州各项政策、措施的认识和落实能力有待提高。

（四）社会公众的宣传发动力度有待加强。

全面推行河(湖)长制工作对社会公众的宣传发动力度不够大，尚未形成声势浩大的社会舆论氛围，全社会对河湖保护工作的责任意识和参与意识还不够强，全民参与河(湖)长制氛围应进一步加强。工作量大，整治工作任重道远。

三、相关建议

（一）生态补偿资金上给予倾斜支持

甘肃省地跨长江、黄河、内陆河三大流域，处在河流的上位和源头，生态环境脆弱，是重要的水源涵养区和水源补给区，河湖治理保护任务较重，省级财政自给率

多年平均仅为25%，特困县不足5%，河湖管理保护经费落实相当困难，建议水利部、环境部继续加强对甘肃省河长制工作的培训指导，在国家河长制奖补资金和生态补偿资金上给予倾斜支持。

（二）推进河湖划界确权

划界确权工作涉及面广，技术要求高，历史遗留问题多，实施难度大，进展情况滞后，建议甘肃省将河湖划界工作列为河湖长制重要任务推进。

（三）形成河湖保护管理工作合力

督促各级河（湖）长履职和各级责任单位履行法定职责，形成河湖保护管理工作合力。进一步推进省、市、县、乡四级“河长＋警长”体系，加强河湖保护联合执法和生态环境综合执法，进一步加大对“四乱”的查处打击力度，进一步落实河湖管护主体、责任和经费，发挥社会参与、民间监督的作用。

第二十九节　青海省经验、问题及建议

河海大学：许佳君、黄齐东、李萍、张梦、孙安琪、王丹

自中央推行河（湖）长制工作以来，在水利部的关心支持下，青海省各级有关部门切实提高政治站位，攻坚克难、苦干实干，实现河、湖、水库一体化管理，构建起责任明确、协调有序、监管严格、保护有力的河湖管理保护体制和良性运行机制。经过现场调研及对各地河（湖）长制成效综合分析，并征求相关地方、责任单位意见，青海省推行河湖长制经验、问题与建议总结如下。

一、经验

3年来，在省委、省政府的高位推动下，各级河（湖）长积极履职，责任单位联动配合，全省上下以清河行动和流域生态综合治理为抓手，奋力打造河长制升级版，实现了从“有名”到“有实”，河湖管护成效显著，在工作实践中形成了一些经验做法。

（一）生态优先、绿色发展

青海省始终坚持把“绿色”作为经济社会发展的“底色”，推动构建人与自然和谐共生发展新格局。2018年7月，青海省召开省委十三届四次全会，审议通过《坚持生态保护优先推动高质量发展创造高品质生活的若干意见》。《意见》提出了“生态报国”的战略任务，规划实施湟水河全流域生态修复和综合治理工程，以推进黄河干流流域及主要河流流域生态环境整治重大工程，建设湟水河流域规模化林场。

从全省战略全局对江河湖泊管理保护、生态修复等作出安排部署，为全面推行河(湖)长制注入了新的强劲动力。

（二）因地制宜、探索新模式

青海省西宁市建立了“河(湖)长＋公安、城管”的警城联勤河道执行机制，以更好地推行河(湖)长制工作。其中海东市创新了“河(湖)长＋责任单位、社会监督员、民间河长”的河湖管护方式。除此之外，海东市从建档的贫困劳动力中聘选河湖管护员，实现了促进精准扶贫与河湖管护“双赢”的成效。以黄南州尖扎县为例，该县将落实河(湖)长制工作与国土绿化、脱贫攻坚、环保、旅游等工作结合起来，探索出一条符合当地实际且实用的河湖管理模式。

（三）牺牲收益、关停景区护生态

青海省地貌复杂多样，兼具青藏高原、内陆干旱盆地和黄土高原三种地形地貌，拥有丰富的旅游资源。但近年来随着旅游业的发展，游客数量增多，大大超出了大自然的承受力。为了响应河(湖)长制的实施和环保工作，被誉为“天神后花园”的年宝玉则于2018年4月10日起开始停止对外接待。为了保护三江源、草场地等自然生态环境，类似于关停年宝玉则的做法还在继续，每年将减少上亿元的旅游收入。本着“绿水青山就是金山银山”的宗旨，青海省在河(湖)长制推广过程中虽然做出了一定的经济牺牲，但日后必将获得更多的回馈。

（四）狠抓城市污染、臭水变身示范景

青海省遵循“治山、理水、润城”理念，加大黑臭水体治理力度。目前，全省黑臭水体已全部消除，垃圾河基本消除。其中，海东市互助县的毛斯湖灌溉工程改造让我们眼前一亮。在与周围居民交谈中得知，几年前，人们对毛斯湖的评价还是“脏、乱、臭”。但经过卓有成效的治理，如今的毛斯湖清澈见底，两岸鲜花锦簇，沿河还修建了健身步道、自行车专用道。居民们表示环境变好后，周围住宅小区的房价也翻倍了，每天来河边散步健身的人也多了。青海省对于城市水污染工程的改造，构建了具有高原特色的城市生态水系建设保护格局，探索出了独有的半干旱地区缺水城市水生态文明建设的模式。

（五）建立信息平台、河湖管理系统化

青海省已全面建立各级河(湖)长制信息管理平台，实现了河(湖)长制省市县乡村五级信息共享，同时具备投诉举报、公众参与、巡河数据监测等功能。根据各市县实际情况，开发了河长专属APP、微信公众平台，为各级河长、巡河员和群众提供了工作和监督的信息化平台。

（六）协调联动、党政齐抓成效高

青海省各级党委政府坚决扛起河湖管护主体责任，从严从实从细推动工作落

实。省委省政府领导对河(湖)长制工作以及办事机构组建、经费落实、法规制度建设等环节作出批示51人次,有效促进了工作落实。三位副省长对责任河湖存在的重点问题,分别向有关市州级河(湖)长“一对一”签发督办通知,过问整改进展,一些河湖历史遗留的“老大难”问题得到有效解决。省级各成员单位积极认领工作任务,细化实化措施,会同相关部门推动工作落实,形成了部门之间治水管水信息共享、协调联动、共同推进的工作合力。

(七)工作透明、考核监督渠道多

青海省各地相关部门多措并举畅通河湖管理保护公众监督渠道。包括主动接受社会监督,打破发现问题者和解决问题者之间的壁垒;认真受理群众举报,各级河长办依据管理权限快速分办、督办;解决问题,做到有记录、有整改、有反馈等。多样性的监督方式和高效执行力得到了投诉者和群众的肯定。2018年初,省河长办就年度重点目标任务完成向省人大常委会作出承诺,请人大问询督办。省人民检察院和省河长制办公室联合组织“携手清四乱、保护三江源”专项行动,玉树州设立了国内首个生态法庭,完善河湖管理保护行政法与刑事司法衔接机制,创新了河湖治理考核监督模式。

综上所述,青海省在全面完成上级河(湖)长工作要求下,结合青海省的自身情况,因地制宜,摸索并推行了一套符合自身发展的河湖治理道路。水清、流畅、岸绿、景美的水环境开始显现,更好地满足了人民群众日益增长的优美生态环境需要。

二、存在问题

尽管在评估过程中,青海省河长制河湖长制工作取得了积极的进展,但是与中央工作要求和群众对于河湖治理的期盼还有一定差距,青海省的河(湖)长制工作存在一些薄弱环节和具有地方特色的问题。

(一)水资源分布不均,高寒地带河湖管理保护问题严峻

青海省地处青藏高原,受高寒缺氧、干旱少雨等环境影响,局部地区地形破碎、植被稀疏、水土流失严重,山洪、泥石流等自然灾害频发。水资源分布不均衡,富水区资源流失和缺水区资源匮乏并存,解决“水多”“水少”“水脏”“水浑”等新老水问题的任务艰巨。在此,青海有以下两方面的河湖管理保护问题比较特殊:

(1)雪山地区的雪地保护和雪山水源保护问题。青海成为大江大河的发源地是因为雪山冰川融水提供河流水源,因而对于雪地和水源地的保护应相当重视。但是河(湖)长制工作涉及面广,对于高寒地区河流实行的巡河制度和公示牌全覆盖,不但起不到保护河流的作用,反而破坏雪地和雪山水源,同时还造成人员和资金的浪费,使得河长制工作开展困难。

(2) 青海湖保护及湟鱼洄游保护带来的问题。近年来由于汛期雨量增多，青海湖北岸铁路以南河区河道淹没草场，冲刷河岸，加之青海湖湖水上涨淹没草场，影响沿线牧民生产生活，同时，该湖区又属于青海湖自然保护区管理局管辖，根据青海湖自然保护条例，对该地区不允许实施任何项目，因而与当地牧民的协调始终难以解决。构建湟鱼洄游生态景观，对于居民的移民安置和生计补偿问题需研究解决。

（二）河湖长工作涉及面广，河湖管理能力不足

青海省河湖数量多，河湖管理点多、线长、涉及面广，交通不便，巡河工作难度大。河湖管理保护队伍建设尚无法满足河湖管护工作的实际需求；基层及牧区州县河（湖）长制工作人员少力量薄，工作负担重；多数乡村河湖巡查保洁缺乏必要的装备及经费保障；对涉河湖突出问题联合执法整治司法衔接等还有待加强；对盐湖等工业利用型湖泊的管理保护机制需进一步探索完善；地方财力弱，对河湖管理保护的资金、项目、技术等要素投入不足。

（三）河湖环境治理难度大，河湖基础设施建设相对滞后

农村牧区生产生活污水收集处理及配套管网、垃圾和固废物的收集清运及填埋等基础施建设滞后，部分临河湖工业园区、企业环保设施投入不足，来源于城乡生活、工业生产以及农牧养殖方面污染隐患短期内难以彻底消除，河湖环境治理难度依然较大。

三、相关建议

（一）国家层面协调建立三江源水生态补偿机制

促进形成黄河、长江、澜沧江流域省份共同保护三江源的共建共享机制；对于高寒地带无人区的河湖，进行特殊管理，不用进行巡河和公示牌的设立，实行封闭式保护；对于青海省在河湖管理范围划定、河湖环境监控系统建设、乡村环保基础设施建设、河湖环境监测监控等方面的工作，给予资金和技术支持。

（二）健全工作机制，提高河湖管理能力

充分发挥各级河湖长会议的作用，加强部门协调联动，落实各级党委、政府河湖管理保护主体责任，推动河（湖）长制从“有名”到“有实”转变，细化实化河（湖）长制各项年度任务，聚焦管好“盆”和“水”，加强系统治理，着力解决“水多”“水少”“水脏”“水浑”等新老水问题，推动河湖生态环境质量的改善和提高，加快完成河（湖）长制综合管理信息平台建设，继续加大对各级河湖长及河长制办公室工作人员的培训力度，协调市委组织部对县级河（湖）长加大培训，重点围绕河（湖）长制的推行与深化、落实一河（湖）一策、河湖长制信息化（APP）实践操作等方面进行培训，不

断提高各级河(湖)长及工作人员的业务管理水平。

（三）加强河湖环境治理

重点在“见行动”“见成效”上下功夫，以持续开展“河湖清”建设“清河整治专项行动”为抓手，坚持问题导向，严查“清四乱”问题，严格治理城镇生活污染、畜禽养殖污染、农业面源污染，加强水功能区监督管理，加强入河排污口规划和整治力度，不断改善水环境质量。

第三十节　宁夏回族自治区经验、问题及建议

宁夏回族自治区水利厅：河湖管理处处长张树德，河湖事务中心科长王学明，副科长徐浩。

河海大学：唐德善、丁长青、孙佳浩、姜中清、王权、郭泽权、余晓斌、杨丹

一、经验

宁夏回族自治区坚持以习近平新时代中国特色社会主义思想为指导，深入贯彻落实习近平生态文明思想和习近平总书记在黄河流域生态保护和高质量发展座谈会讲话精神，扎实推进中央全面推行河长制实施湖长制决策部署，牢固树立大局观、长远观、整体观，大力实施生态立区战略，以解决人民群众关心的河湖突出问题为突破口，全力解决好群众最急最忧最盼的生态环境问题，精心呵护黄河母亲河，建设美丽新宁夏，统筹推进河(湖)长制落地见效，全区河湖面貌和水环境质量显著改善。

（一）自治区持续高位推动

自治区党委和政府坚决贯彻落实习近平总书记视察宁夏重要讲话和在黄河流域生态保护和高质量发展座谈会上重要讲话精神，精心呵护母亲河，大力实施生态立区战略，把全面推行河(湖)长制作为“建设美丽新宁夏，共圆伟大中国梦”的重点任务持续用力，坚决推进。自治区党委常委会会议、政府常务会议每年多次研究河(湖)长制工作，召开黄河流域生态保护和高质量发展座谈会、全区美丽河湖建设推进会、总河长会议等会议，安排部署河湖管理保护各项工作。自治区总河长签发第1号总河长令，推进美丽河湖建设。从顶层设计上为河湖管理保护明确目标任务、强化政策保障、坚定工作信心。自治区总河长带头履职巡河管河，开展专题暗访调研、现场督办解决问题，发出“精心呵护母亲河，建设美丽新宁夏”的动员令。对中央环保督察发现问题，自治区党委和政府形成自治区省级领导包抓重点环保问题

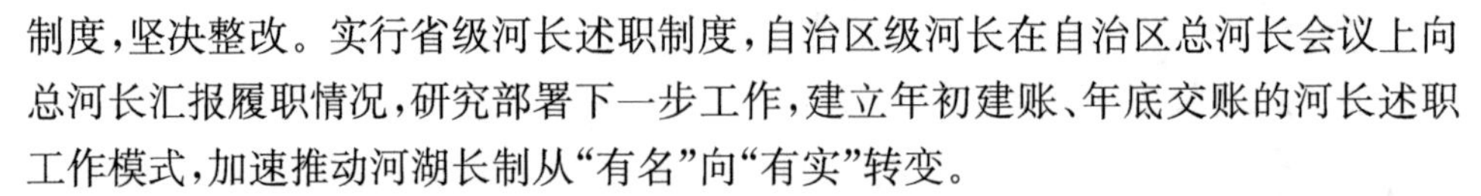

制度，坚决整改。实行省级河长述职制度，自治区级河长在自治区总河长会议上向总河长汇报履职情况，研究部署下一步工作，建立年初建账、年底交账的河长述职工作模式，加速推动河湖长制从“有名”向“有实”转变。

（二）强化与人大监督、政协议政相结合

自治区人大、政协将河（湖）长制工作任务纳入人大代表建议和政协提案，鼓励代表建言献策，形成河（湖）长制监督办理的长效机制。自治区党委书记、人大常委会主任、总河长带头多次跟踪督办人大代表提出的沙湖、星海湖综合整治建议；自治区政协连续三年把推行河长制、落实“水十条”列为常委会议民主监督议题，2019年，自治区政协将13条重点入黄排水沟治理列入工作计划，由各位副主席分别牵头推进治理，专题研究讨论水治理措施，开展视察调研、监督落实，提出高质量的重点入黄排水沟整治调研报告，有效倒逼污染企业转型升级，解决治水背后的环境再造问题，形成了党政主导、人大政协督办的新格局。

（三）健全依法治水制度和机制基础

出台《宁夏河湖管理保护条例》《宁夏水污染防治条例》，加强河湖管理保护，防治水污染，保护水生态，构建起有效的地方性法规保障体系。出台河（湖）长制6项基本制度以及河（湖）长制工作水质水量断面交接、河湖巡查等制度。与甘肃、内蒙等省区建立跨省河流河（湖）长制工作协作联动机制，将黄河流域16条干支流纳入名录，实现流域联防联控联管。印发月通报，每月实名通报重点工作任务落实情况。建立“1＋N”（季度一次明察＋多次暗访）督导方式，联合党委督察室、检察院、生态环境部门开展督导调研、暗访检查，下发交办督办单。将河（湖）长制工作纳入自治区效能目标考核，实行河（湖）长述职制度，党政同责、一岗双责，严肃考核问责，考核结果作为地方党政领导干部综合评价、生态环境损害终身责任追究的重要依据，有力推动了责任落实。

（四）强化与中央环保督察反馈意见整改相融合

将自治区领导包抓中央第八环境保护督察组反馈的重点环保问题整改与推行河湖长制深度融合，建立“一个问题、一个责任领导、一个责任单位、一抓到底”的联动包抓制度，突出解决重点河湖水质下降、入黄排水沟水质恶化环境问题，短期内实现了水生态环境形势总体逆转向好。

（五）强化考核监督倒逼履职

建立综合考评及奖惩机制，将河（湖）长制工作纳入自治区对市县（区）的效能考核，以最严格的考核问责制度倒逼干部作风转变，层层压紧压实责任。构建河长主导、河长制责任部门指导、河长办盯办、地方落实的运行机制，河湖问题现场督办、信息平台提醒督办、投诉举报线索及时督办、重点问题挂牌督办等方式推动问

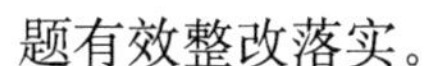

题有效整改落实。

（六）构建公众参与全民共治格局。

利用报、网、端、屏、线上、线下等手段引入媒体监督和宣传，制作河（湖）长制宣传片、刊发电视报道、新闻，开展“塞上江南·美丽河湖”摄影大赛和“最美巡河员”评选活动，媒体跟随、参与河湖暗访检查，曝光违法违规问题。推广河长通（巡河通）APP，普及“宁夏河长”微信公众号，专门设置投诉举报、随手拍、金点子功能，收集公众意见建议，拓宽社会公众参与渠道。统一全区河（湖）长制与河湖管理监督举报电话，接听投诉举报、核实转办问题。建立河湖管理保护问题有奖举报制度，充分调动人民群众参与河湖保护、监督河湖管理的积极性、主动性。石嘴山市朝阳街道组建由共建单位、民间湖长、社区民警湖长、巡湖员、老党员、青少年、在职党员、典型家庭及街居工作人员等组成的“净湖·巡护”志愿服务队伍，当好宣传员、巡查员、监督员、保洁员。吴忠市同心县开展河（湖）长制工作宣传进校园活动和主题书写活动，开展徒步巡河等活动，凝聚起全民共治的强大合力。

（七）持续探索治理新模式

自治区级建立“行政执法＋刑事司法”协作机制，充分运用检察机关公益诉讼新职能作用，合力推动问题解决。联合自治区检察院开展“携手清四乱，保护母亲河”专项行动，下发诉前检察建议书，解决一批重点难点问题，河湖违法陈年积案全部“清零”，扎实推动河湖面貌和水环境质量持续提升。永宁县望洪镇河道违建影响行洪安全案入选最高检“携手清四乱，保护母亲河”专项行动检察公益诉讼十大典型案例。固原市原州区建立“河长＋警长”机制，盐池县建立“河长＋检察长＋社会监督员＋巡河员”四级河湖监管网络体系和“一河一检察官”工作机制，有效推进河湖管理落地见效。

（八）搭建河长制综合管理信息平台

依托自治区“政务云”和“智慧水利”建设，率先建成省级河长制综合管理信息平台。平台采用“一级开发＋五级应用”模式，整合水利、生态环境、住建等有关部门涉河湖监测数据信息，有效打破治水部门间的“数据围栏”，为各级河长办、责任部门搭建了“统一调度、协同办公、资源共享”平台，为各级河湖长提供巡河管河、查询信息、跟踪督办、辅助决策服务。开发河长通（巡河通）APP，推进电子巡河、投诉举报业务协同，加强领导交办、工作督办、巡河事件、投诉举报和事件处置流程多端同步关联，实现任务智能处理、精准派发。开通“宁夏河长”微信公众号，实现社会公众微信投诉与河长通 APP 受理同步，支持群众举报、查询、反馈河湖治理信息，鼓励公众监督、参与河湖治理，让各级河长的职责、任务、监督、受理、举报、考评等能够“看得见、找得到、落得实”。积极优化升级河长制信息平台，采用遥感航测、无人机、视频识别、语音识别分析等新技术，增加四乱整治、督察暗访、采砂管理等业务功能模块，信息平台进一步助力河(湖)长制管理。

(九) 探索区域特色做法

银川市搭建“智慧银川＋河长制”工作平台，聘请社区网格员为河长制网格义务监督员；通过《电视问政》聚焦河(湖)长制热点问题，让水环境顽疾无处躲藏，让河长现场红脸、出汗，银川市纪委根据问政及整改不力情况依法给予追责问责，强力推动了河(湖)长制责任落实；因地制宜建立河(湖)长制举报奖励受理制度、管护保洁资金及奖惩考核办法等多项本地制度。吴忠市采取成立综合执法大队、政府购买服务、推行“河长＋警长”模式，全面落实河湖水系保洁责任，破解单一部门执法的局限性，提升河湖执法效率；红寺堡区建立区、乡、村三级河长交接制度，新、老河长在工作交接后1—2个工作日内完成河长交接手续并签订河长移交清单，解决了因职务变动等原因造成的河长责任缺位问题。固原市建立“公益岗位＋民间河长”模式，将建档立卡贫困户选聘为河湖巡查保洁员，走出助力脱贫的治河新路子。中卫市推行河长制与农田水利基本建设结合，在整治沟渠的同时治理河湖水系，促进生态环境改善和农业基础建设平衡发展。

(十) “一堤六线”黄河金岸，筑牢沿黄生态经济带发展骨架

自治区党委、人民政府高瞻远瞩、审时度势，提出“建设沿黄城市带，打造黄河金岸”的战略构想，深入实施沿黄城市带发展战略，加快推进黄河金岸建设，对黄河宁夏段进行集中整治，建成402公里标准化堤防，构筑起黄河宁夏段标准化堤防和黄河金岸，打造堤防建设宁夏模式，提出黄河标准化堤防“生命保障线、交通富民线、经济命脉线、生态景观线、特色城市线、黄河文化展示线”即“一堤六线”概念，完善黄河宁夏段防洪工程体系，并经受洪水过程检验，牢牢巩固了沿黄生态经济带的发展骨架，绘就了一幅壮阔瑰丽的黄河金岸“山水画卷”。

(十一) “保”水土、山川锦绣，“构”西部生态屏障

自治区党委、政府把水生态文明建设摆在更加突出的位置，坚持水土保持基本国策不动摇，牢固树立“绿水青山就是金山银山”理念，大力开展水污染防治、水环境治理、河湖湿地生态修复和水土保持生态建设，推进山水林田湖草系统治理，实施小流域综合治理、坡改梯、淤地坝建设、生态修复等工程，治理区实现荒原染绿、山川葱茏、群众致富，涌现出国家水土保持生态文明县彭阳县、全国梯田建设模范县隆德县等一批先进典型，走出了一条生态优先、绿色发展的道路。黄河宁夏段水质实现进出境水质保持在Ⅱ类，水土流失面积由近4万平方公里减少至不到2万平方公里，新时代河湖湿地生态保卫战取得“硕硕战果”，实现生态、经济、社会共赢。昔日“飞沙走石风作舞、河枯苗干旱作伴”的苦旱之地，现已变成“梯田层层绿满山、绿水青山披锦绣”的金山银山。

（十二）水城相依，灵动神韵

自治区全力推进水生态文明城市建设，首府银川市被评为全国水生态文明城市，石嘴山市全国水生态文明城市和固原国家海绵城市试点建设，永宁县创新城乡水系建设、打造“塞上江南”田园风貌。大力实施河湖水系连通，争取中央资金实施典农河、宝湖、沙湖与星海湖、亲河湖与雁鸣湖等一批水系连通及综合整治工程，改善河湖水域环境，河湖水质得到大幅度提升。沙湖、鸣翠湖等湖泊湿地获评国家级水利风景区、自治区级水利风景区，“黄河金岸”“艾依春晓”入选“宁夏新十景”，典农河获选水利部水工程与水文化有机融合典型案例，打造人水和谐的水生态环境，有力促进了生产发展、生态良好、生活幸福。

（十三）创新驱动引领发展，智慧水利“硕果累累”

党的十八大以来，按照中央治水方针，自治区在推进河（湖）长制落实、水利信息化、科技创新、打造治水平台等方面取得良好成效，围绕水资源高效利用、水污染防治、水生态修复等关键技术研究和新材料新设备应用推广，以创新驱动为引领，以“工程带科研，科研促建设”为主线，与中国航天十二院合作成立了“钱学森智库水治理（宁夏）研究中心”。探索中央治水方针的“宁夏模式”，运用数字手段实施河湖长治，开展水体净化技术等15项重大技术推广，实施引黄灌区高效节水技术集成与示范等重大项目。智慧水利“云、网、端、台”全面构建，重点水数据采集端站网建设全面推开，实现数据管理“三大转变”。全面实施“互联网＋水利”六大行动，率先在全国水利系统、在全区政府部门建成了水利云中心，实施并网改造和互联网盲区消除，建成全区通用的电子政务外网，水利数据中心完成迁移上云。以河长制、水资源监控等为重点的水利信息化取得显著成效，建成水资源监控管理信息系统、宁夏水文综合业务系统等业务、工程、财务、办公、行政审批等系统应用平台，彭阳“互联网＋人饮”全面推广，以智慧水利推动河湖治理能力大幅度提升。

（十四）彭阳美丽茹河建设经验

彭阳美丽茹河建设项目总体建设思路概括为：一河两线三带，就是以茹河为主轴，以水治理为核心，以旅游为支撑，形成了水环境生态带、风景园林带和产业经济带。通过水线和绿线的建设，茹河沟圈出境断面水质稳定达到Ⅳ类，Ⅲ类水水质占比逐步提高，全流域水质得到全面提升。围绕水线，形成水环境生态带，主要有四项治理措施，一控源，对全县重点排污口进行规范化建设，实施农药化肥零增长行动，落实病虫害专业化统防统治和绿色防控，推行“163”残膜回收利用模式，畜禽养殖企业实行粪污无害化处理；二截污，实行分段分类治理，建设污水收集管网，村镇居民生活污水、屠宰场、养殖场生产污水能接入县城污水处理厂的经过预处理后输送到县城污水处理厂集中再处理；不能接入的，新建街道和居民点一体化污水处理站进行小区域集中处理。原县城污水处理厂提标改造、排水管网雨污分流改造和再生水利用工程，污水处理能力达到一级A排放；三修复，将采砂遗留坑建设成为人工湿地和氧化塘，种植水生植物，增强河流自净能力，恢复水域面积598亩，水流条件和水域面貌整体改善；四管理，构建县、乡、村、民间河长管理体系，划定管理责任范围，陆域、水域河长有效融合，实现河、岸管理全覆盖。围绕绿线，形成两条生态线，以茹河岸坡及慢行系统绿化、国道327绿化为两条绿线串联沿途5个景点、18个美丽村庄，合理布设各种设施和景观小品，形成景观通道和风景园林带。

（十五）隆德县渝河治理经验

隆德县精心打造渝河流域综合治理工程，采取部门共建模式，水利部门通过防洪工程与生态景观措施相结合，建成生态与防洪并重、治理与美化同步的环城生态景观水系。自然资源部门采取乔灌和花草搭配、绿化与景观共建的方式，打造三季有花、四季常青的高标准园林景观绿化带。生态环境部门种植芦苇、菖蒲、千屈菜等水质净化植物，涵养水源、净化水质，使渝河国控断面和县城段水质达到Ⅱ类标准，受到全国人大执法检查组、环保部、环保世纪行—宁夏行动、环保部西北督察局及自治区党委、政府的充分肯定。

二、主要问题

全面推行河湖长制以来，河(湖)长制制度优势发挥了巨大作用，宁夏河湖面貌和水质显著改善，人民群众群众生态文明建设幸福感和获得感明显增强，取得了明显的成效。通过总结评估和走访基层实际，认为目前推行河湖长制还存在以下问题。

（一）河湖面源污染治理顽疾难治

污染在水里，问题在岸上，加快水岸共治，山水林田湖草系统治理，发展“生态农业”“循环经济”是防治水污染的治本之策。推广发展循环农业，有效减少面源污染，充分发挥河长制生态保护与经济发展协同推进、相互促进作用，引进社会资本建设国家湿地公园、休闲度假区等生态主题景点，切实推进水旅融合，促使河库生态效益、周边土地价值同步提升，河库产业发展、群众致富脱贫同步推进。河湖长制“六大任务”涉及工业、农业、生活等多种污染源和河湖沟渠生态综合环境系统治理等难点问题，点源污染治理进展快，效果好，但面源污染治理有其广泛性、复杂性、基础性特点，受到诸多因素制约，难以在短时间内妥善解决，河湖面源污染治理还有很长的路要走。

（二）部分河长办力量需要进一步加强

各级河(湖)长制办公室在全面推行河(湖)长制、开展河湖监管、管理治理保护方面发挥了中流砥柱的作用，河(湖)长制工作协调任务重、河湖监管和基础工作量大，但限于地方编制、财力等因素，相对工作任务来说，部分河长办工作人员强度大，需要进一步加强河长办工作人员力量。

（三）河湖长制经费缺口较大

因宁夏地区经济欠发达，财政总体收入规模较小，河湖治理经费缺口仍然较大，河湖生态环境治理成果需要持续投入人力物力提升巩固，广大农村人居环境整治、生活污水处理等需要大量资金投入，资金短缺问题成为制约河湖系统治理的短板。

三、建议

（1）建议尽快完善环境制度设计，出台生态环境损害责任终身追究制指导性实施办法或细则，将河湖环境质量指标细化到领导干部自然资源资产离任审计、自然资源资产负债表、构建生态环境激励机制等制度设计中，强化河长湖长履职尽责。

（2）建议国家出台地方河长办设置指导意见，将河长办升格为政府直属职能机构或者将河长办设置在各级政府办，将河长办职能和河湖业务管理职能彻底分开，一方面解决事大机构小问题，另一方面解决河长办职能和河湖业务管理职能交叉、部分地区河长办工作压力过大的问题。

（3）建议加大对河湖生态治理保护专项资金的投入力度，尤其是在资金项目安排上适度向中西部贫困地区倾斜。

第三十一节　新疆维吾尔自治区经验、问题及建议

新疆维吾尔自治区：防汛抗旱服务中心副主任雷雨（正高级工程师）；

新疆维吾尔自治区河湖长制办公室张亮（高级工程师）、王兴连（工程师）

河海大学：许佳君、刘爱莲、黄齐东、李轮、燕士力、胡子瑜、李潇翔、冯晓田、谈雨霏、李萍、孙安琪、王丹、张梦

自中央推行河（湖）长制工作以来，在水利部的关心支持下，自治区各级有关部门切实提高政治站位，攻坚克难、苦干实干，实现河、湖、水库一体化管理，构建起责任明确、协调有序、监管严格、保护有力的河湖管理保护体制和良性运行机制。经过现场调研、各地河（湖）长制成效综合分析，并征求相关地方、责任单位意见，自治区推行河（湖）长制经验、问题与建议总结如下：

一、经验

新疆维吾尔自治区坚持以习近平新时代中国特色社会主义思想为指导，全面贯彻落实习近平生态文明思想，坚持保护生态环境就是发展生产力、绿水青山就是金山银山的理念，认真贯彻落实党的十九大和十九届二中、三中、四中全会精神，深

入贯彻落实党中央、国务院关于全面推行河(湖)长制的重大决策部署,贯彻落实党中央"节水优先、空间均衡、系统治理、两手发力"新时期治水方针,结合经济发展、生态环境、社会环境等因素,因地制宜推动河(湖)长制工作高质量发展,为改善区域内河湖生态环境提供了新动力。

(一) 创新性开展兵地协同一体、统筹联动的河长制组织模式

自《关于全面推行河长制的意见》等相关文件印发以来,全国普遍实行的是"31+1"的河长制组织模式,即全国 31 个省(自治区、直辖市)与生产建设兵团分别单独建立河长制,分管各自辖区内的河流。但鉴于兵地地域分布、河流治理规律等现实原因,地方与兵团客观上无法完全分而治之。为了更好地统筹治理河流,最大程度发挥河长制效用,新疆维吾尔自治区党委办公厅、政府办公厅联合出台了《新疆维吾尔自治区实施河长制工作方案》,并在河长制推行的实践过程中,对全国推行的"31+1"的组织机构模式进行了创新,实行自治区党委统一领导、兵地主要党政领导协同一体、统筹联动的"双总河(湖)长"组织形式,由自治区党政主要领导担任领导小组组长和总河(湖)长,兵团主要领导担任副组长、副总(河湖)长。经自治区统一部署,将河长湖长体系全面延伸至村连级,建立健全了自治区兵团、地(州、市)师、县(市、区)团、乡(镇、街道)村连的五级河长制组织体系。这一做法在全国范围内绝无仅有,是河长制在新疆全面推行的实践过程中,逐渐摸索出的制度创新,自实行以来,极大地改变了长期以来"31+1"组织模式的不统一、不协调的工作难题,取得了良好的河流治理成效。兵地工作实行了诸如河湖上下游、左右岸的联防联控,建立了自治区与兵团统一的河长制信息系统平台,实现了河长制信息资源共享,真正创造了兵地融合、协调互动的良好氛围。

(二) 计划先行,全面启动河湖三年整治行动

2019 年 3 月 20 日,新疆维吾尔自治区河(湖)长制办公室印发《关于开展河湖三年整治行动的通知》,提出针对河湖存在的突出问题,自 2019 年至 2021 年底在全疆范围内开展河湖三年整治行动。河湖三年整治行动的目标是全新疆各级河湖管理体制机制更加健全,河湖开发利用有效控制,水域岸线管理规范,水污染全面治理,水环境安全整洁,水生态持续改善,河湖面貌得到根本改观,河湖监管得到全面加强。

河湖三年整治行动强调要兵地一体,突出重点,分类施策;强调河(湖)长制各成员单位要加强沟通,协调联动,分工配合,形成合力;要求各地要提供经费保障,加强监督检查,将三年整治行动落实情况纳入各地河(湖)长制工作考核,并纳入对有关政府、领导干部的年度考核。

(三) 对高山无人区河流进行特殊管护

新疆地广人稀,高山无人区河流占新疆自治区河流总数的很大部分。根据当地基层河湖长的描述,高山无人区的河流生态较为敏感脆弱。在管护这类河流时,

他们以保护自然生态环境、减少人类活动干扰为宗旨，以骑马、步行代替常规交通工具巡河，格外注意巡河的方式、频率等对河流的影响，考虑到此类河流处于人迹罕至的地区，设立公示牌的宣传作用和意义不大，还会影响原始自然景观，因此，河长制领导小组特殊情况特殊处理，没有对此类河流设置公示牌，并在保证河流生态无污染的情况下，适当减少巡河频率。

（四）因地制宜，针对性地开展治理工作

由于新疆地域广阔、河湖众多，河湖的管理难度较大。为坚持问题导向，针对性地开展好河湖治理工作，河长制领导小组高瞻远瞩，始终强调将“一河一档”“一湖一档”作为开展“一河一策”“一湖一策”工作的基础。为此，新疆维吾尔自治区河（湖）长制办公室将河湖名录作为重要抓手，以“一河一档”“一湖一档”的方式，将每条河湖的基本情况、河（湖）长名单、开发利用状况、治理保护、岸线管理、巡查及专项执法内容等摸查清楚并形成独立档案，把河（湖）长名录同河（湖）名录细化对应，有机串联，为每条河流都有针对性强、可操作性高的治理方案奠定了坚实基础。如博尔塔拉蒙古自治州就结合自身实际，认真制定了《赛里木湖风景名胜区管理委员会落实湖长制实施方案》。

（五）各类专项行动统筹规划，取得长效治理成果

河长制办公室通过部署政府指导性的采砂规划、河道岸线规划等，组织开展河湖管理专项执法检查和河湖采砂、垃圾围坝、入河排污口清理整治、河湖“清四乱”等四项专项行动。并在湿地修复和保护、农村水环境治理、黑臭水体治理、水体污染防治、涉河湖联合执法、畜禽养殖禁养区和限养区划定等工作中，解决了一批涉河湖突出问题，专项行动取得了积极成效，河湖面貌得到了显著改善，也形成了一些宝贵的成功经验。和田地区重拳开展玉龙喀什河和喀拉喀什河采玉弃料环境整治，使两条河的乱采滥挖和田玉现象得到有效管控，建立了完善的河湖采砂管理长效机制。头屯河积极探索河湖系统治理有效模式，统筹 1 000 万元资金，建立了头屯河生态修复治理基金。塔里木河流域管理局对黄水沟水资源实施联合调度，向黄水沟东支输水 1 亿立方米，让清洁水源通过黄水沟进入博斯腾湖，促进博斯腾湖水体大循环，改善博斯腾湖水质。

（六）改善生态环境，打造最美家乡河

新疆维吾尔自治区秉承“水是生命之源”的理念，高度重视辖区内每条河湖的水质与周围的生态环境，积极开展治理行动与改造工程，实现人与自然的和谐共生。石河子市的玛纳斯河和乌鲁木齐市水磨沟区的水磨河就是这方面的代表。新疆玛纳斯河流域管理局非常重视玛纳斯河流域的生态环境，注重保护玛纳斯湖区域形成的湿地。而玛纳斯湖湿地的形成使石河子、克拉玛依、乌鲁木齐等地的生态环境好转，近几年北疆地区出现沙尘暴的频率明显减少。河岸还采用了垒石护垫作护

坡,不仅改善了玛纳斯河的河岸生态环境,也可以在汛期减弱水流对河岸的冲击。

水磨沟区水磨河的改造工程也取得了巨大的成功。改造前,水磨河道两侧危旧平房破烂不堪,生态环境脆弱,卫生脏、乱、差;整改后,水磨河河畔水清岸美、生态和谐、景观高雅,不仅为广大市民提供了一个休闲娱乐、游览观光的好去处,而且成为广大市民群众四季休闲活动的生态公园。未来水磨河两岸旨在形成一条自然与城市共生、历史与文化交融、绿色与健康引领的城市滨水公共绿色空间和生态廊道。

(七) 民间河长、志愿组织作用突出

深入群众做好宣传,多次在电视台播放宣传河(湖)长制工作开展情况,通过在街头巷尾展示河(湖)长制宣传牌,悬挂横幅、邀请群众签名等多种方式,助力全面推行河(湖)长制。同时,聘请人大代表和政协委员作为河(湖)长制社会监督员,对区域内河湖管理保护进行监督,并设置了河(湖)长制工作监督箱,随时接受群众的监督和检查,做到发现问题立即解决。在深入宣传河(湖)长制的基础上,更好地接受群众的监督,促进河(湖)长制工作更好、更完善、更有效地开展。

(八) 积极引进社会资本,共促环境保护

新疆生产建设兵团第八师石河子市多方筹措,积极引进社会资本,加快推进实施污水处理厂提标改造和中水回用工程建设。师、市同北京首创集团签订 PPP 合同,投资 105 742.82 万元对石河子市原处理能力每天 20 万吨的污水处理厂进行提标改造,所产中水回用至十户滩新材料园区,有效减少蘑菇湖水库外源污染。目前,该项目已开工建设;在北工业园区新建一座日处理能力 10 万吨的污水处理厂(中水厂),出水水质达一级 A 排放标准,全部回用于北工业园区、新材料园区工业企业,可有效杜绝工业废水入蘑菇湖水库。该项目于 2019 年底完工运行。

二、主要问题

(一) 河湖水域岸线保护问题

大力推进河湖“清四乱”及划界工作。开展河湖“清四乱”专项行动,建立“清四乱”台账。2018 年“清四乱”完成率不高,河湖划界工作已开展,但由于财力有限,划界压力较大。河湖水域岸线规划、确权划界工作进展较慢,需要部门间加强配合,需加大资金投入和在河湖管理技术上的支持,如河湖水系分布图的制作。河湖管理保护和河长制工作需法制化、系统化,需要加快出台《新疆维吾尔自治区河湖管理条例》进度,以规范河(湖)长制工作、水域岸线管理工作和采砂等工作。

(二) 河湖生态综合治理有待加强

污染在水里,问题在岸上,加快水岸共治,山水林田湖草系统治理,发展“生态农业”“循环经济”是防治水污染的治本之策。推广发展循环农业,有效减少面源污

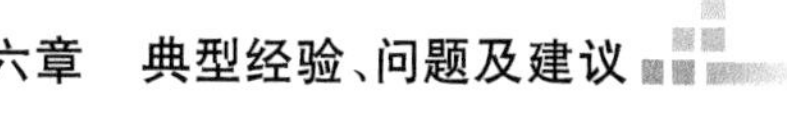

染，充分发挥河长制生态保护与经济发展协同推进、相互促进作用，引进社会资本建田园综合体、湿地公园、休闲度假区等生态主题景点，切实推进水旅融合，河库生态效益、周边土地价值同步提升，河库产业发展、群众致富脱贫同步推进。一是基层河（湖）长工作需进一步规范和加强，由于新疆地域特殊，维稳工作是首要问题，通常一人身兼数职分身乏术，专门负责河长制事务的工作人员除了业务工作还要付出大量的精力承担其他任务，会造成本职工作无法更深入更有效地开展，需要纳入和培养更多人才。

（三）处理好地方与兵团的职权范围与利益关系

在自治区的统一领导下，处理好地方与兵团的职权范围与利益关系，协调好各部门间的工作、促进兵地融合等问题，还需进一步改进。

（四）河（湖）长考核制度和方案有待完善

河（湖）长考核制度和方案需结合水务工作的推进逐步深化和细化，在全面实施河长制的过程中发现问题和解决问题，推行河长制健康发展。

（五）季节性河流汛枯期和高山无人区巡河问题

新疆有很大一部分河流的水源都来自于高山积雪融水，此类河流仅在夏季温度回升的融雪期产生地表径流，平常大多为干沟，此类情况在下游地区尤其突出。然而现行河长制对各级河长巡河次数有明确考核要求，例如区级河流要每季度巡河一次。因此，出现了河长“无河可巡”的现象，若不对现行的巡河制度进行适当变通，易诱发形式主义，最终事与愿违。另一方面，新疆还存在着大量的高山无人区河流，这些河流大都在海拔 3 000 m 雪线以上，人迹罕至、普通交通工具无法进入。通常这些地区的河流不受人类活动干扰，没有污染甚至没有巡河的需求，强行进入这些地区，不适当的巡河行为反而会破坏原始生态环境，使河流有可能受到人类活动影响。因此，对季节性河流的巡查次数和时段还需结合各地实际情况等作合理安排；高山无人区河流应在确保其无污染的情况下，实行特定的管理方案，避免工作适得其反。

（六）公示牌的设立还需结合各地实际情况

公示牌的设立还需结合各地实际情况等作合理安排，需要因地制宜，如无人区部分河流交通无法到达，设立公示牌存在较大的困难且失去公众参与监督与宣传的意义，相反，在这些区域设立公示牌还会一定程度上影响原始自然生态景观。对高山无人区河湖的管理还需特殊情况特殊处理，制定具体可行的方案。

三、主要建议

（一）加大财政支持力度

在积极向上争取中央、自治区专项资金的同时，将河（湖）长制纳入地方财政预算，加大河（湖）长制工作经费投入。对于优先开展河（湖）长制改革，应优先予以经费配套支持。重视经费专项化，安排专项资金用于“水利信息化”“水利支边”和“河湖湿地治理及保护”等方面。尤要重视水利信息化工作，通过计算机网络、大数据挖掘、移动互联网、人工智能等技术手段，实现河长制工作精细化、集成化、协同化、移动化，以提高河长制管理工作效率和质量。

（二）切实强化队伍建设

扩大河（湖）长办工作人员编制，解决基层工作人员不足问题；加强和扩大业务培训，提升基层相关人员的工作能力，构建一支高水平的河湖治理队伍；动员内陆水利工作人员到基层支边，鼓励在校大学生水利支边；重视年轻干部培养，对于在河（湖）长制工作中表现优异的年轻干部，在岗位聘用、提拔晋升、学习交流、住房办公等方面给予政策倾斜；建议开展优秀河（湖）长的表彰工作，建立起包括全国、自治区（自治区和直辖市）、市、县等各层级的优秀河（湖）长表彰机制。

（三）优化考核制度设计

在考核制度设计上，构建河（湖）长工作定期奖惩机制，将工作导向从保障日常工作运转向奖补并举、激发工作积极性转变；在考核主体上，可在上级环保部门考核下级地方政府的基础上，继续探索引入第三方专业机构评估水环境改善情况，及时发现河长制工作落实中存在的具体问题，及时反馈并由目标督察部门牵头督促整改。

（四）深入开展综合治理

加强河湖湿地保护治理，继续加大保护建设和执法力度，严厉管控采砂、采石、排污等行为；加强河流沿线屠宰场、放牧草场的持续整顿治理，切实防止反弹。水面承包养殖户污染造成水质下降的，责令其停止违法行为，限期整改达标。

（五）营造共治共享氛围

建议在各级党政领导担任各级河长的基础上，积极推广“民间河长”制度，由河道两岸的企事业单位负责人、种养（放牧）大户担任“民间河长”，履行社会力量在治水中的应尽职责；鼓励个人、企业、社会团体等以投资、捐助、投工投劳等多种形式参与河（湖）长制建设，逐步建立多层次、多渠道的共治共享机制；多形式、全方位宣传河（湖）长制工作，使保护河流的观念深入人心，把公众从旁观者变成河道治理的参与者、监督者，形成“关心河道、珍惜河道、保护河道、美化河道”的合力。

第七章 结论与建议

对第六章31个省份经验、问题及建议运用SPASS软件进行统计分析，按"一省一票"原则统计出31个省份在推行河长制过程中一些值得全国各地借鉴的经验、问题及建议。

第一节 10条主要经验

对31个省份的经验运用SPASS软件进行统计分析，按"一省一票"原则统计出31个省在推行河长制过程中一些值得全国各地借鉴的亮点做法，其中提高公众积极性，全民参与河长制是各省普遍推行的亮点，有19个省在核查报告中提到这一点，提高信息化建设和保障河湖执法紧随其后，分别收到15条、12条经验；如图7.1。

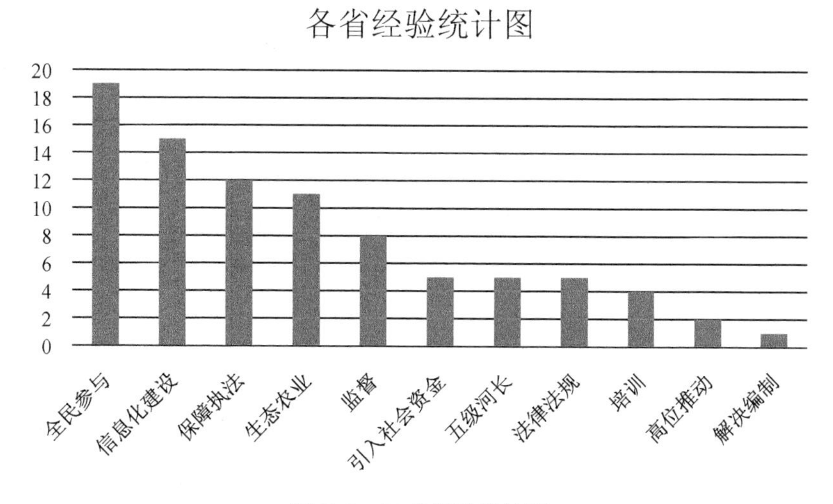

图7.1 31省经验统计图

(一) 充分发动群众,全民参与河长制

河湖治理工作的落实与推进离不开群众的支持和参与,各省积极开展各种形式的宣传和志愿活动,积极发动群众参与,扭转公众对河湖功能的认识,增强公众参与河湖管护意识,营造全社会关爱河湖的良好氛围。

如甘肃省开展了河(湖)长制宣传周活动,向社会公众发起"维护河湖生命健康、建设幸福美丽甘肃"倡议。贵州省聘请了 11 220 名河湖民间义务监督员,负责对全省河湖保护进行义务监督。重庆市各级开展社会义务监督员集体巡河、党员巡河护河主题党日、群众志愿服务、拍摄制作宣传片、微电影,"河小青"等活动。浙江省 11 个设区市、89 个县(市、区)及各开发区、所有乡镇(街道)的总河长及分级分段河长均已设立,在健全省、市、县、乡、村五级河长体系基础上,进一步延伸到沟、渠、塘等小微水体。为充分发挥公安职能优势,强化对水环境污染犯罪的打击与监管,各地根据需要设置河道警长,协助各级河长开展工作。为充分发挥人民在治水中的主体作用,各地依托工青妇和民间组织,大力推行"企业河长""骑行河长""河小二"等管理方式,吸引全省公众关注治水,用实际行动参与治水。创新家庭河长概念,放置小小河长公示牌,提高全民对河(湖)长制度的参与度,从每个家庭开始提升群众保护河湖的重视程度。湖北省市县级河(湖)长办会同同级宣传部门联合发文开展河(湖)长制宣传"六进"活动,强力推动河(湖)长制宣传进党校、进机关、进企业、进农村、进社区、进学校"六进"常态化,营造保护河湖的强大声势。江苏淮安市推进"河长制+生态脱贫"的探索实践,将河长制工作与扶贫脱贫相结合,通过聘用"建档立卡"贫困户担任河道保洁员、设立公益性岗位等措施,既保护了河湖生态环境,又助推精准扶贫精准脱贫工作更好地开展,让众多贫困户在家门口收获了"生态红利";淮安市河长办、市水利局联合团市委,组织学生开展淮安"河小青"护河行动;淮安市河长办、市水利局、市妇联启动"巾帼河(湖)长"护河行动,市县区妇联组织及各类杰出女性代表获颁河(湖)长聘书;聘请民间河长,引导群众参与管护。山西大同市阳高县从建档立卡贫困户中聘请河道专职巡河员,既实现了河道巡河的常规化,又帮助贫困户增加了收入,使河长制工作与脱贫攻坚工作相结合。贵州积极聚焦脱贫攻坚,在全省范围内聘请的 16 117 名河湖巡查保洁员中包含 8 755 名建档立卡贫困人员,至少可带动 2.5 万人脱贫。黑龙江通过实行"河(湖)长制+精准扶贫"模式,切实推动河湖日常保洁常态化,拓宽了贫困户就业增收渠道,实现了相互帮扶、共治共享。北京建立健全"发现－移交－督导－落实－反馈"的河长闭环工作机制,各级河长通过巡河发现问题,移交到相关部门整改,并跟踪督导执法和整改过程,确保问题得到有效解决。安徽省调动社会各界广泛参与河湖保护,采取城管热线"随手拍"有奖举报等方式,鼓励群众投诉河湖管护问题。

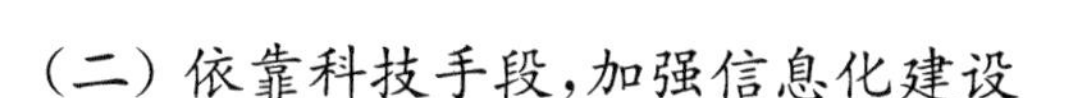

（二）依靠科技手段，加强信息化建设

利用无人机、物联网、大数据、云计算等新技术，加强河湖管理，实现河湖的动态监测，消除管理盲区，使河湖管理工作更加高效便捷。

如吉林省部分河流利用“天眼工程”及高清摄像头，建立河道动态监控系统，广泛使用无人机巡河、检查，制定问题清单，实施量化管理，新建水质自动站，实现对重点湖泊、地级以上城市集中式饮用水水源地以及重点流域跨省界、市界、县界断面水质自动监测。浙江省台州依托互联网、大数据，在全国首创“河小二”全民治水新模式。安徽省结合监督和评估分析，在长江淮河新安江干流和部分大型水库开展无人机巡航和遥感监测。广东省河源市城区实行“无人机＋管护员”的“双管”模式，有效消除管理盲区。黑龙江省依托卫星遥感技术，利用无人机和大数据等科技手段，为河湖精细化巡查管理提供技术保障；全省各级河湖长手机巡河 APP 全面启用，实现在线巡河。

（三）水利扫黑除恶，根除河湖隐患

“四乱”问题是河湖管理与保护的重点、难点，长期存在，很难根治，多省份结合水利领域扫黑除恶专项斗争，摸排涉水问题黑恶线索，挖掘涉黑涉恶势力“保护伞”“关系网”，形成严厉打击的高压态势，取得明显成效。

如甘肃结合水利领域扫黑除恶专项斗争，摸排“清四乱”涉水问题黑恶线索，挖掘涉黑涉恶势力“保护伞”“关系网”，形成震慑，维护河湖生命健康。黑龙江公安机关将“扫黑除恶”行动与河（湖）长制密切结合，严厉打击破坏生态环境等违法犯罪行为，重点打击非法采砂、非法侵占水域岸线等涉黑涉恶违法行为。针对四乱、水污染的情况，陕西汉中市以“砂战、水战、渔战”三大战役为手段，对突出问题顶格处罚，工作成效和震慑作用显著。山西省针对黄河采砂问题展开河道采砂整治“回头看”专项行动，采砂问题得到明显遏制。吉林针对沿河市、县、农村垃圾河湖倾倒问题，实行“村收集、公司转运、集中处理”的方式，取得明显效果。贵州省水利厅、省公安厅、省检察院印发了《贵州省水行政执法与刑事司法衔接工作机制》，严厉打击涉河（湖）违法犯罪行为，切实加强河湖管理执法监督，维护河湖生命健康。

（四）推行水岸共治，促进乡村振兴

污染在水里，问题在岸上，加快水岸共治，山水林田湖草系统治理，发展“生态农业”“循环经济”是防治水污染的治本之策。在河（湖）长制推行工作中，充分调动和发挥村级组织在河、湖、库、渠日常管理、巡查中的积极作用，建立村级河长，把老百姓通俗认为的农村河道、各类分散饮用水源纳入管理，有利于加强广大农村水环境整治和饮用水水源保护，发展生态农业、绿色农业，完善农业循环链，以水为媒，发展循环经济，促进生态富民。农牧部门按照“无害化处理、资源化利用”的原则，推行“种养结合，入地利用”，使畜牧业与种植业、农村生态建设互动协调发展，走种

植业养殖业相结合的资源化利用道路，解决规模养殖场粪污无害化处理的问题。促进美丽乡村建设，提升城乡人居环境。广东梅州平远县石正镇将中小河流治理与景观建设、经济发展相融合，改善石正河的水质，探索“鱼稻共生”生态种养植模式，既改善了村居环境，又带活了地方经济。黑龙江绥化市委提出“发展田园养生第一朝阳经济，打造千亿级潜力空间”要求，深入挖掘青山绿水、田园风光、农事体验和冰天雪地资源优势，大力发展新经济、新业态，向农业多功能开发要效益，打造特色突出、产业多元、带动强劲的现代农业发展新模式。

（五）强化督察考核，落实河长责任

福建强化督察考核机制，推行清单管理，按区域、流域分解下达任务清单和问题清单，明确时间节点和责任部门。定期跟踪调度，实行“一月一抽查、一季一督导、一事一通报、一年一考核”，并纳入省市专项督察和绩效管理内容。强化激励和问责，将河（湖）长制工作成效与以奖代补、以奖促治、生态补偿等专项资金挂钩。2017年以来，全省共效能问责18名县级河湖长，通报批评40名县级河湖长、142名乡级河湖长、235名河道专管员。沙县创新实行“河长吹哨、部门报到”的各部门共同治河格局，得到了肯定并在全省推广。该做法被中国水利网评为2018基层治水十大经验。按照“市主导、区负责、部门统筹、国企挑重担”的工作模式，将水系治理任务以项目清单形式落实到每一个责任单位，明确责任人和完成时限，推进“责任清单”“问题清单”和“成绩单”三单合一，市委将水系治理列入专项考察，组织部部长亲任考察组组长，市效能办和市委、市政府督察室等部门对水系治理进行跟踪督察督办，落实“清单化”责任制。上海市各区参照环保督察方式，按照“查全、查严、查实、查清、查深”的标准，定期有目的、有安排地组织开展专项督察，全面检查水环境治理情况。如甘肃省兰州市将河（湖）长制工作纳入了领导班子和领导干部、全面从严治党、目标管理工作“三合一”考核，签订责任书，实行目标管理。

政协江西省委员会连续2年开展“河长监督行”活动，对省政府考核河长制工作靠后的3个市、10个县开展监督。强化了各级河长的责任担当意识。山东实现“自动考核”，系统自动记录各级河长履职巡查、问题处置、任务完成等数据信息，自动形成考核排名，从过去的“人考”变成现在的“机考”，有效规避人为干预和人情因素，准确反映工作真实情况。湖北完善河（湖）长制考核评价体系，河（湖）长制项目连续两年被纳入省委、省政府对市州党委、政府的年度目标考核清单。陕西省将河（湖）长制工作纳入党委政府考核评价体系的同时，各级引入社会监督机制，利用主流媒体多次对河湖管理保护问题进行曝光和追踪报道，引起社会各界关注，倒逼问题整改落实，助推河（湖）长制工作。

（六）加强立法立规，规范河湖管理

以立法的形式建立严格的河湖保护制度，用法治思维和法治方式管理河湖，用

法律手段解决河湖乱占、乱采、乱堆、乱建问题，敢于动真碰硬，以“零容忍”态度，严厉打击涉河湖违法现象，携手清理整治，还河湖本真面貌。

如贵州省将全面推行河长制写入《贵州省水资源保护条例》，并相继出台《贵州省水污染防治条例》和《贵州省河道条例》。浙江颁布实施《浙江省河长制规定》，科学设置河长责、权、利，规范河长制运行体系。云南省针对九大高原湖泊出台了一湖一条例。山东坚持“三化”引领，夯实河（湖）长制工作基础。一是创新标准化带动。以地方标准形式实施《山东省生态河道评价标准》，配套出台《山东省生态河道评价认定暂行办法》，引领地方创建生态河道。2018 年 12 月，出台《山东省河湖违法问题认定及清理整治标准》，对“河湖四乱”问题的认定和清理整治标准作了细化，增加了“乱排”问题整治要求，并明确了问题销号和考核标准。二是注重规范化引领。全省 16 条省级重要河流、12 个省级重要湖泊（水库）、南水北调和胶东调水输水干线“一河（湖）一策”全部编制完成，为河流、湖泊、水库找准病根，开出管护药方。14 个省级河湖（段）的岸线利用管理规划经省人民政府批复实施，与土地利用管理、城乡规划蓝线、生态保护红线充分结合，通过联合监管提升管护水平。三是坚持制度化推动。省水利厅联合原国土资源厅等 10 部门部署开展河湖管理范围和保护范围划定工作，并印发《山东省河湖管理范围和水利工程管理与保护范围划界确权工作技术指南》，督促各地严格落实，流域面积 50 平方公里以上河流划界 76%，空间管控成为河湖管护的“红绿灯”“高压线”。

（七）深入基层村组，河湖长全覆盖

基层工作是河湖环境管理与保护工作的重要支撑，自河（湖）长制实施以来，各省各级高度重视，多个省份河（湖）长制工作积极延伸，建立了省、市、县、乡、村五级河长，并直至覆盖到居民小组和村民小组一级，实现“最后一公里”的全覆盖。

安徽省积极发挥基层和群众的创造性作用，鼓励先行先试，打通河湖日常管护“最后一公里”。全省共聘用河湖管护员 21 470 名，强化日常河湖和水工程管护。广东省茂名市组建村级护水队 488 支共 1.2 万多人，并建立护水队工作制度，实行制度上墙，将河道管护“最后一公里”落到实处。甘肃省深度融合全省全域无垃圾专项治理行动和农村人居环境整治三年行动，将河（湖）长制体系延伸到村级。基础条件较好的七里河等区（县），河湖长覆盖到居民小组和村民小组一级。

（八）引导社会资本参与，推动河湖治理产业化发展

水生态修复与河道定期保洁需要花费大量人力财力，而且并不涉及国家基础能源和安全行业，完全可以开放市场，引进专业的企业进行河道维护与修复，最好能够引导形成产业链，既可以促进经济也可以提供相当多的就业机会。

大庆市采用 BOT 模式投资 4.6 亿元建设东城区第二污水处理厂，将于 2019 年 6 月投入使用。鹤岗市以市场化、专业化、社会化为方向，采用 PPP 模式，与中

国水务集团开展涉水产业战略合作，启动建成区“两河十四沟”清水秀岸综合治理工程，2018 年投入治理资金 1.59 亿元。黑河市爱辉区设立河道保洁专项经费 432.75 万元，配备河道保洁员 175 名，实施河道保洁工作考核，落实奖惩措施。铁力市采取政府向社会购买服务的方式，签约河道专业保洁服务企业，对河道实施专业化清理，连续两年投入资金 123 万元，清除河道垃圾 3 200 车。东宁市成立农药经营者协会，设立农药包装废弃物回收处置基金，各乡镇村设立固定废弃包装物堆放场所，对农药包装废弃物实行有偿回收，每袋奖励 10 元，2018 年东宁市农药包装废弃物回收率达到 100%。

（九）加强专业培训，提高工作能力

贵州省大力开展专题培训。省副总河长、副省长吴强在省委党校“生态文明建设和大生态战略行动专题研讨班”专门就深入实施河长制讲课；组织优秀师资为滇黔桂县市水利局长示范班、全省水利系统业务骨干培训班等开课培训，提高基层河长履职能力。2018 年 5 月，江苏省水利厅与省委组织部联合举办“全省领导干部河长制专题研究班”；12 月，省河长办在常州举办全省河长办工作人员培训班，累计培训人员千余人。全省各设区市也开展了相关河长制工作培训，徐州市河长办举办“一河一策”编制工作培训班，扬州市河长办组织了河（湖）长制工作培训班。

（十）高位推动，上下联动，推进河湖综合治理

黑龙江省委、省政府两套班子成员全部担任省级河（湖）长，集体推动，统一各级党委政府思想和行动，坚定信心和决心，全面建立河（湖）长制。张庆伟书记主持召开省委常委会议、省委深改委会议、省总河湖长会议，全面贯彻落实党的十九大、全国生态环境保护大会等会议精神，切实把习近平总书记在深入推进东北振兴座谈会上的重要讲话精神和考察黑龙江的重要指示精神落到实处。王文涛省长主持召开省政府常务会议，专题研究河（湖）长制工作，要求注重整合资源，加强河（湖）长制与重点工作结合，强化措施和责任，并将全面落实河（湖）长制写入省政府工作报告。

内蒙古按照自治区党委办公厅、政府办公厅印发的《内蒙古自治区实施湖长制工作方案》，自治区党委书记李纪恒担任第一总河湖长，政府主席布小林担任总河湖长，“一湖两海”（呼伦湖、乌梁素海、岱海）湖长由 3 位自治区级领导担任，6 名副湖长分别是所在盟市党委书记、市长，盟市级湖长由盟市分管领导担任，旗县、乡镇级湖长分别由旗县、乡镇党政主要领导担任。自治区政府先后批复实施了《呼伦湖流域生态与环境综合治理一期实施方案》《乌梁素海综合治理规划》《黄旗海水生态保护规划》《岱海水生态保护规划》等。各级河长办根据实际情况修编了“一湖一策”，确定了治理目标，制定了切实可行的治理措施。

第二节　10条主要问题

全国推行河长制过程中，各省存在问题较多的是经费不足，有20个省的核查报告中反映出此问题，河湖划界推进缓慢和河长制相关法律法规配套不到位分列第二、三位；如图7.2。

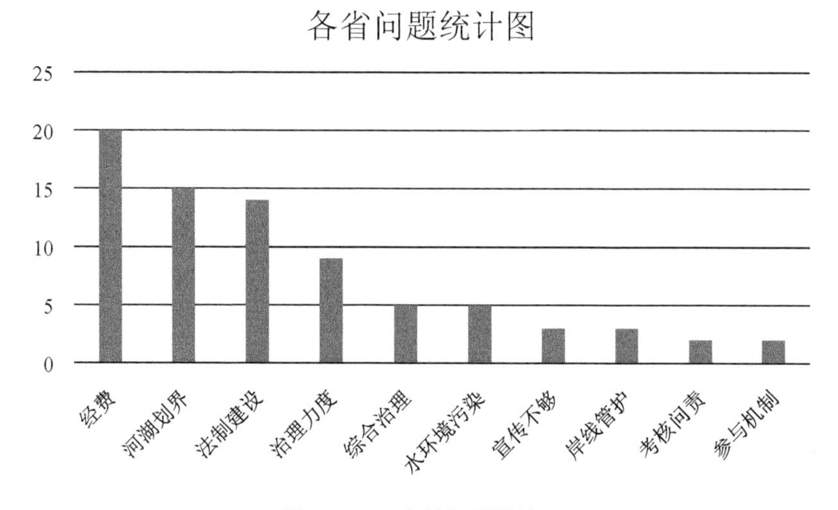

图7.2　31省份问题统计图

（一）经费保障有待加强

河湖治污、保护、监测、管养、保洁等工作需要大量人力、物力和经费投入，而河（湖）长制工作缺乏稳定资金来源，也没有明确的支撑项目，影响河长制工作推进。多个省份核查报告中反映河（湖）长制没有专门的资金投入渠道，地方党委、政府受国家财政政策影响和自身财力限制，资金紧缺，不足以支撑河（湖）长制“六大任务”有效落实。

（二）划界确权有待完成

北方省份由于缺水严重，河道长期干涸，人多地少，河道沿线各类建筑、耕地、树障数量较多，严重挤占河道断面，影响河道行洪安全。河道管理范围不清，制约了河道执法工作的正常开展。近几年，水利部门积极推动河道管理范围划定工作。目前，完成了流域面积200平方公里以上河道管理范围的划定工作，并将河道界桩的管理纳入河道日常管理范围，加强巡查维护。但由于河道垃圾、违建问题是多年累积形成的遗留问题。垃圾处理能力有限，垃圾处理厂不能满足垃圾处理需求，导致河道垃圾缺少处理渠道，以填埋方式处理手续复杂且占地问题难以解决。

河道违建问题是河道划界确权前就形成的历史遗留问题，部分具备合法手续，且大多是以县级人民政府颁发的土地使用权证，清理难度极大。由于河北大部分河道宽阔，河中深漕相对较窄，河滩地平整且适于农作物生长。河中的很多河滩地现作为耕地地类，已进行了土地承包经营权的确权登记，形成事实上的河道管理范围（水域及水利设施用地）与已垦滩涂中的耕地、园地、林地、城镇、村庄、道路等地类的重叠，给管理工作带来非常大的困难。

（三）法制建设有待加强

目前，除浙江、海南、江西等少部分省份外，大部分省份尚未将河（湖）长制纳入地方性法规，特别是河（湖）长制工作刚刚起步的省份，需要在河（湖）长制实践过程中逐步纳入立法计划。建议国家层面加强河（湖）长制立法建设，出台相关法规制度，便于各地遵循，借助法治力量推动河（湖）长制落地见效。

新修订的《水污染防治法》有河长制内容表述，但太笼统、宽泛。全国少数省份出台了河（湖）长制地方法规，但内容各异，参照力不足，亟待国家出台相关的河（湖）长制法规加以统筹规范。加强立法工作，通过立法或出台政府性规章保障河湖环境管理保护有法可依。推动河湖环境管理保护法制化，建立河湖保护管理长效机制，增加河长制相关内容，并将河（湖）长制作为条例重要内容。

（四）河湖管理仍需加强

中央要求制定的“一河一策”，能作为治河良策的较少，很难有效推进河（湖）长制的健康发展。有些河湖的管理资料存档较为混乱，没有形成电子版存档；建议加强“一河一策”“一河（湖）一档”的规范管理。基础工作还不够扎实，河湖名录电子标绘进度有待加快，河（湖）长制信息管理平台的基础数据有待完善。

（五）河湖生态综合治理有待加强

污染在水里，问题在岸上，加快水岸共治，推进山水林田湖草系统治理，发展“生态农业”“循环经济”是防治水污染的治本之策。推广发展循环农业，有效减少面源污染，充分发挥河长制生态保护与经济发展协同推进、相互促进作用，引进社会资本建国家湿地公园、休闲度假区等生态主题景点，切实推进水旅融合，河库生态效益、周边土地价值同步提升，河库产业发展、群众致富脱贫同步推进。

（六）水环境问题亟待改善

推行河长制，河流水质总体有提升，但部分省份水系不畅，导致局部水质问题依然严重，尤其是城市河流由于坡降比较小，为了蓄水往往有人工拦水设施存在，导致河流不畅，加上历史遗留下的污染底泥，产生了上下游污染加剧等问题。局部污染源依然可见，企业排污得到有效遏制，但是小企业，如洗车业，废水直排到河道依然可见。

有的农村河湖水面有漂浮物，水质情况较差，有行水障碍物和阻水高杆植物；部分水域围网肥水养殖、畜禽养殖情况仍然存在；农业面源污染较为严重；有的农村河道岸坡存在乱种乱垦的现象。江苏依然存在占用河湖进行畜禽养殖等问题；连云港市赣榆区农业面源污染治理手段较为落后；盐城市大丰区存在垃圾侵占岸坡、破坏绿化等行为。

（七）加强河湖水域岸线保护

大力推进河湖“清四乱”及划界工作。河道“四乱”问题整治推进有力，但部分区县乡镇流域面积较小河流河道内仍存在乱占、乱采、乱堆、乱建等“四乱”现象，部分乡镇河流存在农田非法侵占河道等现象，河湖“清四乱”及划界工作有待加强，河湖管护水平有待提高，个别河(湖)长对突出问题还缺乏明确的解决思路和工作举措，违法养殖、侵占河道、破坏岸线、垃圾乱倒等现象时有发生。加强对生态环境良好湖泊、重要天然湿地和水库的保护；全面加强河湖水域岸线管护，大力实施河湖管理范围划定工作；深入开展河湖“清四乱”及划界专项行动，加强农村河湖的管理保护和治理。

（八）治水宣传有待进一步加强

个别群众，特别是农村群众爱水、护水、参与治水意识有待进一步提高，虽然村居已经实现截污纳管和垃圾集中处理，但个别农村群众受惯性思维影响，仍然存在在河道洗衣洗菜等现象，极个别群众仍存在向河道丢弃生活垃圾的行为，需要通过进一步加强治水宣传，逐步扭转农村群众的粗放型生活方式。

（九）督察考核需加强研究

督察考核是压实河长责任的关键一招。要针对不同考核对象研究制定差异化考核办法，明确考核主体，量化考核指标，规范考核方式，强化考核结果应用，将考核结果作为地方领导干部综合考核评价和自然资源资产离任审计的重要依据。要建立健全责任追究制度，对于责任单位和责任人履职不力，存在不作为、慢作为、乱作为的，要发现一起、查处一起，严肃问责。

（十）社会各界参与河长制的机制途径有待丰富

在现场问卷时，居民对河长制的知晓度很低。少数地方在各级干部治河行动“轰轰烈烈”的同时，部分与河道关系更为紧密的群众依然是“旁观者”，利害关系认识不足，参与热情不高，存在干部“一头热”现象，从而导致基层的河道保护力度不足。调研时发现村庄附近有人把垃圾倒入河道，生活污水排入河道，从而给河长制的落地生效带来困难。应丰富群众参与河长制建设的途径机制，让社会各界人士都参与到河湖保护的事业之中。

第三节 10条主要建议

2019年全国河长制总结评估中，即使是第一名福建省也存在一些问题，说明我国河长制才刚刚全面建成，在很多方面仍有很大的提升空间。在全国推行河长制过程中，各省对河长制发展提出建议最多的是因地制宜发展河长制，有14个省的核查报告中提出此建议，责任落实到人和加大河长制资金投入分列二、三位。如图7.3；具体建议如下。

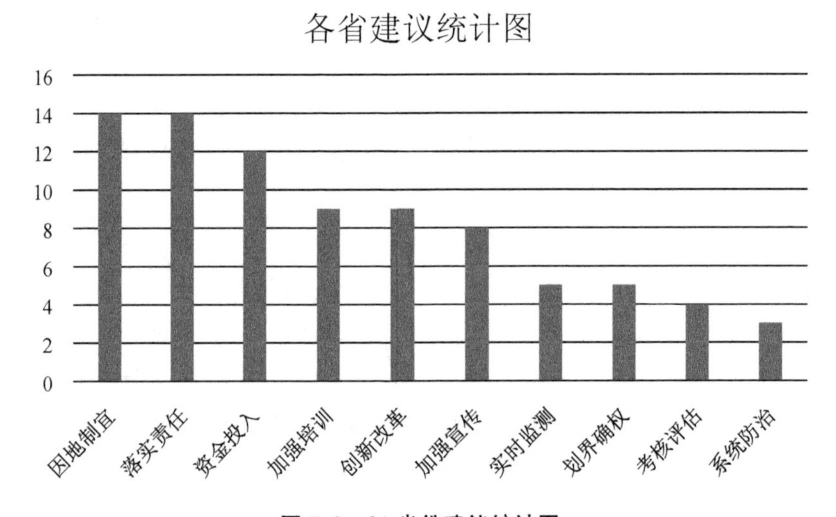

图7.3 31省份建议统计图

（一）落实责任，强化河长的政治担当

河长制落实的根本在河长，但还有少数河长政治担当不足，表面敷衍，对习近平生态文明思想认识不够深刻，对全面推行河（湖）长制重大改革举措理解不够透彻，迫于上层压力，巡河“走过场”。

建议国家层面加强河（湖）长制立法建设，出台河（湖）长制相关法规制度，便于各地遵循，借助法治力量推动河（湖）长制落地见效。突出河长巡河、会议解决实际问题的职责，实施上级河长对下级河长的考核。强化工作督察，掌握河长履职和河湖管理保护情况，跟踪问题整改，推进河湖“清四乱”。建议从国家层面深化对河长制的顶层设计，注重多部门协作，并将河长制工作纳入到国家生态文明建设有关的工作和考核中。升级河长办配置，将省级河长办主任调整为政府分管同志，进一步强化指挥协调能力。

（二）因地制宜，推动河（湖）长制工作落地

因不同地区环境条件不同，河湖长制推动工作应有所不同。如南方水多、范围大、水污染严重；北方水少，河道退化。对于干旱缺水地区要在最大可能的情况下，让河道保持生态基流，保证其生态功能，从而增强群众的河道保护意识，也能最大限度地改善其生活环境。对于水源涵养区和水源补给区，河湖治理保护任务较重，建议水利部、环境部继续加强河（湖）长制培训指导，在国家河（湖）长制奖补资金和生态补偿资金上给予倾斜支持，推动河（湖）长制工作落地见效。南方水污染严重地区，进一步加大水污染防治工作力度，全力推进河湖"两违三乱"整治，保护河道空间的完整，维护河道的健康生命；加强农业面源污染治理手段和技术的研究；对黑臭水体、水污染源治理以及历史原因形成的河道管理范围内非法建设项目整治彻底到位；江苏、广东地级及以上城市建成区黑臭水体整治刻不容缓。

（三）加大投入，设立河（湖）长制专项资金

河（湖）长制工作的推动需要资金，经济困难地区由于投入建设经费不足，导致基层河（湖）长制人才相对缺乏、人员专业素质有待培训和提高。河湖管理保护经费和防治资金不足，长效、稳定的河湖管理保护投入机制还未完全建立，制约工作全面顺利开展。

建议河（湖）长制工作经费有稳定的制度安排。对贫困地区的河湖长制经费也列入扶贫支持内容，资金投入相对倾斜，设立河（湖）长制专项资金，重点用于河（湖）长制信息管理系统建设、河（湖）长制公用设施的维护、市县河长及河长办工作人员的培训、对河（湖）长制考核优秀市县的奖励、河湖巡查保洁补助等。

在西藏、甘肃、青海、云南高原等水源涵养区和水源补给区，生态环境脆弱，一旦受破坏后难以恢复，治理成本极高，河湖治理保护任务较重，需要采用立法等严格的制度及专项资金来保障，加强对河（湖）长制工作的培训指导。如云南九大高原湖泊的一湖一条例、青海湖自然保护条例应推进落实。

（四）创新思路，促进河（湖）长制持续推进

在全面推行河（湖）长制后，如何继续完善，持续改进，不断提高，不单要有制度的保障，更要有工作思路的创新。

创新河湖治理投融资体制机制，充分激发市场活力，建立健全长效、稳定的河湖治理管护投入机制，保证河湖管护需要。创新河长办成员组成方式，促进各部门协同工作，提升联动效率，形成强大的治水管水工作合力。创新河湖治理方法，依靠高科技、新工艺、新方法，从物理、化学、生物等角度提出污染水体、黑臭水体的治理方法，让广大高校、科研院所的专家、学生参与到河（湖）长制的工作中来，切实推进河（湖）长制。

（五）加强培训，提高河长的履职能力

河湖管护治理关键在基层，现在许多地区的河长已经从乡延伸到行政村、村小组，实现了全覆盖、无死角。但由于基层河长能力差异较大，为了提升河流综合管理水平，应对基层河长组织开展多种形式的交流培训，重点是县、乡、村级河长及工作人员，使他们真正理解河（湖）长制的内在要求和目标任务，避免一些地方在实践过程中简单化、片面化，甚至流于形式，提高基层河长依法履职能力，真正打通河湖管理“最后一公里”问题。

（六）加强宣传，推进公众参与河（湖）长制

从河（湖）长制现场问卷调查结果来看，尽管群众满意度较高，仍有少数省份的群众对河（湖）长制知晓度低、河湖的保护意识弱，部分与河道关系更为紧密的群众依然是“旁观者”，利害关系认识不足，参与热情不高，存在干部“一头热”现象，从而给河（湖）长制的落地生效带来困难。建议积极开展多层次的“六进”活动，提高公众参与度，培养其保护河道、爱护环境的意识，使群众对河湖保护成为自觉行动，发动群众参与河湖保护。

（七）加强监测，为河湖管理提供支撑

加快完善河湖监测监控体系，运用无人机、视频监控、在线水质监测、卫星遥感等技术，加强对河湖的动态监测，及时收集、汇总、分析、处理跨行业信息等，为各级河长决策、部门管理提供智能服务，为河湖的精细化管理提供技术支撑。

（八）划界确权，明晰河湖管理保护范围

河道管理范围和确权范围的不一致，界线不清，以及国土、农业、城建、水利等部门的信息不一致等原因，导致了各部门长期以来在同一条河道范围内各行其是，使问题长期积累，难以解决。河长制第二任务“对河湖划界确权”从根子上解决了河湖占用问题，建议统一空间规划，加强河湖管护，实事求是，有序清理河湖占用问题，完成河湖管理范围划界和确权登记。

（九）考核评估，推进河（湖）长制健康发展

考核评估旨在总结经验、分析问题、提出建议，为全面推进河湖长制湖长制落地生根、取得实效提供技术支撑；通过考核评估，推进河长们总结推进河（湖）长制的经验，找出存在的问题，明确努力的方向，促进各地推进河（湖）长制取得实效，利用评估引导地方将“河湖长制”与“乡村振兴战略”结合，解决农业面源污染的“癌症”，建设“生态河湖”“生态农业”“循环经济”“田园综合体”示范区，探寻符合各省实际的“治本之策”——保护环境、发展经济，实现人们对美好生活的向往。江西自推行河（湖）长制以来，始终坚持问题导向和目标导向，突出水陆共治和系统治理，持续开展以“清洁河湖水质、清除河道违建、清理违法行为”为重点的“清河行动”。

2016年，将水质不达标河湖治理、侵占河湖水域岸线、非法采砂、非法设置入河湖排污口、畜禽养殖污染、农业化肥农药减量化、渔业资源保护、农村生活垃圾和生活污水、工矿企业及工业聚集区水污染、船舶港口污染十个方面列为“清河行动”的重点内容。2017年，又增加水库水环境综合治理、饮用水源保护、城市黑臭水体治理、非法侵占林地破坏湿地和野生动物资源四项。2018年，又再增加消灭劣Ⅴ类水、鄱阳湖生态环境专项整治等二项。3年累计解决影响河湖健康的突出问题4 653个。通过系统综合治理，真正实现了河(湖)长制从“有名”到“有实”的转变，河湖水质持续提升，2016年、2017年、2018年水质优良率分别为81.4%、88.5%和90.7%，远高于全国平均水平和国家下达的考核指标。

建立由各级总河长牵头、河长办公室具体组织、相关部门共同参加、第三方独立评估的绩效考核体系，实施财政补助与考核结果挂钩，根据各地实际情况，采取差异化绩效评价考核。上级对下级河长进行考核，考核结果报送上级组织部门，并向社会公布，作为地方党政领导干部综合考核评价的重要依据。考核评估进一步提高了政府决策的科学性和政府的公信力，促进政府管理方式的创新，促进河(湖)长制工作健康发展，强化了各级河长的责任担当。

（十）系统防治，推进生态文明建设

污染在水里，问题在岸上，加快水岸共治，推进山水林田湖草系统防治，发展“生态农业”“循环经济”。在河(湖)长制推行工作中，充分调动和发挥乡镇、村级组织在河、湖、库、渠日常管理、巡查中的积极作用，建立村级河长，把农村河道、各类分散饮用水源纳入管理，有利于加强广大农村水环境整治和饮用水水源保护，发展生态农业、绿色农业，完善农业循环链，以水为媒，发展循环经济，促进生态富民。促进美丽乡村建设，提升城乡人居环境。广东梅州、江西高安巴夫洛生态谷、黑龙江绥化市大力发展循环农业、创意农业、旅游＋农业，在加快实现农村美、农业强、农民富上趟出了新路子，值得推广。

进一步加大水污染防治工作力度，全面排查河道“两违三乱”问题，发现新的问题即知即改、立行立改，保护河道空间的完整性，维护河道的健康生命；建议加强河长、河长办人员专题培训和在“两违三乱”、农业面源污染治理手段和技术的研究；政府对在黑臭水体、水污染源治理以及历史原因形成的河道管理范围内非法建设整治等方面的投入给予配套支持；进一步加大巡查督察力度，对“两违三乱”整治工作进行“回头看”，杜绝反弹，不留隐患，发现苗头性问题立即采取措施，确保整治彻底到位；建议水利部门会同其他执法部门对河道污水直排、垃圾倾倒入河、破坏河道护岸等问题展开联合执法整治，对违规违法的企业及个人进行处罚教育，对县级河长、河长办人员每年至少开展一次专题培训，推进生态文明建设。

第八章　评估成果应用证明

第一节　北京市科技成果应用证明

科技成果应用证明

项目名称	全面推行河(湖)长制总结评估系统研究
应用单位	北京市河长制办公室河长制工作处
应用成果起止时间	2019年—2020年
单位地址与邮编	北京市海淀区玉渊潭南路5号　100038
联系人与电话	刘春阳　010－68556020

总结评估成果的应用范围、数量、生产、应用、推广等效果情况以及产生的效益:

2019年初,河海大学受水利部委托,对我市全面推行河(湖)长制进行总结评估,评价我市“工作总体进展良好”,并梳理了我市的经验做法,提出了存在问题及工作建议,为我市不断深化全面河(湖)长制管理打下良好基础,已经在我市推广应用:

(一) 加强领导。市委书记蔡奇、市长陈吉宁统筹部署、协调督促河(湖)长制年度工作任务,并到永定河、北运河、温榆河等重点流域现场调研督导。其他市级河长定期巡河,召开现场会议督促沿河拆违、河道环境整治等重点任务落实。市级河长全年现场调研督导河(湖)长制工作48人次,作出相关批示92件次。区、乡镇(街道)、村级河(湖)长全年累计巡河近46万人次。各级河(湖)长和相关部门全年共发现和协调解决各类河湖环境问题12 974个,有效加强了河湖治理管护。

(二) 创新机制。将河(湖)长制工作纳入区委书记月度工作点评会内容,蔡奇同志先后对相关区存在的29个问题进行点评。将河(湖)长制工作与“街乡吹哨、部门报到”机制相结合,建立街乡牵头、部门协同解决河湖问题的工作机制。将河(湖)长制工作纳入政府绩效考评范围,主要考评农村治污工程、河湖“清四乱”、小微水体整治等重点工作任务落实情况。

(三) 严格执法。推进水行政综合执法,编制水行政权力清单,明确455项水行政权力和综合执法职权边界,依法监管各项水事活动。强化行政执法与刑事司法的有效衔接,发挥“河长＋警长＋检长”工作机制作用,持续开展河湖水环境、水资源、水土保持等专项执法。全年

续表

累计开展行政检查 8.9 万余次，查处各类水事违法案件 4 157 件。

（四）强化监督。坚持问题导向，严格落实“月检查、月排名、月通报”制度，每月对河（湖）长巡河、河湖管护情况以及检查过程中发现的问题进行通报。以“四不两直”形式，对河（湖）长履职情况、河湖管护情况及河（湖）长制工作重点任务等进行年度综合督察。强化问责，对履职不到位、造成不良影响的基层河（湖）长和相关责任人约谈 213 人次。

（五）大力宣传。积极开展“河（湖）长制进党校进学校”“河（湖）长带您看河湖”等系列宣传活动，引导社会媒体宣传河（湖）长制典型做法、优秀河（湖）长事迹、河湖管护成效等。开展“优美河湖评定”活动，组织 100 余万人参与投票，评选出 20 个优美河湖。引导“丰台当班河长”“朝阳群众小河长”“顺义星火护河队”等志愿组织开展巡河护河行动，营造全社会共管共治河湖的良好氛围。

下一步，我市将坚持以习近平生态文明思想为指导，落实中央决策部署及市委市政府工作要求，以改善河湖面貌和水生态环境为重点，按照市总河长令要求，持续开展“清河行动”，打好“碧水保卫战”，深入推进河湖“清四乱”常态化、规范化，压实各级河长、相关部门工作职责，发挥河长制工作机制作用，促进河湖治理体系和治理能力现代化，推动河湖面貌持续好转，构建美丽河湖、健康河湖，努力让每条河湖都成为造福人民的幸福河湖。

2020 年 4 月 30 日

第二节　天津市省科技成果应用证明

科技成果应用证明

项目名称	全面推行河(湖)长制总结评估系统研究
应用单位	天津市河长制事务中心
应用成果起止时间	2019 年—2020 年
单位地址与邮编	天津市河西区友谊北路银丰花园 B 座 10 楼　300202
联系人与电话	钱煜哲　15822616505　　022－83857912 转 8031

总结评估成果的应用范围、数量、生产、应用、推广等效果情况以及产生的效益：

2019 年初，河海大学受水利部委托，对我市全面推行河(湖)长制进行总结评估，评价我市“工作总体进展良好”，并梳理了我市的经验做法，提出了存在问题及工作建议，为我市不断深化全面河(湖)长制管理打下良好基础，已经在我市推广应用：

一、市主领导高度重视

市委书记李鸿忠 2019 年 4 月 26 日主持召开市河(湖)长制工作领导小组会议，深入河湖周边调研河(湖)长制工作落实情况，研究会商对策措施，全面安排部署河(湖)长制各项工作；2019 年 10 月 2 日专门对河(湖)长制工作作出批示，要求坚持“长”“常”二字，建立长效机制，确保河(湖)长制见效。市委副书记、市长张国清多次深入一线开展调研和巡查，签发 2019 年第 1 号总河(湖)长令，要求各级河(湖)长深入开展巡河(湖)行动，推动河(湖)长制落地落实。

二、河湖水环境质量持续改善

我市推行河(湖)长制成效显著，河湖管护水平有了很大提升，我市水质明显改善。2020 年，国考断面水体优良比例首次达到 50%，同比提高 10 个百分点，劣Ⅴ类水体比例首次降至 5%，同比下降 20 个百分点，实现历史最佳，全市主要河流实现了水清水满水流动。

三、河湖“清四乱”取得成效

在河湖“清四乱”专项行动基础上，开展打击河湖领域违法犯罪、“百日清河湖”行动和违法捕捞放生专项执法。7 月底前，流域面积 1 000 平方公里以上的河流、水面面积 1 平方公里以上的湖泊摸排发现的 230 处“四乱”问题全面清理整治完成。同时，延伸范围清理整治“四乱”问题 3 875 处，拆除违建 182.9 万平方米，清理垃圾废弃物 19.8 万吨，清整河湖岸线 1 212.5万平方米，结合“百日清河湖行动”治理了 5 000 处乱点，解决了一批老大难问题，水环境质量明显改善。

四、健全河(湖)长制责任体系

我市全面实行市、区、乡镇(街道)双总河(湖)长，强化了河(湖)长制党政一把手责任，进一步发挥挂帅效应、权威效应和垂范效应。同时，坚持“长”“常”二字，完善将惩问责机制，修订考核办法、责任追究办法，制定考核奖补办法，以考核为指挥棒，严格实行月度、年度考核及暗查暗访，持续督办重点问题，推动各区建立长效机制。

续表

五、加强社会监督和舆论引导

坚持以人民为中心的思想，将民意调查纳入河（湖）长制月度考核，综合反映群众对河（湖）长制的认知和对水环境的满意度。设立"民间河湖长"28名，招募河湖保护志愿者500余名。与主流新闻媒体合作，在百姓问政栏目中推出河（湖）长制专题节目，综合反映了河（湖）长制工作取得的成效和存在问题，让16个区的区级河（湖）长直面问题、跟踪问效。

下一步，我市将坚持问题导向，紧紧围绕十九届四中全会提出的"坚持和完善生态文明制度体系，促进人与自然和谐共生"的要求，贯彻落实习近平总书记在黄河流域生态保护和高质量发展座谈会上重要讲话精神，不断深化完善河（湖）长制管理体系，着力解决河湖治理保持方面存在的突出问题，全力推动河（湖）长制工作发挥更大成效，努力打造人民满意的幸福河湖。

2020年4月30日

第三节　河北省科技成果应用证明

科技成果应用证明

项目名称	全面推行河(湖)长制总结评估系统研究
应用单位	河北省
应用成果起止时间	2019 年—2020 年
单位地址与邮编	河北省河湖长制办公室　050000
联系人与电话	付佳　0311－85185791

总结评估成果的应用范围、数量、生产、应用、推广等效果情况以及产生的效益：

河海大学完成的全面推行河(湖)长制总结评估研究成果已经在我省推广应用：

1. 推广应用第三方评估经验。借鉴河海大学经验做法，引进第三方对我省河(湖)长制进行评估，建立评估技术大纲，制定现地核查细则，组建评估组，分季度开展第三方评估，实现市级全覆盖，涉及 46 个县、100 个乡镇，累计现场核查 54 条市级河湖、46 条县级河湖和 104 条乡镇级河湖，总行程 1 600 余公里，评估结果按比例纳入年度考核，进一步健全完善了我省河(湖)长制考评体系。

2. 解决河湖“四乱”问题 10 448 个。将河湖“清四乱”作为推进河(湖)长制第一抓手，充分发挥各级河(湖)长牵头协调作用，清理整治“四乱”问题 10 448 个。结合扫黑除恶专项斗争，联合公安部门开展“飓风行动”，查处非法采砂 418 起，有效遏制了非法采砂乱象。

3. 加强河湖立法，受到省委、省政府高度重视。加快推进河湖保护立法进程，2020 年 1 月 11 日，河北省第十三届人民代表大会第三次会议高票审议通过《河北省河湖保护和治理条例》，并于当年 3 月 22 日起施行。创新性地将省市县乡村五级河长组织体系通过地方立法予以明确，把我省推行河湖长制有关规定和各地实践经验通过立法固定下来，为全省推进落实河湖长制，强化河湖综合治理提供了坚强的法制保障。

4. 推广应用评估成果，我省推行河(湖)长制成效显著，有效推进了我省生态文明建设。

应用单位(公章)

2020 年 5 月 10 日

第四节　山西省科技成果应用证明

科技成果应用证明

项目名称	全面推行河(湖)长制总结评估系统研究
应用单位	山西省水利厅河湖长制工作处
应用成果起止时间	2019 年—2020 年
单位地址与邮编	太原市新建路 45 号　030009
联系人与电话	张俊　18003516445

总结评估成果的应用范围、数量、生产、应用、推广等效果情况以及产生的效益：

河海大学完成的全面推行河(湖)长制总结评估研究成果已经在我省推广应用：

1. 河湖长制考核体系逐步完善。按照总结评估建议，省委省政府已将河湖长制考核纳入政府目标责任考核体系，考核结果作为对市县党委、政府主要领导班子综合考核评价的重要依据。

2. 水资源管理制度日臻完善。坚持节水优先，以省政府名义印发《国家节水行动山西实施方案》，全省用水总量控制在 74 亿立方米，万元地区生产总值用水量降幅达 3%，万元工业增加值用水量降低 2%，灌溉水有效利用系数提升至 0.546，建成 71 座地表水跨界断面水质自动监测站。

3. 水域岸线管控全面加强。6 个水域面积 1 平方公里以上湖泊完成划界，流域面积 1 000平方公里以上河流完成划界 4 713 公里，完成率 71%，流域面积 50 平方公里以上河流“四乱”问题整治完成 2 313 处，整治率 99.6%。

4. 水污染防治攻坚稳扎稳打。58 个国考断面中，水质优良断面 39 个，同比增加 7 个，优良率达到 67%；重度污染断面 12 个，同比减少 1 个。汾河入黄口庙前断面、涑水河入黄口张留庄段面退出劣Ⅴ类。

6. 水环境治理、水生态修复成效显著。整治完成 72 个黑臭水体，消除比例达 96%。完成水土流失治理面积 513 万亩，造林 588.9 万亩。生活饮用水国家随机监督任务完成率 97.12%，完结率 100%。生态修复、水污染治理累计投入资金 32.39 亿元。以汾河为重点的“七河”生态修复与治理工程加快实施，打造建成了一批示范样板工程。

7. 总结评估成果的推广应用，对于我省河湖长制工作推进力度、河湖管理保护成效提升起到了积极作用。2020 年，我省将进一步深化河湖长制改革工作，争取获得水利部的奖励。

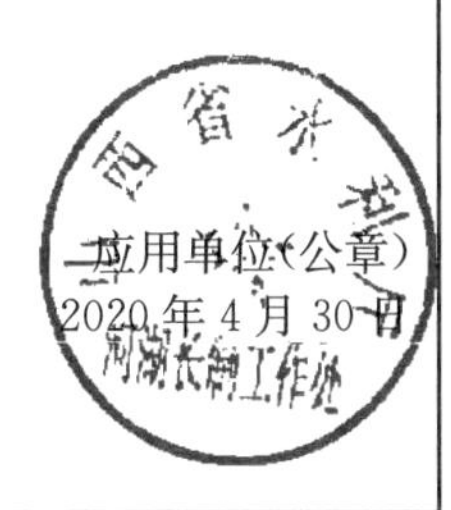

应用单位(公章)
2020 年 4 月 30 日

第五节　辽宁省科技成果应用证明

科技成果应用证明

项目名称	全面推行河(湖)长制总结评估系统研究
应用单位	辽宁省河长制办公室
应用成果起止时间	2019 年—2020 年
单位地址与邮编	沈阳市和平区十四纬路 5 号　110003
联系人与电话	吴林风　024－62181039

总结评估成果的应用范围、数量、生产、应用、推广等效果情况以及产生的效益:

河海大学完成的全面推行河(湖)长制总结评估研究成果已经在我省推广应用:

1. 推广应用"全面推行河长制,建设美丽河湖"经验。(1) 实现江河湖库全覆盖。将全省流域面积 10 平方公里以上主要河流和村屯房前屋后有治理保护任务的微小河沟,常年水面面积 1 平方公里以上的湖泊和村屯房前屋后有治理保护任务的微小湖塘,以及水库、水电站全部纳入河(湖)长制范畴。(2) 设立流域片区河长。将全省国土面积划分为 8 个流域片区,由 8 位副省长担任流域片区河长,并兼任本流域片区内跨省、跨市河流和市际以上界河的省级河长;各市、县、乡比照省模式设立本级河长体系,并把河长组织体系延伸到村级。(3) 印发河长制实施方案。在省、市、县、乡全部出台实施河长制工作方案的基础上,省市县三级又分别出台了河长制实施方案,明确 2018 至 2020 年河湖管理保护的工作目标、主要任务和具体措施。(4) 全域实行河湖警长制。按照"与河长对位"的原则全面建立了省、市、县和派出所四级河湖警长制,设立了省、市、县三级河湖警长制办公室。(5) 实施主要江河生态封育。实施辽河、大凌河、小凌河、浑河、太子河等干流和主要支流河滩地退耕封育。(6) 推进河(湖)长制立法。颁布实施了《辽宁省河长湖长制条例》,实现河(湖)长制工作从"有章可循"到"有法可依"。(7) 集中开展辽河流域综合治理,用 3 到 5 年时间建设生态带、旅游带、城镇带,打造生态文明示范区。

2. 解决河湖生态环境问题。(1) 河湖水域岸线保护得到加强。截至 2019 年底,全省流域面积 50 平方公里以上河流划界完成计划的 85.1%,台账内"四乱"问题基本解决,河道面貌得到改善。(2) 河湖水质得到提升。2019 年,全省国家重要水功能区水质达标率高于年度控制指标;全省国家考核断面优良水质断面同比增长 6.9%,劣五类断面同比减少 11.6%。(3) 河湖生态综合治理有待加强。2020 年,继续实行辽河、大小凌河、浑河、太子河、浑江及其主要支流退耕还河封育政策;启动辽河流域生态修复工作,有效解决农田非法侵占河道等现象。(4) 河长办工作力量得到加强。调整省河长制办公室机构设置,由省政府分管领导同志兼任办公室主任,有效加强了河长湖长制工作的组织领导。全省 14 个市正在参照省级模式调整河长办设置。

续表

3. 加强国际和省际界河管理保护的建议得到水利部认可。建立了省际间协作机制，吉林省水利厅、辽宁省水利厅《关于建立辽河流域治理保护工作协调合作机制的通知》(吉水河湖联〔2020〕57号)已印发，充分发挥辽河流域河长制统筹协调作用，建立辽河流域治理保护信息共享、省际合作会商、联合巡查执法等机制。

4. 应用总结评估成果，我省正全面推行河(湖)长制，已取得明显成效，有望得到水利部及国家支持。

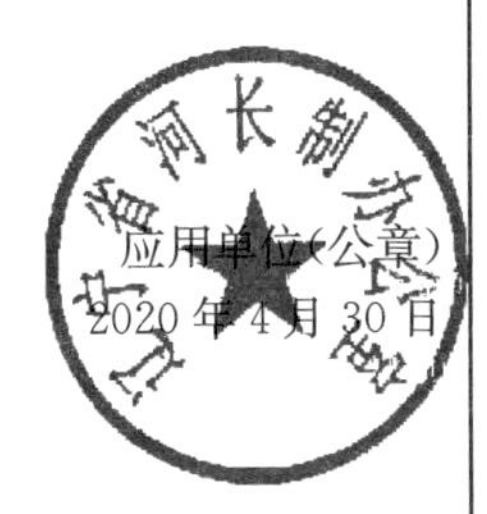

应用单位(公章)

2020年4月30日

第六节　吉林省科技成果应用证明

科技成果应用证明

项目名称	全面推行河（湖）长制总结评估系统研究
应用单位	吉林省河务局
应用成果起止时间	2019年—2020年
单位地址与邮编	长春市人民大街8220号　130041
联系人与电话	朱修状　0431－85360023

总结评估成果的应用范围、数量、生产、应用、推广等效果情况以及产生的效益：

2019年初，河海大学对我省全面推行河（湖）长制进行总结评估，梳理了我省的经验做法，提出了存在问题及工作建议，为我省不断深化全面河（湖）长制管理打下良好基础，已经在我省推广应用：

1. 推广应用经验

一是压紧压实河（湖）长、河长制成员单位责任。我省在研究河（湖）长制工作要点及考核细则中，更加充分考虑这一方面经验，做到既有对河（湖）长的考核项，又有对下级河长制成员单位的考核项，指导、督促河（湖）长和河长制成员单位认真履行职责，不断推进河湖治理保护工作。

二是加强河流上下游、左右岸联防联治。我省在与兄弟省份建立战略合作机制的基础上，进一步加大了沟通力度，及时共享涉河相关问题，确保河湖问题及时解决；特别是在清“四乱”工作中，加强协调联动，有效提高了工作效率。

三是鼓励公众参与，加强社会监督。我省在制定今年的工作要点和谋划宣传工作时，充分采纳这条建议，积极与省委宣传部等部门沟通，研究多形式、多方位开展宣传工作，扩大宣传面，尽可能引导全省人民知道河（湖）长制，关心、关注、支持河（湖）长制。

2. 解决清“四乱”问题

我省及时报请省级总河长，下达了总河长令，进一步明确了清“四乱”工作时限，同时联合省公安厅等部门加大明查暗访力度，发现问题及时以河长办名义通报，督促及时解决。

3. 压紧压实河（湖）长、河长制成员单位责任方面建议受到省委、省政府高度重视。

我厅计划结合全省河（湖）长制推进情况，学习外省先进经验，对河长制工作制度进行修订，进一步增强制度的约束、规范作用。

应用总结评估成果，我省推行河（湖）长制成效显著，得到省委、省政府的充分肯定，在年度绩效考核时，我厅被评为一等单位。

应用单位（公章）
2020年5月10日

第七节　黑龙江省科技成果应用证明

科技成果应用证明

项目名称	全面推行河(湖)长制总结评估系统研究
应用单位	黑龙江省水利厅
应用成果起止时间	2019年—2020年
单位地址与邮编	哈尔滨市南岗区文中街4号　150000
联系人与电话	孙东伟　0451-82625573

总结评估成果的应用范围、数量、生产、应用、推广等效果情况以及产生的效益:

河海大学完成的全面推行河(湖)长制总结评估研究成果已经在我省推广应用:

1. 推广“农村美、农民富、不污染的循环农业”经验。绥化市北林区示范推广20 000亩鸭稻、蟹稻、鱼稻等生态有机生产循环模式,产生效益:(1) 生态效益:不用除草剂、杀虫剂、化肥,不污染。(2) 经济效益:鸭稻米单价20元以上,农业收入达600万元,拉动农户户均增收1 300元。(3) 社会效益:年接待游客3.5万人次,旅游收入达200余万元,拉动当地餐饮、住宿、运输等产业实现总收入2 000万元以上,带动周边农民230多人实现就业创业,带动农民人均增收4 500元以上。该经验已在绥化市、佳木斯市、绥化市北林区等地推广应用,取得很好效果,河湖污染在水里,问题在岸上,加快水岸共治及山水林田湖草系统治理,发展“循环农业”“循环经济”是防治水污染的治本之策,是充分发挥河(湖)长制生态保护与经济发展协同推进、相互促进作用的新举措,我省将继续推广应用。

2. 解决河湖“清四乱”及划界问题。大力推进河湖“清四乱”百日攻坚战,整治“四乱”问题1.58万个,提高了河湖行洪能力,改善了河湖生态环境,完成120条流域面积1 000平方公里以上河流和253个水面面积1平方公里以上湖泊管理范围划定工作,明确了河湖管理界限,河湖“清四乱”及划界工作成效显著。

3. 建议“实行河(湖)长制工作真抓实干成效明显地方分区激励支持”得到水利部认可,水利部已按照东北、西北、东南等地区实施奖励,支持分区树立典型,提升河(湖)长制工作质量。

4. 总结评估成果的推广应用,提高了我省推行河(湖)长制成效,我省在水利部2019年河湖长制考核中跻身全国前5名,将给予一定的资金奖励。

应用单位(公章)

2020年4月30日

第八节　江苏省科技成果应用证明

科技成果应用证明

项目名称	全面推行河(湖)长制总结评估系统研究
应用单位	江苏省河长办
应用成果起止时间	2019 年—2020 年
单位地址与邮编	江苏省南京市上海路 5 号　210024
联系人与电话	刘洋　025－86338178

总结评估成果的应用范围、数量、生产、应用、推广等效果情况以及产生的效益：

河海大学完成的全面推行河(湖)长制总结评估研究成果已经在我省推广应用，成效显著。2019 年，我省被水利部列为河(湖)长制真抓实干成效显著激励支持对象。

一是凝聚治水合力。省委书记娄勤俭、省长吴政隆发布省总河长令，部署全省全力打赢打好碧水保卫战、河湖保护战。省河长制工作领导小组印发《全省河湖长制工作高质量发展指导意见》。各级河长办发挥平台枢纽作用，积极服务河长湖长履职，对河长湖长批示、巡查发现和群众反映问题及时转办交办，协调各相关部门推动河(湖)长制工作有序运转。水利部门认真做好水源地达标建设，生态环境部门加大污染防治力度，住建部门加快黑臭水体治理，交通运输部门推进航道沿线和港口码头环境综合整治，农业农村部门加强畜禽养殖治理。

二是精准发力攻坚。推进黑臭水体治理，基本实现设区市和太湖流域县级城市建成区消除黑臭水体目标。推进城镇生活污水处理提质增效，积极推进省级示范城市建设，加快补齐城镇生活污水收集处理设施短板。开展“两违”整治，在全省开展河湖违法圈圩和违法建设专项整治，累计排查出“两违”项目 15 830 个，已整改 14 753 个，完成率 93.2%，基本实现了“两年任务一年完成”。推进“三乱”整治，持续开展重要水域乱占、乱建、乱排问题排查整改，省级下达的 1 250 个重点“三乱”整治项目已完成 1 167 个，完成率 93.4%。各地自行排查的“三乱”问题 21 404 个，已完成 21 129 个，完成率达 98.7%。

三是综合施策提效。深入实施生态河湖行动计划，开展生态河湖建设中期评估，发布《生态河湖状况评价规范》地方标准，评选全省首批 10 个生态样板河湖。推进水污染防治，统筹推进工业、城镇生活、农业农村、船舶港口等水污染治理。编制实施主要入江支流、主要入海河流消除劣Ⅴ类水体方案。探索区域共治，与浙江省、上海市建立了太湖淀山湖湖长协作机制，苏州市吴江区与浙江嘉兴市秀洲区共建联合河长制，徐州沛县与山东微山县建立“五联机制”，苏州市与无锡市建立跨市河湖联合河长制，南通海安与盐城东台建立跨界河流整治联席会议制度。

续表

四是久久为功推进。加强顶层设计，拟制订《江苏省水域保护办法》，为加强水域管理与保护，充分发挥水域综合功能提供制度保障。出台《关于加强河湖水域岸线管理保护工作的意见》，明确河湖规划管理、岸线资源保护、生态保护与修复等主要任务。突出保护重点，推动《江苏省长江岸线保护条例》的立法工作，加快推进国家下达的长江岸线清理整治任务，68个拆除取缔项目基本完成，528个整改规范类项目已完成整改477个，全面完成2019年长江经济带生态环境警示片披露问题整改，退出岸线长度14.2千米，复绿面积138万平方米。加强长效管护，出台《江苏省农村河道管护办法》，推行河道、交通、绿化、垃圾、公共设施“五位一体”和政府购买服务综合管护模式，综合管护覆盖率达83%；推进湖泊网格化管理，洪泽湖、太湖等湖泊逐步建立网格化体系。 五是凝聚社会共识。面向全社会征集江苏河长制标志，在高校开展河湖故事讲述活动，建成4所国家水情教育基地。加强社会监督，开通江苏省河长制热线“96082”，畅通公众参与渠道。在全国率先拟订《河长湖长公示牌设置规范》省级地方标准。加强公众引导，开展2019年省河湖长制工作满意度第三方评估，公众知晓度、满意度、参与度较2018年均有提升。举办江苏首届“最美基层河长”“最美民间河长”推广活动，召开“保护母亲河　争当河小青”推进会。  江苏省河长制工作办公室 2020年4月27日

第九节　浙江省科技成果应用证明

科技成果应用证明

项目名称	全面推行河(湖)长制总结评估系统研究
应用单位	浙江省治水办(河长办)
应用成果起止时间	2019 年—2020 年
单位地址与邮编	杭州市保俶路 222 号　310007
联系人与电话	王巨峰　0571－28059390

总结评估成果的应用范围、数量、生产、应用、推广等效果情况以及产生的效益：

河海大学完成的全面推行河(湖)长制总结评估研究成果已经在我省推广应用：

1. “维护河道自然状态，人与自然和谐共存”得到推广。2019 年，浙江省政府将美丽河湖建设纳入省政府十大民生实事重点推进，提出以“补齐防洪薄弱短板、修护河湖生态环境、彰显河湖人文特色、提高便民休闲品质、提升河湖管护水平”为主要举措，以实现全域美丽河湖为目标，全力实施“百江千河万溪水美”工程，到 2022 年，努力打造 100 条县域美丽母亲河、1 000条(片)以上特色美丽河湖、10 000 条(片)以上乡村美丽河湖，以美丽河湖串联起美丽城镇、美丽乡村、美丽田园，基本形成全省“一村一溪一水景风景、一镇一河一特色风情、一城一江一风光”的全域大美河湖新格局。2019 年，全年建成美丽河湖 146 条(个)，长度 1 700 余公里。

2. 大力推进河湖“清四乱”。集中部署开展河湖乱占、乱采、乱堆、乱建清理工作，各级河(湖)长深入一线，逐河逐湖建立目标清单、问题清单、举措清单、责任清单，挂图作战、对账销号，全面推动排查整改。全年整治“四乱”问题近 1 900 处，持续强化了对破坏河湖秩序行为零容忍的高压势态。

3. 建议“进一步完善河(湖)长考核机制”得到我省应用。制定出台了《关于全面推进河(湖)长制提档升级工作的通知》，从规范河(湖)长制体系和制度建设、全面建立河(湖长)履职评估与考核机制、全面推广公众护水“绿水币”制度、全面提升河(湖)长制管理信息化体系等方面进行提档升级。

4. 总结评估成果的推广应用提高了我省推行河湖长制成效，我省在水利部 2019 年河(湖)长制考核中名列前茅，2019 年得到水利部奖励 5 000 万元。

应用单位(公章)

2020 年 5 月 10 日

第十节　安徽省科技成果应用证明

科技成果应用证明

项目名称	全面推行河(湖)长制总结评估系统研究
应用单位	安徽省水利厅
应用成果起止时间	2019年—2020年
单位地址与邮编	合肥市九华山路48号安徽水利大厦　230022
联系人与电话	方兵　0551-62128086

2019年,受水利部委托,河海大学对安徽省全面推行河(湖)长制情况进行了总结评估,充分肯定安徽省全面推进河长制工作,梳理了经验做法,提出了宝贵的建议。安徽省深入推广应用水利部总结评估成果,加快了河长制信息化建设步伐,完善基层河湖日常管护机制,取得了一定成效。

1. 启用河长制决策支持平台。根据总结评估要完善信息平台的建议,我省加快了信息化建设步伐,建成了省级河长制决策支持系统,实现"一级部署、三级贯通、五级应用",依托大数据、云计算等技术手段,结合信息管理、巡河暗访、监督监控以及调度决策等重点业务,全面整合河湖涉水数据,实现涉水信息静态展示、动态管理、常态跟踪,实现决策支持智能化。

2. 建立常态化暗访督察机制。根据总结评估加强监督检查的建议,我省进一步强化了暗访工作机制,印发《安徽省河湖长制暗访工作手册》。开发建成"河湖督察暗访"平台,暗访人员在手机端"督察暗访APP"实时上传问题,通过平台完成问题下发、整改、销号、存档,推进暗访规范化、制度化、常态化。合肥市采取"行政+专业"模式,委托第三方专业机构,全方位、全覆盖开展督察暗访。

3. 推进巡河巡湖信息化管理。根据总结评估要加强基层河长湖长履职的建议,我省为切实做好基层河长湖长履职服务工作,开发河长巡河管理模块,对基层河长湖长巡河轨迹、发现问题等情况进行在线监管,定期通报,提升了基层河湖长巡河巡湖效率。2019年,省级河长湖长共巡查和暗访24次,全省5.5万多名河(湖)长巡河暗访113.8万次,清理整治河湖问题12 592处。

4. 创新基层河湖日常管护机制。根据总结评估要结合实际情况,完善管护机制的建议,我省鼓励各地先行先试,打通河湖日常管护"最后一公里"。黄山市将"生态美"超市开进沿河村落,垃圾可以兑换积分,换取油、盐、酱、醋、牙膏、洗衣粉等物品;建立生活垃圾分类"绿色账户"等激励制度,打造"正气银行",养成乡村环境美化的良好风尚。采用PPP模式,由政府购买社会服务,经招标由中环洁公司统一承担全市农村和河流水面的保洁工作。新安江干流成立16支保洁打捞队,并向主要支流延伸,实现河流保洁网络化管理。

总结评估成果的推广应用,提高了我省推行河湖长制成效,我省在水利部2019年河湖长制考核中名列第7名。

安徽省水利厅(公章)
2020年6月10日

第十一节　福建省科技成果应用证明

科技成果应用证明

项目名称	全面推行河(湖)长制总结评估系统研究
应用单位	福建省河长制办公室
应用成果起止时间	2019 年—2020 年
单位地址与邮编	福建省福州市鼓楼区东大路 229 号　350001
联系人与电话	丘轲昌　18950894321

总结评估成果的应用范围、数量、生产、应用、推广等效果情况以及产生的效益：

在河海大学完成的全面推行河(湖)长制总结评估研究成果基础上，在我省推广应用如下：

一、“以战略思维谋全局，提高思想认识”，不断压实责任.省市县乡全面落实“双河长”机制，实行自下而上的党委政府年度报告、河长年度述职制度、“任务清单＋问题清单”工作模式。出台了《福建省河长制规定》，细化了管理体制、工作机制、考核问责等，于 2019 年 11 月 1 日正式实施。省政府把河长制工作纳入文明城市测评体系和省效能考核指标体系，组织召开流域现场会，对闽江、九龙江流域的主要问题进行集中通报。省人大组织了专项执法检查，省政协开展了专题协商。全省 41 条 1 000 平方公里以上河流全部划定了管理范围。

二、“以系统思维强协作，实现联防联治”，不断加强管护。建立了全省统一的河(湖)长指挥平台，汇聚 35 类 1.5 亿条涉河涉水信息，增设 1 330 多处河湖监控探头，形成河长“一张图”。实行定期通报、会商约谈、挂牌督办、依法查处、严肃奖惩等“五个一批”制度，设立 96 133河湖监督电话，接受社会监督。各级河(湖)长累计巡河 7.7 万人次，解决问题 4.99 万个，11 969 名河道专管员与水文、水政监察队伍实现联动巡查。

三、“以辩证思维抓治理，解决突出问题”，不断深入整治。坚持重点攻坚与面上推进相结合，着力解决河流保护管理突出问题。组织开展河湖“清四乱”、小水电生态改造、饮用水水源地专项整治、小流域水质提升四个攻坚战。出台了加快机制砂推广应用的意见，采砂场落实了监督管理“四个责任人”，制定了非法采砂砂石价值认定和危害防洪安全评估认定办法；开展了碧水攻坚“三巩固”、近岸海域污染防治和农村黑臭水体治理综合整治等行动。

四、“以共享思维聚合力，推进全民共治”，不断创新提升。在全国率先实现省市县三级法院、检察院驻河长办联络室全履盖，成立了福建省河湖健康研究中心，探索建立全国首个省级河湖健康评价标准和评价方法，首次对全省 179 条流域面积 200 平方公里以上的河流进行全覆盖评价，发布全国首份《河流健康蓝皮书》。评选了全省首届十佳“民间河长”“基层河长”，泉州市还成立了河长学院，形成全民皆河长的浓厚氛围。各地探索建立垃圾兑换超市，回收农药瓶(袋)、农用残膜等有害生产生活垃圾，引导群众养成保持河湖清洁的良好习惯。

总结评估成果的推广应用，提高了我省推行河湖长制成效，我省在水利部 2019 年河湖长制考核中名列前茅，将获得国家奖励。

福建省河长制办公室(公章)
2020 年 5 月 10 日

第十二节　江西省科技成果应用证明

科技成果应用证明

项目名称	全面推行河(湖)长制总结评估系统研究
应用单位	江西省河长办公室
应用成果起止时间	2019年—2020年
单位地址与邮编	江西省南昌市中山西路68号　330025
联系人与电话	黄瑚　0791－88825823

总结评估成果的应用范围、数量、生产、应用、推广等效果情况以及产生的效益：

河海大学完成的全面推行河(湖)长制总结评估研究成果已经在我省推广应用：

1. 推广"标本兼治，综合治理"经验。该经验已在全省范围推广应用。在前两年启动流域生态综合治理的基础上，全面启动生态鄱阳湖流域建设行动计划，以空间规划为引领，从岸上到水体，深入推进陆域防控治理、岸线美化优化、水域保护修复等十大行动，打造鄱阳湖流域山水林田湖草生命共同体。截至目前，启动了全省各市县国土空间规划编制工作，初步编制完成生态文明数据资源目录和标准规范。积极开展化工园区整治专项行动，全省共排查问题化工园区54个，并开展了专项整治。开展公共机构节水型机关创建，在省管三大灌区开展节水型灌区创建，在14个县完成县域节水型社会达标建设技术评估。持续推进集中式水源保护区划定，全省县级及以上城市集中式饮用水水源共划定保护区160个，乡镇及以下集中式饮用水水源地共1 815个。积极开展规范提升类码头的规范提升或取缔，全省取缔类86座内河非法码头已全部拆除；51座规范提升类内河非法码头，已完成规范提升31座，正在规范提升中20座。全省河湖"清四乱"共排查问题350个，全部完成整改销号。推进"一长两员"森林资源源头管理体系建设，实行管护山场、护林员、管护资金"三整合"。建立完善生态环境综合执法机制，各设区市挂牌成立了生态环境综合行政执法局(支队)，大部分县市挂牌成立了执法大队。成功举办首届鄱阳湖国际观鸟周活动。

2. 解决了一批影响河湖健康的突出问题，河湖水环境持续改善。充分发挥河(湖)长制统筹协调平台作用，持续多方位、多角度、多层次开展包括清河行动、鄱阳湖生态环境专项整治、消灭劣Ⅴ类及Ⅴ类水等一系列专项整治，有效改善了河湖面貌。分地区、分流域、分行业排查梳理影响河湖健康问题2 099个，整改完成2 078个，整改完成率99%，350个河湖"四乱"问题全部整改完成。开展非法矮圩网围整治，220处非法矮圩网围基本整治完成。2019年，全省地表水国考断面水质优良比例为93.33%，同比提升1.33个百分点，高于国家考核目标9.33个百分点；全省地表水省考断面水质优良比例为94.44%，同比提升0.92个百分点，高于省级考核目标4.63个百分点。全省所有地表水断面水质均值无劣Ⅴ类水，长江干流

续表

江西段所有水质断面全部达到Ⅱ类标准，鄱阳湖区的总磷呈现下降，全年浓度均值为0.069 mg/L，比上年下降15.9%。在多条河流出现有历史记录以来最低水位的情况下，河湖水质状况仍保持全国领先。

3. 建议“推进河(湖)长制标准化建设”得到省级重视，已发布全国首个河(湖)长制省级地方标准《河(湖)长制工作规范》，将于2020年6月1日正式施行。

4. 总结评估成果的推广应用，提高了我省推行河湖长制成效，我省在水利部2019年河湖长制考核中位居前列，给予我省1个市的激励名额并将给予一定的资金奖励。

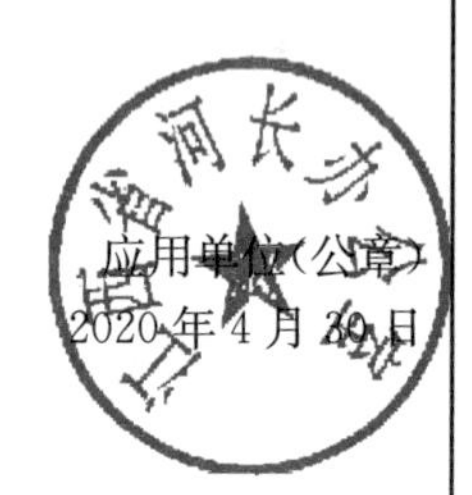

应用单位(公章)

2020年4月30日

第十三节　山东省科技成果应用证明

科技成果应用证明

项目名称	全面推行河(湖)长制总结评估系统研究
应用单位	山东省河长制办公室
应用成果起止时间	2019年—2020年
单位地址与邮编	山东省济南市历下区历山路127号　250013
联系人与电话	王佳甜　0531－66576207

总结评估成果的应用范围、数量、生产、应用、推广等效果情况以及产生的效益:

河海大学完成的全面推行河(湖)长制总结评估研究成果已经在我省推广应用:

一、河湖清违清障成效明显,水环境质量持续改观。2017年以来,先后实施了“清河行动”“清河行动回头看”、河湖“清四乱”、河湖采砂和水库垃圾围坝整治、“深化清违整治、构建无违河湖”专项行动。其中,2019年全省共核查整改“乱占、乱采、乱堆、乱建、乱排”等问题近1.9万处,全省83个国控地表水断面中,54个断面水质为优良,优良比例为65.1%,优于年度目标要求7.3个百分点,同比改善1.2个百分点。

二、河湖管理范围划定积极推进,强化水域岸线空间管控。印发《山东省河湖管理范围划定工作方案》,县级以上河湖管理范围全面划定,空间管控成为河湖管护的“红绿灯”“高压线”。

三、总结评估成果的推广应用,提高了我省河(湖)长制工作成效,我省在水利部2019年河(湖)长制工作排名全国前5名,被给予一定资金奖励。

山东省河长制办公室
2020年5月6日

第十四节　湖北省科技成果应用证明

科技成果应用证明

项目名称	全面推行河(湖)长制总结评估系统研究
应用单位	湖北省河湖长制办公室
应用成果起止时间	2019 年—2020 年
单位地址与邮编	武汉市武昌区中南路 17 号　430071
联系人与电话	李亮　027－87221984

总结评估成果的应用范围、数量、生产、应用、推广等效果情况以及产生的效益：

河海大学完成的全面推行河湖长制总结评估研究成果已经在我省推广应用：

1. 该评估研究成果指出的工作“短板”已经“补强”，提出的针对性建议已被全部或部分采纳，助力我省进一步打造河湖长制“湖北样板”。2019 年，我省全面推行河(湖)长制工作入选省委、省政府“第二届改革奖”。其中，有关立法方面的建议，为起草《湖北省河(湖)长制工作条例》，并为顺利通过行政审查提供重要参考；有关水域空间管控方面的建议为推进“清四乱”取得新进展提供重要支撑。

2. 该评估研究成果提出“加强划界确权经费保障”的建议已获落实，省财政厅对 2019 年河湖和水利工程划界安排工作补助经费 10 000 万元。

3. 该评估研究成果提出水质提升方面的建议已被采纳，2019 年我省将水质作为“示范建设行动”的重要内容，纳入省 3 号河湖长令。2020 年省 4 号河湖长令将继续开展水质攻坚行动。2019 年在全年降雨量普遍偏少 3—5 成的不利条件下，全省国控断面水质优良率从 2018 年的 86％提高到 88.6％，南水北调中线水源丹江口水库水质持续稳定在Ⅰ—Ⅱ类，长江及其他河湖岸线整治一新，东湖、通顺河等一大批重要河湖水质达近四十年最好水平。

4. 该评估研究成果对我省各地市河湖长制工作深入推进极具指导意义，各地市创新做法竞相涌现，14 项先进做法被遴选为省第一届河湖长制湖北经验二十佳。2019 年度，宜昌市被国务院列为激励对象。

5. 该评估研究成果开展形式为我省河湖长制信息管理系统提档升级提供了参考。

应用单位(公章)

2020 年 4 月 30 日

第十五节　湖南省科技成果应用证明

科技成果应用证明

项目名称	全面推行河(湖)长制总结评估系统研究
应用单位	湖南省水利厅
应用成果起止时间	2019年—2020年
单位地址与邮编	长沙市韶山北路370号　410007
联系人与电话	翟文峰　0731－85483202

总结评估成果的应用范围、数量、生产、应用、推广等效果情况以及产生的效益：

河海大学完成的全面推行河(湖)长制总结评估研究成果已经在我省推广应用：

1. 推广应用河湖精细化巡查管理。加强河湖监管信息化技术使用，依托卫星遥感技术，利用无人机和大数据等科技手段，为河湖精细化巡查管理提供技术保障。全省各级河(湖)长手机巡河APP全面启用，实现在线巡河。省自然资源厅全程参与，对河湖位置、现状和存在问题等进行精准定位和卫星影像比对，极大地提高了河湖问题排查精准度。怀化市采购无人机设备，对市、县河流主干道航拍，完善河湖基础数据，精确查找河道垃圾、采砂、违建等问题，输出的航拍影像图可呈现问题所在位置坐标，对问题登记造册后，逐一整改解决。科技手段的广泛运用，充分弥补了人为排查河湖问题耗时长、工作量大、定位不精准等不足，大大提高了河湖巡查精细化管理水平。

2. 解决河湖"清四乱"及划界问题。大力推进河湖"清四乱"专项行动，整治"四乱"问题4 344个，提高了河湖行洪能力，改善了河湖生态环境，完成1 000平方公里以上河流和水面面积1平方公里以上湖泊管理范围划定工作，明确了河湖管理界限，河湖"清四乱"及划界工作成效显著。

3. 建议"实行河湖长制工作真抓实干成效明显地方分区激励支持"得到水利部认可，水利部已按照东北、西北、东南等地区实施奖励，支持分区树立典型，提升河湖长制工作质量。我省湘潭市推行河(湖)长制成效显著，得到水利部奖励4 000万元。

4. 总结评估成果的推广应用，省级组织多批次工作现场交流会，各地加强了工作经验交流和学习，强化比学赶超，提高了我省推行河湖长制成效。

湖南省水利厅
2020年5月7日

第十六节　广东省科技成果应用证明

科技成果应用证明

项目名称	全面推行河(湖)长制总结评估系统研究
应用单位	广东省水利厅河长制办公室
应用成果起止时间	2019 年—2020 年
单位地址与邮编	广州市天河区天寿路 116 号　510610
联系人与电话	孙小磊　020－38356193

总结评估成果的应用范围、数量、生产、应用、推广等效果情况以及产生的效益：

河海大学完成的全面推行河(湖)长制总结评估研究成果已经在我省推广应用：

1. 推广坚持示范引领，持续深入推进生态河湖建设经验。省级分类遴选 13 个地市开展“一县、一镇、一村”省级示范点建设。各示范点大胆创新工作方法，总结出一批可复制、可推广的基层经验。如深圳宝安区创新采取全流域治理总承包模式，巧借大型央企的人才、技术、经验等优势，强力推进辖区内 4 大水系综合治理。河源城区实行“无人机＋管护员”的“双管”模式，有效消除管理盲区。梅州平远县石正镇将中小河流治理与景观建设、经济发展相融合，利用石正河改善的水质，探索“鱼稻共生”生态种养植模式，既改善了村居环境，又带活了地方经济。江门鹤山市沙坪街道创新设立街道河长、河道警长、村级河长、民间河长“四长”和直联队伍、保洁员队伍“两队”的“4＋2”河长组织体系，实施河湖多层次监管。广州花都区杨三村针对境内的 2 条主要河流，成立网格巡河小组协助河长巡河，提高巡河效率。

2. 建议“充分发挥河(湖)长制作用，推进水生态环境明显改观。”得到省委、省政府高度重视。深入开展“清四乱”“五清”行动，至 2019 年底，全省共清理整治入河排污口 10 605 个，清淤疏浚黑臭水体 474 条、整治规模以上河湖“四乱”问题 7 487 个，全年清理水面漂浮物 669 万吨，全省河湖面貌明显改观。以河长制为平台，省领导分别认领督导 9 个劣Ⅴ类国考断面攻坚，统筹推进重点流域综合治理、黑臭水体整治等工作任务。地表水国考优良断面同比增加 4 个，劣Ⅴ类断面同比减少 4 个，386 个城市黑臭水体治理初见成效，广州市城市建成区、深圳市全域全面消除黑臭水体。

3. 高质量规划建设广东万里碧道，打造造福人民的幸福河。高质量规划建设万里碧道是省委十二届四次全会作出的一项重大决策。目前，全省万里碧道建设总体规划已编制完成，21 个地级以上市市级规划编制工作全面加快，全省一张大蓝图基本绘就。2019 年 4 月，省河长办正式启动“1＋10”共 11 个省级试点，总长约 180 公里，各市也积极开展市级试点建设工作。各试点已全面开工建设，基本建成碧道 160 公里，涌现出了广州蕉门河、深圳茅洲河、珠海天沐河、佛山东平水道、东莞华阳湖等一批碧道精品工程、亮点工程，不仅发挥了示范引领作用，还实现了生态效益、经济效益和社会效益多赢，为稳增长发挥了积极作用。

4. 总结评估成果的推广应用，提高了我省推行河湖长制成效，2019 年、2020 年连续两年获得国务院督察激励。

应用单位（公章）

2020 年 5 月 21 日

第十七节　广西壮族自治区科技成果应用证明

科技成果应用证明

项目名称	全面推行河(湖)长制总结评估系统研究
应用单位	广西壮族自治区河长制办公室
应用成果起止时间	2019 年—2020 年
单位地址与邮编	广西南宁市青秀区建政路 12 号　530023
联系人与电话	丁锦佳　18377134258　0771-2185396

总结评估成果的应用范围、数量、生产、应用、推广等效果情况以及产生的效益：

2019 年初，河海大学对我省全面推行河(湖)长制工作进行总结评估，梳理汇总了我区的经验做法，提出了存在问题及工作建议，推动河(湖)长制从“有名”向“有实”转变，河海大学完成的全面推行河(湖)长制总结评估研究成果已经在我区推广应用：

1. 深入推广应用八方面经验。各市县机构改革设立河长制办公室，明确工作人员编制和工作经费，各级河长办专职副主任已到位，进一步加强组织领导。玉林市畜禽养殖污染治理新模式在九洲江、南流江、钦江等重点流域全面推广实施。柳州来宾桂林市等地充分发挥山歌、彩调、桂剧等地方特色戏种街头巷尾传唱河长制，广泛开展宣传。全区借鉴学习永福县模式，村规民约引导村民主动护河。多地采取第三方购买服务实施河湖保洁专业化。

2. 应用解决四方面问题

(1) 建立健全河(湖)长体系。自治区、14 个设区市、111 个县(市、区)、7 个经济技术开发区、1 223 个乡镇(街道)四级工作方案和河长制六项制度全部印发实施；在全区 18 936 条河流、4 556 个水库、19 个湖泊分级分段建立自治区、市、县、乡、村五级河长体系，落实河(湖)长 28 561名，实现“河(湖)长制全覆盖”，践行习近平总书记“每条河流都有河长了”。

(2) 全面加强河湖水环境治理。2019 年，河湖“四乱”问题整治销号 5 769 个，一大批关系人民群众切身利益的“硬骨头”“老大难”问题得到妥善解决，河湖面貌大为改善；流域面积 1 000平方公里以上的 80 条河流全部完成管理范围划定，划界岸线总长 15 503 公里，有效强化河湖空间管控。

(3) 建立健全河湖管护长效机制。出台流域上下游横向生态保护补偿机制、水产养殖业绿色发展实施意见、河(湖)长制激励支持办法、河道采砂许可证和合法来源证单管理办法等。生态环境部门推动与云南、贵州、湖南、广东等邻周四省签订跨界河流水污染联防联控协作框架协议，建立健全跨界突发环境事件应急联动机制。柳江流域三市政府建立实施系统联动联治监管新机制。积极推进生态保护补偿机制，自治区财政筹措下达重点生态功能区转移支付 33.41 亿元。

续表

(4) 切实加强宣传发动。通过各级党校和全国知名大学组织河(湖)长制和绿色发展专题培训、各级河长办开展业务工作培训、印制河长工作手册等,提升各级河长和工作人员工作能力和执行力。召开河湖"清四乱"新闻发布会,通报整治情况,接受社会监督。结合"不忘初心、牢记使命"主题教育开展专项整治,开展河湖"清四乱"系列宣传报道,录播"讲政策"和河长制在线访谈节目,播放公益广告。深入推进"河小青""民间河长在行动"等公益活动,设立"民间河长讲习所",积极引导公众参与保护母亲河。结合"世界水日""中国水周",做好政策宣传,提升河(湖)长制工作知名度和美誉度。

(5) 河(湖)长制工作经费逐步落实。各级党委和政府高度重视河(湖)长制工作,将河(湖)长制工作经费列入部门年度预算,自治区每年安排 2 000 万元专项资金用于奖补工作成效显著的市县。

3. 水质状况显著改善。2019 年 1—12 月,全区 52 个地表水国家考核断面的水质优良比例为 96.2%,位居全国第七,全区无劣Ⅴ类断面,位居全国第一;全国地级以上城市地表水环境质量状况排名中,全区有 9 个市进入前 30 名,其中有 6 个市进入前 10 名,位居全国第一。

应用单位(公章)
2020 年 4 月 30 日

第十八节　海南省科技成果应用证明

科技成果应用证明

<table>
<tr><td>项目名称</td><td>全面推行河(湖)长制总结评估系统研究</td></tr>
<tr><td>应用单位</td><td>海南省水务厅(河长制办公室)</td></tr>
<tr><td>应用成果起止时间</td><td>2019 年至 2020 年</td></tr>
<tr><td>单位地址与邮编</td><td>海口市美兰区琼山大道 11 号　571126</td></tr>
<tr><td>联系人与电话</td><td>郝斐　0898－65786117</td></tr>
<tr><td colspan="2">总结评估成果的应用范围、数量、生产、应用、推广等效果情况以及产生的效益：
河海大学完成的全面推行河(湖)长制总结评估研究成果已经在我省推广应用：
1. 推广应用河(湖)长制“六进”经验，加大河(湖)长制宣传力度
河(湖)长制全面推行以来，省河长办走进省委党校讲解河长制知识，加大河(湖)长制宣传工作，特别是利用“世界水日”“中国水周”等活动，开展河(湖)长制“六进”工作，让更多的群众了解河(湖)长制是什么、河(湖)长制要干什么、如何参与河(湖)长制工作，效果显著。如海口市形成民间“河湖护湾”志愿队；三亚市繁星义工社多次开展河道打捞活动；东方市驻市部队和武警官兵积极参加清河行动；琼中县民间河长与官方河长合力治水。
2. 开展实施“绿水行动”；创新践行“两山”理论新思路
为全面贯彻落实党中央国务院关于水生态文明建设和河(湖)长制工作的决策部署，根据《海南省 2020 年河(湖)长制工作要点》，开展实施“绿水行动”，通过“开展一次专项行动、讲好一个河流故事、打造一张河湖名片、挖掘一批河湖文化、评选一批最美河湖长、拍摄一部河湖专题片”等“六个一”活动，将河流打造成为造福人民的幸福河。目前，“绿水行动”正在积极推进中，为海南自由贸易区(港)建设提供了坚实的水生态安全保障。
3. 通过第三方机构监督考核，客观公正评价河(湖)长制工作水平
2018 年底，为做好迎接国家全面推行河(湖)长制工作总结评估工作，我省率先通过委托第三方机构开展全面推行河(湖)长制工作总结评估自评估工作，考核结果客观公正，真实反映各市县河(湖)长制落实情况。同时，考核结果报送省委省政府及各位省级河长，为全省河(湖)长制下一步工作部署提供科学依据。2019 年，参照总结评估工作模式，继续委托第三方机构，每季度开展一次河(湖)长制工作评估，年底开展年度考核，形成季度通报与年度考核通报。省政府主要领导作出批示，有效推动全省河(湖)长制有名有实，落地生根。2020 年第一季度，委托第三方利用“卫星遥感＋无人机＋河湖监管 APP”技术，对全省省级河湖“四乱”问题进行排查，摸清问题底数，指导各市县有针对性、有目的性地开展整改工作。
4. 大力推进河湖“清四乱”；开展河湖生态综合治理
“清四乱”专项行动以来，我省高位推动，强力整改，省委刘赐贵书记巡查调研藤桥河，沈晓明省长巡查调研南渡江，为各级河长履职尽责起到了表率作用。省政协主席毛万春每半年</td></tr>
</table>

续表

开展全省性巡查，覆盖 18 个市县、洋浦开发区、松涛水库，3 次下发河长令，各省级河长提出要求。省河长办紧盯问题，借媒体曝光推动整改，水利部暗访反馈的 114 个问题已基本销号，自查自纠整改问题 1 165 个。海口市对南渡江沿岸 17 家餐饮店、横沟河金水门酒楼、白沙县珠碧江大岭居等老大难违法建筑予以拆除。各市县开展河湖生态综合治理，成效显著。住建部与生态环境部监控的全省城市 29 个黑臭水体全部消除黑臭，海口市美舍河、大同沟、鸭尾溪、五源河荣登全国城市水体治理光荣榜，全省水环境质量持续保持全国一流水平。海口市龙华区全面推进农村生活污水治理工作，人工湿地与污水处理设施相结合，建设美丽乡村；东方市启动罗带河生态修复工程，综合治理水土流失、养殖排污、非法采砂等问题，还精心设计沿河景观平台等开放式户外空间，形成"水清、岸绿、景美"的城市滨河绿地景观带和人文休闲风光带。

5. 建立健全联防联动机制，完善河(湖)长制工作体系

2019 年，召开了全省河(湖)长制工作视频会议，省委书记刘赐贵提出明确要求，省长沈晓明对全省河(湖)长制工作具体部署工作，层层传导压力、层层压实责任。省河长办组织召开省河长制联席会议，强化部门协同推动。三亚市、保亭县共商赤田水库饮用水源地水环境治理问题，海口市、澄迈县建立松涛水库东干渠联合管护机制，五指山市、保亭县联合巡查陡水河。三大江河(南渡江、万泉河、昌化江)沿岸市县政府联动，推出了流域水环境综合监管执法协作工作实施方案；13 个市县签订了试点断面补偿协议，上下游横向生态保护补偿机制初步建立。

6. 河湖水域岸线保护问题建议受到省委省政府高度重视

2019 年，海南省河(湖)长制工作视频会议明确要求加快推进河湖管理范围划定，为进一步强化管理夯实基础，省委省政府高度重视，划拨专项资金，2020 年 3 月，经省政府同意，省河长办印发了《海南省河湖管理范围划定工作方案》，各市县积极开展开展划定工作，结合我省"多规合一"，目前已完成 38 条主要河湖管理范围划定任务。

应用单位(公章)

河南省河长制办公室(公章)

2020 年 4 月 30 日

第十九节　重庆市科技成果应用证明

科技成果应用证明

项目名称	全面推行河(湖)长制总结评估系统研究
应用单位	重庆市水利局
应用成果起止时间	2019年—2020年
单位地址与邮编	重庆市渝北区新南路3号水利大厦　401147
联系人与电话	任镜洁　15923634577

总结评估成果的应用范围、数量、生产、应用、推广等效果情况以及产生的效益：

2019年初，河海大学受水利部委托，对我市全面推行河长制进行总结评估，在所有直辖市中成效最好。河海大学完成的全面推行河(湖)长制总结评估研究成果已经在我市推广应用：

1. 市级河长高度重视。市委书记带头暗访随访河长制落实情况，并要求各级党委、政府要将河长履职纳入领导班子民主生活会进行对照检查，区县、乡镇(街道)领导班子成员在第二批“不忘初心、牢记使命”主题教育专题民主生活会上对照检查河长履职情况，已整改剖析指出问题3 857个，促使河长责任感更强、履职更主动，并初步建立常态化机制。

2. 将制度建设贯彻始终。构建“1＋8＋3＋2”河长制工作制度体系，将河长制工作细化为72项工作任务，制度框架和政策基本形成。开展河长制立法前期工作，制定《重庆市河长制条例》，将河长制工作从政策制度向法律法规转变。

3. 强化河长制机制建设。建立河流部门牵头机制，24个市级河流牵头部门积极服务市级河长巡河，加强对应市级河流工作统筹。建立责任部门协作机制，将河长制主要任务分解落实到各部门、区县。建立跨界河流联防联控机制，省市级、区县级层面建立联防联控机制，与四川、贵州签订河长制联防联控工作协议，加强跨界河流管理保护，全市共有12个区县与市外区县就69条(段)河流签订合作协议39项，分级建立了联席会商、联合巡查等工作机制。

4. 推进河长制长效化运转。推进“智慧河长”建设，综合运用卫星遥感、AI视频分析、水质污染溯源等大数据智慧化技术手段，为推进河长制提供强有力地技术支撑。推进河长制立法，为河长制向纵深推进提供强有力地法律保障。

5. 以问题为导向强化管水护岸。全面贯彻落实市级总河长令，着力整治污水偷排直排乱排问题。以“清四乱”为抓手，着力整治河道乱占、乱建、乱堆、乱倒“四乱”问题。会同市级部门联合开展入河排污口专项核查、不达标河流整治、黑臭水体整治、餐饮船舶整治、非法采砂打击等专项行动，以河长制促“河长治”。

6. 强化社会广泛参与。积极发挥人大代表、政协委员督察工作落实；设立河库警长、生态检察官督察违法行为；建立涉水案件行政执法与刑事司法衔接机制和维护长江水生态安全协作机制；设立专责审计官督察问题整改，扎实推进河长制执行情况审计；聘请民间河长、

续表

青年河长、巾帼河长等，开设举报电话，发动广大群众共同参与、共同监督。同时，举办“发现重庆之美——百万网民点赞重庆最美河流”“河长面对面”等活动，推动河库管理保护全民化、全面化。

总结评估成果的推广应用，提高了我市推行河(湖)长制成效，我市将坚持问题导向，不断深化完善河(湖)长制管理体系，着力解决河湖治理保护方面存在的突出问题，全力推动河(湖)长制工作发挥更大成效，努力打造人民满意的幸福河湖。

应用单位(公章)
2020年5月18日

第二十节　四川省科技成果应用证明

科技成果应用证明

项目名称	全面推行河(湖)长制总结评估系统研究
应用单位	四川省河长制办公室
应用成果起止时间	2019 年—2020 年
单位地址与邮编	四川省成都市青羊区牧电路 7 号　610031
联系人与电话	李亚昕　13980599007

总结评估成果的应用范围、数量、生产、应用、推广等效果情况以及产生的效益：

2019 年初，河海大学对我省全面推行河湖长制工作进行总结评估，梳理汇总了我省的经验做法，提出了存在问题及工作建议，为助力我省推动河(湖)长制从“有名”向“有实”转变，河海大学完成的全面推行河(湖)长制总结评估研究成果已经在我省推广应用：

一、工作开展情况

1. 坚持高位统筹。省委书记、省总河长彭清华组织召开全省总河长全体会议，要求进一步提高政治站位，推动河(湖)长制在四川不折不扣落地落实，在《求是》杂志发表《强化上游意识确保黄河清水东流》署名文章，主持召开川西北生态示范区协同发展暨长江黄河上游生态保护和高质量发展工作会议，强调共同抓好大保护、协同推进大治理，切实筑牢长江黄河上游生态屏障。省长，省总河长尹力多次作出批示，要求进一步加强巡河巡湖，并组织召开全省河(湖)长制工作推进电视电话会议。2019 年 22 位省级河(湖)长切实发挥“头雁”作用，带头巡河巡湖 35 次，召开现场会议 40 余次，协调研究相关河湖突出问题，带动各级河(湖)长履职尽责。

2. 聚焦全流域共同治理。注重省际协同，川滇两省人民政府共同印发《共同保护治理泸沽湖“1＋3”方案》。川滇两省泸沽湖省级湖长开展联合巡湖，川滇两省长江省级河长会商《长江干流(金沙江)“1＋3”保护方案》，与重庆开展联合巡河，召开专题会议解决跨界河流水污染治理问题。与陕西、甘肃、青海、贵州、西藏等全部相邻省份签署跨界河湖联防联控合作协议。签署省内联防联控合作协议 397 个，其中跨市 34 个、跨县 363 个。

3. 多部门联动，强化河湖保护。生态环境厅牵头加强饮用水源地保护，全面完成 249 个县级及以上饮用水水源地环境问题整治；经济和信息化厅坚决打好“散乱污”企业整治攻坚战，全省累计排查“散乱污”企业 32 591 户，完成整治 32 118 户，完成率 98.6%；水利部门开展河湖“清四乱”专项行动，上报水利部 1 176 个“四乱”问题，全部整改销号。对泸州、宜宾、凉山三市州涉嫌违规违法的共计 234 个岸线利用项目进行清理整治，其中，53 个项目已按期拆除取缔 174 个项目，已完成规范整改，开展河管采砂涉黑涉恶涉乱线索摸排，提供线索 2 203条，开展水电站下泄生态流量问题整改，因取水造成下游河道减水断流的 3 168 个水电站下泄生态流量设施改造全部完成。

续表

4. 强化数据支撑，聚焦科学治理。截至 2019 年 12 月底，省 10 大主要河流干流河道管理范围三角界并形成工作底图，全省流域面积 1 000 平方千米以上河流完成划界 2 万余千米。河长制"一张图"和信息化工作扎实推进，基础数据建设领先，制定标准 3 个，基本完成河流、湖泊、重要天然湿地、水库等静态数据整理入库。信息化平台实现数据互联互通，向上对接水利部数据，向下对接市州数据平台，开放接口 30 个，同时完成相邻七省的 166 条跨省河流的对接工作。

二、取得成效

1. 2019 年全省各级河（湖）长巡河巡湖 59 万次，查找河湖问题 102 785 个，落实整改 102 596个，整改率 99.8%，有效推动了河湖保护治理。

2. 2019 年，全省水质持续提升，创"十三五"以来最佳水平，87 个国考断面中优良水质断面增加至 85 个，高于国家考核要求 17.2 个百分点，全国排名第四。全面消除劣Ⅴ类水质断面，优于国家考核要求 2.3 个百分点，10 个出川断面水质全部达到优良标准。

3. 河长制法制建设初见成效。省人大高度重视河长制工作，省人大常委会专题审议河（湖）长制工作报告，指导开展河长制立法工作，要求加快推进全省《河（湖）长制工作条例》立法工作，并将立法工作纳入 2020 年立法计划；我省首次以单独流域立法的方式推进污染治理的开篇之作《四川省沱江流域水环境保护条例》正式印发施行；四川省第十三届人民代表大会常务委员会第十三次会议批准了《雅安市村级河长制条例》，《条例》是全国范围内首次对村级河长制较为系统的立法，填补了村级河长制立法"空白"。

4. 四川省河长制办公室与二院自然资源部第三地理信息制图院（四川省地理信息测绘局）编制的智慧水利"一张图"基础信息与共享服务平台入选水利部优秀应用案例和典型方案。

5. 注重典型示范，积极参与全国河湖治理微视频大赛，推荐视频《河香》获得大赛一等奖。开展全省河湖管理示范县创建工作，创建示范县 34 个，邛海、锦江成为全国示范河湖建设试点。

总结评估成果的推广应用，提高了我省推行河湖长制成效，我省 2019 年得到水利部奖励。

应用单位（公章）

2020 年 4 月 30 日

第二十一节　贵州省科技成果应用证明

科技成果应用证明

项目名称	全面推行河(湖)长制总结评估系统研究
应用单位	贵州省河湖长制办公室
应用成果起止时间	2019 年—2020 年
单位地址与邮编	贵州省贵阳市南明区西湖路西湖巷 34 号　550002
联系人与电话	蔡国宇　0851－85938403

总结评估成果的应用范围、数量、生产、应用、推广等效果情况以及产生的效益：

河海大学完成的全面推行河(湖)长制总结评估研究成果已经在我省推广应用：

一、主要做法。

一是全方位构建五级河(湖)长组织体系。全面建立省市县乡村五级河(湖)长制组织体系，2 755 名五级河(湖)长、11 220 名河湖民间义务监督员、17 271 名河湖保洁员巡河护河履职全面落实，首创省市县乡四级“双总河长”，独创省四大班子在职省级领导均担任省级河长。二是高标准建立河(湖)长制制度体系。全面建立河(湖)长制制度体系，将河(湖)长制考核结果作为地方党政领导干部及河长制责任单位履职情况综合考核评价的重要依据。建成了全省河湖大数据管理信息系统，基本实现信息上传、任务派遣、督办考核的数字化管理。三是高规格、大规模开展河长大巡河活动。在 6 月 18 日贵州生态日成功举办“保护母河　河长大巡河”活动，省委书记、省长省两位总河长带领全省各级河长以河湖存在问题为导向巡查河湖，现场办公解决问题，巡河活动超过 5 万人参加，营造了全民共建共享生态文明的良好氛围。四是扎实开展河湖管护专项行动。发布了 1 号、2 号总河长令，部署河湖“清四乱”专项行动，分级扩大排查整治范围覆盖全省河湖，同步开展“百千万”清河行动、长江经济带固体废物清理整治等，全省拆除网箱 3.38 万亩，实现全域无网箱。

二、取得成效。

一是 2019 年度纳入国家“水十条”考核的 55 个地表水断面水质优良比例(达到或优于Ⅲ类)96.4%，劣Ⅴ类水体基本消除。二是我省 2018 年真抓实干全面推行河(湖)长制工作成效明显，获国务院通报表彰，成为全国 5 个获国家激励支持的省份之一，获激励资金 5 000 元；我省 2019 年河(湖)长制工作推进力度大、成效明显，经省级推荐，黔西南州兴义市成为水利部、财政部拟报国务院激励表彰的县市之一；三是省水利厅河长制工作处获人社部、水利部表彰为“全国水利系统先进集体”。水利部“助推绿色发展建设美丽长江”考核评比中，我省王吉勇、雷月琴、卢中华获得“最美护河员”称号，赤水河(赤水市)、舞阳河(黔东南州镇远县)获得“最美河流”称号，兴义市、赤水市、松桃县获得“全面推行河(湖)长制先进单位”称号。四是河湖“四乱”清理整治效果明显。到 2019 年底，全省纳入省、市、县三级台账的 887 个问题全部完成整改，水利部 2019 年暗访发现并反馈的 158 个问题已全部完成整改销号。据不完全统计，自专项行动开展以来，全省共清理非法占用河道岸线 15 公里，清理非法采砂点 2 个、采砂船 2 只、砂石量 2 000 方，清理建筑和生活垃圾 500 余吨，拆除违章建筑 28 512 平方米、围网养殖 300 亩。

应用单位(公章)
2020 年 4 月 30 日

第二十二节　云南省科技成果应用证明

科技成果应用证明

项目名称	全面推行河(湖)长制总结评估系统研究
应用单位	云南省水利厅河长(湖长)制工作处
应用成果起止时间	2019 年—2020 年
单位地址与邮编	云南省昆明市华山南路 78 号　650021
联系人与电话	吴青见　13608817892

总结评估成果的应用范围、数量、生产、应用、推广等效果情况以及产生的效益：

河海大学完成的全面推行河(湖)长制总结评估研究成果已经在我省推广应用：

2019 年 6 月，河海大学对我省进行现场核查，明查暗访结合，真实反映云南省全面推行河(湖)长制情况、成效和存在问题，对现况进行客观公正的总结评估，完成的全面推行河(湖)长制总结评估研究成果已经在我省推广应用。2019 年 9 月，水利部河长办发文《关于全面推行河(湖)长制总结评估有关情况的函》，通报了全国河(湖)长制典型经验做法、存在问题和下一步工作建议，提出总结评估中发现的主要问题，在对云南省河(湖)长制工作总体情况给予肯定的同时，提出现场核查时仍存在"四乱"问题。云南省委、省政府高度重视评估结果，省委、省政府主要领导亲力亲为、率先垂范，各级党委、政府紧紧围绕全面推行河(湖)长制六大任务，盯紧"四乱"问题，层层传导压力、层层落实责任，上下联动、真抓实干，我省河(湖)长制工作取得了较好的进展，目前评估成果已在全省推广，为我省全面推行河(湖)长制各项工作任务落地生根、取得实效提供了技术支撑和决策参考。

一、评估成果推广应用情况

(一) 强化组织领导。省委、省政府主要领导多次就全面推行河(湖)长制工作作出批示指示，并主持召开会议专题研究部署河(湖)长制工作。召开全省河(湖)长制领导小组暨省总河长会议，省级总河长带头履行河(湖)长职责，重要情况亲自调研、重点工作亲自部署、重大方案亲自把关、关键环节亲自协调、落实情况亲自督导。

(二) 落实工作机制。压实五级河(湖)长工作责任，落实五级河长治理体系。落实河(湖)长述职制度。举办了全省州市县级河长湖长培训班，通过专业培训增强河长湖长履职能力。落实考核评价机制、定期报告机制、巡查机制、督察机制，印发了 2019 年河(湖)长制督察工作方案。省、州(市)、县(市、区)党委副书记担任总督察、人大常委会和政协领导担任副总督察的三级督察体系有效运转。省人大常委会、省政协每月督察一湖一河，完成九大高原湖泊和六大水系及牛栏江的专项督察。省委、省政府督察室和省级有关部门开展专项督察，及时发现问题，督促整改。省河长办发出 60 余份督办通知、督办函，及时协调推进并督促属地党委、政府和有关部门及时整改落实。2019 年以来，各级开展督察 3 935 次，发现问题2 962 个，整改问题 2 906 个，还有 56 个问题正在整改。通过坚持问题导向，强化督察，有力推动了河湖突出问题的整治。

续表

（三）推进六大任务。全面抓好河湖保护治理六大任务落实。一是加强水资源保护。严守水资源管理“三条红线”，落实《云南省节水型社会建设“十三五”规划》。二是加强岸线管理保护。共清理非法占用河道岸线787.26公里，清理建筑和生活垃圾25.7万吨，拆除违法建筑26.2万平方米，清除围堤69.88公里。推进河湖管理范围划定工作，已划定河流长度22 179.7千米，划定湖泊30个。三是加强水污染防治。开展打击固体废物环境违法行为暨长江“三磷”专项排查整治行动，共排查188家“三磷”企业（矿、库），纳入取缔淘汰18家，纳入规范整治109家。大力推进水源地达标建设，完成19个国家重要集中式饮用水水源地安全保障评估，达标水源地个数从159个增加到216个。建立了全省三级重点取用水户监控管理台账，开展重点取用水户用水效率评估考核，652户1 272个取水监测点在线监测设施，监测许可水量达68.4亿立方米，占全省河道颁证取水总量的近80%。四是加强水环境治理。制定了《云南省以长江为重点的六大水系保护修复攻坚战作战方案》，落实工作机制，大力推进六大水系水环境治理。完成了玉溪市、丽江市国家级水生态文明城市建设试点验收，开展了6个省级水生态文明城市建设试点验收。组织16个县（市、区）开展了节水型社会达标建设。全省新增水土流失治理面积5 065平方公里。水利部第二次暗访发现的问题已全部整改完毕。五是加强水生态修复。印发了《云南省美丽河湖建设行动方案（2019—2023年）》，坚持山水林田湖草系统治理，加强重点流域生态系统修复和环境综合治理。推进“生物多样性保护中国水利行动”云南部分项目中期评估工作。六是加强执法监管。统筹推进水库垃圾围坝整治、河道采砂整治、河湖网箱养鱼集中整治、涉河湖保护区违法违规整治等工作，开展联合执法4 353次，清理非法采砂点1 635个，清理非法砂石量219万立方米，打击非法采砂船只253艘，清除非法网箱养殖7 158.8亩、违规种植大棚13亩、非法林地11.2亩。 （四）推进专项行动。结合“不忘初心、牢记使命”主题教育，聚焦人民群众对优良生态环境的需求，开展专项整治工作。一是全力推进河湖“清四乱”专项行动。在河湖“清四乱”专项行动中，全省各级共派出督察工作4 016人次，督察河流912条，水库湖泊314个，立案140起。全省共发现“四乱”问题5 848件，按照边查边改，及时发现、及时清理整治的原则，立行立改，销号5 844件，剩余4件为规模以下“四乱”问题，销号率达99.93%。规模以上的1 828件已100%销号完成，其中，纳入中纪委国家监委主题教育整治项目的40件全部按期完成整改销号。二是扎实推进“云南清水行动”。全省清理河湖库渠14 174条，清理污染物146.4万吨，清理排查入河排污口3 031个，治理黑臭水体82处，取缔非法采砂点1 961个，整治县级以上集中饮用水源地210个，清理拆除临湖沿河违章建筑230.2万平方米，查处违法地下取水机井7 598口。 （五）高原湖泊保护治理。一是坚决贯彻治湖新思路。省委办公厅、省政府办公厅印发了《云南省九大高原湖泊保护治理攻坚战实施方案》（云办发〔2019〕8号），并制定了省级部门责任清单，省河长办组织开展了九大高原湖泊保护治理规划编制工作。各地迅速启动九大高原湖泊保护条例修订，按照“五个坚持”“四个彻底转变”和坚决打赢“八大攻坚战”的治湖新思路，以革命性措施抓好九大高原湖泊保护治理。二是强化调研巡查。省委派出巡视组，对九大高原湖泊保护治理进行机动巡视。省人民政府组织对九大高原湖泊保护治理进行了省、州（市）联合专题调研，形成了详细的调研报告，共梳理出209个具体问题，提出了整改措施327条。省人大常委会、省政协领导带队开展督察。省委、省政府督察室和省委组织部、省委宣传部、省水利厅、省生态环境厅等九大高原湖泊省级湖长联系单位开展26次明察暗访，对发现的60余项问题进行了督办整改。省河长办针对九大高原湖泊治理难题，广泛开展调查研究，通过制定《云南省九大高原湖泊保护治理三年行动计划》，围绕九湖保护治理总体目标，推进湖泊水域空间管控。在各级各部门共同努力下，九大高原湖泊水质总体保持稳定。

续表

二、经验做法

对标中央要求，推动省、州（市）、县、乡全部出台6项制度。结合云南实际，创新建立了省级河长督察办法、联合执法办法等4项配套制度。积极创新工作机制，将河（湖）长制工作纳入综合考核，建立省对州（市）、州（市）对县、县对乡层层考核制度，出台河（湖）长制述职实施方案和河（湖）长制问责办法，强化述职考核、追责问责；积极探索启动川滇、滇藏合作共治、“河长制＋检察”联动、河长制信息化等工作机制；部分州（市）将河长制列入村规民约、民族特色公示牌、引入“企业河长”“民间河长”，因地制宜积极推行河（湖）长制；创新投入机制，在省级财政非常困难的情况下，省委、省政府决定每年安排36亿元专项资金支持九大高原湖泊保护治理。探索创新保护治理投入机制，积极引入第三方参与河湖保护治理工作；科学系统治理，结合实际因湖施策，坚持规划引领，统筹推进山水林田湖草系统治理、生态移民搬迁、耕地休耕轮作、保护区内企事业单位拆迁、生态补水、“三线划定”工作、环湖截污等工作。

三、取得成效

（一）水质情况

2019年，全省河流监测断面水质达标率为90.2%，与2015年相比上升了4.3个百分点，水质优良率达到83.4%，较2015年上升5.1个百分点。2019年1—11月，抚仙湖、泸沽湖符合Ⅰ类标准，水质优；阳宗海、洱海符合Ⅲ类标准，水质良好；滇池草海、程海（氟化物、pH除外）符合Ⅳ类标准；滇池外海、杞麓湖、异龙湖符合Ⅴ类标准；星云湖劣于Ⅴ类标准。水质同2015年全年相比，阳宗海由Ⅳ类好转为Ⅲ类，滇池草海、滇池外海、杞麓湖、异龙湖由劣于Ⅴ类分别好转为Ⅳ类和Ⅴ类，洱海水质总体保持良好。

（二）宣传表扬

2019年6月3日，水利部《水利改革动态》刊发《云南省以革命性措施抓好九大高原湖泊保护治理》，对云南保护治理九大高原湖泊的经验做法予以肯定。

2019年7月18日，中央改革办《改革情况交流》刊发了《云南推进九大高原湖泊保护治理》，推广云南九大高原湖泊保护治理经验做法。“大理州全面打响以洱海保护治理为重点的水污染防治攻坚战”，被国务院第五次大督察作为典型经验予以通报表扬。

2019年9月21日，《人民日报》刊登《云南聚焦九大高原湖泊治理　立行立改护九湖》文章，肯定了云南省深入一线抓整改的工作情况。

2019年12月12日，《人民日报》刊登了《河长管护　引鸥飞渡》，报道了昆明市河长治理体系。

总结评估成果的推广应用，提高了我省推行河（湖）长制成效，我省将坚持问题导向，不断深化完善河（湖）长制管理体系，着力解决河湖治理保护方面存在的突出问题，全力推动河（湖）长制工作发挥更大成效，努力打造人民满意的幸福河湖。

云南省水利厅河长（湖长）制工作处

2020年5月6日

第二十三节　西藏自治区科技成果应用证明

科技成果应用证明

项目名称	全面推行河(湖)长制总结评估系统研究
应用单位	西藏自治区水利厅
应用成果起止时间	2019年—2020年
单位地址及邮编	西藏拉萨市色拉路78号　850000
联系人及电话	卢育玲　0891-6541819

总结评估成果的应用范围、数量、生产、应用、推广等效果情况以及产生的效益：

河海大学完成的全面推行河(湖)长制总结评估研究成果已经在西藏自治区推广应用：

1. 推广应用7个好的做法和经验

(1) 坚持高位推动。全区各地党委、政府高度重视河(湖)长制工作，主要领导亲力亲为、高位推动，切实把河(湖)长制工作摆上重要议事日程。自治区党委书记、总河长吴英杰和自治区主席、总河长齐扎拉，亲力亲为、高位推动，实地考察调研河(湖)长制工作，多次就河湖管理范围划定、河(湖)长制考核等工作作出重要批示。昌都市连续2年将河(湖)长制工作纳入对各县(区)年度经济社会目标责任考核，进一步落实主体责任，强化工作推进。阿里地区先后召开7次地委会、专员办公会、行署专题会，研究部署河(湖)长制，全面形成了各级河湖长齐抓共管的河湖管护良好局面。

(2) 压实河长湖长责任。日喀则市为市、县、乡镇三级河长湖长制作工作簿，不定期通过手机短信、致信等方式报送近期重点工作，提请河(湖)长开展巡查调研工作。山南市签发市级总河长令，对做好河(湖)长制工作进行全面安排部署。昌都市出台并落实《关于在干部选拔任用中落实河(湖)长制工作相关要求的实施办法(试行)》，2019年昌都市委组织部全年共计征求146名同志选拔任用落实河(湖)长制工作情况意见，进一步压实领导干部履行河(湖)长制工作责任。

(3) 深化“清四乱”专项行动。各地将河湖“清四乱”专项行动与“不忘初心、牢记使命”主题教育、环保督察、扫黑除恶、农村人居环境整治、“七城同创”等工作有效结合，做到同安排、同部署、同落实。截至2019年底，共排查“四乱”问题1 326个，整改销号1 326个，整改率100%。山南市开展清理整治“非法捕捞”专项执法行动，由河长办组织农村农业、生态环境、市场监督、公安等部门开展联合执法检查，对河湖“非法捕捞”及农贸市场“非法销售”行为进行清理整治，杜绝河湖“非法捕捞”行为。阿里地区普兰县在玛旁雍错等主要河湖周边设立垃圾箱，建立“垃圾银行”，用垃圾兑换日常生活用品和旅游纪念品，采取村民和游客收集、乡政府转运、县集中处理的模式，带动周边群众及游容积极主动参与河湖环境整治。

续表

(4) 强化顶层设计。日喀则市率先出台《日喀则市河道采砂管理条例》,山南市率先出台《山南市实施河(湖)长制条例》《山南市实施羊卓雍错保护条例》,将地方河(湖)长制工作及河道采砂监管取得的经验以法律形式加以巩固,强力推进河湖管理保护法治进程。日喀则市积极建设河湖智能化监控管理系统,试点在雅江桑珠孜区东嘎乡段、年楚河桑珠孜区甲措雄乡段安装水质监测、水文监测、视频监测等智能化系统监控点,整合相关数据资源,构建智慧河(湖)长制信息化平台,实现河湖静态展现、动态管理、常态跟踪,为河湖提供全方位的管理保护体系。阿里地区出台《阿里地区涉河湖项目审批制度》《阿里地区河湖长制工作督办约谈通报问责办法》等7项规章制度,促进工作规范推进。 (5) 加大监督检查。自治区人大常委会连续两年将落实河(湖)长制工作列入"中华环保世纪行—西藏行"活动重点检查内容,切实发挥人大代表监督职能作用。自治区总河长办与四川省、云南省河长制办公室签订河湖联防联控协议,建立省界河流治理保护信息共享、省际合作会商、联合巡查执法等机制。出台《对河(湖)长制工作真抓实干成效明显的地方进一步加大激励支持力度的实施办法》,对河(湖)长制工作开展优秀的地(市)予以激励。拉萨市成立由市政协主席为组长的全面推行河(湖)长制工作督察领导小组,每季度开展河湖"清四乱"、河湖环境卫生等方面的明察暗访工作,助推河(湖)长制工作开展。日喀则市通过电话暗访形式加强督察,对县(区)、乡镇、村(居)级河湖长巡河湖情况进行电话暗访,对于发现的问题下发整改通知。 (6) 强化公众参与。拉萨市探索推行"市民河长制、守护母亲河"河湖管理保护机制,"市民河长"旨在当好传播绿色生态理念的"宣传员",当好巡河爱湖活动的"巡查员",当好河岸美化绿化活动的"示范员",当好违法监督举报的"监督员",当好守护"母亲河"建言献策的"参谋员",逐步形成"市民河长"与党政河湖长相辅相成的协作机制,有效搭建起政府相关部门与民众间的沟通桥梁。日喀则市为进一步引导公众积极参与河湖管护,充分发挥学生在家庭和社会中的影响作用,制作中小学生河湖管护教材,列入2020年全市中小学生辅修课教程,引导广大师生积极参与河湖管护,积极营造关爱河湖的浓厚氛围。 (7) 注重舆论引导。日喀则市设计制作河(湖)长制专门logo标识,打造文化长廊,制作河(湖)长制特色宣传片,在市区LED显示屏、日喀则市电视台滚动播放,开展河(湖)长制公益宣传活动,并被"环球公益在线""公益在线""志愿者在线"三家网站刊登,累计阅读量达1 800多万次,社会反响强烈。山南市制作名为"藏源名山秀水　守住绿水青山"的专题宣传片,宣传河湖管理保护工作,西藏新闻联播、中国西藏网分别报道了山南市全面落实河(湖)长制工作情况及成效。林芝、昌都等市开展河(湖)长制进学校、进社区、进企业等"八进"宣传工作,向学生和农牧民群众发放学生读本、书写笔画、环保袋、雨伞、节能灯、水龙头等宣传物品,接受群众咨询8千余人次,提升河(湖)长制工作知晓度。 2. 解决5个问题 (1) 河湖水域岸线保护得到加强。针对我区面积大、海拔高、监管难度大等问题,自治区安排财政资金342万元,用于开展主要河湖重点河段"四乱"遥感监测工作,通过多期影像数据对比和判读,及时掌握河湖"四乱"违规行为,有效支撑河湖日常监管,减少高海拔及无人区人工巡查的工作量。印发《西藏自治区河湖管理范围划定工作实施方案》,自治区主要河湖管理范围划定成果由自治区人民政府向社会通告,并在政府网站和报纸等媒体上发布。试点开展色林错、班公错、扎日南木错等3个自治区级湖泊的水域岸线保护和利用规划编制工作,进一步落实河湖空间管控。

续表

(2) 河湖水质持续保持优良。2019 年，全区 22 个国控地表水断面(点位)水质全部达到或优于Ⅲ类标准，水质优良率 100%，17 个地级城市集中式饮用水水源地水质全部达到或优于Ⅲ类标准，水质达标率 100%。

(3) 技术支撑得到保障。水利部选派多名优秀援藏干部参与我区河(湖)长制工作，带来了援助单位的先进管理经验和发展经验，提供了坚实的人才技术支撑。通过援藏干部的具体指导、言传身教，潜移默化地更新了其他同事的思想观念，提高了综合素质，提升了业务水平。

(4) 经费投入得到保障。2020 年，自治区财政厅安排 700 万元作为河(湖)长制工作专项经费，安排 2 526 万元用于推进河(湖)长制信息平台建设。经费投入基本得到保障，保证河(湖)长制工作能够更好开展，将河(湖)长制制度落到实处。

(5) 基本解决河湖基础资料严重欠缺问题。委托长江水利委员会长江科学院开展西藏自治区 20 个主要河湖基础数据复核与完善工作，进一步调查摸清河湖自然属性和动态信息，完善“一河(湖)一档”，为河湖管理范围划定、河湖岸线利用规划编制提供基础数据支撑。

(6) 加大宣传力度。充分利用“世界水日”“中国水周”“六五环境日”等活动节点，西藏日报刊发《西藏全面推进河(湖)长制打造生态美丽河湖》，着力宣传河(湖)长制工作成果，西藏电视台拍摄播出《呵护第三极》《尼洋河之〈绿水青山〉》等系列电视节目宣传河湖管理，全年共计刊发相关新闻报道近 340 余条，开展宣传活动 310 余场，发放宣传单、宣传物品近 15.5 万份，广泛宣传全面推行河(湖)长制工作，实现“进机关、进企业、进学校、进军营、进社区、进农村、进寺庙、进商户”的“八进”全覆盖宣传目标。

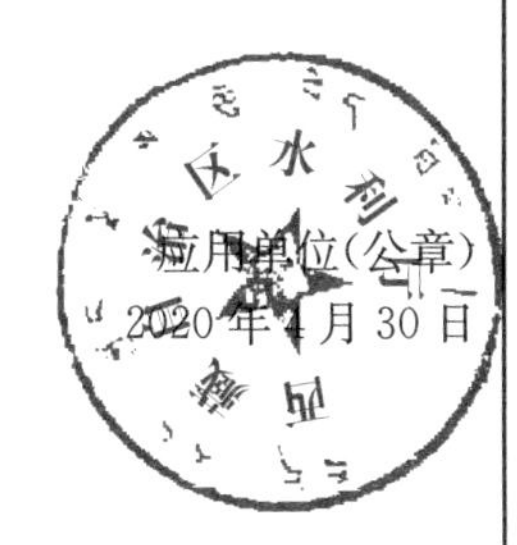

应用单位(公章)

2020 年 4 月 30 日

第二十四节　陕西省科技成果应用证明

科技成果应用证明

项目名称	全面推行河(湖)长制总结评估系统研究
应用单位	陕西省水利厅
应用成果起止时间	2019 年—2020 年
单位地址与邮编	西安市尚德路 150 号　710004
联系人与电话	王剑　(029)61835289

总结评估成果的应用范围、数量、生产、应用、推广等效果情况以及产生的效益：

2019 年初，河海大学对我省全面推行河(湖)长制进行总结评估，评价我省“工作总体进展良好”，并梳理了我市的经验做法，提出了存在问题及工作建议，为我省不断深化全面河(湖)长制管理打下良好基础；河海大学完成的全面推行河(湖)长制总结评估研究成果已经在我省推广应用：

1. 推广应用评估系统经验。采用河海大学评估系统对 122 个县市区进行了总结评估，全面掌握了市县乡村河长湖长制基本情况，特别是明确了存在的问题，提出对策建议，为陕西省全面深化推行河长制实施河长制提供了基础支撑。

2. 解决“一河湖一策”进度慢问题。2018 年底陕西省完成省领导担任河长湖长的渭河、汉江等 9 条河湖“一河(湖)一策”方案编制和发布工作。各地全面开展工作，已经编制印发“一河(湖)一策”507 个，“一河(湖)一档”411 个。通过开展评估核查工作，有力推动并加快了市县编制方案的进度，在 2018 年基础上新增完成 504 个，50 平方公里以上河湖档案基础信息全面完成，实时更新动态数据。

3. 推进“清四乱”常态化制度化规范化，加强河长湖长履职尽责等得到省委、省政府高度重视，获得水利部认可。陕西省总河长总湖长、省委书记胡和平对河(湖)长制工作、河湖“清四乱”和河湖管理范围划定等工作作出批示。陕西省总河长总湖长、省长刘国中对开展黄河岸线利用项目专项整治和开展黄河流域河道采砂专项整治作出批示。陕西省副总河长副总湖长、副省长魏增军对深入推进河湖“清四乱”常态化规范化作出批示。

4. 总结评估成果的推广应用，提高了我省推行河湖长制成效，我省将坚持问题导向，不断深化完善河(湖)长制管理体系，着力解决河湖治理保护方面存在的突出问题，全力推动河(湖)长制工作发挥更大成效，努力打造人民满意的幸福河湖。河湖“清四乱”专项行动应用总结评估成果，陕西省推行河(湖)长制成效显著，争取得到水利部及国家奖励。

应用单位(公章)

2020 年 5 月 6 日

第二十五节　甘肃省科技成果应用证明

科技成果应用证明

项目名称	全面推行河(湖)长制总结评估系统研究
应用单位	甘肃省河湖管理中心
应用成果起止时间	2019 年—2020 年
单位地址与邮编	甘肃省兰州市城关区平凉路 284 号　730000
联系人与电话	张正安　15339445567　0931－8723005

总结评估成果的应用范围、数量、生产、应用、推广等效果情况以及产生的效益：

2019 年初，河海大学受水利部委托，对我省全面推行河湖长制工作进行总结评估，并梳理汇总了我省的经验做法，提出了存在问题及工作建议，为助力我省推动河(湖)长制从“有名”向“有实”转变，河海大学完成的全面推行河(湖)长制总结评估研究成果已经在我省推广应用：

完善管理体系，助力“见河长”。按照党中央、国务院关于全面建立河(湖)长制“四个到位”的要求，建立了党政同责的“双河长”工作机制和五级河湖长体系，五级 22 593 名河长、1 181 名湖长上岗履职，担负起河湖治理保护的“分段”“分片”责任，积极推行“河长＋山长”“河长＋渠长”“河长＋信息员＋保洁员＋监督员”等工作体系，建立了河长会议、河湖长制督察考核、河湖巡查监管等 14 项制度，守河、护河、治河的责任网、制度网、督考网、治理网基本建立，党政负责、水利牵头、部门联动、社会参与的河湖管护格局基本形成，全面推行河湖长制实现了“有名”。

促进制度落实，全面“见行动”。各级河湖长通过开展巡河调研、暗访督察、现场办公、召开专题会议、签发河长令等方式推动解决河湖突出问题，仅 2019 年，五级河长共巡河 35 万多人次，召开县级以上总河长会和工作推进会 640 次，推动解决河湖问题 2 204 个。按照水利部统一部署，先后组织开展了河湖垃圾、水库垃圾围坝、湖库输入性垃圾、河湖采砂、河湖“清四乱”及“携手清四乱、保护母亲河”等专项整治行动，集中解决河湖乱围乱堵、乱占乱建、乱采乱挖、乱倒乱排等突出问题。

强化问题导向，推动“见成效”。河湖“清四乱”专项行动开展以来，各地累计整治河湖“四乱”问题 3 811 个，清理非法围垦河湖、侵占水域滩地面积 1 929 亩，拆除涉河违建 25.3 万平方米，查获非法采砂船 32 艘，整治非法采砂点 279 个，清理非法砂石 18.5 万立方米，打捞水面漂浮物 14.9 万立方米，清理河道、洪水沟道垃圾 113.1 万吨，完成河道清淤疏浚 4 185.2 公里，通过清理整治，可以说侵占河湖、阻碍行洪、破坏河道等河湖乱象得到一定遏制，河湖面貌明显改善。

应用单位(公章)
2020 年 4 月 30 日

第二十六节　宁夏回族自治区科技成果应用证明

科技成果应用证明

<table>
<tr><td>项目名称</td><td>全面推行河(湖)长制总结评估系统研究</td></tr>
<tr><td>应用单位</td><td>宁夏回族自治区全面推行河长制办公室</td></tr>
<tr><td>应用成果起止时间</td><td>2019 年—2020 年</td></tr>
<tr><td>单位地址与邮编</td><td>宁夏银川市金凤区枕水巷 159 号　750002</td></tr>
<tr><td>联系人与电话</td><td>杨继雄　0951－5552275</td></tr>
<tr><td colspan="2">总结评估成果的应用范围、数量、生产、应用、推广等效果情况以及产生的效益：
1. 推广彭阳美丽茹河建设经验。建设一河两线三带，就是以茹河为主轴，以水治理为核心，以旅游为支撑，形成了水环境生态带、风景园林带和产业经济带。采取四项治理措施，一控源，二截污，三修复，四管理。构建县、乡、村、民间河长管理体系，划定河长管理责任范围，陆域、水域河长有效融合，实现河、沟管理全覆盖。生态效益：通过水线和绿线的建设，茹河沟圈出境断面水质稳定达到Ⅳ类，Ⅲ类水水质占比逐步提高，全流域水质全面提升。经济效益：在茹河流域，重点发展草畜、中药材、红梅杏、休闲观光农业 11.2 万亩，人均可增加收入 2 000 元左右；截至 2018 年底，全县全年实现地区生产总值 55.1 亿元，增长 6%；城镇居民人均可支配收入 25 166 元，增长 7.8%；农村居民人均可支配收入 9 862 元，增长 12.2%，位列宁夏固原市第一。社会效益：培育和引进龙头企业，打造全域旅游项目，2018 年山花节暨“梯田花海・魅力彭阳”文化旅游节，吸引观光旅游人数达到 25 万人，旅游收入达到 1.25 亿元。该经验已经在全区推广，隆德县推广效果明显。
2. 解决河湖生态综合治理问题。一是解决了茹河水污染问题。污染在水里，问题在岸上，加快水岸共治，山水林田湖草系统治理，发展“生态农业”“循环经济”是防治水污染的治本之策。推广发展循环农业，有效减少面源污染，充分发挥河长制生态保护与经济发展协同推进、相互促进作用，引进社会资本建设国家湿地公园、休闲度假区等生态主题景点，切实推进水旅融合，河库生态效益、周边土地价值同步提升，河库产业发展、群众致富脱贫同步推进。二是解决了茹河划界及四乱问题。宁夏把茹河作为省级河流纳入河长制管理，全面划定了河道管理范围，“拉网式”排查、整改出现的四乱问题，效果明显。三是解决了黄土高原丘陵区小流域生态经济的河湖治理保护和经济发展协调问题。茹河治理统筹兼顾江河源头区生态功能和贫困地区脱贫攻坚、产业发展，在小流域尺度下开展多元治理，各类资源得到灵活转化和运用，探索出了黄土高原丘陵区小流域生态经济的河湖治理保护和经济发展新模式，为生态功能突出、生态维护任务重、水资源红线趋紧的地区提供了借鉴。</td></tr>
</table>

续表

3. 建议“加大对河湖生态治理保护专项资金的投入力度”得到水利部认可。尤其是在资金项目安排上适度向中西部贫困地区倾斜。国家按照东北、西北、东南等地区实施奖励支持，分区树立典型，提高经济落后省份工作推进积极性，提升经济落后省份河（湖）长制工作质量。

4. 总结评估成果的推广应用，提高了我区河（湖）长制工作成效。2019 年，我区河（湖）长制工作真抓实干，在水利部 2019 年河（湖）长制考核中名列前茅，获得河（湖）长制国务院激励资金5 000万元，我区成为长江以北地区唯一个受到激励的省区之一，也是北方地区唯一获此殊荣的省区。2020 年，宁夏隆德县因推行河（湖）长制效果显著拟被水利部激励。我区将坚持问题导向，不断深化完善河（湖）长制管理体系，着力解决河湖治理保护方面存在的突出问题，全力推动河（湖）长制工作发挥更大成效，努力打造人民满意的幸福河湖。

应用单位（公章）
2020 年 5 月 6 日

第二十七节　新疆维吾尔自治区科技成果应用证明

科技成果应用证明

项目名称	全面推行河长制总结评估研究
应用单位	新疆维吾尔自治区河(湖)长制办公室
应用成果起止时间	2019 年—2020 年
单位地址与邮编	乌鲁木齐市沙依巴克区黑龙江路 146 号　830000
联系人与电话	雷雨　0991－5801796

总结评估成果的应用范围、数量、生产、应用、推广等效果情况以及产生的效益：

河海大学完成的全面推行河(湖)长制总结评估研究成果已经在我区推广应用：

1. 解决河湖“清四乱”及河湖管理范围划定问题。深入推进河湖“清四乱”，整治河湖“四乱”问题 1 353 个，河湖管理范围内垃圾、固体废弃物、房屋、林木等乱占、乱堆问题得到有效治理，河道采砂遗留的采砂坑、弃料堆绝大部分已经完成整治，河道行洪能力得到提高，河湖面貌有了明显改善。完成无人区以外 154 条流域面积 1 000 平方公里以上河流和 31 个水面面积 1 平方公里以上的湖泊管理范围划定工作，管理范围坐标由河湖所在地的县级以上人民政府向社会进行了公告，明确了河湖管理界线，河湖“清四乱”及河湖管理范围划定工作成效显著。

2. 建议“加大财政支持力度”得到水利部认可，水利部出台对河(湖)长制工作真抓实干成效明显的地方进一步加大激励支持力度的实施办法，激发和调动各地全面推行河(湖)长制工作的积极性、主动性和创造性，健全正向激励机制，增强河(湖)长制工作激励效果。

3. 总结评估成果的推广应用，提高了我区推行河长制成效，我区在水利部 2019 年河长制考核中名列前茅，在全国河长制工作会议上受到表扬。

应用单位(公章)

2020 年 4 月 30 日